国家骨干高职院校工学结合创新成果系列教材

水利工程测量

主 编 蓝善勇 刘 凯 陆 鹏 蒋 喆
主 审 黄宗维 陆克芬

中国水利水电出版社
www.waterpub.com.cn

内 容 提 要

本教材为国家骨干院校建设重点专业——水利水电建筑工程专业课程改革系列教材之一，依据国家骨干院校建设专业人才培养方案和课程建设的目标与要求，按照校企专家多次研讨后确定的课程标准进行编写。本教材分为测量的基本知识和12个项目，项目内容包括水准测量、角度测量、距离测量和直线定向、全站仪测量、小区域控制测量、大比例尺地形图的测绘、地形图的应用、水工建筑物施工放样及水库测量、渠道测量、隧道施工测量、大坝外部变形监测、GPS测量。

本教材为水利水电建筑工程专业教学用书，也可供水利工程、工程管理、农田水利工程、给排水工程、水文与水资源等专业的测量教材及相关水利水电类专业技术人员参考。

图书在版编目（CIP）数据

水利工程测量 / 蓝善勇等主编. -- 北京：中国水利水电出版社，2014.8(2024.7重印).
国家骨干高职院校工学结合创新成果系列教材
ISBN 978-7-5170-2425-5

Ⅰ. ①水… Ⅱ. ①蓝… Ⅲ. ①水利工程测量－高等职业教育－教材 Ⅳ. ①TV221

中国版本图书馆CIP数据核字(2014)第197244号

书　　名	国家骨干高职院校工学结合创新成果系列教材 **水利工程测量**
作　　者	主编 蓝善勇 刘凯 陆鹏 蒋喆　主审 黄宗维 陆克芬
出版发行	中国水利水电出版社 （北京市海淀区玉渊潭南路1号D座　100038） 网址：www.waterpub.com.cn E - mail：sales@mwr.gov.cn 电话：(010) 68545888（营销中心）
经　　售	北京科水图书销售有限公司 电话：(010) 68545874、63202643 全国各地新华书店和相关出版物销售网点
排　　版	中国水利水电出版社微机排版中心
印　　刷	清淞永业（天津）印刷有限公司
规　　格	184mm×260mm　16开本　21印张　498千字
版　　次	2014年8月第1版　2024年7月第4次印刷
印　　数	7001—9000册
定　　价	**63.00元**

凡购买我社图书，如有缺页、倒页、脱页的，本社营销中心负责调换

版权所有·侵权必究

国家骨干高职院校工学结合创新成果系列教材编委会

主　任：刘延明

副主任：黄伟军　黄　波　皮至明　汪卫星

委　员：张忠海　吴汉生　凌卫宁　陆克芬
　　　　邓海鹰　梁建和　宁爱民　黄晓东
　　　　陈炳森　方　崇　陈光会　方渝黔
　　　　况照祥　叶继新　许　昕　欧少冠
　　　　梁喜红　刘振权　陈治坤　包才华

秘　书：饶亚娟

前言

教材事关国家和民族的前途命运，教材建设必须坚持正确的政治方向和价值导向。本书坚持党的二十大精神，全面贯彻党的教育方针，落实立德树人根本任务，为党育人，为国育才，弘扬劳动光荣、技能宝贵、创造伟大的时代风尚。

本教材是依据国家骨干院校建设重点专业——水利水电建筑工程专业的人才培养方案和课程建设目标与要求进行编写的。本专业的课程改革基于工作过程为导向，以项目为载体，用任务训练学生的能力，教、学、做一体化。人才培养方案和课程标准是经过深入到企业调研和召开多次校企专家进行论证会形成的。根据课程的教学目标要求，教材按照水利工程建设项目中的测量过程的具体案例进行编写，理论与实际相结合，全书内容新颖、图文并茂，便于学生学习和教师组织教学，有利于学生掌握测量理论和全面提高学生的实践能力。

本教材由广西水利电力职业技术学院蓝善勇、刘凯、陆鹏、蒋喆任主编，由广西水利电力职业技术学院黄华娟、蓝冕，四川水利职业技术学院周小莉和杨凌职业技术学院杨旭江任副主编。其中，蓝善勇编写了全站仪测量、大坝外部变形监测；刘凯编写了测量的基本知识和GPS测量；陆鹏编写了隧道施工测量；蒋喆编写了水准测量、距离测量和直线定向、小区域控制测量；黄华娟编写了大比例尺地形图的测绘部分内容、地形图的应用和施工测量的基本工作；蓝冕编写了大比例尺地形图的测绘部分内容；四川水利职业技术学院周小莉编写了水工建筑物施工放样及水库测量和渠道测量部分内容，杨凌职业技术学院杨旭江编写了角度测量。全书由蓝善勇统稿。

广西国土测绘院黄宗维总工程师、广西水利电力职业技术学院陆克芬教授任主审。常德市水利水电设计院广西分院主任、工程师盘诗龙和广西水利电力勘察院高级工程师李艺等同志对本教材编写提出了许多宝贵意见，在此谨对他们以及教材中参考文献的作者表示衷心的感谢。

为了编好本教材，先后组织教师到广西各地进行多次调研，召开了多次校内外专家论证会，广泛听取各方面专家、教授对教材编写的意见。尽管如此，由于编者水平有限，仍难免存在一些不妥之处，热忱希望各院校使用本教材的教师和读者提出宝贵意见，对书中的缺点和错误给予批评指正。

编者

2024 年 3 月

目 录

前言

测量的基本知识 ·· 1
  0.1 测量学研究的对象及水利工程建设测量的任务 ·· 1
  0.2 测量工作的基准面和基准线 ··· 2
  0.3 地面点位置的表示方法 ··· 4
  0.4 在测量工作中用水平面代替水准面的限度 ··· 8
  0.5 测量工作概述 ··· 9
  0.6 测量的度量单位 ··· 11
  0.7 测量误差的基本知识 ·· 12
  实训与习题 ·· 18

项目 1 水准测量 ··· 19
  任务 1.1 理解水准测量原理 ··· 19
  任务 1.2 认识水准测量的仪器和工具 ·· 21
  任务 1.3 掌握水准仪的使用方法 ··· 25
  任务 1.4 掌握水准测量的方法 ·· 27
  任务 1.5 计算水准路线高差闭合差及未知点高程 ·· 31
  任务 1.6 检验与校正水准仪 ··· 37
  任务 1.7 了解水准测量误差的来源及消减方法 ··· 40
  任务 1.8 了解自动安平水准仪和精密水准仪 ·· 42
  实训与习题 ·· 46

项目 2 角度测量 ··· 49
  任务 2.1 理解角度测量的原理 ·· 49
  任务 2.2 了解 DJ6 型光学经纬仪构造 ··· 50
  任务 2.3 掌握 DJ6 型光学经纬仪的使用方法 ··· 52
  任务 2.4 测量水平角 ·· 56
  任务 2.5 测量竖直角 ·· 61
  任务 2.6 检验与校正经纬仪 ··· 66
  任务 2.7 了解角度测量的误差及消减方法 ··· 69
  任务 2.8 了解精密经纬仪及电子经纬仪的构造和使用 ··· 74
  实训与习题 ·· 79

项目3　距离测量和直线定向 ··············· 83
    任务 3.1　用钢尺丈量距离 ················ 83
    任务 3.2　视距测量 ·················· 90
    任务 3.3　直线定向 ·················· 94
    任务 3.4　推算导线各边坐标方位角 ············ 96
    任务 3.5　距离、方位角与地面点直角坐标的关系 ······· 98
    任务 3.6　用罗盘仪测定直线磁方位角 ············ 99
    实训与习题 ···················· 100

项目4　全站仪测量 ··················· 103
    任务 4.1　了解全站仪的功能和分类 ············ 103
    任务 4.2　了解尼康全站仪的基本构造和功能 ········ 104
    任务 4.3　了解尼康全站仪的按键功能 ··········· 107
    任务 4.4　认识尼康全站仪屏幕显示符号 ·········· 108
    任务 4.5　用全站仪测量导线的水平角、距离和高差 ····· 111
    任务 4.6　用全站仪测量导线点的坐标 ··········· 114
    任务 4.7　测设建筑物的位置 ··············· 120
    任务 4.8　使用测量程序进行测量对边两点间距离、高差、斜距和悬高 ··· 121
    任务 4.9　用计算项内容进行坐标反算、导线坐标计算、面积计算 ····· 124
    任务 4.10　用多点后方交会测量测站点坐标 ········ 128
    任务 4.11　下载或上传测量数据 ············· 130
    实训与习题 ···················· 132

项目5　小区域控制测量 ················· 134
    任务 5.1　平面控制测量 ················ 134
    任务 5.2　高程控制测量 ················ 148
    实训与习题 ···················· 154

项目6　大比例尺地形图的测绘 ·············· 157
    任务 6.1　了解地形图及其分类 ·············· 158
    任务 6.2　了解地形图的比例尺 ·············· 158
    任务 6.3　了解地形图的图式 ··············· 160
    任务 6.4　了解地形图的图廓外注记 ············ 166
    任务 6.5　了解地形图的分幅与编号 ············ 167
    任务 6.6　传统测图方法 ················ 170
    任务 6.7　全站仪数字测图方法 ·············· 180
    实训与习题 ···················· 189

项目7　地形图的应用 ·················· 191
    任务 7.1　地形图的基本应用 ··············· 192

  任务 7.2 量算图形面积 …………………………………………………………… 194
  任务 7.3 地形图在工程建设中的应用 ………………………………………… 197
  任务 7.4 地形图在平整土地中的应用及土方量估算 ………………………… 199
  任务 7.5 电子地形图的应用 …………………………………………………… 203
  实训与习题 …………………………………………………………………………… 210

项目 8 水工建筑物施工放样及水库测量 …………………………………………… 212
  任务 8.1 了解施工测量 ………………………………………………………… 213
  任务 8.2 施工测量基本工作 …………………………………………………… 215
  任务 8.3 测设地面点的平面位置 ……………………………………………… 219
  任务 8.4 测设已知坡度线 ……………………………………………………… 222
  任务 8.5 测设圆曲线的方法 …………………………………………………… 224
  任务 8.6 土坝施工测量 ………………………………………………………… 230
  任务 8.7 混凝土坝施工测量 …………………………………………………… 235
  任务 8.8 拱坝施工测量 ………………………………………………………… 237
  任务 8.9 水闸施工测量 ………………………………………………………… 240
  任务 8.10 水库测量 …………………………………………………………… 242
  实训与习题 …………………………………………………………………………… 244

项目 9 渠道测量 ……………………………………………………………………… 246
  任务 9.1 了解渠道测量的内容 ………………………………………………… 246
  任务 9.2 渠道选线测量 ………………………………………………………… 247
  任务 9.3 渠道中线测量 ………………………………………………………… 248
  任务 9.4 渠道纵断面测量 ……………………………………………………… 250
  任务 9.5 渠道横断面测量 ……………………………………………………… 253
  任务 9.6 渠道土方计算 ………………………………………………………… 256
  任务 9.7 渠道施工测量 ………………………………………………………… 258
  实训与习题 …………………………………………………………………………… 259

项目 10 隧道施工测量 ………………………………………………………………… 263
  任务 10.1 隧道洞外控制测量 ………………………………………………… 264
  任务 10.2 隧道洞外、洞内联系测量 ………………………………………… 267
  任务 10.3 隧道洞内控制测量 ………………………………………………… 272
  任务 10.4 隧道洞内中线测量 ………………………………………………… 274
  任务 10.5 隧道施工测量 ……………………………………………………… 275
  任务 10.6 隧道贯通误差预计 ………………………………………………… 277
  实训与习题 …………………………………………………………………………… 281

项目 11 大坝外部变形监测 …………………………………………………………… 283
  任务 11.1 了解大坝变形观测 ………………………………………………… 283

任务 11.2　垂直位移观测 …………………………………………………………… 287
　　任务 11.3　水平位移观测 …………………………………………………………… 290
　　任务 11.4　挠度观测 ………………………………………………………………… 294
　　实训与习题 …………………………………………………………………………… 296
项目 12　GPS 测量 ……………………………………………………………………… 299
　　任务 12.1　了解 GPS 全球定位系统 ………………………………………………… 299
　　任务 12.2　GPS 定位原理 …………………………………………………………… 300
　　任务 12.3　GPS 测量规范、规程 …………………………………………………… 301
　　任务 12.4　RTK GPS 测量 …………………………………………………………… 302
　　实训与习题 …………………………………………………………………………… 323
参考文献 …………………………………………………………………………………… 325

测 量 的 基 本 知 识

学习目标：

通过学习测量的基本知识，了解测量的研究对象及其水利工程测量的任务、用水平面代替水准面的限度、测量误差的基本知识及测量的度量单位；理解测量工作的基准面与基准线、测量的基本工作与测量工作必须遵守的原则；掌握地面点位置的表示方法、平面直角坐标系统和高程系统。

0.1 测量学研究的对象及水利工程建设测量的任务

0.1.1 测量学研究对象

测量学是研究整个地球的形状及大小和确定地球表面点位关系的一门学科。其研究的对象主要是地球和地球表面上的各种物体，包括它们的几何形状及其空间位置关系，目的是为人们的日常生活服务，并为人们认识自然和改造自然提供有效的工具。

实际上，随着测量工具及数据处理方法的改进，测量的研究范围已远远超过地球表面这一范畴，20 世纪 60 年代，人类已经对太阳系的行星及其所属卫星的形状、大小进行了制图方面的研究。测量学的服务范围也从单纯的工程建设扩大到地壳的变化、高大建筑物的监测、交通事故的分析、大型粒子加速器的安装等。

0.1.2 测量学的学科分类

测量学是一门综合性的学科，根据其研究对象和工作任务的不同可以将其分为大地测量学、地形测量学、摄影测量学与遥感、工程测量学以及制图学等学科分支。

研究对象若是较大范围的区域，甚至整个地球，就需要考虑地球曲率。这种以广大地区为研究对象的学科称为大地测量学。大地测量学的主要任务是研究地球及外层星体的形状、大小、重力场及其随时间变化的理论和方法，与地球科学和天文学有紧密的联系。

地形测量的研究对象是小范围的区域，由于地球半径很大，就可以把球面当成平面而不考虑地球曲率。地形测量的主要任务是研究较小区域的测绘技术、理论方法、成图与应用等。

摄影测量学与遥感是利用摄影或遥感技术来研究地表的形状和大小的一门学科。其主要任务是测制各种比例尺的地形图，建立地形数据库并为各种地理信息系统和土地信息系统提供基础数据。

工程测量学是研究各种工程在规划设计、施工建设和运营管理阶段所进行的各种测量工作的学科，其主要任务包括这三个阶段所进行的各种测量工作。

利用测量所得的资料，研究如何编绘成图以及地图制作的理论、方法和应用等方面的科学是制图学。

测量学各门分支学科之间相互渗透、相互补充、相辅相成。本课程主要讲述地形测量学与工程测量学的部分内容。主要介绍工业与民用建筑工程中常用的测量仪器的构造与使用方法，小区域大比例尺地形图的测绘及应用，建筑物和管道工程的施工测量以及高大建筑物变形监测，最后是测量新技术的介绍。

0.1.3　水利工程各阶段的测量任务

水利工程测量的任务有三个部分：一是测图（测绘各种比例尺地形图、断面图或称测定）；二是施工放样（或称测设）；三是建筑物变形观测。测图是将在外业上用仪器采集到一系列测量数据，在内业上用绘图软件进行外业数据的处理，将地球表面的地物和地貌缩绘成各种比例尺的地形图。施工放样，是指将设计图纸上规划设计好的水工建筑物位置，在实地标定出来，作为施工的依据。变形观测是在建筑物施工阶段和工程运营阶段为了了解建筑物在施工中或运营中是否有沉降、平移、倾斜等变形现象所进行的测量工作。

水利工程测量是测量学的一个组成部分，它是研究水利工程在勘测设计、施工建设和运营管理阶段所进行的各种测量工作的理论、技术和方法的学科。

（1）在勘测设计阶段，水利工程测量的任务主要包括为流域综合利用规划、水利枢纽布置、灌区规划等提供小比例尺地形图；为水利枢纽地区的引水、排水、推估洪水以及了解河道冲淤情况等提供大比例尺地形图，纵横断面测量、定线和放样测量、变形监测等。

（2）在施工阶段，水利工程测量的任务主要包括施工控制测量，各种水工构筑物的施工放样，各种线路的测设，水利枢纽地区的地壳形变、悬崖、滑坡体的安全监测，配合地质测绘、钻孔定位，水工建筑物填筑（或开挖）的收方、验方测量，竣工测量，工程监理测量等。

（3）在运营阶段，水利工程测量的任务主要包括水工建筑物投入运行后的沉降、移位、渗漏、挠度等变形监测，库区淤积测量，电站尾水泄洪、溢洪的冲刷测量等。

0.2　测量工作的基准面和基准线

0.2.1　地球的形状和大小

人们对地球的形状有一个漫长的认识过程。古代人类由于受到生产力水平的限制，视野比较狭窄，所以认为天是圆的地是方的，即所谓的"天圆地方"。

公元前古希腊有人提出地球是一个圆球。1522年，麦哲伦及其伙伴完成绕地球一周以后，才确立了地球为球体的认识。17世纪末，牛顿研究了地区自转对地球形态的影响，从理论上推测地球不是一个很圆的球形,而是一个赤道处略为隆起,两极略为扁平的椭球体。

测量工作是在地球表面进行的,然而这个表面是起伏不平的,有2万m的高度悬殊。其中我国西藏与尼泊尔交界处的珠穆朗玛峰高达8844.43m,而在太平洋西部的马里亚纳海沟深达11022m。尽管有这样大的高度差,但相对于庞大的球体来说仍可以忽略不计。

0.2.2 基准面和基准线

人们经过长期的考察和测量,了解到地球的71%被海洋所覆盖,因此人们把地球总的形状看成是被海水包围的球体。因此可以把球面设想成一个静止的海水面向陆地延伸而形成的一个封闭的曲面。这个处于静止状态的海水面称为水准面,它所包围的形体称为大地体。由于海水有潮汐,所以取其平均的海水面作为地球的形状和大小的标准。在测量上把这个平均海水面称为大地水准面,即测量工作的基准面,测量工作就是在这个面上进行的,如图0.2.1所示。

静止的水准面要受到重力的作用,所以水准面的特性就是处处与铅垂线正交。由于地球内部不同密度物质的分布不均匀,铅垂线的方向是不规则的,因此,大地水准面也是不规则的曲面。测量工作获得铅垂线方向通常是用悬挂垂球的方法,而这个垂线方向即测量工作的基准线。大地水准面是个不规则的曲面,在这个面上是不便于建立坐标系和进行计算的,所以要寻求一个规则的曲面来代替大地水准面。经过长期的测量实践证明,大地体与一个以椭圆的短轴为旋转轴的旋转椭球的形状十分相似,而旋转椭球可以用公式来表达。这个旋转椭球可作为地球的参考形状和大小,故称为地球椭球体,如图0.2.2所示。

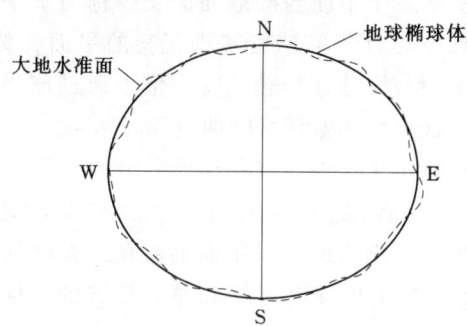
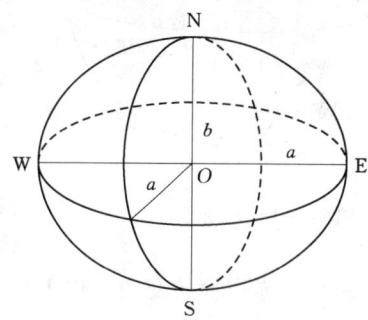

图0.2.1 地球自然表面与大地水准面   图0.2.2 地球椭球体

我国目前所采用的参考椭球体为1980年国家大地测量坐标系,其坐标原点在陕西省泾阳县永乐镇,称为国家大地原点。其基本元素是:长半轴$a=6378140m$,短半轴$b=6356755m$,扁率$c=(a-b)/a=1/298.257$。

几个世纪以来,许多学者分别测算出了许多椭球体元素值,表0.2.1列出了几个著名的椭球体。我国的1954年北京坐标系采用的是克拉索夫斯基椭球,1980国家大地坐标系采用的是1975国际椭球,而全球定位系统(GPS)采用的是WGS-84椭球。

由于参考椭球的扁率很小,在小区域的普通测量中可将地(椭)球看作圆球,其半径$R=6371km$。

表 0.2.1　　　　　　　　　　部分椭球体的参数

椭球名称	长半轴 a /m	短半轴 b /m	扁率 c	计算年份	国家	备　注
贝塞尔	6377397	6356079	1∶299.152	1841	德国	
海福特	6378388	6356912	1∶297.0	1910	美国	1942年国际第一个推荐值
克拉索夫斯基	6378245	6356863	1∶298.3	1940	苏联	中国1954年北京坐标系采用
1975国际椭球	6378140	6356755	1∶298.257	1975	国际第三个推荐值	中国1980年国家大地坐标系采用
WGS-84	6378137	6356752	1∶298.257	1979	国际第四个推荐值	美国GPS采用

0.3　地面点位置的表示方法

测量学研究对象是地球，实质上是确定地面点的位置，通常由点投影到地球椭球面的坐标和该点到大地水准面的铅垂距来确定。

0.3.1　地面点的坐标

坐标系的种类有很多，但与测量相关的有地理坐标系和平面直角坐标系。

0.3.1.1　地面点的地理坐标

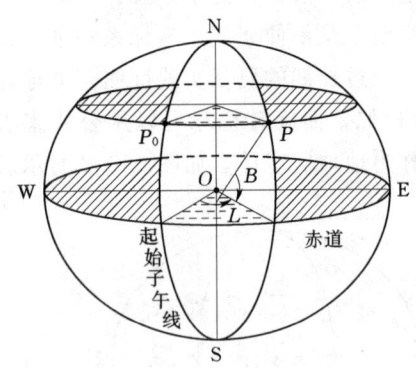

图 0.3.1　大地坐标系

在图0.3.1中，NS为椭球的旋转轴，N表示北极，S表示南极。通过椭球旋转轴的平面称为子午面，而其中通过格林尼治天文台的子午面称为起始子午面。子午面与椭球面的交线称为子午圈。通过椭球中心且与椭球旋转轴正交的平面称为赤道。其他平面与椭球旋转轴正交，但不通过球心，这些平面与椭球面相截所得的曲线称为纬圈。

在测量工作中，点在椭球面上的位置用大地经度 L 和大地纬度 B 表示。所谓大地经度，就是通过该点的子午面与起始子午面的夹角；大地纬度是指过某点的法线与赤道面的交角。以大地经度 L 和大地纬度 B 表示某点位置的坐标称为地理坐标。

比如北京的地理坐标可表示为东经116°28′、北纬39°54′。

0.3.1.2　地面点的平面直角坐标

1. 地面点的高斯平面直角坐标

当测区范围较大时，不能把球面的投影面看成平面，必须采用投影的方法来解决这个问题。投影的方法有很多种，测量工作中常采用的是高斯投影。它是假想一个椭圆柱横套在地球椭球体上，使其与某一条经线相切，用解析法将椭球面上的经纬线投影到椭圆柱面上，然后将椭圆柱展开成平面，即获得投影后的图形，其中经纬线互相垂直。

（1）高斯投影的分带。高斯投影将地球分成很多带，然后将每一带投影到平面上，目的是限制变形。带的宽度一般分为6°、3°和1.5°等几种，简称6°带、3°带、1.5°带，如图

0.3.2 所示 6°带和 3°带的分带情况。

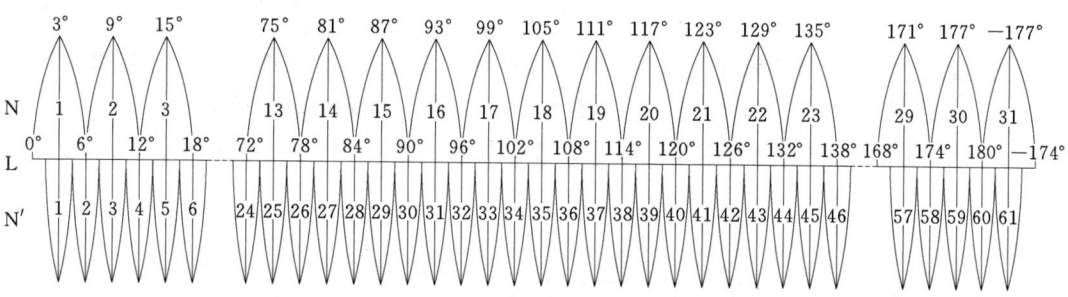

图 0.3.2　高斯平面分带示意图

6°带投影是从零度子午线起,由西向东,每 6°为一带,全球共分 60 带,分别用阿拉伯数字 1、2、3、…、60 编号表示。位于各带中央的子午线称为该带的中央子午线。每带的中央子午线的经度与带号有如下关系

$$L = 6n - 3 \tag{0.3.1}$$

其中 n 代表带号。6°带号与相应的中央经度见表 0.3.1。

表 0.3.1　　　　　　　　　　6°带号与相应的中央经度

带号	1	2	3	4	…	57	58	59	60
中央子午线经度	3°	9°	15°	21°	…	339°	345°	351°	357°

因高斯投影的最大变形在赤道上,并随经度的增大而增大。6°带的投影只能满足 1∶2.5 万比例尺的地图,要得到更大比例尺的地图,必须限制投影带的经度范围。

3°带投影是从 1°30′子午线起,由西向东,每 3°为一带,全球共分 120 带,分别用阿拉伯数字 1、2、3、…、120 编号表示。3°带的中央子午线的经度与带号有如下关系

$$L' = 3n \tag{0.3.2}$$

3°带号与相应的中央经度见表 0.3.2。

表 0.3.2　　　　　　　　　　3°带号与相应的中央经度

带号	1	2	3	4	…	117	118	119	120
中央子午线经度	3°	6°	9°	12°	…	351°	354°	357°	360°

反过来,根据某点的经度也可以计算其所在的 6°带和 3°带的带号,公式为

$$N = \left[\frac{L}{6}\right] + 1 \tag{0.3.3}$$

$$N' = \left[\frac{L}{3} + 0.5\right] \tag{0.3.4}$$

[ ] 代表取整。

【例 0.3.1】　我国某点地理坐标为东经 118.6°,北纬 56.5°,求该点分别在 6°和 3°带中的带号和中央子午线的经度。

解： $N=[L/6]+1=[118.6°/6]+1=20$（带），$L=6N-3=6×20-3=117°$

$N'=[L'/3+0.5]=40$（带），$L'=3N'=120°$

即该点分别在6°和3°带中的带号和中央子午线的经度是20带和117°，40带和120°。我国位于东经70°～135°之间，6°带在12～23带内，3°带在24～45带内。

（2）高斯平面直角坐标系的建立。高斯平面直角坐标系如图0.3.3所示。

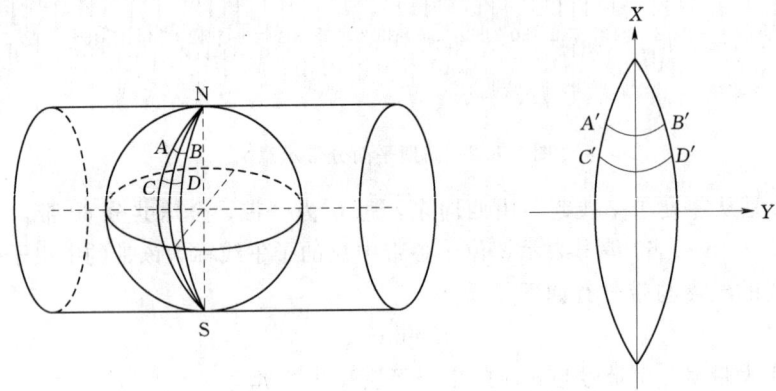

图0.3.3 高斯平面直角坐标系

中央子午线投影到椭圆柱上是一条直线，这条直线作为平面直角坐标系的纵坐标轴，即 X 轴，表示南北方向；赤道投影后是与中央子午线正交的一条直线，作为横轴，即 Y 轴，表示东西方向。这两条相交的直线相当于平面直角坐标系的坐标轴，构成高斯平面直角坐标系。

我国位于北半球，X 值全为正值，而 Y 坐标时正时负。为避免计算中因负值而出现错误，规定纵坐标轴向西平移500km，这样全部横坐标值均为正值。此时中央子午线的 Y 值不是0而是500km。

例如，第17投影带中的某点，横坐标为 -148478.6 m。横坐标轴向西平移500km后，则 Y 值为 $-148478.6+500000=351521.4$ m。实际上则写为18351521.4，最前面的18代表带号，就能区别它位于哪个带内。

2. 地面点的独立平面直角坐标

在小区域内进行测量工作若采用大地坐标来表示地面点的位置是不方便的，通常采用平面直角坐标。

当研究小范围地面形状和大小时，可把球面的投影面看成平面。测量工作中所用的平面直角坐标与解析几何中所介绍的基本相同，只是测量工作以 X 轴为纵轴，用来表示南北方向。这是由于在测量工作中表示方向时是以北方向为标准按顺时针方向计算的角度。此外，为了平面三角学公式都同样能在测量计算中应用，象限是按顺时针方向编号的（图0.3.4）。

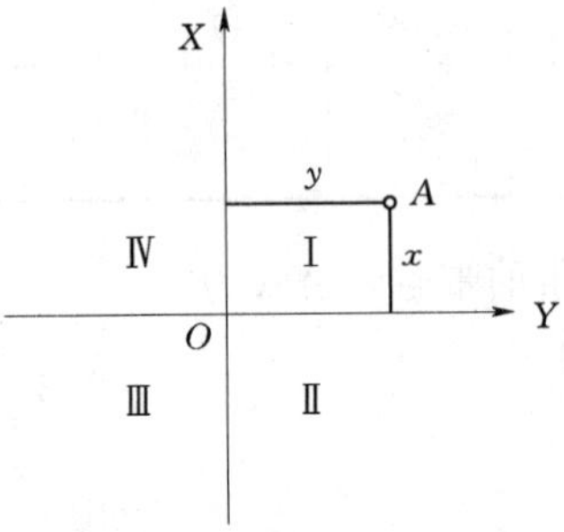

图0.3.4 测量上的坐标系

为实用方便，测量上的坐标原点有时是假设的，通常坐标原点选在测区的西南角，使各点坐标为正值。

0.3.2 地面点的高程

0.3.2.1 地面点的绝对高程

地面点到大地水准面的铅垂距称为绝对高程,简称高程,亦称为正常高,通常用 H 表示。例如 A 点的高程通常表示为 H_A,如图 0.3.5 所示。

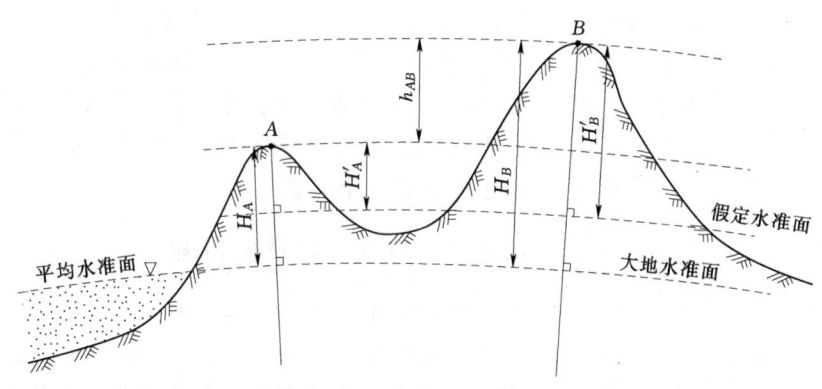

图 0.3.5 高程和高差

1949 年之前,我国没有统一的高程起算基准面,平均海水面有很多种标准,致使高程不统一,相互使用困难。新中国成立后,测绘事业蓬勃发展,相继建立 1954 年北京坐标系和 1980 西安坐标系以及 2000 国家大地坐标系,又建立了国家统一的高程系统起算点,即水准原点。我国的绝对高程是由黄海平均海水面起算的,该面上各点的高程为零。水准原点建立在青岛市观象山山洞里。根据青岛验潮站连续 7 年的时间,即 1950—1956 年的水位观测资料,确定了我国大地水准面的位置,并由此推算大地水准原点高程为 72.289m,以此为基准建立的高程系统称为"1956 黄海高程系"。

然而,验潮站的工作并没有结束,后来根据验潮站 1952—1979 年的水位观测资料,重新确定了黄海平均海水面的位置,由此推算到大地水准原点的高程为 72.2604m。此高程基准称为"1985 国家高程基准"。

0.3.2.2 地面点的相对高程

在全国范围内利用水准测量的方法布设一些高程控制点称为水准点,以保证尽可能多的地方高程能得到统一。尽管如此,仍有某些建设工程远离已知高程的国家控制点。这时可以以假定水准面为准,在测区范围内指定一固定点并假设其高程。像这种点的高程是地面点到假定水准面的铅垂距称为相对高程。例如 A 点的相对高程通常用 H'_A 来表示。

0.3.2.3 地面点间的高差

高差是指地面两点之间高程或相对高程的差值,用 h 来表示。例如 AB 两点间的高差通常表示为 h_{AB}。

从图 0.3.5 可知

$$h_{AB} = H_B - H_A = H'_B - H'_A \qquad (0.3.5)$$

可见，地面两点之间的高差与高程的起算面无关，只与两点的位置有关。

0.4 在测量工作中用水平面代替水准面的限度

根据 0.3 节内容可知，在普通测量工作中是将大地水准面近似地当成圆球看待的。一般我们的测绘产品通常是以平面图纸为介质的。因此就需要先把地面点投影到圆球面上，然后再投影到平面图纸上，需要进行两次投影。在实际测量时，若测区范围面积不大，往往以水平面直接代替水准面，就是把球面上的点直接投影到平面上，不考虑地球曲率。但是到底多大面积范围内容许以平面投影代替球面，这节主要讨论这个问题。

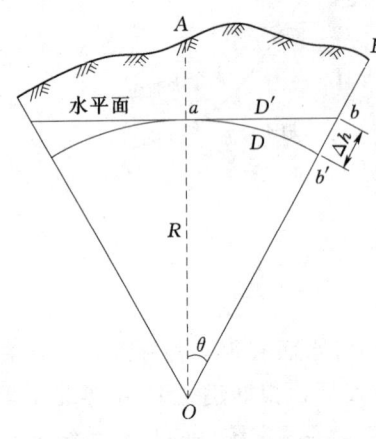

图 0.4.1 水平面代替水准面对水平距离的影响

0.4.1 对水平距离的影响

如图 0.4.1 所示，地面两点 A、B，投影到水平面上分别为 a、b，在大地水准面上的投影为 a、b'，则 D、D' 分别为地面点在大地水准面上与水平面上的距离。研究水平面代替水准面对距离的影响，即为用 D' 代替 D 所产生的误差 ΔS。

由图可知，$\Delta S = D' - D$ 因 $D = R\theta$，在 $\triangle aOb$ 中，$D' = R\tan\theta$，则

$$\Delta S = D' - D = R\tan\theta - R\theta = R(\tan\theta - \theta)$$

将 $\tan\theta$ 按级数展开为

$$\tan\theta = \theta + \frac{1}{3}\theta^3 + \frac{2}{15}\theta^5 + \cdots$$

因为面积不大，所以 D' 不会太长，θ 很小，故略去 θ 五次方以上各项，并代入上式得

$$\Delta S = \frac{1}{3}R\theta^3$$

因为 $\theta = \dfrac{D}{R}$，代入上式得

$$\Delta S = \frac{D^3}{3R^2} \tag{0.4.1}$$

以 $R = 6371\text{km}$ 和不同的 D 值代入式 (0.4.1)，算得相应的 ΔS 及 $\Delta S/S$ 值见表 0.4.1。

从表 0.4.1 中可以看出，当地面距离为 10km 时，用水平面代替水准面所产生的距离误差仅为 8.2mm，其相对误差为 1/120 万。而实际测量距离时，大地测量中使用的精密电磁波测距仪的测距精度为 1/1000000（相对误差），地形测量中普通钢尺的量距精度约为 1/2000。所以，只有在大范围内进行精密测距时，才考虑地球曲率的影响，而在一般地形测量中测量距离时，可不必考虑这种误差的影响。

表 0.4.1 地球曲率对水平距离和高程的影响

距离 D /km	距离误差 ΔS/mm	距离相对误差 $\Delta S/S$	高程误差 Δh/mm	距离 D /km	距离误差 ΔS/mm	相对误差 $\Delta S/S$	高程误差 Δh/mm
0.1	0.000008	1/1250000 万	0.8	10	8.2	1/120 万	7850.0
1	0.008	1/12500 万	78.5	25	128.3	1/19.5 万	49050.0

0.4.2 对高程的影响

我们知道，高程的起算面是大地水准面，如果以水平面代替水准面进行高程测量。则所测得的高程必然含有因地球弯曲而产生的高程误差的影响。如图 0.4.1 中，a 点和 b' 点是在同一水准面上，其高程应当是相等的，当以水平面代替水准面时，b' 点升到 b 点，bb'，即 Δh 就是产生的高程误差，由于地球半径很大。距离 D 和 θ 一般很小，所以 Δh 可以近似地用半径为 D，圆心角为 $\theta/2$ 所对应的弧长来表示，即

$$\Delta h = \frac{\theta}{2} D$$

因为 $\theta = \dfrac{D}{R}$，代入上式得

$$\Delta h = \frac{D^2}{2R} \tag{0.4.2}$$

用不同的距离代入式 (0.4.2)，便得表 0.4.1 所列的结果。从表 0.4.1 可以看出，用水平面代替水准面对高程的影响是很大的。距离为 0.1km 时，就有 0.8mm 的高程误差，这在高程测量中是不允许的。因此，进行高程测量，即使距离很短，也应用水准面作为测量的基准面，即应顾及地球曲率对高程的影响。

0.5 测量工作概述

0.5.1 测量的基本工作

地面点的空间位置用坐标和高程来表示。

1. 地面点平面位置的确定

地面点平面位置一般不是直接测定，而是通过测量水平角和水平距离而求得的。如图 0.5.1 所示，在平面直角坐标系中，若要测定原点 O 附近 1 点的位置，只需测得角度 α_1（称为方位角），以及距离 D_1，用三角公式即可算出点 1 的坐标为：$x_1 = D_1 \cos\alpha_1$，$y_1 = D_1 \sin\alpha_1$。

若能测得方位角 α_1 及水平角 β_1、β_2、…并测得各点间距离 D_1、D_2、D_3、…则可以推算 2、3、…点的坐标值。由此可见，测定地面点平面位置的基本原理是：由坐标原点开始，逐点测得方位角和水平距离，逐点推算出坐标。

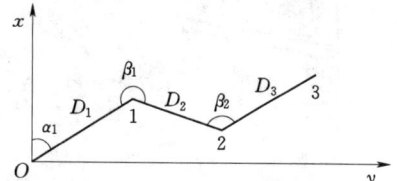

图 0.5.1 确定地面点位的测量工作

2. 地面点高程的确定

地面点高程测定的基本原理是从高程原点开始，逐点测得两点之间的高差，进而推算出点的高程。

综上所述，距离、角度和高差是确定地面点位置的三个基本要素，而距离测量、角度测量、高差测量是测量的三项基本工作。

0.5.2 测量工作的基本原则

测量工作中将地球表面的形态分为地物和地貌两类：地面上的河流、道路、房屋等称为地物；地面高低起伏的山峰、沟、谷等称为地貌。地物和地貌总称为地形。测量学的主要任务是测绘地形图和施工放样。

将测区的范围按一定比例尺缩小成地形图时，通常不能在一张图纸上表示出来。测图时，要求在一个测站点（安置测量仪器测绘地物、地貌的点）上将该测区的所有重要地物、地貌测绘出来也是不可能的。因此，在进行地形测图时，只能连续地逐个测站施测，然后拼接出一幅完整的地形图。当一幅图不能包括该地区面积时，必须先在该地区建立一系列的测站点，再利用这些点将测区分成若干幅图，并分别施测，最后拼接该测区的整个地形图。

这种先在测区范围建立一系列测站点，然后分别施测地物、地貌的方法，就是先整体后局部的原则。这些测站点的位置必须先进行整体布置，反之，若一开始就从测区某一点起连续进行测量，则前面测站的误差必将传递给后面的测站，如此逐站积累，最后测站的本身位置以及根据它测绘的地物、地貌的位置误差积累愈大，这样将得不到一张合格的地形图。一幅图如此，就整个测区而言就更难保证精度。因此，必须先整体布置测站点。测站点起着控制地物、地貌的作用，所以又称为"从控制到碎部"。

为此，在地形测图中，先选择一些具有控制意义的点，如图 0.5.2 所示 A、B、C、…点。用比较精密的仪器和方法把它们的位置测定出来，这些点就是上述的测站点，在地形测量中称为地形控制点，或称为图根控制点；然后再根据它们测定道路、房屋、草地、水

图 0.5.2　某测区示意图及图根导线布设示意图

系的轮廓点，这些轮廓点称为碎部点。这样从精度上来讲就是从高级到低级。

遵循"由整体到局部"、"先控制后碎部"、"从高级到低级"的原则，就可以使测量误差的分布比较均匀，保证测图精度，而且可以分幅测绘，加快测图速度，从而使整个测区连成一体，获得整个地区的地形图，如图0.5.3所示。

在施工放样和建筑物变形观测工作中，同样必须遵循这样的工作原则。

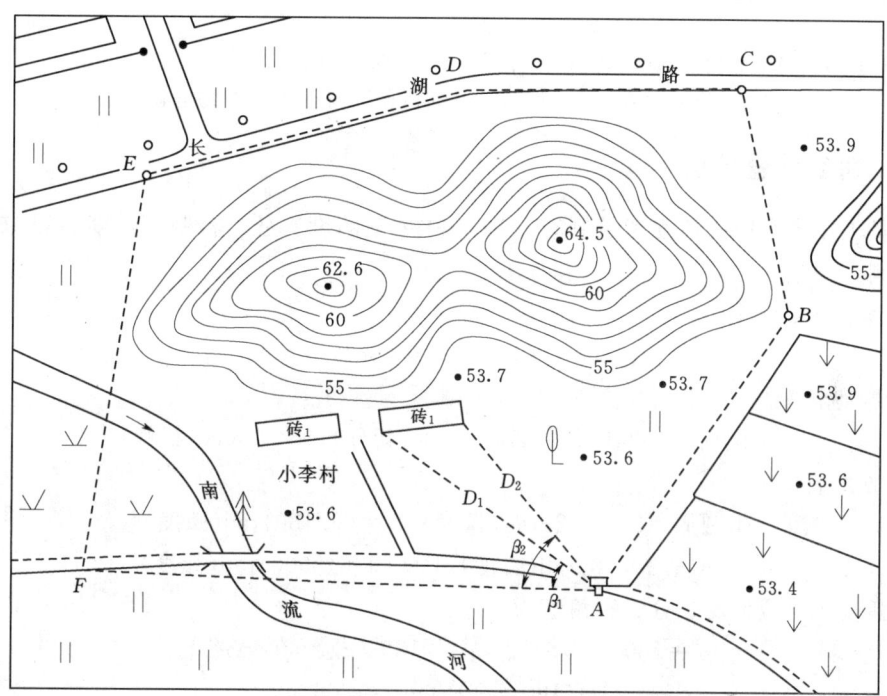

图 0.5.3 某测区地形图

0.6 测量的度量单位

0.6.1 长度计量单位

测量上常用的长度计量单位为 km、m、dm、cm、mm，其中 1km＝1000m，1m＝10dm＝100cm＝1000mm。

0.6.2 面积计量单位

测量上常用面积计量单位是 m^2，大面积则用 hm^2（公顷）或 km^2 表示，在农业上常用市亩作为面积单位。

$1m^2$（平方米）＝$100dm^2$（平方分米）＝$10000cm^2$（平方厘米）＝$1000000mm^2$（平方毫米）

$1hm^2$（公顷）＝$10000m^2$＝15mu（亩），1mu（亩）＝10 分＝100 厘＝$666.667m^2$

$1km^2$（平方千米）＝100（公顷）＝1500mu（亩），1are（公亩）＝$100m^2$＝0.15mu（亩）

11

$1hm^2 = 10000m^2 = 15$ 市亩，$1km^2 = 100hm^2 = 1500$ 市亩，1 市亩 $= 666.67m^2$

【例 0.6.1】 已知某地块实测面积为 $1563.25m^2$，请问该地块面积为多少亩？（计算结果保留三位小数）

解：
$$1563.25 \div 666.67 = 2.345(亩)$$

0.6.3 体积计量单位

体积计量单位为 m^3，在工程上简称"立方"或"方"。
$$1m^3 = 1000dm^3，1dm^3 = 1000cm^3，1cm^3 = 1000mm^3$$

0.6.4 角度计量单位

测量工作中常用的角度度量制有三种：60 进制的度、分、秒制，弧度制和 100 进制的新度制。

1. 度、分、秒制
$$1 \text{圆周} = 360°(度)，1° = 60'(分)，1' = 60''(秒)$$

2. 新度制
$$1 \text{圆周} = 400g(新度),1g = 100c(新分),1c = 100cc(新秒)$$

3. 弧度制
$$1 \text{圆周} = 360° = 2\pi rad(弧度),1° = (\pi/180)rad(弧度)$$
$$1' = (\pi/10800)rad(弧度),1'' = (\pi/648000)rad(弧度)$$

一弧度所对应的度、分、秒角值为
$$\rho° = 180°/\pi \approx 57.3°, \rho' = (180°/\pi) \times 60' \approx 3438'$$
$$\rho'' = (180°/\pi) \times 3600'' \approx 206265''$$

【例 0.6.2】 知道半径为 100m 的一弧长所对圆心角为 $25''$，该圆心角所对的弧长是多少？

解：设圆心角所对弧长为 ΔL，则得
$$\Delta L = \frac{25''}{\rho''} \times 100 = 0.012(m)$$

0.7 测量误差的基本知识

0.7.1 测量误差的概念

用测量仪器、工具观测得到的数值，称为观测值。如观测的高差、距离和角度等。观测对象客观存在的量，称为真值。观测值与真值之间存在的微小的差异，称为真误差。

若用 L 表示观测值，X 表示真值，则真误差 Δ 定义为
$$\Delta = L - X \tag{0.7.1}$$

在测量中，某些量无法求得真值，这时真误差就无法计算。因此，常采用多次观测之平均值作为该量的最可靠值，也称为最或然值或似真值。观测值与平均值之间存在的微小

差异,称为或然误差,又称似真误差或改正数。

若用 L 表示观测值,$\bar{x}$ 表示平均值,则似真误差(改正数)ν 定义为

$$\nu = L - \bar{x} \tag{0.7.2}$$

0.7.2 测量误差的来源

测量误差产生的原因是多种多样的,但由于任何观测值的获取都要具备人、仪器、外界环境这三种要素,所以观测误差产生的原因可归结为下列三方面。

1. 仪器误差的影响

仪器误差的影响可从两个方面来理解,一是仪器本身固有的误差,给观测结果带来误差影响;如用只有厘米分划的水准尺进行水准测量时,就很难保证在厘米以下的读数准确无误;二是仪器检校时的残余误差,如水准仪的视准轴不平行于水准轴而产生的 i 角误差等。

2. 观测者的影响

由于观测者感觉器官的鉴别能力有一定的局限性,所以在仪器的安置、照准、读数等方面都会产生误差。同时,观测者的工作态度和技术水平,也是对观测成果质量有直接影响的重要因素。

3. 外界环境的影响

观测时所处的外界条件,如温度、湿度、风力、大气折光等因素都会对观测结果直接产生影响;同时,温度的高低、湿度的大小、风力的强弱以及大气折光的不同,它们对观测结果的影响也随之不同,因而在这样的客观环境下进行观测,就必然使观测的结果产生误差。

上述仪器、观测者、外界环境三方面的因素是引起误差的主要来源,这三方面的因素综合起来称为观测条件。不难想象,观测条件的好坏与观测成果的质量有着密切的联系。当观测条件好时,观测中产生的误差平均说来就可能相对小些,因而观测质量就会高些。反之,观测条件差时,观测成果的质量就会低些。如果观测条件相同,观测成果的质量也就可以说是相同的。因此,观测成果的质量高低客观地反映了观测条件的优劣,也可以说,观测条件的好坏决定了观测成果质量的高低。

但是,不管观测条件如何,在整个观测过程中,由于受到上述因素的影响,观测的结果就会产生这样或那样的误差。从这个意义上来说,在测量中产生误差是不可避免的,即误差存在整个观测过程中,称为误差公理。

0.7.3 测量误差的分类

根据观测误差对观测结果影响的性质,可将误差分为系统误差和偶然误差(随机误差)两种。

0.7.3.1 系统误差

在相同的观测条件下作一系列观测,如果误差在大小、符号上表现出系统性,或者在观测过程中按一定的规律变化,或者为一常数,则这种误差称为系统误差。

例如,水准尺的刻划不准,水准仪的视准轴误差,温度对钢尺量距的误差,尺长误差

等均属于系统误差。

系统误差具有累计性,对成果的影响较大,应当设法消除或减弱它的影响,采用的方法一般有两种:一是在观测的过程中采取一定的措施;二是在观测结果中加入改正数。其目的就是消除或减弱系统误差的影响,达到忽略不计的程度。

0.7.3.2 偶然误差

1. 偶然误差概念

在相同的观测条件下作一系列的观测,如果误差在大小和符号上都表现出偶然性,即从单个误差看,该系列误差的大小和符号没有规律性,但就大量误差的总体而言,具有一定的统计规律,这种误差称为偶然误差。例如,观测时的照准误差,读数时的估读误差等,都属于偶然误差。

如果各个误差项对其总和的影响都一样大小,即其中没有一项比其他项的影响占绝对优势时,那么它们的总和将是服从或近似地服从正态分布的随机变量。因此,偶然误差就其总体而言,都具有一定的统计规律,所以,有时又把偶然误差称为随机误差。

在测量工作的整个过程中,除了上述两种性质的误差以外,还可能发生错误。错误的发生,大多是由于工作中的粗心大意造成的。错误的存在不仅大大影响测量成果的可靠性,而且往往造成返工浪费,给工作带来难以估量的损失。因此,必须采取适当的方法和措施,保证观测结果中不存在错误。所以一般来说,错误不算作观测误差。

观测结果不可避免地包含偶然误差,它是不可消除的,但可以选择较好的观测条件减弱它。

2. 偶然误差特性

设有一组观测值 $L_1, L_2, \cdots, L_n$,其相应的真值为 $\tilde{L}_1, \tilde{L}_2, \cdots, \tilde{L}_n$,真误差为 $\Delta_1, \Delta_2, \cdots, \Delta_n$,并设其中不包含系统误差和粗差,则从表面上看,这组误差的大小和符号没有规律,然而,对其进行统计分析则呈现出一定的统计规律性,该组误差的个数越多这种规律性表现得越明显。可以用三种方法来描述一组观测误差的分布规律性。

在相同观测条件下,对某测区 781 个三角形的内角进行了观测,并按式(0.7.3)求出内角和的真误差为

$$\Delta_i = 180° - (L_1 + L_2 + L_3)_i \quad (i=1,2,\cdots,781) \tag{0.7.3}$$

式中 Δ_i ——第 i 个三角形内角和观测值的真误差。

由于观测值中已剔除了粗差,且系统误差已削弱到可以忽略不计的程度。因此,从总体讲,这些误差均为偶然因素所致,均属偶然误差,而且各个误差之间是互相独立的。所谓独立,即各个误差在数值的大小和符号上互不影响,与这一组误差相对应的观测值称为互相独立的观测值。

设以 $d\Delta$ 表示误差区间并令其等于 $0.5''$,将这组误差分别按正误差和负误差重新排列,统计误差出现在各区间的个数 μ_i,计算出误差出现在某区间内的频率 μ_i/n,其结果列于表 0.7.1 中。

从表 0.7.1 中可以看出,该组误差表现出这样的分布规律:绝对值较小的误差比绝对值较大的误差多;绝对值相等的正误差个数与负误差个数相近;误差的绝对值有一定限度,最大不超过 $3.5''$。

为了形象地表达偶然误差的分布规律,根据表 0.7.1 的数据,以误差 Δ 的数值为横坐标,以 $\dfrac{\mu/n}{\mathrm{d}\Delta}$ 为纵坐标可绘制出直方图,如图 0.7.1 所示,每一误差区间上的长方形面积表示误差在该区间出现的相对个数。误差较小的长方形较高,其面积较大,即误差出现的相对个数较多;反之,误差较大的长方形较低,其面积较小,即出现误差的相对个数较少。所有长方形基本上对称于纵坐标轴,这说明绝对值相等的正误差和负误差出现的相对个数很接近。误差绝对值大于 $3.5''$ 的长方形没有,表明其面积为零,即出现的相对个数为零,亦即不会出现。还需指出,所有长方形面积之和等于 1。

表 0.7.1 测量误差频率分布表

误差区间	为负值的 Δ		为正值的 Δ	
	个数 μ_i	相对个数 μ_i/n	个数 μ_i	相对个数 μ_i/n
$0.0''\sim 0.5''$	123	0.157	116	0.149
$0.5''\sim 1.0''$	99	0.128	98	0.125
$1.0''\sim 1.5''$	72	0.092	74	0.095
$1.5''\sim 2.0''$	51	0.065	48	0.062
$2.0''\sim 2.5''$	22	0.028	27	0.034
$2.5''\sim 3.0''$	16	0.020	16	0.020
$3.0''\sim 3.5''$	10	0.013	9	0.012
$3.5''$ 以上	0	0	0	0
和	393	0.503	388	0.497

当误差个数 n 无限增多,并无限缩小误差区间时,图 0.7.1 中各个小长方条顶边的折线就变成一条光滑的曲线,如图 0.7.2 所示,这条曲线称为误差分布曲线,简称为误差曲线。

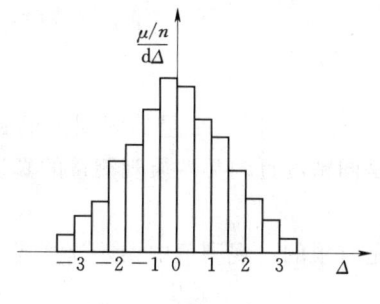

图 0.7.1 误差直方图

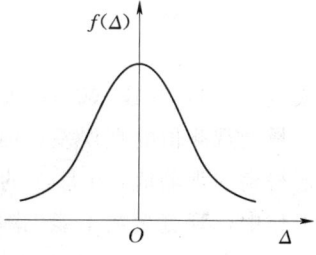

图 0.7.2 误差分布曲线

通过以上讨论,可以用概率的术语来描述偶然误差所具有的统计特性:

(1)在一定的观测条件下,误差的绝对值不会超过一定的限值,或偶然误差的绝对值大于某个值的概率为零,或表述为:观测误差的绝对值小于某个值的概率恒等于 1。该特性称为偶然误差的有界性。

(2)绝对值较小的误差比绝对值较大的误差出现的概率要大,该特性称为偶然误差的聚中性。

(3) 绝对值相等的正负误差出现的概率相等,该特性称为偶然误差的对称性。

(4) 偶然误差的算术平均值的极限值为 0,该特性称为偶然误差的抵偿性。

0.7.4 衡量测量精度的标准

在一定的观测条件下进行的一组观测,它对应着一种确定不变的误差分布。如果分布较为密集,则表示该组观测质量较好,也就是说,这一组观测精度较高;反之,如果分布较为离散,则表示该组观测质量较差,也就是说,这一组观测精度较低。

因此,所谓精度,就是指误差分布的密集或离散的程度。倘若两组观测成果的误差分布相同,便是两组观测成果的精度相同;反之,若误差分布不同,则精度也就不同。

在相同的观测条件下所进行的一组观测,由于它是对应着同一种误差分布,因此,对于这一组中的每一个观测值,都称为同精度观测值。例如,表 0.7.1 中所列观测结果是在相同观测条件下测得的,各个结果的真误差彼此并不相等,有的甚至相差很大(例如,有的出现于 $0.0''\sim 0.5''$ 区间,有的出现于 $3.0''\sim 3.5''$ 区间),但是,由于它们所对应的误差分布相同,因此,这些结果彼此是同精度观测值。

精度是指一组误差的分布密集或离散的程度。分布愈密集,则表示在该组误差中,绝对值较小的误差所占的相对个数愈大。在这种情况下,该组误差绝对值的平均值就一定小。由此可见,精度虽然不是代表个别误差的大小,但是,它与这一组误差绝对值的平均大小显然有着直接关系。因此,用一组误差的平均大小作为衡量精度高低的指标,是完全合理的。用一组误差的平均大小作为衡量精度的指标,可有多种不同的定义,下面介绍几种常用的精度指标。

1. 中误差计算

在一定观测条件下,对某量进行 n 次观测,得到 n 个观测值,对应求出 n 个真误差,取这些独立误差平方和的平均值极限的平方根,称为该组观测值的中误差,用 m 表示,即

$$m = \lim_{n \to \infty} \sqrt{\frac{[\Delta\Delta]}{n}} \qquad (0.7.4)$$

说明:式(0.7.3)和式(0.7.4)中的 Δ 既可以是同一个量的观测值的真误差,也可以不是同一量的观测值的真误差,但必须都是同精度且同类性质观测量的真误差,即是在相同条件下得到的观测值,n 是 Δ 的个数。

在实际工作中,观测次数不能无限多,总是有限的,观测值中误差计算式为

$$m = \pm\sqrt{\frac{[\Delta\Delta]}{n}} \quad \text{(知道真值时使用此式)} \qquad (0.7.5)$$

或

$$m = \pm\sqrt{\frac{[\nu\nu]}{n-1}} \quad \text{(不知道真值时使用此式)} \qquad (0.7.6)$$

上二式中　n——观测次数;

　　　　　Δ——真误差;

　　　　　ν——改正数。

计算的 m 值愈小,观测值精度愈高。

0.7 测量误差的基本知识

【例 0.7.1】 某测区的 16 个三角形内角和的误差如下，试求三角形内角和中误差。

−5.2″ +3.1″ 0.0″ −0.2″ +1.1″ −1.7″ +0.1″ +1.2″
−0.6″ +2.2″ −3.2″ +1.4″ −0.8″ +1.0″ −0.2″ +1.0″

解：将三角形内角和的真误差代入式（0.7.5），可得三角形内角和的中误差

$$m = \sqrt{\frac{(-5.2)^2+(+3.1)^2+(0.0)^2+\cdots+(+1.0)^2+(-0.2)^2+(+1.0)^2}{16}}$$

$$= \pm 1.97''$$

【例 0.7.2】 用 j6 经纬仪某水平角观测 4 测回，各测回值分别为 45°32′18″，45°32′10″，45°32′28″和 45°32′16″，1 测回观测值中误差 m 是多少？

解：（1）根据题目给出的各测回观测值，求得其平均值为 45°32′18″，按式（0.7.2）求出各改正数为

$$V_1 = 45°32'18'' - 45°32'18'' = 0''$$
$$V_2 = 45°32'10'' - 45°32'18'' = -8''$$
$$V_3 = 45°32'28'' - 45°32'18'' = 10''$$
$$V_4 = 45°32'16'' - 45°32'18'' = -2''$$

（2）按式（0.7.6）计算观测值中误差

$$m = \pm\sqrt{\frac{[vv]}{n-1}} = \sqrt{\frac{(0)^2+(-8)^2+(+10)^2+(-2)^2}{4-1}} = \pm 7.5''$$

2. 容许中误差计算

前已述及观测成果中不能含有粗差。那么，如何来判定观测误差中的粗差呢？必须要有一个判定标准，超过这个标准的误差就列入粗差，相应的观测值应予剔除或返工重测，这个标准就是极限误差，所谓极限误差就是最大误差。由偶然误差的特性可知，在一定条件下，偶然误差不会超过一个界值，这个界值就是所说的极限误差，但这个界值很难确定，一般规定极限误差的根据是误差出现在某一范围内的概率的大小，即误差 Δ 出现在 (−1km，+1km) 内的概率。经计算误差出现在区间 (−1m，+1m)，(−2m，+2m)，(−3m，+3m) 内的概率分别为 68.3%、95.5%、99.7%。可见，大于三倍中误差的误差，其出现的概率只有 0.3%，是小概率事件，在一次观测中，可认为是不可能发生的事件。因此，可规定三倍中误差为极限误差，即

$$\Delta_{限} = 3m \tag{0.7.7}$$

若对观测要求较严，也可规定两倍中误差为极限误差，即

$$\Delta_{限} = 2m \tag{0.7.8}$$

如 [例 0.7.1] 中，若取二倍中误差作为极限误差，则内角和的极限误差为

$$\Delta_{限} = 2 \times 1.97 = 3.94''$$

3. 相对中误差计算

有时，单靠中误差还不能完全表达观测质量的好坏。例如，在同一观测条件下，用尺子丈量了两段距离，一段为 500m，一段为 1000m，这两段距离的中误差均为 2.0cm，用中误差无法评判其精度高低。但很显然，虽然二者中误差相同，但由于不同的距离长度，两者精度并不相同，前者的单位长度的精度比后者低。

所谓相对中误差（也称相对精度），即将观测值中误差与观测值之比，化为分子化为 1 的分数表示，即用 $\frac{1}{N}$ 表示，相对误差误差一般用 k 表示。即

$$k=\frac{m_D}{D}=\frac{1}{D/m_D}=\frac{1}{N}$$

N 一般取至百位数的整数。N 值愈大，精度愈高。如上述两段距离，前者的相对中误差为 1/25000，而后者则为 1/50000，后者精度高于前者。

又如某两点点间观测值为 87.366m，观测值中误差为 ±0.026m，则相对中误差 k 为

$$k=\frac{0.026}{87.366}=\frac{1}{3360}\approx\frac{1}{3300}$$

相对（中）误差主要用来衡量距离的精度，不能用来衡量测量高差和角度的测量精度。

实 训 与 习 题

1. 测量学的研究对象及主要任务是什么？
2. 水利工程测量的任务是什么？
3. 测量工作的基准面和基准线是什么？
4. 如何确定地面点的位置？
5. 何谓绝对高程？何谓相对高程？何谓高差？
6. 用水平面代替水准面对水平距离和高程分别有何影响？
7. 已知 $H_A=36.897\mathrm{m}$，$H_B=63.095\mathrm{m}$，求 h_{AB}。
8. 测量的基本工作和基本原则是什么？
9. 观测误差产生的原因有哪些？
10. 观测条件包括哪些？
11. 根据观测误差对观测结果的影响，将观测误差区分成哪几类？
12. 偶然误差的特性是什么？
13. 观测量的精度指标主要有哪些？
14. 1km² 合多少亩？

项目1 水 准 测 量

学习目标：

通过本项目的学习，了解水准仪的基本构造、水准点和水准路线、自动安平水准仪和精密水准仪的特点、水准测量误差及其消减方法；理解水准测量原理；具有水准仪的使用、普通水准测量的观测、记录、内业成果计算及进行水准仪的检验和校正能力。

案例： 图1.0.1所示为某测区全景图，要将该测区测绘大比例尺地形图。图中布设了控制点 ABCDEF 点，要求用水准测量方法测定案例中图根闭合水准路线 ABCDEF 的高程。

图1.0.1 某测区全景图

测定地面点高程的测量工作，称为高程测量。高程测量的方法主要有水准测量、三角高程测量和GPS测量等，水准测量是精密测定地面点高程的主要方法。

任务1.1 理解水准测量原理

1.1.1 水准测量概念

水准测量是用水准仪所提供的水平视线，测定已知点和未知点之间的高差，根据已知点的高程和两点间的测量高差，求出未知点高程的一种方法。

项目1 水 准 测 量

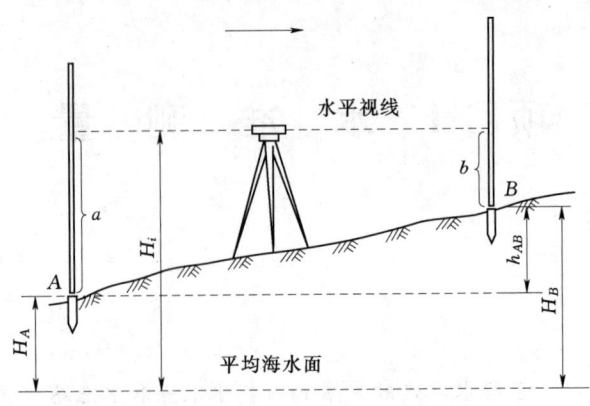

图 1.1.1 水准测量原理

1.1.2 测定两点高差的方法

在图 1.1.1 中,设已知 A 点高程为 H_A,欲求 B 点高程 H_B。在 A、B 两点竖立水准尺,利用水准仪提供的水平视线在水准尺上分别读数 a 和 b,则 A、B 两点间高差为

$$h_{AB}=a-b \tag{1.1.1}$$

设水准测量是由已知点 A 向未知点 B 方向进行的,规定 A 点为后视点,其水准尺读数 a 为后视读数;B 点为前视点,其水准尺读数 b 为前视读数。

从式 (1.1.1) 可知,两点间的高差等于后视读数减前视读数。即

高差 (h_{AB}) = 后视读数 (a) − 前视读数 (b)

高差有正负之分,若后视读数 a 大于前视读数 b,则高差 h_{AB} 为正值,表示 B 点比 A 点高;若后视读数 a 小于前视读数 b,则高差 h_{AB} 为负值,表示 B 点比 A 点低。

测得 A、B 点间的高差后,可求得 B 点的高程。求 B 点的高程有两种方法:

(1) 高差法。用已知点高程加上高差计算待求点高程的方法,即

$$H_B = H_A + h_{AB} \tag{1.1.2}$$

(2) 视线高法。用视线高减去前视读数计算待求点高程的方法,即

$$H_B = (H_A + a) - b = H_i - b \tag{1.1.3}$$

式中 H_i——视线高程,简称视线高,它等于已知 A 点的高程 H_A 加 A 点尺上的后视读数 a。

用高差法计算待求点的高程,主要用于高程控制测量;而用视线高法计算待求点高程主要用于工程测量。

当 A、B 两点间距离较远或高差较大时,必须设置多个测站才能测定出高差 h_{AB}。由图 1.1.2 可知

$$h_1 = a_1 - b_1$$
$$h_2 = a_2 - b_2$$
$$\vdots$$
$$h_n = a_n - b_n$$

任务 1.2 认识水准测量的仪器和工具

$$h_{AB} = h_1 + h_2 + \cdots + h_n = \sum_{i=1}^{n} h_i = \sum_{i=1}^{n} a_i - \sum_{i=1}^{n} b_i \tag{1.1.4}$$

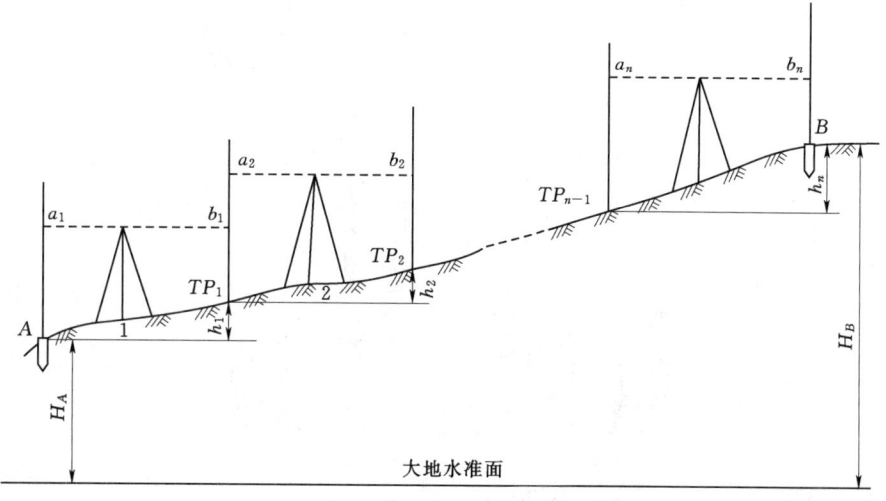

图 1.1.2　连续水准测量

图 1.1.2 中的立尺点 TP_1、TP_2、…、TP_{n-1} 称为转点，转点是具有前、后读数的临时立尺点，是在测量过程中临时选定的，在确定 B 点的高程工作中，转点起到传递高程的作用。此时 B 点高程为

$$H_B = H_A + h_{AB} = H_A + \sum a - \sum b \tag{1.1.5}$$

式（1.1.5）中 $\sum a$、$\sum b$ 分别为后视读数和前视读数的总和。

任务 1.2　认识水准测量的仪器和工具

进行水准测量时所使用的仪器是水准仪，使用的测量工具有水准尺和尺垫。

1.2.1　水准仪系列及适用

水准仪按测量精度分为 $DS_{0.5}$，DS_1，DS_3 等。其中"D"，"S"分别是"大地测量""水准仪"的汉语拼音的第一个字母。下标数字表示这些型号的仪器每公里往返测高差中数的中误差，以毫米为单位。$DS_{0.5}$，DS_1 型属于精密水准仪，$DS_{0.5}$ 型主要用于国家一、二等水准和精密工程测量；DS_1 型主要用于国家二等水准和精密工程测量；DS_3 型为普通水准仪，可用于一般工程建设测量及国家三、四等水准测量，是目前工程上使用最普遍的一种仪器。

按水准仪结构分类，目前主要有微倾式水准仪、自动安平水准仪和电子水准仪三种。本节介绍 DS_3 型微倾式水准仪的基本构造。

1.2.2　DS_3 水准仪构造及各部件作用

DS_3 水准仪主要由望远镜、水准器、基座三部分组成。仪器主要部件的名称如图

1.2.1所示。

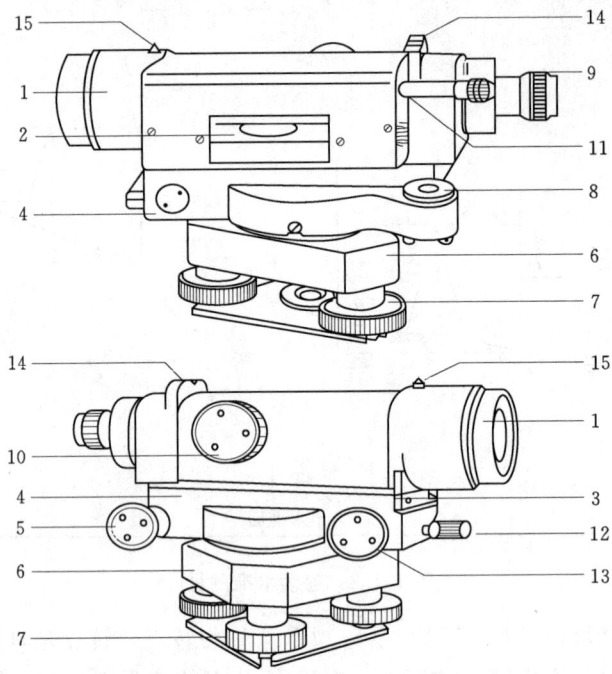

图 1.2.1 DS$_3$型微倾水准仪

1—望远镜物镜；2—水准管；3—簧片；4—支架；5—微倾螺旋；6—基座；7—脚螺旋；
8—圆水准器；9—望远镜目镜；10—物镜对光螺旋；11—水准管气泡观测窗；
12—水平制动螺旋；13—水平微动螺旋；14—缺口；15—准星

1. 望远镜

望远镜是用来精确瞄准目标和读数的设备。望远镜主要由物镜、目镜、物镜调焦透镜和十字丝等构成（图1.2.2）。

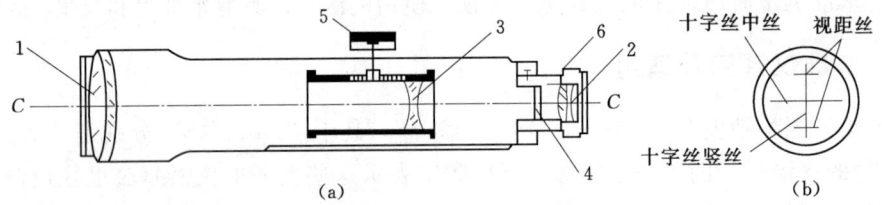

图 1.2.2 望远镜的构造

1—物镜；2—目镜；3—物镜调焦透镜；4—十字丝分划板；5—物镜对光螺旋；6—目镜调焦螺旋

物镜和目镜采用多块透镜组合而成，对光透镜由单块透镜或多块透镜组合而成。转动物镜对光螺旋即可带动对光透镜在望远镜筒内前后移动，使所照准的目标清晰。转动目镜对光螺旋，使十字丝清晰。

十字丝分划板安置在物镜和目镜之间，如图1.2.2（b）所示。十字丝是用来照准目标的。十字丝中竖直的一根称为纵丝（又称竖丝），中间长的称为横丝（又称为中丝），横丝上、下两根对称的短丝是测距时用的，称为视距丝，分上丝和下丝。十字丝刻在一块圆形的玻璃片上,称为十字丝分划板,它装在十字丝环上,再用螺丝固定在望远镜筒内。十字丝交点与物镜光心的连线称为视准轴(图1.2.2的$C—C$轴)。视准轴的延长线为视线,它是瞄准目标的依据。

望远镜可以沿水平方向左、右转动。为了准确对准目标,水准仪有一套水平制动和微动螺旋,当大致对准目标即拧紧制动螺旋,望远镜就不能转动,再旋转微动螺旋,望远镜可沿水平方向作微小的转动,这样就能对准目标。当制动螺旋放松时,转动微动螺旋是不起作用的,只有拧紧制动螺旋,转动微动螺旋才有效。

2. 水准器

水准器的作用是保证水准仪提供一条水平视线。水准器分为圆水准器和水准管两种。

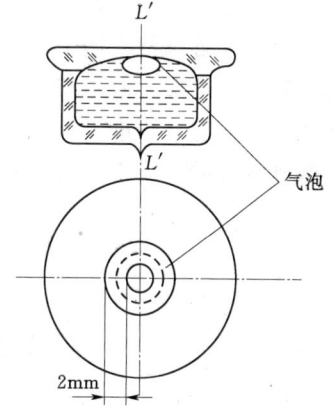

图1.2.3 圆水准器

(1)圆水准器。如图1.2.3所示,圆水准器是一封闭的玻璃圆盒,顶面的玻璃内表面研磨成球面,球面的正中刻画有圆圈。圆圈的中心称为零点,通过零点的法线$L'L'$,称为圆水准轴。当气泡居中时,圆水准轴就处于铅垂位置。指示仪器的竖轴也处于铅垂位置。圆水准器的气泡每移动2mm,圆水准轴相应倾斜的角度,称为圆水准器分划值,一般为$8'\sim 10'$。由于圆水准器的精度低,只适用于仪器粗略整平之用。

(2)水准管。水准管的玻璃管内壁为圆弧(图1.2.4),圆弧中点称为水准管的零点,通过零点与内壁圆弧相切的直线称为水准管轴(图中LL轴线)。水准管气泡居中时,水准管轴处于水平位置。水准管内壁弧长2mm所对的圆心角τ,称为水准管的分划值。设水准管的内壁弧半径为R,则水准管的分划值(τ)用式(1.2.1)表示

$$\tau=\frac{2}{R}\rho \tag{1.2.1}$$

式中 τ——水准管分划值;

ρ——1rad的秒数,206265″。

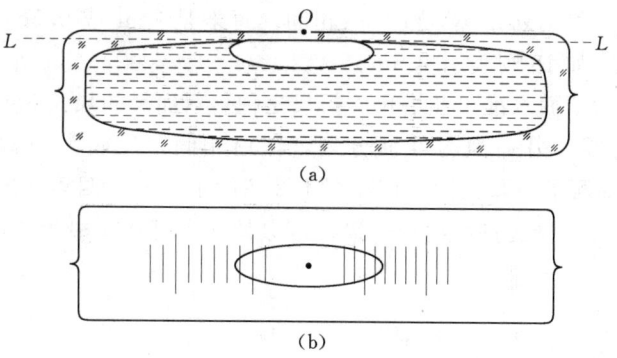

图1.2.4 水准管

S_3级水准仪的水准管分划值为20″。水准管分划值越小,水准管的灵敏度越高。因此,水准管的精度比圆水准器的精度高,适用于仪器精确整平。

为了提高判别水准管气泡居中的准确度,在水准管的上方设置一组符合棱镜(图1.2.5),借棱镜组的反射将气泡两端的半像反映在望远镜旁边的观察窗内。如图1.2.6(b)所示为水准管气泡不居中影像,水准管两端的影像错开,这时可转动微倾螺旋(右手大拇指旋转微倾螺旋方向与左侧半气泡影像的移动方向一致),以使水准管连同望远镜沿竖向作微小转动达到水准管气泡居中,此时两端的影像吻合,如图1.2.6(a)所示。这种设有微倾螺旋的水准仪称为微倾式水准仪。

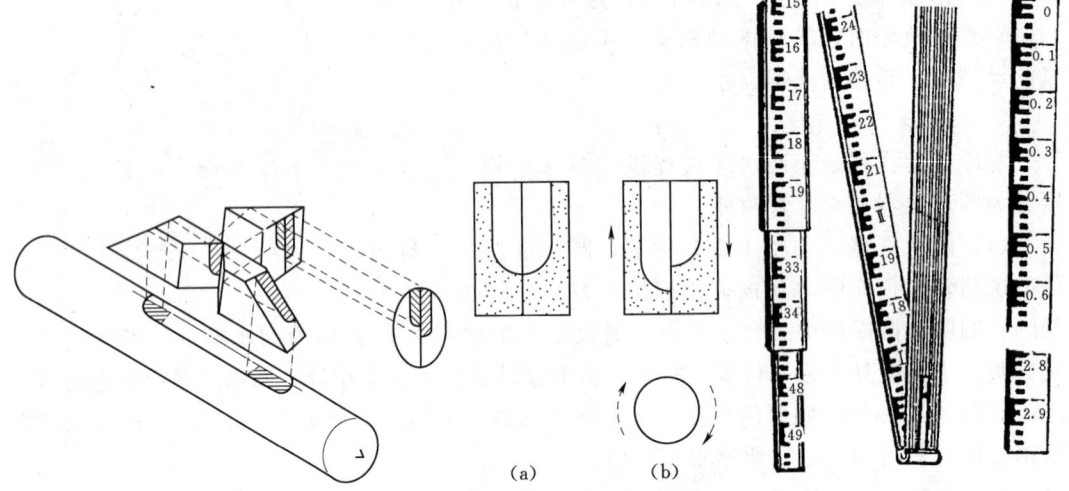

图1.2.5 水准管与符合水准器　　图1.2.6 符合水准器影像　　图1.2.7 水准尺

(3)基座。基座由轴座、脚螺旋和连接板组成。仪器上部通过竖轴插入轴座内,由基座承托,旋紧中心螺旋,使仪器与三脚架相连接。三脚架由木质(或金属)制成,脚架一般可伸缩,便于携带及调整仪器高度。

1.2.3 水准尺

水准尺是水准测量的重要工具(图1.2.7),它是用优质木料或塑料制成。水准尺的零点在尺的底部,尺的刻划是黑(红)白相间,每格是1cm或0.5cm,每分米处有明显标志,且均注数字。如15则表示1.5m。

水准尺一般分为双面水准尺和塔尺、折尺三种。双面尺的尺长3m,一面为黑面分划,黑白相间,尺底为零;另一面为红面分划,红白相间,尺底为一常数(如4.687m或4.787m)。普通水准测量用黑面读数,如图1.2.7所示。三、四等水准测量用黑、红面尺读数进行校核。塔尺可以伸缩,尺长一般为5m,适用于普通水准测量。

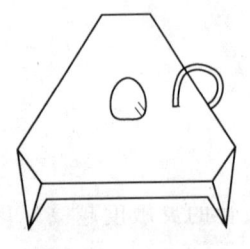

图1.2.8 尺垫

1.2.4 尺垫

尺垫顶面是三角形或圆形,用生铁铸成或铁板压成,中央有突起的半圆顶(图1.2.8)。使用时将尺垫压入土中,在其顶部放置水准尺。应用尺垫的目的是作为临时标志,并避免土壤下沉和立尺点位置变动而影响读数。特别注意在水准点上不能放置尺垫。

任务 1.3　掌握水准仪的使用方法

1.3.1　水准仪的使用方法

在安置水准仪之前,要打开三脚架,调整好仪器的高度,将仪器安置在三脚架上,旋紧中心螺旋。仪器安置高度要适中,三脚架头大致水平,并将三脚架的脚尖踩入土中。微倾式水准仪使用的基本方法可归纳为八个字:粗平—照准—精平—读数。

1. 粗平

粗平是使仪器圆水准器气泡居中,水准仪视线达到概略水平,简称粗平。要使圆气泡居中,首先要了解气泡移动方向的规律,气泡移动方向的规律总是往高处移动。气泡移动的方向与左手大拇指转动脚螺旋的方向一致。顺时针转动螺旋,该螺旋端升高,逆时针转动螺旋,该螺旋端降低。使仪器圆气泡居中有两种方法。

第一种方法是将仪器安置在架头上,转动脚螺旋使气泡居中,如图 1.3.1 所示,当气泡偏离如图 1.3.1(a)所示的位置时,可转动①、②两个脚螺旋或其中一个螺旋,转动螺旋方向按图中箭头所示方向进行,使气泡从图 1.3.1(a)所示位置转至图 1.3.1(b)所示位置。然后按箭头方向转动另一个脚螺旋③使气泡向中心移动使气泡居中。

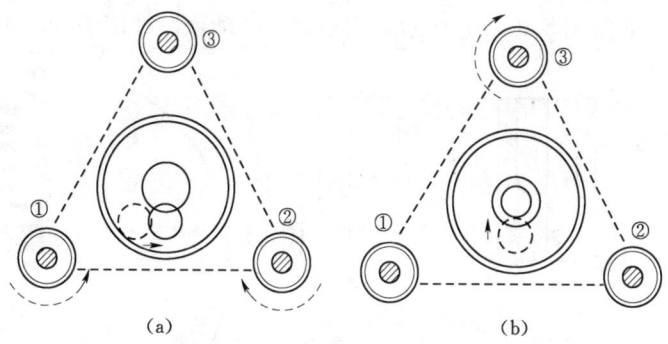

图 1.3.1　使圆水准器气泡居中

第二种方法是将仪器安置在架头上,先用移动一个脚架使圆气泡大概居中,然后用脚螺旋按第一种方法使气泡居中。此种方法的操作步骤是:先将圆气泡位置与要移动的脚架上下对好,然后左右或前后移动脚架(气泡移动方向和脚架移动方向的规律:左右方向移动脚架,气泡移动方向相同,前后移动脚架,气泡移动方向相反),使圆气泡大概居中,最后再用脚螺旋使气泡居中。这种方法非常适合水泥地板,10 多 s 就能使圆气泡居中。

2. 照准

照准是转动望远镜对准水准尺,并进行目镜和物镜调焦,使十字丝和水准尺像清晰,消除视差。首先转动目镜对光螺旋,使十字丝清晰,然后具体操作方法如下。

(1) 初步照准。松开水平制动螺旋,转动望远镜,利用望远镜上部的准星与缺口照准目标,旋紧制动螺旋。

(2) 看清目标。转动物镜对光螺旋，使目标（水准尺）的像清晰。

(3) 照准目标。转动微动螺旋，使十字丝的竖丝在水准尺的中间位置。

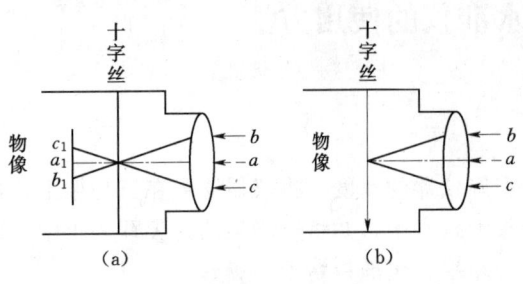

(4) 消除视差。如图 1.3.2（a）所示，在读数之前，眼睛在目镜端上下微小移动，若发现十字丝和物像有相对移动，眼睛分别位于 b、a、c 位置时，看到十字丝交点相应对着物像的 a_1、b_1、c_1 点，这种现象称为视差。产生视差的原因是对光工作没有做好，目标（水准尺）像平面不与十字丝分划板平面重合。消除视差的方法是慢慢地转动物镜对光螺旋再次进行物镜对光，当眼睛上下移动时，十字丝的读数不再变化，即尺像平面与十字丝分划板平面重合，消除了视差，如图 1.3.2（b）所示。

图 1.3.2　视差及消除

3. 精平

精平就是在读数之前必须转动微倾螺旋，使水准管气泡严格居中。如图 1.3.3（a）所示。微倾式水准仪都装有符合棱镜的水准管，从水准管气泡观测窗中看到水准管气泡两端的影像。如图 1.3.3（a）所示，气泡居中，即精平。图 1.3.3（b）、（c）所示为不精平。

精平的方法：当气泡两端影像如图 1.3.3（b）所示，则顺时针转动微倾螺旋使气泡居中，若气泡影像如图 1.3.3（c）所示，则逆时针转动微倾螺旋使气泡居中。

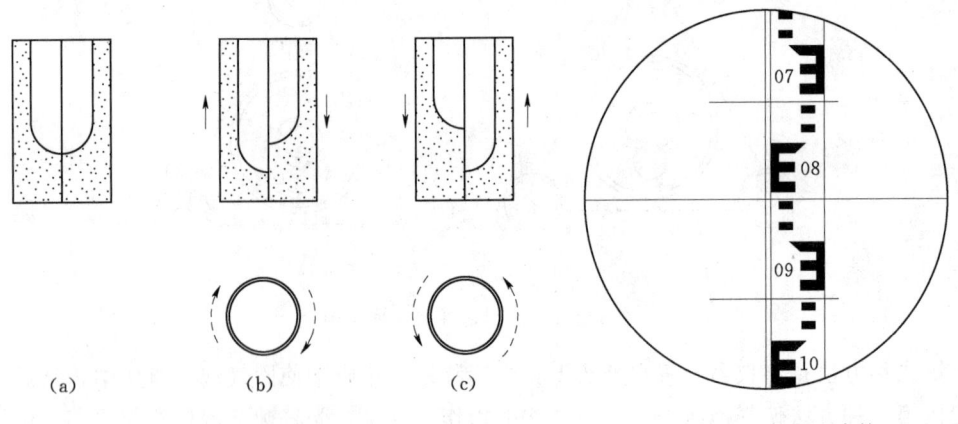

图 1.3.3　微倾螺旋与精平　　　　　　图 1.3.4　水准尺读数

4. 读数

仪器精平后，根据十字丝中丝读出水准尺上的读数。读数时应注意尺上数字由小到大的顺序，读出米、分米、厘米，估读至毫米。读数方法是：对于倒像仪器，水准尺的读数根据十字丝的中丝从上到下，从小到大，估读至毫米，读取四位数。如图 1.3.4 所示水准尺的中丝读数为 0.859m。如果是正像仪器，读数方法是：水准尺的读数根据十字丝的中丝从下到上，从小到大，估读至毫米，读取四位数。

要注意的是：在同一测站，照准前视水准尺时，必须转动微倾螺旋使水准管气泡居中，符合水准器两边半圆弧吻合时才能读数。

1.3.2 使用水准仪应注意的事项

（1）搬运仪器前，应检查仪器箱是否扣好或锁好，提手或背带是否牢固。

（2）从箱内取出仪器时，应先记住仪器和其他附件在箱内安放的位置，以便完后照原样装箱。

（3）安置仪器时，注意拧紧脚架的架腿螺旋和架头连接螺旋，脚架要踩实；仪器安置后应有人守护，以免外人扳弄损坏。

（4）操作仪器时用力要均匀轻巧；制动螺旋不要拧得过紧，微动螺旋不能旋转到极限。当目标偏在一边用微动螺旋不能调至正中时，应将微动螺旋反转几圈（目标偏离更远），再松开制动螺旋重新初步照准目标，再用微动螺旋照准目标。

（5）往前搬站时，如果距离较近，可将仪器侧立，左手握住仪器，右手抱住脚架，往前行进。如果距离较远，应将仪器装箱搬运。

（6）在烈日下或雨天进行观测时，应撑伞遮住仪器，以防曝晒或淋雨。

（7）仪器用完后应清除外表的灰尘和水珠，切忌用手帕擦拭物镜和目镜。需要擦拭时，应用专门的擦镜纸或脱脂棉。

（8）仪器应存放在阴凉、干燥、通风和安全的地方，注意防潮、防霉，防止碰撞或摔跌损坏。

任务 1.4　掌握水准测量的方法

1.4.1　水准点及水准路线

1. 水准点

水准测量一般是在两水准点之间进行的，水准点是通过水准测量测定其高程的固定标志，一般以 BM 表示。水准点应按照水准路线等级，根据不同性质的土壤及实际需要，每隔一定的距离埋设不同类型的水准标志或标石。

水准点有永久性和临时性两种，永久性水准点由石料或混凝土制成，顶面设置半球状标志，在城镇区也有在稳固的建筑物墙上设置墙上水准点。图 1.4.1（a）所示为永久性水准点，单位为 mm，图 1.4.1（b）所示为墙上水准点。水准点也可用混凝土制成，中

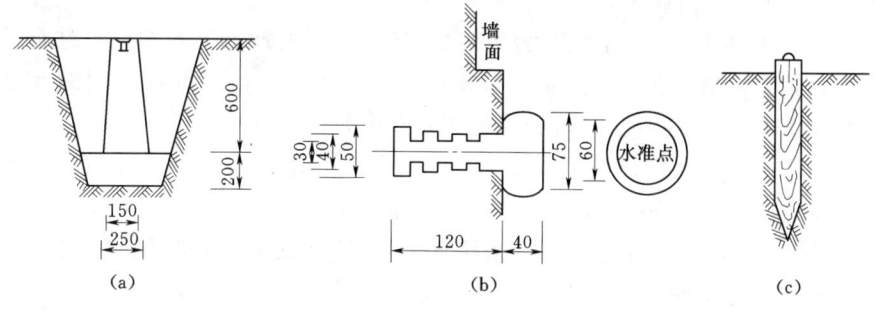

图 1.4.1　水准点

间插入钢筋，或选定在突出的稳固岩石或房屋的勒脚，图 1.4.1（c）所示木桩为临时性的水准点。

2. 水准路线

为了便于观测和计算各点的高程，检查和发现测量中可能产生的错误，必须将各水准点组成一条适当的施测路线（称为水准路线），使之有可靠的校核条件。在水准路线上，两相邻水准点之间称为一个测段。

水准路线有以下三种形式：

（1）闭合水准路线。闭合水准路线是由一个已知高程水准点开始，顺序测定若干待求点后，又测回到原来开始的水准点。这样的水准路线称为闭合水准路线。如图 1.4.2 所示，BM 为已知点，1、2、3、4 为待求点。图中箭头方向表示测量时观测前进方向。

图 1.4.2 闭合水准路线

（2）附合水准路线。由一个已知高程水准点开始，顺序测定若干个待求点后，最后连测到另一个已知水准点上结束的水准路线，称为附合水准路线。如图 1.4.3 所示，A、B 为已知高程点，1、2 为待求点。

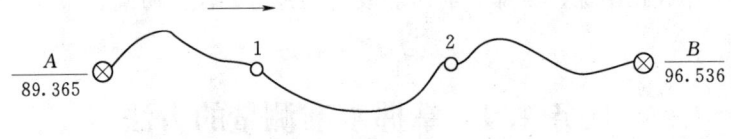

图 1.4.3 附合水准路线

（3）支水准路线。由已知水准点开始测若干个待测点之后，既不闭合也不附合的水准路线称为支水准路线。支水准路线要往返观测。如图 1.4.4 所示为支水准路线。BM 点高程已知，A、B 为待求点。

1.4.2 水准测量的施测

1. 水准测量的观测方法

图 1.4.5 所示为普通水准测量示意图。BM_A 为已知水准点，其高程为 90.310m；BM_B 为待定高程的水准点。观测方法如下：

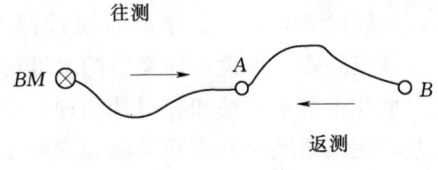

图 1.4.4 支水准路线

（1）在已知点 BM_A 立水准尺作为后视尺，选择合适的地点为测站，再选合适的地点为转点 TP_1，踏实尺垫，在尺垫上立直前视尺。要求水准尺与水准仪之间的水平距离即视线长度不大于 100m；前视距离与后视距离大致相等。

（2）观测者首先将水准仪粗平；然后瞄准后视尺，水准仪精平，读数；再瞄准前视尺，精平，读数，记录者同时记录并计算出一个测站的高差。

（3）记录者计算完毕，通知观测者搬往下一个测站。原后尺手也同时前进到下一个站的前视点 TP_2。原前尺手在原地 TP_1 不动，把尺面转向下一个测站，成为后视尺。按照前一站的方法观测。重复上述过程，一直观测至待定点 BM_B。

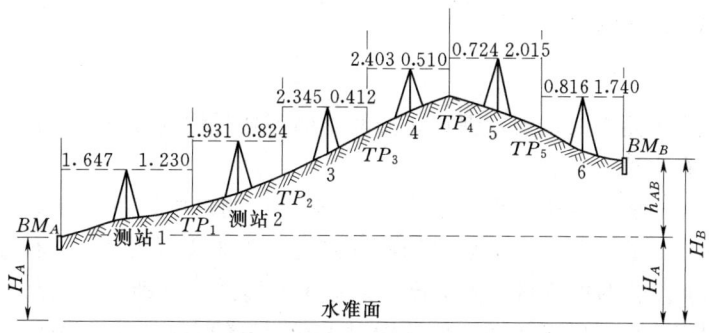

图 1.4.5 普通水准测量

(4) 记录者在现场应完成每页记录手簿的计算校核项,即

$$h_{AB}=\sum a-\sum b$$
$$h_{AB}=\sum h \qquad (1.4.1)$$

2. 水准测量的记录方法

水准测量中的观测读数要记录在手簿上,普通水准测量记录的表格见表 1.4.1。在水准测量记录表中的计算校核,只能检查计算是否正确,不能检查观测和记录是否有错。

表 1.4.1　　　　　　　　　　普通水准测量记录表

日期　2008.8.6　　　　　仪器　980686　　　　　　观测　×××
天气　晴转多云　　　　　地点　青秀区　　　　　　记录　×××

测站	测点	水准尺读数/m		高差 h_i /m	高程 H_i /m	备注
		后视(a)	前视(b)			
1	BM_A	1.647		+0.417	90.310	已知:BM_A
	TP_1		1.230		90.727	TP_1
2	TP_1	1.931		+1.107		
	TP_2		0.824		91.834	TP_2
3	TP_2	2.345		+1.933		
	TP_3		0.412		93.767	TP_3
4	TP_3	2.403		+1.893		
	TP_4		0.510		95.660	TP_4
5	TP_4	0.724		−1.291		
	TP_5		2.015		94.369	TP_5
6	TP_5	0.816		−0.924		
	BM_B		1.740		93.445	BM_B
Σ		9.866	6.731	+3.135		
计算校核		$\sum a-\sum b=9.866-6.731=+3.135$ (m) $\sum h=5.350-2.215=+3.135$ (m) $H_B-H_A=93.445-90.310=+3.135$ (m)				

1.4.3 水准测量的检核方法

1. 测站校核

为了及时发现观测中的错误，保证每个测站的高差观测的准确，可以采取测站校核的方法。测站校核有两种方法。

(1) 两次仪器高法（也称改变仪器高法）。在水准测量中，每一测站上用不同仪器高度来测定相邻两点间的高差两次，要求两次观测时要改变仪器的高度，使仪器的视准轴高度相差 10cm 以上。若两次测量得到的高差之差不超过限差，则取平均高差作为该站观测高差。两次仪器高法也可以采用两台仪器同时进行测量的高差进行校核。

(2) 双面尺法（也称红、黑面尺法）。仪器高度不变，观测双面尺黑面与红面的读数，分别计算黑面尺和红面尺读数的高差，其差值在 5mm 以内时，取黑、红面尺所测高差的平均值作为观测成果。红面尺的常数分别为 4.687m 和 4.787m。

2. 水准路线校核

测站校核只能检查一个测站所测高差是否正确，但对于整条水准路线来说，还不足以说明它的精度是否符合要求。例如，从一个测站观测结束至第二个测站观测开始时，转点位置若有较大的变动，在测站校核中是不能检查出来的，但在水准路线成果上就反映出来了，因此，要进行水准路线成果的校核，以保证全线观测成果的正确性。

图 1.4.2 所示为闭合水准路线，已知 BM 点高程，通过测定 1、2、3 和 4 点高程后，再测回到 BM 点，测出的 BM 点高程应与原已知高程相等作为校核。

图 1.4.3 所示为一条附合水准路线，已知 A 点和 B 点高程，通过测定 1、2 点高程后，再测到另一已知 B 点，测出 B 点的高程应与原已知高程相等作为校核。

对于支水准路线，如图 1.4.4 所示，通过往返测量测定 BM—B 点高差，进行校核，往返测量高差的绝对值应相等，符号应相反。

1.4.4 水准测量应注意事项

(1) 在测量工作之前，应对水准仪进行检验和校正。

(2) 仪器应安置在稳固的地面上，以减少仪器下沉。在光滑地面上安置仪器，应防脚架滑倒，损坏仪器；在泥地上观测时要踩实脚架。

(3) 前视和后视距离应大致相等，以消除或减少仪器有关误差及地球曲率与大气折光的影响。

(4) 视线不宜过长，一般不大于 100m；视线离地面的高度，一般不少于 0.2m。

(5) 水准尺应竖直立于桩顶或尺垫半圆球上，要注意水准尺的零端在下。尺垫位置要稳固，立尺点及尺底不应沾有泥土杂物。

(6) 视差的存在，严重地影响了读数的精度，读数前，应注意消除视差。

(7) 读取后视、前视读数前，应调节微倾螺旋，使水准管气泡居中，符合水准器两边半圆弧吻合，然后读数。读数要准确、果断和声音洪亮，读数后还应检查气泡是否居中。尺的像有正像或倒像，均应从大到小读取读数，并估读至毫米，该取四位数。

(8) 记录读数时，记录员边记边回报，以便核对；记录要完整、清楚、正确；记录有误时不准擦去及涂改，应按规定进行修改。

（9）要注意保护好仪器的安全，搬站时要一手抱住仪器，一手抱住脚架。仪器不能让雨淋或烈日曝晒，应撑伞遮挡。仪器在测站上，观测者不要离开，要保护仪器的安全。

任务1.5　计算水准路线高差闭合差及未知点高程

水准测量外业结束后便可进行内业计算。内业计算的目的是合理地调整高差闭合差，计算出各未知点的高程。首先要认真检查外业记录手簿中的各种观测数据是否符合要求，各种计算是否有错误，然后绘出水准路线外业成果注记图，根据已知数据和观测数据进行计算高差闭合差，若高差闭合差在容许规范内，即可进行高差闭合差的调整和高程的计算。

1.5.1　水准测量成果计算的步骤

1. 高差闭合差的计算

所谓高差闭合差是两点间的各段测量高差之和与理论高差之差，用"f_h"表示，即

$$f_h = \sum h_测 - \sum h_理 \tag{1.5.1}$$

即　　　　　　　　高差闭合差＝测量高差总和－理论高差总和

各种路线高差闭合差的计算公式和闭合差的容许范围如下：

（1）闭合水准路线。由于闭合水准路线起止于同一个水准点上，所以各测段高差的总和在理论上应等于零，即

$$\sum h_理 = 0 \tag{1.5.2}$$

但由于测量中存在各种测量误差影响，使实测各段高差之和往往不等于零，产生高差闭合差 f_h，即

$$f_h = \sum h_测 - \sum h_理 = \sum h_测 \tag{1.5.3}$$

（2）附合水准路线。附合水准路线是从一个已知高程点测至另一已知高程点，各段高差的总和理论值应等于终点高程减去始点高程，即

$$\sum h_理 = H_终 - H_始 \tag{1.5.4}$$

同样由于存在测量误差，所测各段高差之和不等于理论值，产生高差闭合差 f_h，即

$$f_h = \sum h_测 - \sum h_理 = \sum h_测 - (H_终 - H_始) \tag{1.5.5}$$

（3）支水准路线。支水准路线应沿同一路线进行往测和返测。从理论上往测与返测的高差总和应为零，即往测与返测的高差绝对值应相等，符号相反。如往测与返测高差总和不等于零即为闭合差，即

$$f_h = \sum h_往 + \sum h_返 \tag{1.5.6}$$

根据工程测量规范的规定，对于图根水准测量，高差闭合差的容许范围（也称限差）。

山地：
$$f_{h_容} = \pm 12\sqrt{n}\,(\text{mm}) \tag{1.5.7}$$

平地
$$f_{h_r容} = \pm 40\sqrt{L}\,(\text{mm}) \tag{1.5.8}$$

式中　n——水准路线的测站数；

L——水准路线的长度，km。

当 $|f_h| \leqslant |f_{h_{容}}|$ 时，则观测成果合格，否则应重测。

山地选择式 (1.5.7)、平地采用式 (1.5.8) 计算高差闭合差的容许值。每千米的水准路线安置水准仪的测站数超过 16 站时称为山地，反之为平地。

2. 高差闭合差的调整

高差闭合差在容许范围时，即可进行高差闭合差的调整。

(1) 高差闭合差调整的原则。根据测量误差理论知道，高差闭合差的大小与路线的长度或测站数有关，路线愈长，测站数愈多，误差的积累就愈大，因此，高差闭合差的调整的原则是：以高差闭合差相反的符号按测段的测站数或测段的长度，成正比例地分配到各段测量高差上去，得到改正后各测段高差，改正后的各段高差总和应等于理论高差总和。

(2) 高差闭合差调整的公式。按测段的测站数计算高差改正数公式为

$$V_i = -\frac{f_h}{\sum n} n_i \tag{1.5.9}$$

按测段的长度计算高差改正数公式为

$$V_i = -\frac{f_h}{\sum L} L_i \tag{1.5.10}$$

上二式中　V_i——第 i 段高差改正数；

$\sum n$——水准路线测站总数；

n_i——第 i 段测站数；

$\sum L$——水准路线总长度，km；

L_i——第 i 段水准路线长，km。

各段高差改正数总和的绝对值应与高差闭合差的绝对化值相等，符号相反，作为计算的检核，即

$$\sum V_i = -f_h \tag{1.5.11}$$

(3) 计算各段改正后的高差。各段改正后高差用 h_i' 表示，则

$$h_i' = h_i + V_i \tag{1.5.12}$$

计算检核，改正后的高差的总和应等于理论高差的总和，即

$$\sum h_i' = \sum h_{理} \tag{1.5.13}$$

(4) 计算待定点的高程。根据已知点的高程和改正后的高差，依次计算各待求点的高程。

1.5.2　水准路线高差闭合差的调整和高程计算举例

1. 闭合水准路线算例

已知 A 点的高程为 90.030m，根据图 1.5.1 所示的外业测量成果注记图，计算各待求点 B、C、D 的高程。计算过程为：先将各点号、测段的测站数和各段测量高差和已知高程填入计算表 1.5.1 的第 (1)、(2)、(3) 和 (6) 列中，然后按以下步骤进行计算：

(1) 计算高差闭合差和容许闭合差。高差闭合差为

$$f_h = \sum h_{测} = +0.035(\text{m}) = +35(\text{mm})$$

测站总数 $n=49$,则容许闭合差为

$$f_{h容} = \pm 12\sqrt{n} = \pm 12\sqrt{49} = \pm 84(\text{mm})$$

因为 $f_h < f_{h容}$,所以可以进行闭合差的调整。

(2) 计算各段高差改正数。

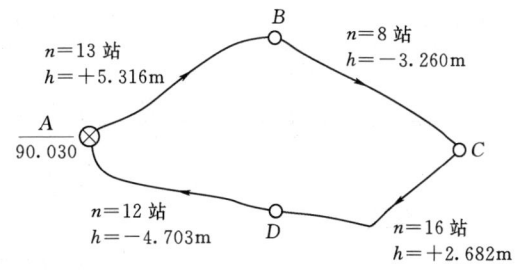

图 1.5.1 闭合水准路线观测成果注记图

按式(1.5.9)计算各段高差改正数如下

$$V_1 = -\frac{f_h}{\sum n}n_i = -\frac{+0.035}{49} \times 13 = -0.009(\text{m})$$

$$V_2 = -\frac{f_h}{\sum n}n_i = -\frac{+0.035}{49} \times 8 = -0.006(\text{m})$$

$$V_3 = -\frac{f_h}{\sum n}n_i = -\frac{+0.035}{49} \times 16 = -0.011(\text{m})$$

$$V_4 = -\frac{f_h}{\sum n}n_i = -\frac{+0.035}{49} \times 12 = -0.009(\text{m})$$

改正数计算校核:$\sum V_i = -0.035\text{m} = -f_h$,符合要求。

将计算的各测段高差改正数填在表 1.5.1 的第(4)列中。

(3) 计算改正后高差。按式(1.5.12)计算各段改正后高差为

$$h'_1 = h_1 + V_1 = 5.316 - 0.009 = 5.307(\text{m})$$

$$h'_2 = h_2 + V_2 = -3.260 - 0.006 = -3.266(\text{m})$$

$$h'_3 = h_3 + V_3 = 2.682 - 0.011 = 2.671(\text{m})$$

$$h'_4 = h_4 + V_4 = -4.703 - 0.009 = -4.712(\text{m})$$

改正后高差计算校核:$\sum h'_i = \sum h_{理}$,符合要求。

将计算的各段改正后高差填在表 1.5.1 的第(5)列中。

(4) 计算待求点高程。根据已知点高程和改正后的各段高差推算各待求点高程为

$$H_1 = H_A + h'_1 = 90.030 + 5.307 = 95.337(\text{m})$$

$$H_2 = H_1 + h'_2 = 95.337 - 3.266 = 92.071(\text{m})$$

$$H_3 = H_2 + h'_3 = 92.071 + 2.671 = 94.742(\text{m})$$

$$H_A = H_3 + h'_4 = 94.742 - 4.712 = 90.030(\text{m})$$

将计算的各待求点高程填在表 1.5.1 中第(6)列的相应位置,并计算出 A 点的高程应与原已知高程相等进行校核,若符合要求,计算结束。所有计算均在表格中进行。

表1.5.1　　　　　　　　闭合水准路线水准测量内业计算表

点号	测站数 n_i	实测高差 h_i /m	改正数 V_i /m	改正后高差 h' /m	高程 H_i /m	点号
(1)	(2)	(3)	(4)	(5)	(6)	(7)
A					90.030	A（已知）
	13	+5.316	−0.009	+5.307		
B					95.337	B
	8	−3.260	−0.006	−3.266		
C					92.071	C
	16	+2.682	−0.011	+2.671		
D					94.742	D
	12	−4.703	−0.009	−4.712		
A					90.030	A（已知）
∑	49	+0.035	−0.035	0		
辅助计算		$f_h = \sum h_{测} = +0.035 \text{(m)}$ $f_{h_容} = \pm 12\sqrt{49} = \pm 84 \text{(mm)}$ $\|f_h\| < \|f_{h_容}\|$，测量成果合格				

2. 附合水准路线算例

图1.5.2所示为一附合水准路线示意图。A、B为已知水准点，高程分别是$H_A = 89.365\text{m}$，$H_B = 95.536\text{m}$，各测段的观测高差h_i及路线长度L_i如图1.5.2所示，计算各待求点1、2的高程。

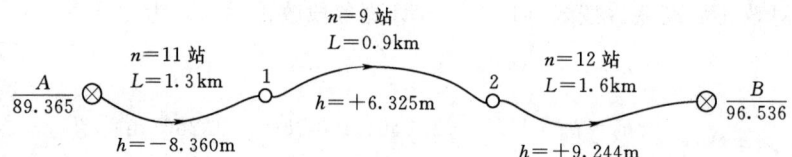

图1.5.2　附合水准路线观测成果图

附合水准路线的高差闭合差的调整和高程计算步骤与闭合水准路线计算相同，主要不同点是高差闭合差计算，计算如下。

(1) 计算高差闭合差和容许闭合差。根据式（1.5.5）计算附合水准路线的高差闭合差f_h为

$$f_h = \sum h_{测} - (H_B - H_A) = 7.209 - (96.536 - 89.365)$$
$$= 7.209 - 7.171 = +0.038 \text{(m)}$$

本例中，$L = 3.8\text{km}$，$n = 32$站，每千米少于16站，根据式（1.5.8）计算高差闭合差的容许值为

$$f_{h_容} = \pm 40\sqrt{3.8} = \pm 80 \text{(mm)}$$

因为$f_h < f_{h_容}$，所以观测成果的精度符合要求。

任务1.5 计算水准路线高差闭合差及未知点高程

表 1.5.2   **附合水准路线水准测量内业计算表**

点号	距离 L_i /km	实测高差 h_i /m	改正数 V_i /mm	改正后高差 h'/m	高程 H_i /m	点号
(1)	(2)	(3)	(4)	(5)	(6)	(7)
A					89.365	A（已知）
	1.3	−8.360	−0.013	−8.373		
1					80.992	1
	0.9	+6.325	−0.009	6.316		
2					87.308	2
	1.6	+9.244	−0.016	9.228		
B					96.536	B（已知）
$\sum$	3.8	7.209	−0.038	7.171		
辅助计算	\multicolumn{6}{l}{$f_h = \sum h_{测} - \sum h_{理} = +7.209 - 7.171 = +0.038$ (m) $f_{h容} = \pm 40\sqrt{3.8} = \pm 80$ (mm) $f_h < f_{h容}$，测量成果合格}

（2）计算各段高差改正数。按式（1.5.10）计算各测段高差改正数，每千米的高差改正数为

$$\frac{-f_h}{L} = \frac{-(+0.038)}{3.8} = -0.010 \text{(m)}$$

各测段的高差改正数分别为

$$V_1 = -0.010 \times 1.3 = -0.013 \text{(m)}$$
$$V_2 = -0.010 \times 0.9 = -0.009 \text{(m)}$$
$$V_3 = -0.010 \times 1.6 = -0.016 \text{(m)}$$

改正数计算检核：$\sum V = -0.038 \text{mm} = -f_h$，校核计算正确，将各段高差改正数填写在表1.5.2中的第（4）列内。

（3）计算改正后的高差与闭合水准路线基本相同。

$$h'_1 = h_1 + V_1 = -8.360 - 0.013 = -8.373 \text{(m)}$$
$$h'_2 = h_2 + V_2 = 6.325 - 0.009 = 6.316 \text{(m)}$$
$$h'_3 = h_3 + V_3 = 9.244 - 0.016 = 9.228 \text{(m)}$$

计算校核：$\quad\sum h' = 7.171 \text{m} = \sum h_{理}$

（4）计算各待求点高程。

$$H_1 = H_A + h'_1 = 89.365 - 8.373 = 80.992 \text{(m)}$$
$$H_2 = H_1 + h'_2 = 80.992 + 6.316 = 87.308 \text{(m)}$$
$$H_B = H_2 + h'_3 = 87.308 + 9.228 = 96.536 \text{(m)}$$

高程计算检核：推算出的 B 点高程应与原已知高程相等，计算正确。上述计算结果分别填入表1.5.2中相应栏内。

3. 支水准路线算例

图1.5.3所示为一条图根级支水准路线，已知 BM 点高程为89.681m，根据图上所注数据计算1、2、3点的高程。

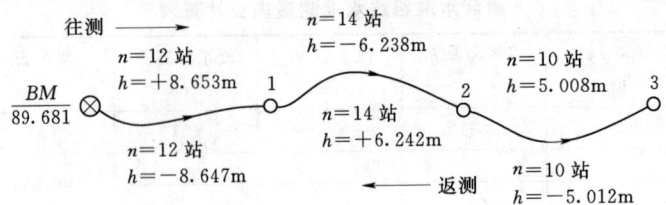

图 1.5.3　支水准路线观测成果图

支水准路线的计算有以下三个步骤：
(1) 计算高差闭合差和容许闭合差。

$$f_h = \sum h_{往} + \sum h_{返} = 7.423 + (-7.417) = +0.006(\text{m})$$

$$f_{h容} = \pm 12\sqrt{n} = \pm 12\sqrt{36} = \pm 72(\text{mm})$$

将计算结果填在表 1.5.3 的辅助计算栏中。
(2) 计算每段往返高差平均值。

每段往返高差平均值　　　$h_{平} = \dfrac{h_{往} - h_{返}}{2}$

第一段高差平均值

$$h_{平} = \dfrac{h_{往} - h_{返}}{2} = \dfrac{8.653 - (-8.6470)}{2} = +8.650(\text{m})$$

计算出第二段、第三段高差平均值为 -6.240m 和 5.010m，填在表 1.5.3 中第 (5) 列。

计算校核：　　　$\sum h_{平} = \dfrac{\sum h_{往} - \sum h_{返}}{2} = 7.420(\text{m})$

(3) 计算待求点高程。根据已知 BM 点高程和每段往返高差平均值即求对各待求点高程，见表 1.5.3 中的第 (6) 列。支水准路线的高程推算的校核：

$$H_3 - H_{BM} = \sum h_{平} = 7.420(\text{m})$$

表 1.5.3　　　　　　　　　　支水准路线高程计算

点号	测段测站数 n_i	往测高差 h_i /m	返测高差 h_i' /m	平均高差 h_i' /m	高程 H_i /m	点号
(1)	(2)	(3)	(4)	(5)	(6)	(7)
BM	12	+8.653	−8.647	+8.650	89.681	BM
1	14	−6.238	+6.242	−6.240	98.331	1
2	10	+5.008	−5.012	+5.010	92.091	2
3					97.101	3
Σ	36	7.423	−7.417	7.420	$H_3 - H_{BM} = 7.420$	
辅助计算		$f_h = \sum h_{往} + \sum h_{返} = 7.423 - 7.417 = +0.006(\text{m})$ $f_{h容} = \pm 12\sqrt{36} = \pm 72$（mm） $f_h < f_{h容}$，测量成果合格					

1.5.3 水准测量成果计算注意事项

(1) 在内业计算前要对点号、已知高程、测量高差等数据进行100%的认真检查,以避免出现错误,然后绘出外业观测成果注记图。

(2) 利用专用表格进行内业计算,注意各项计算的校核,当校核不对时要认真检查,校核正确后再往下计算。

(3) 计算中各种数据要填写清楚,不要潦草,计算取位至毫米。

任务1.6　检验与校正水准仪

1.6.1 水准仪的轴线及应满足的几何条件

如图1.6.1所示,水准仪的轴线有圆水准器轴 $L'L'$、仪器竖轴 VV、水准管轴 LL 和视准轴 CC 四根轴线。各轴线应满足的几何条件如下:

(1) 圆水准器轴 $L'L'$ 应平行仪器竖轴 VV;

(2) 十字丝横丝应垂直于仪器竖轴 VV;

(3) 水准管轴 LL 应平行于视准轴 CC。

1.6.2 水准仪的检验与校正的方法

根据水准测量的原理知道,水准仪要提供一条水平视线。仪器在出厂前,对水准仪各轴线的几何关系经过了严格的检查,满足水准仪的几何轴线条件。由于长时间使用仪器或仪器受到震动、碰撞等原因,有

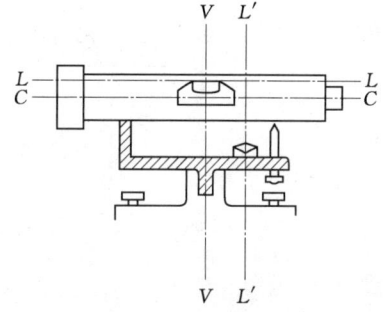

图1.6.1　水准仪轴线

的螺丝会有变化,影响到仪器轴线的变化,从而使轴线不能满足条件,直接影响测量成果的质量。因此,在使用水准仪之前,应对仪器进行检验和校正。

1. 圆水准器轴平行于仪器竖轴的检验与校正

(1) 检校目的。使圆水准轴平行于仪器竖轴。若两轴平行,当圆水准气泡居中时,竖轴就处于铅垂位置。

(2) 检验方法。安置水准仪,转动脚螺旋使圆气泡居中,如图1.6.2(a)所示,然后将仪器绕竖轴转180°,此时若气泡居中,说明圆水准轴平行竖轴;如果气泡偏离一边,如图1.6.2(b)所示,说明圆水准轴 $L'L'$ 不平行于竖轴 VV,需要校正。

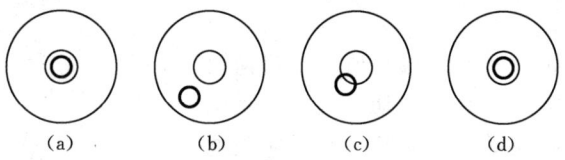

图1.6.2　圆水准器的检验和校正

(3) 校正方法。转动脚螺旋,使气泡向圆水准器中心移动偏离中点的一半,如图

1.6.2（c）所示，然后用校正针旋转圆水准器底部的校正螺丝，使气泡完全居中，如图 1.6.2（d）所示。圆水准器的校正螺丝在水准器的底部，参阅图 1.6.4。图 1.6.4 所示为底面图，中间的大螺丝为连接螺丝，其余三个小的螺丝为校正螺丝。校正针为几厘米长的金属细杆，可插入校正螺丝的小孔拨动螺丝而调整圆水准器的高低。

（4）检核原理。圆水准轴不平行竖轴时，当圆水准气泡居中，表示圆水准轴处于铅垂位置，如图 1.6.3（a）所示，而竖轴对铅垂线倾斜了 α 角，α 角也就是两轴的交角。当仪器绕竖轴转 180°后，如图 1.6.3（b）所示，由于竖轴仍处于倾斜 α 角的位置，但圆水准轴从竖轴的左侧转到竖轴右侧，这样，圆水准轴就倾斜了两倍 α 角，所以气泡偏离中点。也就是说，偏离的大小反映了两轴不平行误差 α 角的两倍。这时，转动脚螺旋，使圆气泡退回偏离中点的一半，竖轴就处于铅垂位置了，如图 1.6.3（c）所示，余下的偏离部分就是圆水准轴的误差，最后改正圆水准轴线处于正确位置，如图 1.6.3（d）所示。校正要反复进行多次，直到仪器旋转到任何位置，圆气泡始终居中为止。

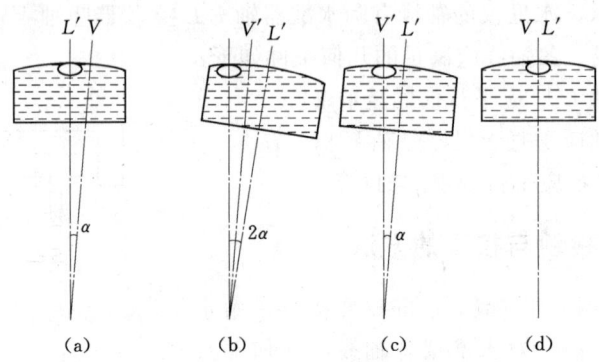

图 1.6.3　圆水准器的校正原理

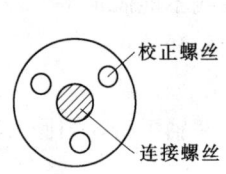

图 1.6.4　圆水准器校正螺丝

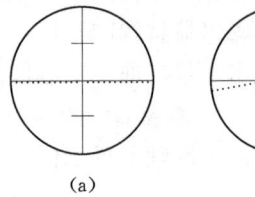

图 1.6.5　十字丝检验

2. 十字丝横丝垂直于竖轴的检验校正

（1）检校目的。仪器整平后，使十字丝的横丝处于水平状态，即使横丝垂直仪器竖轴。

（2）检验方法。如图 1.6.5（a）所示，将横丝一端对准远处一明显标志，旋紧制动螺旋，转动微动螺旋，如果标志始终在横丝上移动，则说明横丝水平，不需校正。若点子偏离横丝，如图 1.6.5（b）所示，则应进行校正。

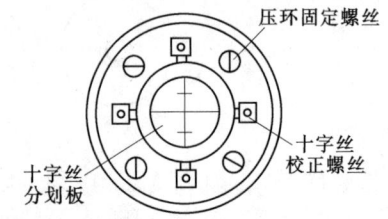

图 1.6.6　十字丝校正螺丝

（3）校正方法。卸下目镜十字丝分划板间的护盖，松开压环固定螺丝（图1.6.6），转动十字丝环至正确位置，最后旋紧压环固定螺丝，并旋上护盖。目前不少仪器的校正方法是松动目镜座上的三个沉头螺丝，转动目镜座使十字丝处于正确位置，然后旋紧三个沉头螺丝即可。

3. 水准管轴平行于视准轴的检验校正

（1）检校目的。使水准管轴平行于视准轴，当仪器水准管气泡居中时，视准轴水平，水准仪提供一条水平视线。

（2）检验方法。如图1.6.7（a）所示，在较平坦地面上选定相距60～80m的A、B两点，打下木桩（或安放尺垫），在木桩（或尺垫）上立水准尺。将水准仪安置于A、B之中点C，水准管气泡居中时读数为a_1和b_1。若水准管轴不平行于视准轴，但由于前后视距相等，视线倾斜相同，则读数a_1和b_1都包含同样的误差x。A，B两点间的正确高差为

$$h_1=(a_1-x)-(b_1-x)=a_1-b_1$$

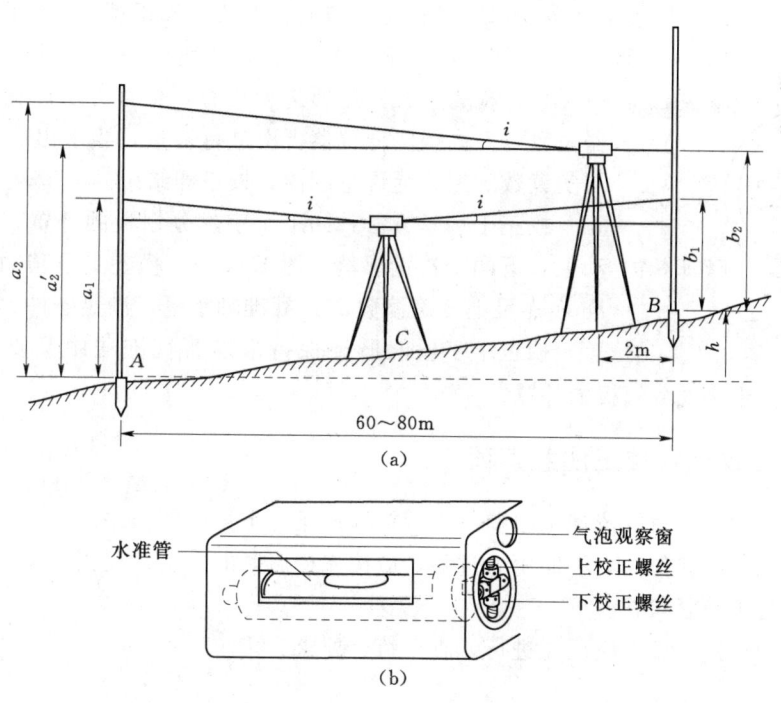

图1.6.7 水准管轴平行于视准轴的检验校正
(a) 水准管轴平行视准轴的检验；(b) 水准管校正螺丝

为了校核仪器在A、B中点的测量高差，在原测站位置上改变仪器高度10cm以上，再重读两尺的读数a_1'、b_1'，则第二次测量高差为

$$h_1'=a_1'-b_1'$$

当两次测量高差之差不大于3mm时，则取两次测量高差的平均值作为A、B两点间的正确高差，即

$$h=\frac{1}{2}(h_1+h_1')$$

然后在离 B 点约 3m 的地方安置仪器,如图 1.6.7(b)所示,读数为 a_2,b_2,两点间的高差为

$$h_2 = a_2 - b_2$$

若 $h_1 = h_2$,则说明水准管轴平行于视准轴,若 $h_1 \neq h_2$,但 h_1 与 h_2 之差小于或等于 5mm 或 i 角小于 20″时,对于 DS_3 型仪器符合要求,否则需要校正。i 角计算公式为

$$i = \frac{\Delta}{D}\rho \qquad (1.6.1)$$

式中　$\Delta = h_1 - h_2$,D 为偏站时仪器至远尺点间的距离,$\rho = 206265″$。

(3)校正方法。一是校正水准管,二是校正十字丝横丝。

校正水准管的方法。①计算出水平视线在 A 点尺上的正确(应)读数为 $a_2' = b_2 + h$;②转动微倾螺旋使十字丝中丝读数从 a_2 变为正确读数 a_2',视准轴水平;③由于转动微倾螺旋使中丝读数为正确读数,视准轴水平了,但是水准管气泡不居中了,此时,根据水准管气泡的偏离情况,用校正针拨动水准管目镜端的上、下两个校正螺丝,如图 1.6.7(b)所示,使水准管两端的影像符合(即水准气泡居中),即水准管轴平行于视准轴。

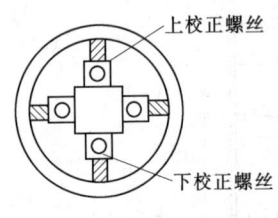

图 1.6.8　十字丝横丝校正

(4)检查。校正后要进行检查,检查方法即在校正时的仪器位置,升高或降低仪器再次进行测量,当求出的 A 尺应读数与实读数之差在允许范围内,校正即结束。

校正十字丝方法:卸下十字丝分划板的外罩,用校正针拨动上、下两个校正螺丝(图 1.6.8),横丝上下移动,使中丝对准 A 点尺上正确读数 a_2',视准轴水平,满足条件。

校正十字丝时既要保持水准管气泡居中又要中丝读数正确,最后旋上十字丝分划板的外罩。

1.6.3　水准仪检验校正注意事项

(1)三个检验项目应按规定的顺序进行检验校正,不得颠倒顺序。

(2)拨动校正螺丝时,不能用力过猛,应按先松后紧的方法,校正完毕,校正螺丝不应松动,应处于旋紧状态。

(3)每项检验与校正应反复进行,直至符合要求为止。

任务 1.7　了解水准测量误差的来源及消减方法

在进行水准测量工作中,由于人的感觉器官反应的差异,仪器和自然条件等的影响,使测量成果不可避免地产生误差,因此应对产生的误差进行分析,并采用适当的措施和方法,尽可能减小误差或予以消除,使测量的精度符合要求。水准测量误差有下列几个方面。

1.7.1　仪器和工具误差

1. 仪器误差

在进行测量工作之前,应对水准仪进行检验校正,但往往不可能校正得十分完善而残

存少许误差，这主要是水准管轴与视准轴不平行的误差，这项误差可通过后视与前视距离相等予以消除。

2. 水准尺误差

水准尺的尺长变化、尺刻划不准确，都会在水准测量读数中造成误差。因此，水准尺应经过检定，符合要求方可使用。

1.7.2 观测误差

1. 水准管气泡居中的误差

水准管气泡居中是用眼睛来判断的。由于眼睛分辨力的限制，气泡可能并没有严格居中，存在着水准管气泡居中的误差。

设水准管气泡的分划值为 τ''，居中误差一般为 $0.15\tau''$，它对读数上引起的误差为

$$m_\tau = \pm \frac{0.15\tau''}{\rho''} D \tag{1.7.1}$$

式中 D——水准仪至水准尺的距离；

ρ''——1rad 以秒计算，等于 206265″。

若 $D=75\text{m}$，$\tau''=20''$ 则 $m_\tau = \pm 1.1\text{mm}$。

2. 读数误差

产生读数误差的原因为：视差的存在和估读毫米产生误差。存在视差应重新进行目镜和物镜对光，消除视差。水准尺一般为厘米分划，估读毫米产生的误差与望远镜的放大倍数和尺子到仪器的距离有关。望远镜放大倍数大，距离近，尺像就大，估读就准确；反之，估读误差就大。所以，放大率为 20 倍的望远镜，视线距离以不超过 75m 为宜。

3. 水准尺倾斜误差

水准尺是否竖直，影响到水准测量读数的精度。尺子倾斜将使读数值增大。尺子倾斜而引起的误差与尺子倾斜的大小及视线截尺的高度有关。为了减小扶尺不竖直而产生的读数误差，可在水准尺上安置圆水准器或水准管，使尺子竖直。如图 1.7.1 所示。

1.7.3 外界条件影响的误差

1. 仪器下沉和尺垫下沉的误差

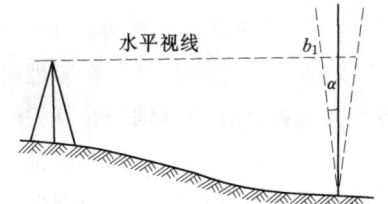

图 1.7.1 水准尺倾斜误差

如土质疏松，以及由于仪器、尺子的重量，可能会使仪器、尺垫下沉；由于土壤的弹性，也会使仪器、尺垫上升。假设仪器下沉的变化是和时间成比例，当观测了后视读数，转到观测前视读数时，由于仪器下沉，前视读数就减少，在计算两点间的高差时就会增大。要消除或减小仪器下沉误差的影响，应选择稳固的地方安置仪器，脚架尖入土稳定，在观测过程中不要用手扶脚架，缩短观测时间也可以减小仪器下沉误差的影响。在精度要求高的测量中，也可以应用双面尺法进行观测，观测的

顺序是黑面后视、黑面前视，然后是红面前视、红面后视。计算黑面尺与红面尺的高差，取其平均值，可减小或消除此项误差影响。

转点的位置应放尺垫。当观测转点的前视读数后，仪器搬至下一站，若尺垫下沉（或上升），对该点的后视读数增大，使测量的高差增加。为了减小尺垫下沉误差的影响，应选择坚固稳定的地方作转点，使用尺垫时要用力踏实，在观测过程中保护好转点位置，精度要求高时也可用往返观测平均值来减小其误差的影响。

2. 地球曲率和大气折光的影响

对于地球曲率和大气折光的影响，可使后视与前视距离相等，从而得以减小；视线离地面过低，受折光的影响有所增大。一般应使视线离地面的高度不少于 0.2m。

3. 温度和风力的影响

当仪器被太阳光照射时，由于仪器各构件受热不均，引起不规则的膨胀，影响仪器各轴线间的正常关系，使观测产生误差。因此，在水准测量中应注意撑伞防晒。在风力大至影响仪器精平时，不应进行水准测量。

任务 1.8　了解自动安平水准仪和精密水准仪

1.8.1　自动安平水准仪简介

自动安平水准仪是一种新型测量仪器。用 DS_3 微倾式水准仪进行水准测量时，圆气泡居中后，还要转动微倾螺旋使水准管气泡居中，视线水平才能读数。而自动安平水准仪在仪器内装置了自动安平补偿器代替了水准管，在使用时只要圆气泡居中后就能自动提供一条水平视线。即圆气泡居中，就可以读数。这种仪器具有操作简便、测量速度快、精度高等特点，深受广大测量人员的欢迎，广泛应用于各种工程建设。自动安平水准仪种类较多，如图 1.8.1 (a) 和图 1.8.1 (c) 所示分别为北京光学仪器厂早期生产的 ZDS_3-1 自动安平水准仪和广东科力达有限公司生产的 A 型自动安平水准仪。

1. 自动安平水准仪的基本原理

自动安平水准仪的基本原理是在水准仪的光学系统中，设置一个自动安平补偿器，用以改变光路，使视准轴略有倾斜时，视线仍然保持水平，达到水准测量的要求。

如图 1.8.2 所示，当视准轴水平时，在水准尺读数为 a，即 a 点的水平视线通过物镜光路到达十字丝的中心。当视准轴倾斜了一个小角度 α 时，如图 1.8.2 所示，视准轴读数为 a_0，为了使十字丝横丝读数仍为视准轴水平时的读数 a，在望远镜的光路中加入一个补偿器，使通过物镜光心的水平视线经过补偿器的光学元件后偏转了一个 β 角，水平光线将落在十字丝交点处，从而得到正确读数。补偿器要达到补偿的目的应满足下式

$$f\alpha = d\beta \tag{1.8.1}$$

2. 自动安平水准仪使用

自动安平水准仪的使用和微倾式水准仪使用方法基本相同，但自动安平水准仪不需要手动精平，其基本使用方法是：粗平—照准—读数。即首先用脚螺旋使圆水准气泡居中

任务 1.8　了解自动安平水准仪和精密水准仪

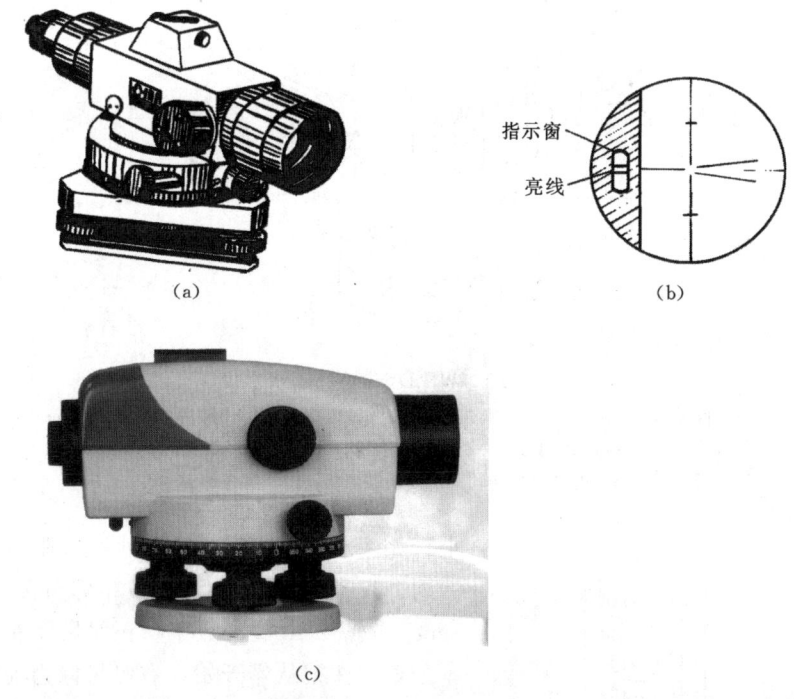

图 1.8.1　自动安平水准仪
(a) 北京 ZDS_3-1 自动安平水准仪；(b) ZDS_3-1 望远镜视场；(c) 科力达 A 型自动安平水准仪

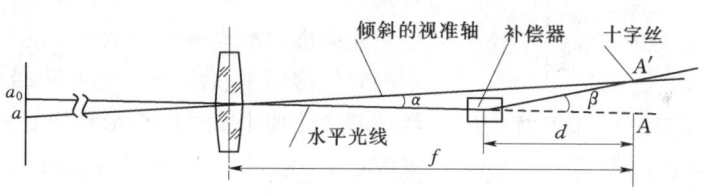

图 1.8.2　自动安平原理

(粗平)，然后用望远镜照准水准尺，十字丝中丝在水准尺上读得的数，就是视线水平时的读数。操作步骤比普通微倾式水准仪简化，从而大大地提高工作效率。

1.8.2　精密水准仪简介

精密水准仪主要用于国家的一等、二等精密水准测量、地震水准测量、大型桥梁的施工测量以及大型的机械安装测量和变形观测等。精密水准仪分为 DS_1 和 $DS_{0.5}$ 等级，如威特厂 N_3 型和蔡司厂 Ni004 型的水准仪。并配备有精密水准尺。精密水准仪的望远镜放大率大、亮度好，水准管灵敏度高，仪器结构稳定，读数精确，仪器密封性能好。

图 1.8.3 所示为威特 N_3 型精密水准仪，望远镜放大率为 42 倍。水准管分划值为 $10''/2mm$，配合使用 10mm 分划的水准尺，转动测微螺旋，可使水平视线在 10mm 范围内作平行移动，测微尺 100 个分格，分格值为 0.1mm，可以估读 0.01mm。

N_3 型精密水准仪的使用方法与一般水准仪的使用方法基本相同，其主要差别在读数

项目1 水准测量

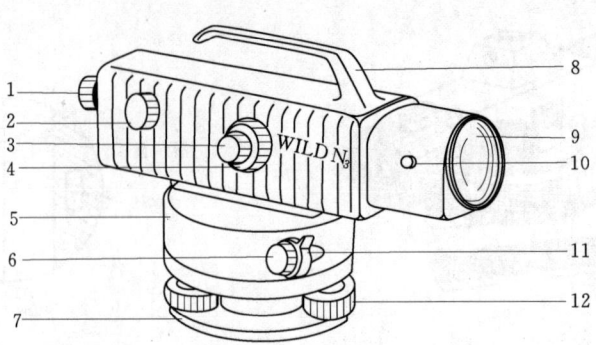

图1.8.3 WILD N₃型精密水准仪

1—目镜调焦螺旋；2—物镜调焦螺旋；3—微倾螺旋；4—测微螺旋；5—基座；
6—微动螺旋；7—底板；8—手柄；9—物镜；10—平行
玻璃板旋转轴；11—制动螺旋；12—脚螺旋

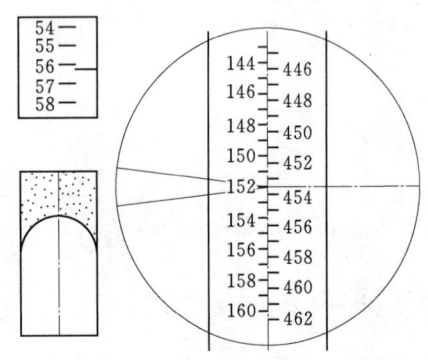

图1.8.4 N₃型精密水准仪读数方法

上。如图1.8.4所示，威特水准仪附有铟钢水准尺一副，尺面有两排分划线，相邻分划线的长度为1cm，每隔2cm注一数字。正对尺面左侧尺像为基本分划，注记从零开始。右侧尺像为辅助分划，注记从301.550cm开始。在同一水平线上尺上基、辅分划读数差值为301.550m，以便观测时进行校核。

在瞄准水准尺进行读数时，先转动微倾螺旋使水准管气泡居中（水准管气泡两端半像符合），再转动测微轮使十字丝的楔形丝恰好夹住某一基本分划线，如图1.8.4中对准152cm分划线，在测微窗上读取读数为562（尾数估读），实际读数为0.562cm，两数相加为152.562cm，然后再按以上方法读辅助分划的读数设为454.113cm，两数相差301.551cm，误差为0.001cm。

北京测绘仪器厂生产DS₁型精密水准仪，如图1.8.5所示，其读数方法如图1.8.6所示，其望远镜的放大率为40倍，水准管分划值为10″/2mm，配合使用的为5mm分划的精密水准尺，转动测微螺旋，可以使水平视线在5mm范围内作平行移动，测微分划尺有100个分格，分格值为0.05mm，望远镜目镜视场中看到的水准尺和十字丝影像等如图1.8.6所示，视场左边为水准管气泡的符合影像。测微器读数镜在目镜的右下方，影像如图中小圆圈内所示。通过测微装置使视线平行移动，为了能精确地对准水准尺上某一分划，精密水准仪的十字丝横丝（一侧或两侧）刻成楔形的双丝，用它去"夹住"某一分划，如图1.8.6所示。进行水准测量时，先转动微倾螺旋使水准管气泡两端的影像严格符合，这时，视线水平。再转动测微轮使楔形丝夹住某一分划，读出整分划数，图中读数为1.97m；然后从测微读数显微镜中读得尾数1.50mm，全部读数为1.97150m，由于这种水准尺为5mm分划，注字比实际长度大一倍，因此，实际读数应为1.97150÷2=

0.98575m。

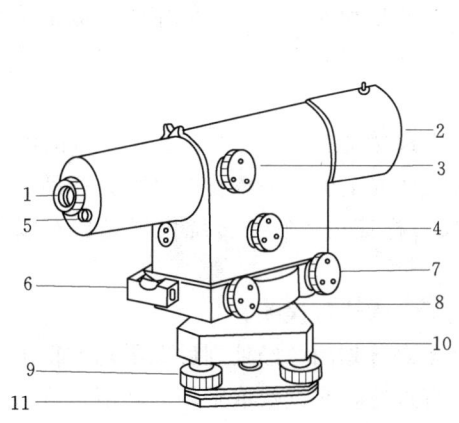

图 1.8.5　国产 DS$_1$ 型精密水准仪
1—目镜调焦螺旋；2—物镜；3—物镜调焦螺旋；4—测微螺旋；5—测微器读数镜；6—粗平水准管；7—微动螺旋；8—微倾螺旋；9—脚螺旋；10—基座；11—底板

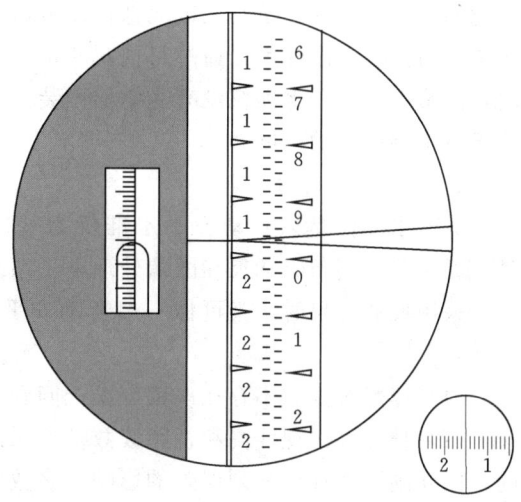

图 1.8.6　DS$_1$ 水准仪目镜视场及测微器读数视场

1.8.3　电子水准仪简介

1. 电子水准仪基本结构

1987 年瑞士徕卡（Leica）公司推出了世界上第一台电子水准仪 NA2000。NA2000 首次采用数字图像技术处理标尺影像，并以 CCD 阵列传感器取代测量员的肉眼对标尺读数获得成功。这种传感器可以识别水准标尺上的条码分划，并用相关技术处理信号模型，自动显示与记录标尺读数和视距，从而实现水准观测自动化。

蔡司、拓普康、索佳等测量公司也先后推出了各自的电子水准仪。到目前为止，电子水准仪已经发展到了第二代、第三代产品，仪器测量精度已经达到了一等、二等水准测量的要求。图 1.8.7 为蔡司 DINI10/20 电子水准仪的外观图。

电子水准仪是在自动安平水准仪的基础上发展起来的。各厂家的电子水准仪采用了大体一致的结构，其基本构造由光学机械部分、自动安平补偿装置和电子设备组成。电子设

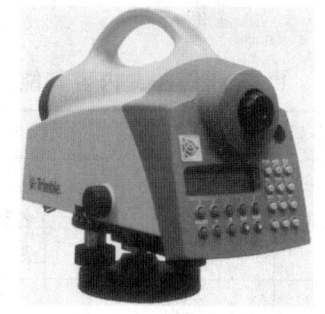

图 1.8.7　蔡司 DINI10/20
电子水准仪

备主要包括调焦编码器、光电传感器（即线阵 CCD 器件）、读数电子元件、单片微处理机、接口（外部电源和外部存储记录）、显示器件、键盘以及影像数据处理软件等，标尺采用条形码标尺供电子测量使用。

各厂家标尺的编码方式和电子读数求值过程由于专利权的原因而完全不同，因此不能互换使用。目前采用电子水准仪测量，照准标尺和调焦仍需人工目视进行。人工完成照准

和调焦之后，标尺条码一方面被成像在望远镜的分划板上，供目视观测；另一方面通过望远镜的分光镜，标尺条码又被成像在光电传感器即线阵CCD器件上，供电子读数。因此，如果使用传统水准标尺，通过目视观测，电子水准仪又可以像普通自动安平水准仪一样使用，但是由于电子水准仪没有光学测微装置，当成普通自动安平水准仪使用时，测量精度低于电子测量时的精度。

2. 电子水准仪的特点

电子水准仪是以自动安平水准仪为基础，在望远镜光路中增加了分光镜和探测器（CCD），并采用条码标尺和图像处理电子系统而构成的光电测量一体化的高科技产品。

采用普通标尺时，又可像一般自动安平水准仪一样使用。它与传统仪器相比有以下特点：

（1）读数客观。不存在误读、误记问题，避免了人为读数误差。

（2）精度高。视线高和视距读数都是采用大量条码分划图像经处理后取平均数得出来的，因此削弱了标尺分划误差的影响。多数仪器都有进行多次读数取平均的功能，可以削弱外界条件影响。不熟练的作业人员也能进行高精度测量。

（3）速度快。由于省去了报数、听记、现场计算以及人为出错的重复观测，测量时间与传统仪器相比可以节省1/3左右。

（4）效率高。只需调焦和按键就可以自动读数，减轻了劳动强度。视距还能自动记录、检核、处理并能输入电子计算机进行后处理，可实现内外业一体化。

（5）操作简单。由于仪器实现了读数和记录的自动化，并且预存了大量测量和检核程序，在操作时还有实时提示，测量人员在学习中很快就能掌握使用方法，减少了培训时间，即使是非专业人员也能很快熟练掌握使用仪器。

实 训 与 习 题

1. 实训任务、内容与能力目标

序号	任务	内容	能力目标
1	认识水准仪和使用水准仪	认识水准仪各部件名称、作用；仪器安置、测量一站高差	1. 具有水准仪"粗平、照准、精平和读数"的能力 2. 具有测量高差的初步能力
2	测量图根水准点的高程	每组测量案例中BCDEFA构成的图根水准路线	1. 具有普通水准测量的观测、记录与计算能力 2. 具有判断水准测量成果是否合格的能力 3. 提交合格的水准测量的成果
3	检验和校正水准仪	每组完成一台仪器的检验和校正	1. 具有水准仪检验的能力 2. 具有校正水准仪的初步能力

2. 习题

（1）什么是后视、前视？

(2) 什么是转点？转点的作用是什么？

(3) 什么是视差？产生视差的原因是什么？如何消除视差？

(4) 水准测量中为什么要求前后视距离相等？

(5) 水准测量误差有哪几项？在测量工作中应如何操作才能消除或减小其误差的影响？

(6) 水准仪有哪些轴线？它们之间应满足哪些几何条件？

(7) 在 DS_3 水准仪的水准管轴平行于视准轴的检验中，选择相距 70m 的 A、B 两点，仪器安置在 A、B 两点中间，对 A、B 尺读数分别为 1.668m 和 1.250m。将水准仪搬至前视 B 点旁约 3m 处，对 A、B 尺分别读数为 1.756m 和 1.350m，问该水准仪的水准管轴是否平行于视准轴？如不平行如何校正？

(8) 自动安平水准仪与 DS_3 微倾水准仪的使用方法有什么不同？

(9) 已知 A 点的高程为 86.202m，按照表 1 水准测量数据，计算 B 点的高程，并进行计算的检核。

表1 水 准 测 量 记 录 表

测站	点号	后视读数/m	前视读数/m	高差/m	高程/m	备注
1	A	1.368			86.202	A
	TP_1		1.345			
2	TP_1	1.564				
	TP_2		1.209			
3	TP_2	1.674				
	TP_3		1.876			
4	TP_3	1.356				
	B		1.683			
计算校核						

(10) 用图1闭合水准路线的观测成果，进行高差闭合差的调整和高程的计算。

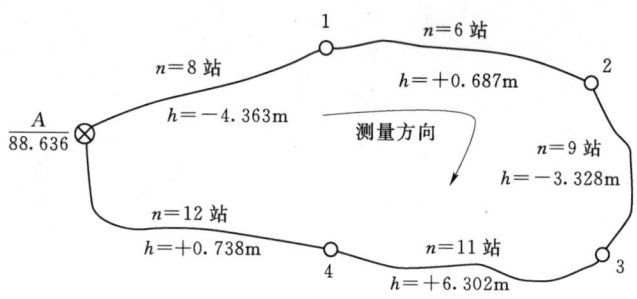

图1 闭合水准路线观测成果注记图

(11) 用图2附合水准路线的观测成果，进行高差闭合差的调整和高程计算。

(12) 用图3支水准路线的观测成果，计算1、2、3点高程。

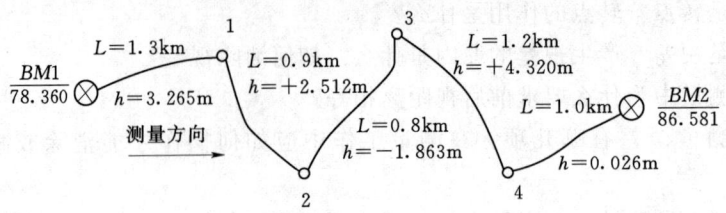

图 2　附合水准路线观测成果注记图

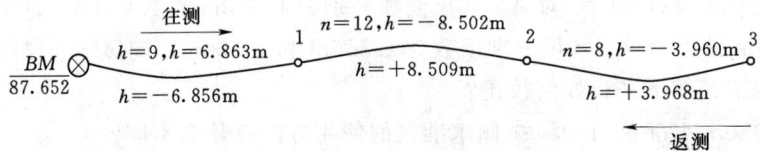

图 3　支水准路线外业观测成果注记图

项目 2　角　度　测　量

学习目标：

通过本项目的学习，使学生了解光学经纬仪、电子经纬仪、激光经纬仪的基本构造和角度测量的误差来源、经纬仪检验校正的基本方法；掌握经纬仪的使用方法、测角方法；具有水平角、竖直角观测的能力和经纬仪的检验与校正的初步能力。

任务 2.1　理解角度测量的原理

角度测量是确定地面点相对位置的基本工作之一，它包括水平角测量和竖直角测量。

2.1.1　水平角测量原理

一点到两目标的方向线（即视线）在水平面上的垂直投影所形成的夹角，称为水平角。如图 2.1.1 所示，A、B、C 为地面上任意三点，将三点沿铅垂线方向垂直投影到一水平面 P 上，得到相应的 a、b、c 三个点，则水平线 ab 及 ac 为空间直线，AB 及 AC 在 P 平面上的垂直投影，且两水平线 ab 及 ac 形成夹角 $\angle cab$，即为 BC 两点对 A 点所形成的水平角，用"β"表示，其数值范围为 $0°\sim 360°$。

要测量这一水平角，设想在测站点 A 上安置一带有刻度圆盘的仪器，圆盘的圆心与过 A 点的铅垂线一致，且使圆盘水平，并能把直线 AB 与 AC 垂直投影

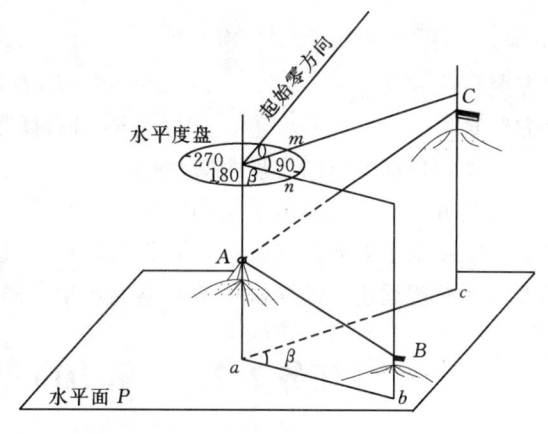

图 2.1.1　水平角测量原理

到这个水平的圆盘上，则两垂直投影线截得圆盘上的相应刻度数分别为 m、n，那么两目标方向线投影在水平面上的水平角值为

$$\beta = n - m \tag{2.1.1}$$

即　　　　　水平角(β)＝右方目标读数(n)－左方目标读数(m)＝右－左

注意：当右方目标读数小于左方目标读数时，右方目标读数要先加上 360°再按式（2.1.1）计算水平角；水平角没有负值。

2.1.2 竖直角测量原理

在同一竖直面内,一点到目标的方向线(即视线)与特定方向线(即通过仪器横轴中心的水平线)之间的夹角,称为竖直角(或高度角),用"α"表示,竖直角有正负之分。其角值范围为 $0°\sim\pm90°$。视线上倾称为仰角,其值为正值;视线下倾称为俯角,其值为负值。若特定方向取天顶方向(即该点的铅垂线反方向)所构成的竖直角,称为天顶距,用符号"Z"表示,其角值范围为 $0°\sim180°$,没有负值。

测角原理如图 2.1.2 所示。在测站点 A 上安置一带有竖直刻度圆盘的测角仪器,竖直刻度盘的中心通过水平视线,为便于读数,仪器上设置一不随读盘上下旋转而变动的指标线(且处于铅垂位置)。当视线水平时,指标线在度盘上的对应刻度为 $90°$;当视线对准目标时,指标线在度盘上的对应刻度则为 n。那么目标方向的高度角为

$$\alpha = 90° - n \tag{2.1.2}$$

即 竖直角(α)=90°-照准时读数(n)

要注意的是不同厂家生产的仪器其竖直角计算公式有所不同。我国生产的普通光学经纬仪,竖直角的计算公式为

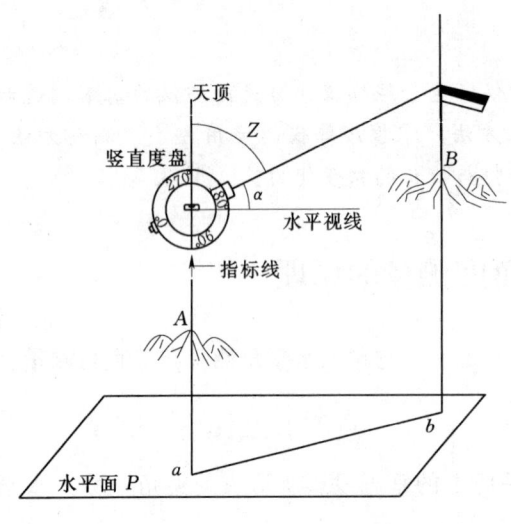

图 2.1.2 竖直角测量原理

盘左竖直角 $\quad\quad\quad\quad\quad\quad \alpha = 90° - L(\text{盘左读数}) \tag{2.1.3}$

盘右竖直角 $\quad\quad\quad\quad\quad\quad \alpha = R(\text{盘右读数}) - 90° \tag{2.1.4}$

另外,目标方向的天顶距 $Z = n$。 $\tag{2.1.5}$

由此可见,为完成水平角和竖直角的测量,测量使用的仪器必须具备水平度盘、竖直度盘和能在水平方向左右旋转,而且也能在竖直方向上下旋转,用于瞄准不同方向、不同高度目标的望远镜。经纬仪正是根据上述角度测量原理而制作的测角仪器。

任务 2.2 了解 DJ6 型光学经纬仪构造

2.2.1 经纬仪型号及其适用

经纬仪是角度测量的主要仪器。经纬仪按测角原理可以分为光学经纬仪和电子经纬仪,其种类很多,按精度划分,光学经纬仪有 DJ1、DJ2、DJ6 等几个等级;电子经纬仪有 DJD2、DJD5、DJD7 等几个等级,前面的字母"D、J、D"分别是大地测量的"大"、经纬仪的"经"及电子测角的"电"的汉语拼音的第一个字母,而后面的数字则代表仪器在野外一方向测回观测值的中误差的秒数。其中 2″ 及 2″ 内的经纬仪属于精密经纬仪,主要用于高精度的测角,如等级控制测量中的角度观测、归化法角的放样、精密方向准直

任务 2.2 了解 DJ6 型光学经纬仪构造

等。5″及 5″以上的经纬仪则属于普通经纬仪,主要用在图根控制测量的角度观测、平板测图,一般工程测量等方面。

2.2.2 DJ6 光学经纬仪的结构

DJ6 型光学经纬仪主要由照准部、水平度盘和基座三大部分组成。图 2.2.1 所示为 J6 型光学经纬仪,各部件名称的编号如图所注。

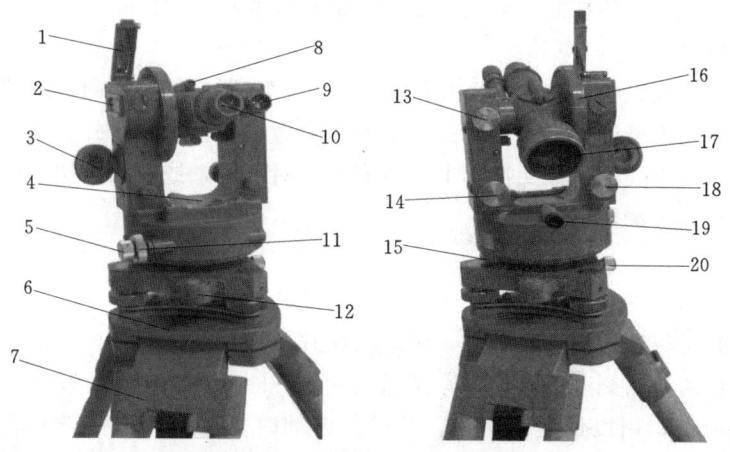

图 2.2.1 J6 型光学经纬仪

1—竖盘水准管反光镜;2—竖盘指标水准管;3—水平度盘照明反光镜;4—照准部水准管;5—照准部制动螺旋;6—脚螺旋;7—三脚架;8—光学照准器;9—读数显微镜;10—望远镜目镜;11—照准部微动螺旋;12—圆水准器;13—竖直制动;14—竖直微动;15—水平度盘变换手轮及护盖;16—竖直度盘;17—望远镜物镜;18—指标水准管微动螺旋;19—光学对点器;20—轴套固定螺丝

现将仪器各部分的构造和部件名称及使用说明如下。

1. 照准部

照准部位于仪器基座的上方,能绕竖直轴在水平面内转动,它是基座上方能够转动部分的总和。主要部件由望远镜、竖直度盘、读数设备、照准控制机构、水准器等组成。

望远镜是照准部的主要部件,用于观测远处目标和进行准确瞄准,其结构与水准仪的望远镜相似,它由物镜、调焦镜、十字丝分划板、目镜和固定它们的镜筒组成,与横轴连在一起安置于支架上,横轴可在支架上转动,因而望远镜也随横轴上下转动。

竖直度盘(简称竖盘)用于测量竖直角,它是一个光学玻璃圆环,在圆环上面有一圈顺时针(或逆时针)注记的分划线,每个分划值一般为 1°,由于量度竖直角。竖盘固定在横轴的一端,随望远镜一起转动,而用来进行竖直读数的指标不动。为能够按固定的指标位置进行竖盘读数,通常还装有竖盘指标水准管,当竖盘指标水准管气泡居中,则表明指标处于正确位置。目前有许多经纬仪已不采用这种方式,而用竖盘自动归零补偿器来代替水准管结构。

读数设备包括光学瞄准器、读数显微镜及光路中一系列的棱镜、透镜等,便于读取望远镜瞄准某一目标时的水平角和竖直角的读数。

为控制经纬仪各部分间相对运动和使经纬仪的望远镜精确地瞄准目标，仅用手来控制仪器是困难且费时的，因此，在经纬仪上设置了三套控制装置：望远镜的制动和微动螺旋，照准部的制动和微动螺旋，水平度盘转动的控制装置（位于水平度盘上）。望远镜的制动和微动螺旋安置于支架上，来控制望远镜在垂直方向转动。望远镜的制动使望远镜固定在垂直某一位置，望远镜的微动可实现望远镜微小仰俯，从而在垂直方向上精确瞄准目标。照准部的制动和微动是来控制望远镜在水平方向的转动。照准部的制动使望远镜固定在水平方向某一位置，照准部的微动可使照准部在有效的范围内相对转动，从而可在水平方向上精确瞄准目标。

为使竖轴处于竖直位置和水平度盘处于水平位置，照准部装有圆水准器和水准管，照准部的水准管是用来精确整平仪器，圆水准器用来做粗略整平。此外，为使地面测站点与仪器中心在同一铅垂线上，在照准部上设置有光学对点器，或在三脚架的中心连接螺旋下方有一挂钩，来挂垂球，以便对中。

2. 水平度盘部分

有两个主要的部件：水平度盘和水平度盘转动的控制装置。

水平度盘是进行读数的主要部件，独立安装在照准部底部外罩内的竖轴外套上，它是由光学玻璃制成的精密刻度的圆盘，在圆盘上刻有一圈0°～360°顺时针注记的分划线，每个分划值一般为1°，用以量度水平角，照准部转动时，水平度盘一般不动，当需水平度盘读数变动，以消除水平度盘的刻划误差时，则可以通过水平度盘转动的控制装置来实现。

水平度盘转动的控制装置，目前常见的有两种结构：一种是采用水平度盘位置变换手轮，或称转盘手轮，使用时，可将手轮压下，旋转手轮，则水平度盘随之转动，转到待需位置时，将手轮松开即可；另一种是用复测扳手装置，使用时，可将复测扳手拨下，水平度盘就于照准部结合在一起，水平度盘随照准部转动，读数不变，当需要转到某读数位置时，将复测扳手拨上，转动仪器水平度盘读数发生改变。

3. 基座部分

经纬仪的基座与水准仪基座相似，位于仪器的下部，用来支撑整个仪器，为使整个仪器在三脚架上能安置得比较稳定，在基座的下部装有一块有弹性的三角压板，三角压板中间有一螺母，可借助三脚架上的中心连接螺旋旋入该螺母内，将基座与三脚架相连接，三脚架上的中心连接螺旋下方有一挂钩，挂上对中垂球，以便将仪器对中，在三角压板和基座之间，有三个脚螺旋，用于整平仪器。另外，基座上还有一个轴套，仪器插入基座的轴套内后，可通过基座侧面的固定螺旋，将仪器固定在基座上，使用时切勿松动固定螺旋，以免仪器分离而摔坏。

任务2.3 掌握DJ6型光学经纬仪的使用方法

要完成项目内容，首要工作就是熟悉经纬仪的使用。经纬仪的使用方法主要包括仪器的安置、目标的瞄准和读数三项工作。可以归纳为八个字，即对中—整平—照准—读数。

2.3.1 经纬仪的安置

安置仪器安置于测站点上,包括仪器对中和整平两项工作,其目的是使仪器的竖轴与测站点在同一铅垂线上,并使水平度盘成水平位置。在对中前,首先将经纬仪安置在架头上,然后进行仪器的对中和整平工作。

1. 仪器对中

移动脚架光学对中。根据使用者高度调节脚架高度,打开三脚架,架在测站点上方,使三脚架尖到测站点距离大致相等,三脚架呈正三角形,且架头呈大致水平状态,如图 2.3.1 所示,打开仪器箱(注意仪器在箱子的摆放位置,便于仪器用完后能正确装箱),一只手握住仪器支架将仪器放在三脚架头上,另一只手把三脚架上的中心连接螺旋旋入三角压板中间的螺母中(不可太用力),使仪器装在架头的中央位置固定。操作者两手抓住其中的两架腿,眼睛看光学对点器,通过前后、左右移动脚架使光学对中测站点,然后踩紧三个脚架,用力要注意均匀,保持架头大致水平。

对中的目的是使仪器的中心(仪器竖轴)与测站点的标志中心在同一铅垂线上。

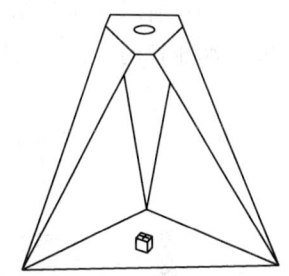

图 2.3.1 仪器脚架的安装

经纬仪种类较多,对中设备和精度的要求也不同,其对中方法有两种方法:垂球对中和光学对点器对中。

(1) 垂球对中。三脚架按要求安置在测站点上,将中心连接螺旋置于架头中心并悬挂垂球,调整垂球线的长度,使垂球尖距地面标志点顶部较近,然后将仪器通过中心连接螺旋固定在三脚架架头上。若垂球尖偏离测站点不大,稍松中心螺旋,在架头上平移仪器,使垂球尖准确对中地面标志点地中心,再旋紧中心螺旋,使仪器固定。若垂球尖距地面标志点顶部较远,使得在架头上平移仪器还无法使垂球尖准确对中地面标志点的中心,此时可先将仪器基座放回到架头中心,旋紧中心螺旋,以防仪器摔下,然后移动三脚架的两条腿,并注意保持架头大致水平,使垂球尖靠近地面标志点顶部附近,再按第一种情况进行操作即可。垂球对中误差大,有风时受到影响,目前一般不使用垂球。

(2) 光学对点器对中。仪器架设在三脚架上后,调节对点器目镜焦距,使对点器的圆圈标志和地面的影像清晰,若测站点的影像在对点器的目镜视场内,则眼睛观测对点器的目镜,同时旋转基座上的三个脚螺旋,使对点器的圆圈标志和测站点的标志中心重合,此时圆水准器的气泡不居中,可以任选两个架腿,第三个架腿始终不动,并通过其上的伸缩制动螺旋伸缩脚架腿(注意不是移动架腿的脚尖位置,另外手应握住架腿的伸缩处缓缓伸缩脚架腿,防止仪器滑下),使圆水准器的气泡大致居中;若测站点的影像不在对点器的目镜视场内,则可使自己的脚尖放在测站点附近处,任选三脚架的两个架腿,双手提起前、后、左、右地移动该两个架腿,同时眼睛观测对点器的目镜(注意通过眼睛的余光,尽量保持架头大致水平),当测站点的标志中心大部分在对点器的圆圈标志内时,踩实这两个架腿,然后旋转基座上的三个脚螺旋,使对点器的圆圈标志和测站点的标志中心重合,再任选两个架腿,通过其上的伸缩制动螺旋伸缩脚架腿,使圆水准器的气泡大致居中即可。

由于仪器结构和操作等的原因，用光学对点器进行的对中精度高于垂球对中的精度（垂球对中的误差为3mm，光学对点器的对中误差为1mm），因此，目前生产的J6级经纬仪均有光学对点器装置。

2. 仪器整平

整平的目的是使仪器的竖轴处于竖直位置及水平度盘处于水平位置。操作步骤如图2.3.2所示，转动照准部，使水准管与任意两个脚螺旋的连线平行，两手拇指同时相向或相背转动这一对脚螺旋，如图2.3.2（a）所示，使气泡居中，气泡移动的方向与左手大拇指移动的方向一致；再将照准部旋转90°，使水准管与这两个脚螺旋的连线垂直，如图2.3.2（b）所示，调节第三个脚螺旋使气泡居中，反复以上操作，直至仪器旋转到任何位置，水准管的气泡偏离零点均不超过一格为止。

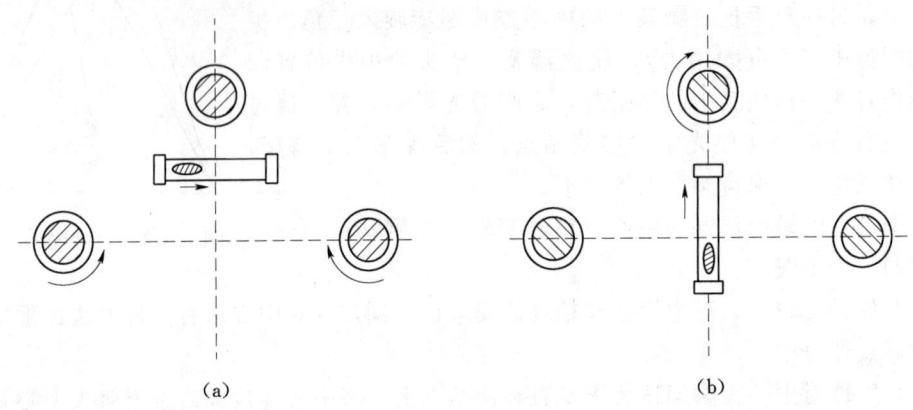

图 2.3.2 整平方法

值得注意的是：对中和整平是两个相互联系的操作过程。经纬仪经过整平后会破坏前面的对中，使得测站点的标志中心会在对点器的圆圈标志的附近（对于用垂球对中，则会使垂球尖偏离在测站点中心附近），对此稍松中心连接螺旋（注意仪器不可完全脱离基座，以免仪器掉下），两只手按住基座上的三角压板，眼睛观测对点器的目镜，左右或前后平移仪器（能旋转仪器），使对点器的瞄准标志与地面测站点的标志中心重合，然后一只手扶住仪器，另一只手旋紧中心连接螺旋（或若采用垂球对中，可使另一人观测垂球尖和测站点中心的相对位置，指挥仪器操作者，左右或前后平移仪器，使垂球尖准确对中地面标志点的中心），这样由于平移仪器，又会影响了整平工作，应紧接着进行整平。因此应反复重复上述的对中和整平工作，直到光学对中误差不超过1mm，且照准部的水准管的气泡居中。

2.3.2 瞄准和读数

1. 瞄准

瞄准就是用望远镜的十字丝交点去精确地对准目标，具体的瞄准操作方法和步骤如下：

（1）松开仪器水平制动螺旋和望远镜制动螺旋，转动照准部，将望远镜对向一明亮背景，转动望远镜目镜调焦螺旋，使十字丝清晰。

（2）转动照准部，通过望远镜的光学瞄准器（准星、照门）瞄准目标，然后拧紧水平制动螺旋和望远镜制动螺旋。

（3）转动望远镜的物镜调焦螺旋，使目标成像清晰。

上述操作中应注意消除视差，所谓视差就是当望远镜瞄准目标后，眼睛在目镜处上下、左右做少量移动（移动距离小于0.5mm），会出现十字丝和目标的成像有相对运动的现象。这在测量作业中是不允许的，为消除视差，首先必须按正确的操作程序依次调焦，即先调目镜，后调物镜；其次无论调节十字丝或调节目标，应始终保持眼睛处于松弛状态。

（4）转动水平制动螺旋和望远镜制动螺旋，使十字丝精确对准目标（图2.3.3）。

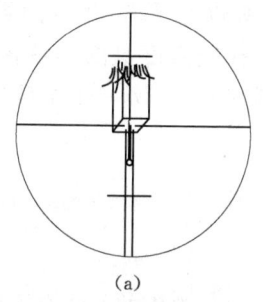 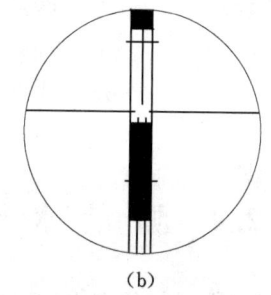 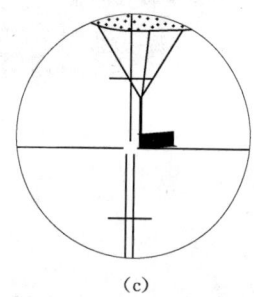

(a)　　　　　　　　　　(b)　　　　　　　　　　(c)

图2.3.3　瞄准目标方法

水平角的观测应用十字丝的竖丝照准目标，且十字丝的中丝尽量靠近目标的底部，当所照目标成像较细，用双丝对称夹注目标，如图2.3.3（a）所示；而当所照目标成像较粗，则常用十字丝的单丝平分目标，照准目标的几何中心，如图2.3.3（b）所示。观测竖直角时，应使十字丝中丝与目标的顶部相切，如图2.3.3（c）所示。

2. 读数

光学望远镜采用目视直接读数方式，但由于度盘的分格很小，刻线很细，为提高读数精度，需采用光学放大装置，即在经纬仪中设置水平度盘显微镜和竖直度盘显微镜，将度盘分划成像放大显示在望远镜旁的读数显微镜内，同时度盘的刻划一般为1°，为读取小于度盘一个计量单位的零数，还应设置测微器来读数。

DJ6型经纬仪现在基本上都采用分微尺测微器装置来进行读数，所以下面主要讲述这种装置的读数方法。

分微尺测微器又称显微镜带尺测微装置，它是在显微镜读数窗与场镜上设置一个带有分划尺的分划板，分划尺全长等于度盘的一个计量单位，即1°的宽度，同时分划尺又分成60小格，每小格代表$1'$，每10小格注记数字，表示$10'$的倍数，不到$1'$的读数可估读至$0.1'$，即最小读数为$6''$。

图2.3.4所示为读数显微镜视场内所见到的度盘和分划尺的影像，上面注有"H"或"—"或"水平"的表示水平度盘读数窗口，下面注有"V"或"⊥"或"竖直"的表示竖直度盘读数窗口，其中长线（即度读数分划线）和大号数字式度盘上的分划线及其注记，短线（测微尺分划线）和小号数字为分划尺的分划线和注记数字。

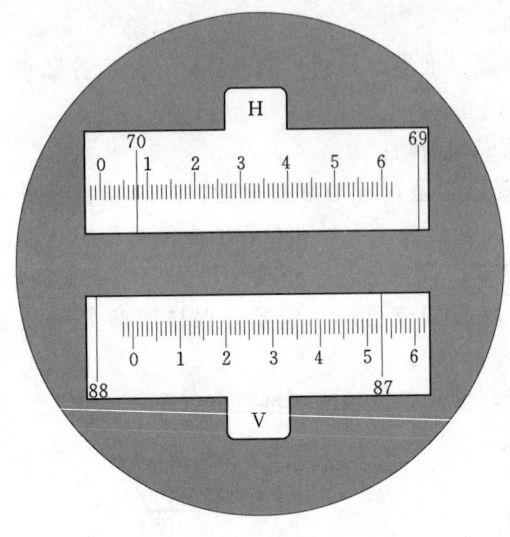

图2.3.4 分微尺测微器读数方法

读数时，以测微尺的零分划线为指标线，当某一度读数分划线盖在测微器的分划尺上时，"度"数就为该度读数分划线上的注记数字，其中"分"值为测微尺零线到度读数分划线间的小格数（一小格1′），在测微尺上不足1′的，估读出其占一小格的十分之几，再乘以60即为"秒"值。图2.3.4的水平度盘读数窗口内，分划尺的0分划线已过了70°，在0分划线和70°的度读数分划线间的小格数为7格多，不足一格的占一格的4/10，所以水平度盘的读数为70°07′24″。同理，在竖直度盘的读数窗中，分划尺的0分划线已过了87°，整个读数为87°52′54″。

任务2.4 测量水平角

观测水平角的方法很多，一般根据目标的多少和等级要求而定，常用的方法有测回法和方向观测法。

2.4.1 测回法

测回法是观测水平角的一种最基本的方法，适合于观测两个目标之间的单个角值，如图2.4.1所示，设要测水平角∠AOB，在p点（测站点）安置经纬仪（对中、整平）。

1. 观测方法、步骤

观测方法按照准目标可归纳为四个字，即左—右—右—左。

（1）仪器处于盘左位置（竖直度盘在望远镜目镜左侧，也称正镜），旋转照准部瞄准左方目标A点（一般将起始方向称为零方向，通常选成像稳定、目标背景清晰为零方向），拧紧水平制动螺旋和望远镜制动螺旋，转动水平微动螺旋和望远镜微动螺旋精确照准目标，并读取水平度盘读数，设为a，记入观测手簿（表2.4.1）中。

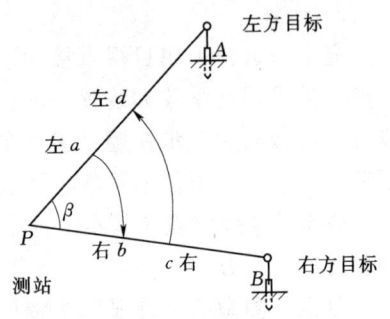

图2.4.1 测回法示意图

（2）松开水平制动螺旋，顺时针转动照准部瞄准右方目标B点，同法精确照准目标，并读取水平度盘读数，设为b，记入观测手簿中。

步骤（1）、（2）称为盘左半测回或上半测回，所测得角值为

$$\beta_{左}=右-左=b-a \tag{2.4.1}$$

即   盘左所测水平角＝右方目标读数－左方目标读数

若算得的值为负，则计算值＋360°为上半测回角值，并将结果记入观测手簿中。

（3）松开水平制动螺旋和望远镜制动螺旋，仪器倒镜（竖直度盘在望远镜目镜右侧，也称盘右），瞄准右方目标 B 点，同法精确照准目标，并读取水平度盘读数，设为 C，记入观测手簿中。

（4）松开水平制动螺旋，顺时针转动照准部瞄准左方目标 A 点，也以同法精确照准目标，并读取水平度盘读数，设为 a 右，记入观测手簿中。

步骤（3）、（4）称为盘右观或下半测回，所测得角值为

$$\beta_{右}＝右－左＝C－d \tag{2.4.2}$$

即   盘右所测水平角＝右方目标读数－左方目标读数

上半测回和下半测回合在一起称为一测回，当半测回差符合要求，则两个半测回角值的平均值作为一测圆角值，即

$$\beta=\frac{\beta_{左}+\beta_{右}}{2} \tag{2.4.3}$$

为提高测角的精度，往往水平角观测需要多个测回取平均值，此时为降低由于度盘刻划误差的影响，各测回的盘左时左方目标的读数要进行配置，其公式为

$$m=\frac{180°}{n} \tag{2.4.4}$$

式中 n——需要测回数；

   m——测回间的递增值。

如 $n=2$，$m=90°$，表示第 1 测回盘左照准左方目标时设置水平度盘读数为 0°__′__″，分、秒可以是任何值，盘右测量时不能动度盘；第 2 测回盘左照准左方目标时设置水平度盘读数为 90°__′__″，分秒不管。

零方向读数的配置具体操作步骤为：盘左位置瞄准零方向后，转动度盘变换手轮，使度盘读数调整至某一测回零方向的配置值多一点处，并及时盖上护盖，按上述观测过程进行水平角的观测即可。

2．记录与计算方法

测回法的记录与计算示例见表 2.4.1，表中带括号的号码为观测记录和计算的顺序，其中（1）～（4）为记录数据，其余为计算所得。

测站上的计算如下：

（1）半测回角值：

$$(5)=(2)-(1)$$

$$(6)=(3)-(4)$$

若上两式的计算值为负，其得数应加上 360°方可为上、下半测回的角值。

表 2.4.1　　　　　　　　　　　测回法观测记录手簿

天气：_____　成像：_____　　　　　　　　　仪器：_____　NO._____
日期：_____　　　　　　　　　　　　　　　　　观测者：_____　记录者：_____

测回数	测站	竖盘位置	目标	水平读数/(° ′ ″)	半测回角值/(° ′ ″)	一测回角值/(° ′ ″)	各测回平均角值/(° ′ ″)	备注
		盘左		(1)	(5)	(7)	(8)	
				(2)				
		盘右		(4)	(6)			
				(3)				
Ⅰ	O	盘左	A	0　02　42	262　16　06	262　16　00	262　16　02	
			B	262　18　48				
		盘右	A	180　02　42	262　15　54			
			B	82　18　36				
Ⅱ	O	盘左	A	90　01　24	262　16　06	262　16　03		
			B	352　17　30				
		盘右	A	270　01　54	262　16　00			
			B	172　17　54				

(2) 一测回角值：

$$(7)=\frac{1}{2}[(5)+(6)]$$

(3) 各测回平均角值：

$$(8)=\frac{\text{所有测回的一测回角值的连加和}}{\text{测回数 } n}$$

在观测中，应注意两项限差：一是两个半测回角值之差；二是各测回间的角值之差。这两项限差，对于不同精度的仪器，有不同的规范要求。DJ6 型经纬仪要求半测回角值互差不得超过 ±36″；各测回间的角值互差不得超过 ±24″。若半测回角值互差超限应重测该测回；若各测回角值互差超限，则应重测某一测回角值偏离各测回平均角值较大的那一测回。

2.4.2 方向观测法

当观测方向数为三个或多于三个时，通常采用方向观测法。为消减因望远镜调焦而产生的照准误差，往往在观测之前，应从几个方向中选一个目标清晰、成像稳定、距离适中的方向，作为起始零方向。

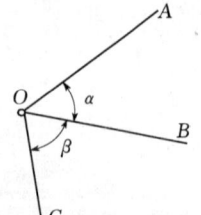

图 2.4.2　方向观测法

1. 观测方法、步骤

(1) 当观测方向数为三个时（图 2.4.2），其步骤如下：

1) 在测站 O 上安置经纬仪，对中、整平。

2) 盘左位置，选定零方向 A 点瞄准，将度盘配置于 0°稍大读数处，再顺时针转动仪器依次观测 B、C 方向，分别读取每个方向的水平度盘读数并记录于观测手簿中（表 2.4.2）。称上半测回。

表 2.4.2　　　　　　　　方向观测法记录手簿

天气：　晴　　　成像：　清晰　　　　　　　　　　　　仪器：j6　　NO.20765
日期：2013.9.18　　　　　　　　　　　　　　　　观测者：×××　记录者：×××

测回数	测站	目标	读数 盘左（L）/(° ′ ″)	读数 盘右（R）/(° ′ ″)	2C /(″)	平均读数 /(° ′ ″)	归零方向值 /(° ′ ″)	各测回归零方向平均值 /(° ′ ″)
Ⅰ	O	A	0 02 12	180 01 48	+24	0 02 00	0 00 00	0 00 00
		B	70 53 24	250 53 06	+18	70 53 15	70 51 15	70 51 16
		C	120 12 18	300 12 06	+12	120 12 12	120 10 12	120 10 18
Ⅱ	O	A	90 04 06	270 04 00	+6	90 04 03	0 00 00	
		B	160 55 30	340 55 12	+18	160 55 21	70 51 18	
		C	210 14 30	30 14 24	+6	210 14 27	120 10 24	

3) 倒镜，用盘右位置按逆时针方向依次观测 C、B、A 方向，分别读取各方向盘右的水平度盘读数并记录于观测手簿中。称下半测回。

上、下两个半测回合起称一测回，余下的测回只需按规范规定的"方向观测度盘表"的要求，对零方向进行度盘配置即可，其观测、记录与第一测回完全相同。

（2）当观测的方向数多于三个时（图 2.4.3），应采用全圆方向观测法，其操作步骤同上，只是在半测回结束时仍要回到起始零方向，称为归零。

具体的过程如下：

1) 在测站 O 上安置经纬仪，对中、整平。

2) 盘左位置，选定零方向 A 点瞄准，将度盘配置于 0°稍大读数处，再顺时针转动仪器依次观测 B、C、D 各方向，分别读取每个方向的水平度盘读数并记录于观测手簿中（表 2.4.3），最后还要回到起始方向 A 进行归零，读数并记录，称为上半测回。

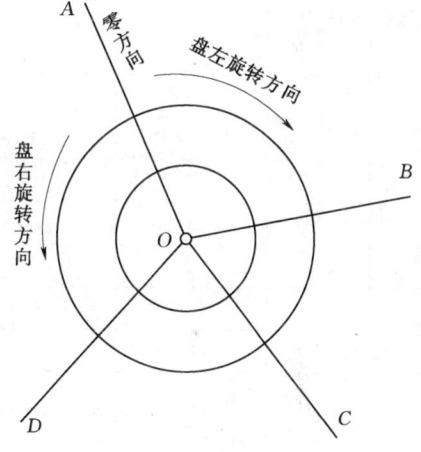

图 2.4.3　全圆观测法

3) 倒镜，用盘右位置按逆时针方向依次观测 A、D、C、B 方向，读数并记录，称为下半测回。

上、下两个半测回合起称一测回，余下的测回只需对零方向按要求进行度盘配置即可，其观测、记录与第一测回完全相同。

2. 记录与计算方法

（1）观测方向数为三个的记录和计算示例见表 2.4.2，表内括号的号码为记录和计算的顺序，其中（1）～（6）列为记录数据，其余为计算所得。

有关计算说明如下：

1) 两倍照准误差 2C 值为

$$2C = L - (R \pm 180°) \tag{2.4.5}$$

式中 L——盘左读数；
R——盘右读数。

$$平均读数 = \frac{1}{2}[L+(R\pm180°)] \qquad (2.4.6)$$

2) 归零方向值：先将零方向平均读数化为 $0°00'00''$，其余各方向的平均读数减去零方向的平均读数，即得到相应方向的归零方向值。

3) 各测回归零方向平均值：取同一方向各测回的归零方向值平均值。

4) "+""−"的取舍可根据盘右的读数来定，若盘右读数 $R \geqslant 180°$，取"−"号；若盘右读数 $R < 180°$，则取"+"号。

(2) 观测方向数多于三个时采用全圆测回法观测，记录和计算示例见表 2.4.3。

表 2.4.3　　　　　　　　全圆方向观测法记录手簿

天气：　晴　　成像：　清晰　　　　　　　　　　　　仪器：j6　 NO.20765
日期：2013.9.20　　　　　　　　　　　　　　　观测者：×××　记录者：×××

测回数	测站	目标	读数 盘左（L） /(° ′ ″)	读数 盘右（R） /(° ′ ″)	2C /(″)	平均读数 /(° ′ ″)	归零方向值 /(° ′ ″)	各测回归零方向平均值 /(° ′ ″)	备注
						(23)			
			(1)	(11)	(13)	(18)	(24)	(28)	
			(2)	(10)	(14)	(19)	(25)	(29)	
			(3)	(9)	(15)	(20)	(26)	(30)	
			(4)	(8)	(16)	(21)	(27)	(31)	
			(5)	(7)	(17)	(22)			
	归零差		(6)	(12)					
						0　02　03			
Ⅰ	O	A	0　02　12	180　01　48	+24	0　02　00	0　00　00	0　00　00	
		B	70　53　24	250　53　06	+18	70　53　15	70　51　12	70　51　12	
		C	120　12　18	300　12　06	+12	120　12　12	120　10　09	120　10　14	
		D	254　40　36	74　40　30	+6	254　40　33	254　38　30	254　38　35	
		A	0　02　18	180　01　54	+24	0　02　06			
	归零差		0　0　+6	0　0　+6					
						90　04　08			
Ⅱ	O	A	90　04　06	270　04　00	+6	90　04　03	0　00　00		
		B	160　55　30	340　55　12	+18	160　55　21	70　51　13		
		C	210　14　30	30　14　24	+6	210　14　27	120　10　19		
		D	344　42　54	164　42　42	+12	254　42　48	254　38　40		
		A	90　04　18	270　04　06	+12	90　04　12			
	归零差		0　0　+12	0　0　+6					

有关计算说明如下：

1) 半测回归零差：盘左或盘右的零方向两次读数之差。例如表 2.4.3 中的第一测回零方向（A）的盘左或盘右的半测回零差为

上半测回归零差　　　　　(6)＝(5)－(1)＝＋6″
下半测回归零差　　　　　(12)＝(7)－(11)＝＋6″

2) 两倍照准误差 2C 值　　　$2C = L - (R \pm 180°)$

3) 平均读数为 $[L+(R \pm 180°)]/2$。

4) 归零方向值：先取零方向平均读数的平均值，注记在零方向平均读数的上方，并将它化为 0°00′00″记在归零方向值相应栏内，其余各方向的平均读数减去零方向的平均读数的平均值，即得到相应方向的归零方向值。

5) 各测回归零后方向平均值：取同一方向各测回的归零方向值平均值。

3. 观测限差及检查

方向观测法通常有三项限差：一是半测回的两次零方向读数之差，也称半测回归零差；二是一测回同方向盘左、盘右方向值差，也称 2C 误差；三是各测回同一方向的方向值之差，也称测回差。对于以上三种限差，根据不同精度的仪器而有所不同，其中半测回归零差对 DJ6 型经纬仪要求不得超过±18″；2C 误差在实际观测中，应注意 2C 的变动范围，对于 DJ6 型经纬仪仅供观测者自检，不作限差规定；测回差对 DJ6 型经纬仪要求不得超过±24″。

在观测中应随时检查各项限差。上半测回测完后，立即计算半测回归零差，若超限须重测，下半测回测完后，也应立即计算归零差，若超限须重测整个测回；所有的测回测完后，计算测回差，若超限应具体地进行分析，一般来讲，某一测回的几个方向值与其他测回中该方向的方向值偏离较大，须重测该测回中这几个方向的盘左和盘右值，但如果超限的方向数大于所有方向总和的 1/3，则必须重测整个测回。

任务 2.5　测量竖直角

若水平线方向用一指标指示度盘上某一固定值，竖直角的观测则与水平角观测一样，都是依据度盘上两个方向（镜位）读数之差来实现的。要了解竖直角是如何测定的，首先应清楚竖直度盘的读数系统。

2.5.1　竖直度盘读数系统

1. 竖直度盘读数的光学系统

图 2.5.1 所示为竖直度盘的光学系统，从图中可以看出，光线进过反光镜 1 进入照明进光窗 2，经竖盘照明棱镜 3 的折射，照亮竖盘 12 的分划线，然后带有度盘分划和注记的影像由竖盘转向棱镜 4 转向竖盘显微物镜组 5 并放大，再由竖盘转向棱镜 6 及菱形棱镜 7，将度盘分划和注记放大的影像在读数窗与场镜 8 的平面上成像，在读数窗与场镜 8 中设置分划尺测微板，这样，带有度盘分划、注记及分划尺测微板的光线经转向棱镜 9 及透镜 10，经读数显微镜目镜 11 再放大，便可读出竖盘的读数。

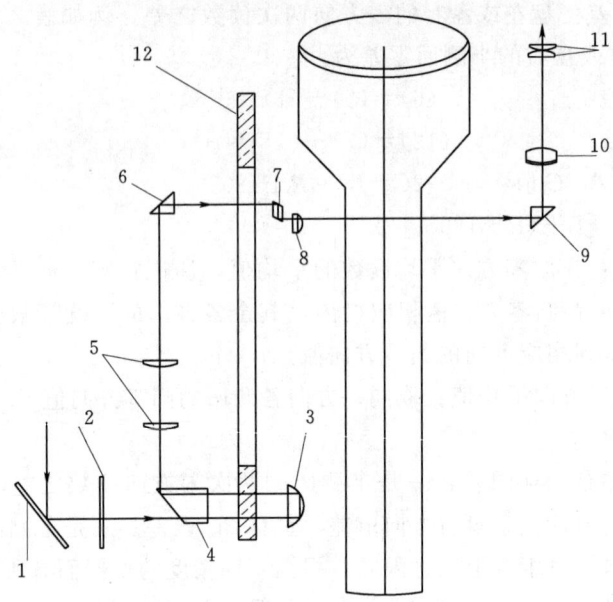

图 2.5.1 竖直度盘读数的光学系统
1—反光镜；2—照明进光窗；3—竖盘照明棱镜；4—竖向转向棱镜；
5—竖盘显微物镜组；6—竖盘转向棱镜；7—菱形棱镜；8—读数窗
与场镜；9—转向棱镜；10—透镜；11—显微镜目镜；12—竖盘

2. 竖盘构造

竖盘是固定在望远镜的旋转轴上，望远镜在竖直面内上下转动，竖盘就被带着一起转动，而竖盘上读数的指标线（带有度盘分划和注记的影像的光线）则与竖盘水准管有联系，因为，竖盘指标水准管微动螺旋与图 2.5.1 所示的竖盘照明棱镜和竖盘转向棱镜相连在一起，若转动竖盘指标水准管微动螺旋，必然会使竖盘照明棱镜和竖盘转向棱镜产生联动运动，那么望远镜水平时，经竖盘照明棱镜折射的光线不会穿过竖盘的 90°或 270°刻划线，从而水平线方向竖直度盘的读数不为固定值，影响竖盘读数，只有转动竖盘指标水准管微动螺旋使竖盘指标水准管气泡居中时，才能使经竖盘照明棱镜折射的光线垂直穿过竖盘时，带有度盘分划和注记的影像恰好为 90°或 270°的影像，这样水平线方向上的竖盘读数为某一固定值，从而就保证了竖盘读数的正确。因而在竖盘读数前，须使竖盘指标水准管的气泡居中，以正常位置进行读数。

2.5.2 竖直角的计算公式

1. 竖盘的注记形式

根据竖直度盘的读数计算竖直角的公式与竖直度盘刻度的注记方式有关，因而需了解竖盘的注记形式。竖直度盘刻度的注记形式很多，常见的多为全圆式，按注记的方向又分顺时针和逆时针两类，如图 2.5.2（a）、（b）所示为顺时针注记的盘左、盘右情况，图 2.5.2（c）、（d）所示为逆时针注记的盘左、盘右情况。

在实际的操作中，可以通过下面方法进行判断，即在盘左位置，当望远镜慢慢抬高，

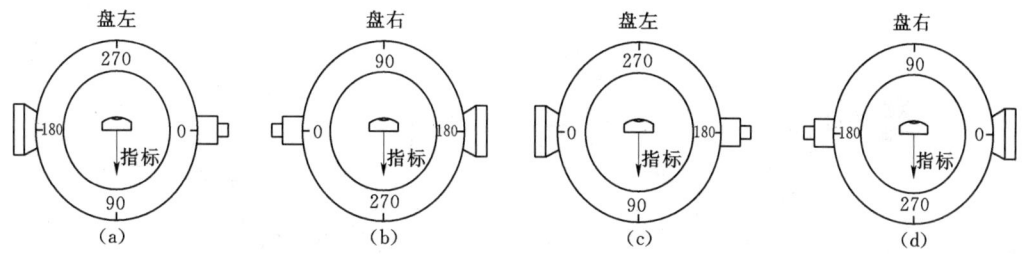

图 2.5.2 竖盘的注记形式

若竖盘读数逐渐增加,则竖盘为逆时针注记;反之,若竖盘读数逐渐递减,则竖盘为顺时针注记。

2. 竖直角的计算公式

由于竖盘的注记有顺时针和逆时针两种不同的形式,因此竖直角的计算公式也不同,但计算竖直角的原理是一样的。在正常情况下,当望远镜视线水平,竖直水准管气泡居中,竖盘读数为 90°或 270°,又称起始读数。

竖直角计算公式的推导如下:

(1) 竖盘为顺时针注记时的竖直角计算公式。如图 2.5.3 所示为顺时针注记度盘。图 2.5.3(a)所示为盘左位置视线水平时的读数,此时为 90°。当望远镜逐渐抬高,竖盘读数 L 在逐渐减小,由图可知上半测回竖直角为

$$\alpha_{左}=90°-L \tag{2.5.1}$$

图 2.5.3(b)所示为盘右位置视线水平时的读数,此时为 270°。当望远镜逐渐抬高,竖盘读数 R 在逐渐增大,由图可知下半测回竖直角为

$$\alpha_{右}=R-270° \tag{2.5.2}$$

一测回竖直角为盘左和盘右所测定的竖直角的平均值,即

$$\alpha=\frac{\alpha_{左}+\alpha_{右}}{2}=\frac{(R-L)-180°}{2} \tag{2.5.3}$$

(2) 竖盘为逆时针注记时的竖直角计算公式。如图 2.5.4 所示为逆时针注记度盘。用类似的方法可以推得竖直角计算公式为

$$\alpha_{左}=L-90° \tag{2.5.4}$$

$$\alpha_{右}=270°-R \tag{2.5.5}$$

一测回竖直角为盘左和盘右所测定的竖直角的平均值,即

$$\alpha=\frac{\alpha_{左}+\alpha_{右}}{2}=\frac{(L-R)+180°}{2} \tag{2.5.6}$$

从式(2.5.5)和式(2.5.6)的推导中可以看出:在盘左位置,将望远镜慢慢抬高,如果读数逐渐增加,则竖直角=瞄准目标时竖盘读数-视线水平时竖盘读数;如果读数逐渐减小,则竖直角=视线水平时竖盘读数-瞄准目标时竖盘读数。

以上归纳的规定,适合任何竖盘注记形式的竖直角的计算。

3. 竖盘指标差的计算

如果望远镜视线水平,竖盘指标水准管气泡居中,竖盘的读数与 90°或 270°不相等,

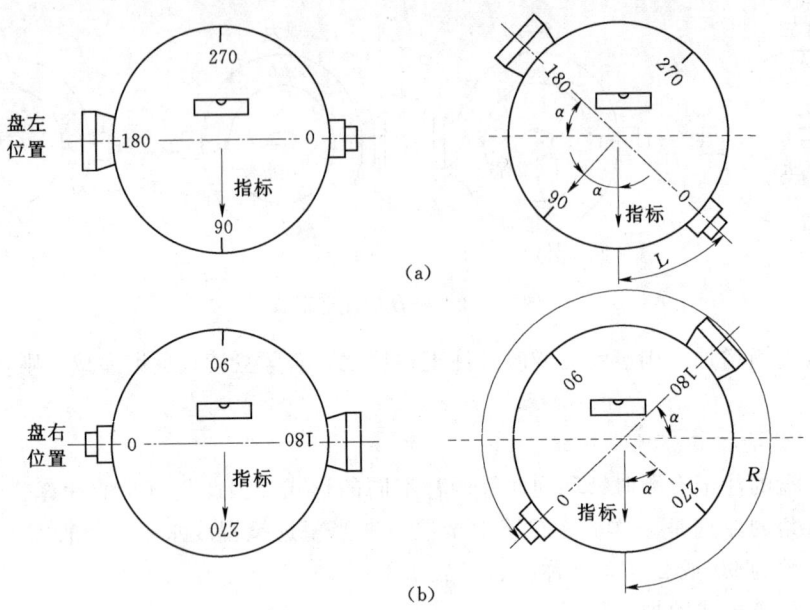

图 2.5.3 竖直角计算示意图

而是大了或小了一个数值,则表明竖盘的指标偏离正常位置,这个偏移值称为指标差,通常用 x 表示。当指标偏移方向与竖盘注记方向一致,则使读数中增大了一个 x 值,令 x 为正;反之,指标偏移方向与竖盘注记方向相反时,则使读数中减少了一个 x 值,令 x 为负,如图 2.5.4 所示。由图可知:当盘左视线处于水平且竖盘指标水准管气泡居中时,指标所指不是 90°,而是 90°+x,同样在盘左位置,视线指向目标时的读数也大了一个 x 值,则盘左的正确读数为实际读数减去 x,盘左计算的竖角应为

$$\alpha_{左}=90°-(L-x) \tag{2.5.7}$$

同样,盘右计算的竖角应为

$$\alpha_{右}=(R-x)-270° \tag{2.5.8}$$

则一测回所测得竖直角为

$$\alpha=\frac{\alpha_{左}+\alpha_{右}}{2}=\frac{(R-L)-180°}{2} \tag{2.5.9}$$

可见用盘左盘右两次读数的平均值可以消除指标差的影响。若将式(2.5.8)与式(2.5.7)相减,则得

$$x=\frac{1}{2}(\alpha_{右}-\alpha_{左})=\frac{L+R-360°}{2} \tag{2.5.10}$$

这就是求算指标差的计算公式。

如图 2.5.4 所示,竖盘指标差在同一时段是相对稳定的,但由于仪器误差、观测误差及外界条件影响等因素,不同目标观测时的指标差是有变化的,变化幅度的大小,可以反映出观测质量的高低,对此,就要求一测回各方向间的指标差互差必须在规定的范围内。

DJ6型经纬仪要求一测回各方向间的指标差互差不得超过±25″，DJ2型经纬仪要求一测回各方向间的指标差互差不得超过±12″。

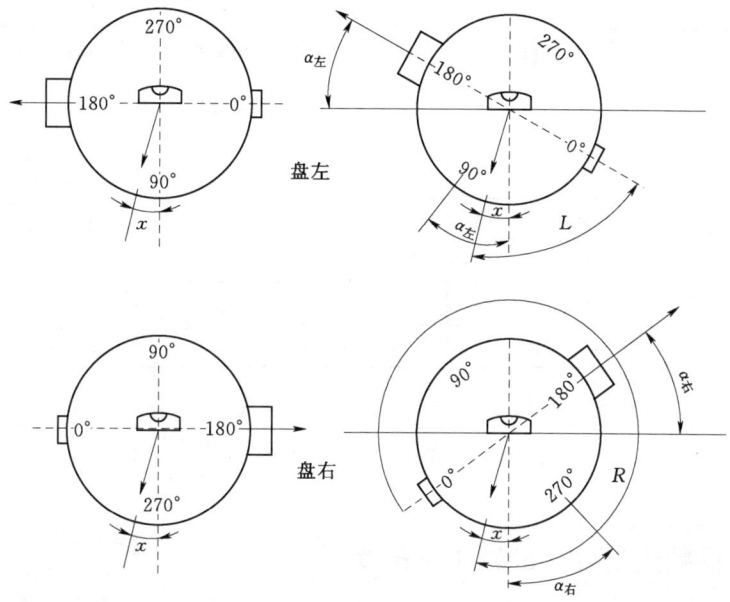

图 2.5.4　竖盘指标差

2.5.3　竖直角的观测方法与记录方法

2.5.3.1　竖直角的观测方法

竖直角观测方法主要有两种，即中丝法和三丝法，现分述如下。

1. 中丝法

中丝法是以望远镜十字丝的中丝（水平横丝）为准，切于所观测部位，测定竖直角。其方法如下：

（1）在测站上安置仪器，对中，整平。

（2）盘左位置，用中丝切于所观测部位，转动竖盘指标水准管微动螺旋，使气泡居中，读取竖盘读数 L，并记于竖直角记录手簿（表2.5.1）中。

（3）盘右位置，同法进行照准，转动竖盘指标水准管微动螺旋，使气泡居中，读取竖盘读数 R，并记于竖直角记录手簿中。

以上操作为一测回。若增加测回均按以上操作进行。

2. 三丝法

三丝法是以望远镜十字丝的上、中、下三丝依次照准目标，分别读数，取上、中、下三丝在盘左、盘右所测的 L 和 R 分别计算出相应的竖角，最后以平均值为该竖角的角值。

2.5.3.2　竖直角的记录与计算

竖直角的记录和计算示例见表2.5.1。表内括号的号码为记录和计算的顺序，其中（1）～（2）为记录数据，其余为计算所得。

表 2.5.1 竖直角观测手簿

天气：晴 成像：清晰 仪器：j6 NO.200765
日期：2013.9.25 观测者：××× 记录者：×××

测站	目标	竖盘位置	竖盘读数 /(° ′ ″)	半测回竖直角 /(° ′ ″)	指标差(x) /(″)	一测回竖直角 /(° ′ ″)	备注
		左	(1)	(3)	(5)	(6)	
		右	(2)	(4)			
A	B	左	90 10 36	−0 10 36	+9	−0 10 27	$\alpha_左=90°-L$
		右	269 49 42	−0 10 18			$\alpha_右=R-270°$
	C	左	85 13 48	4 46 12	+3	4 46 15	
		右	274 46 18	4 46 18			

任务 2.6 检验与校正经纬仪

2.6.1 经纬仪轴线及应满足的几何条件

为保证角度观测达到规定的精度，经纬仪的设计制造有严格的要求，其各主要部件之间，也就是主要轴线和平面之间，必须满足角度观测所提出的要求。如图 2.6.1 所示，经纬仪的主要轴线有：仪器的旋转轴 VV（简称竖轴）、望远镜的旋转轴 HH（简称横轴）、望远镜的视准轴 CC 和照准部水准管轴 LL。根据角度观测的概念，经纬仪的这些轴线之间应满足下列几何条件：

(1) 水准管轴垂直于竖轴，即 $LL \perp VV$。
(2) 视准轴垂直于横轴，即 $CC \perp HH$。
(3) 横轴垂直于竖轴，即 $HH \perp VV$。
(4) 十字丝的纵丝垂直于横轴。
(5) 竖直度盘指标差应为零。

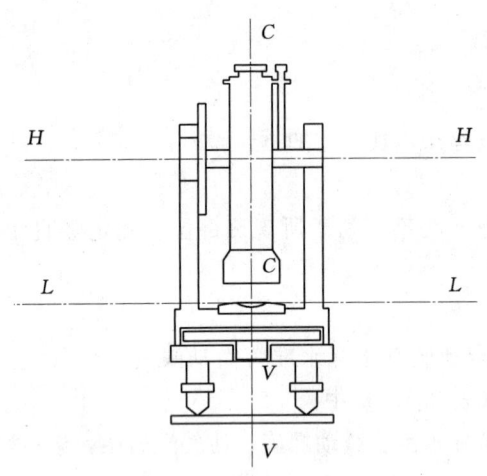

图 2.6.1 经纬仪轴线示意图

2.6.2 经纬仪的检验与校正方法

经纬仪轴系之间的条件在仪器出厂时一般是可以满足的，但常常在使用期间及搬运过程中，由于受碰撞、震动等的影响，这些条件可能发生变动，因此在使用经纬仪之前，需查明仪器的各轴系是否满足上述条件，要经常对仪器进行检查和校正。下面将介绍经纬仪检验与校正的通用方法。

1. 照准部水准管轴垂直竖轴的检验与校正

检验方法：先将仪器安置在三脚架上大致整平，转动照准部使水准管与任意两个脚螺旋的连线平行，相对地转动这两个脚螺旋使气泡居中，然后将照准部旋转 180°（可用度盘读数），若气泡仍居中则条件满足，若气泡偏离中心，则应进行校正。

校正方法：相对地旋转这两个脚螺旋，使气泡向中心移动偏离值得一半，然后用校正针拨动水准管一端的校正螺钉，使气泡居中。此项检验、校正须反复进行，直到水准管位于任何位置，气泡偏离值不大于半格时为止。

如果仪器上装有圆水准器，则已校正好的照准部水准管气泡居中后，若圆气泡也居中，表明圆水准器的水准轴平行于竖轴，否则应校正圆水准器下面的三个校正螺钉使其气泡居中。

2. 十字丝竖丝垂直横轴的检验与校正

检验方法：先将仪器安置于三脚架上并精密整平，在距仪器约 50m 处设置一明显目标点 A，用望远镜的十字丝交点照准 A 点，旋紧照准部制动螺旋和望远镜制动螺旋，旋转望远镜微动螺旋，若 A 点沿十字丝竖丝移动，则十字丝竖丝垂直于横轴，若 A 点明显偏离十字丝竖丝移动，则应进行校正。

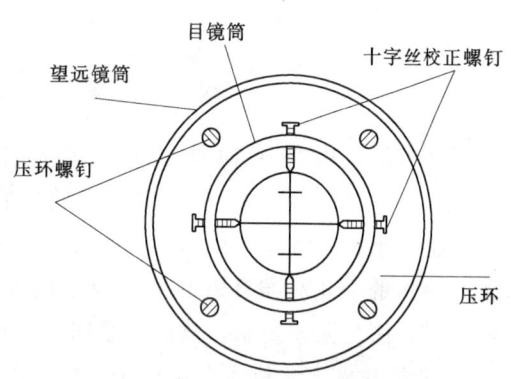

图 2.6.2 十字丝校正

校正方法：旋下目镜处的护盖，稍微松开十字丝环的四个压环螺钉（图 2.6.2），按竖丝偏离的反方向微微转动目镜筒，使 A 点与十字丝竖丝重合，然后旋紧四个压环螺钉，反复检查、校正，直至无偏差并旋上目镜护盖。

3. 视准轴垂直于横轴的检验与校正

该项检校方法较多，主要有两种方法，现分述如下。

第一种检校方法：（读数法）。

检验方法：先将仪器安置于三脚架上并精密整平，选择一水平位置的明显目标点 A，分别盘左、盘右观测 A 点，得到两个读数 $\beta_左$、$\beta_右$，并计算 $C=(\beta_左-\beta_右\pm180°)/2$，若其值满足限差要求，说明条件满足，否则应进行校正。

校正方法：在盘右位置，转动照准部微动螺，使得水平度盘读数为 $\beta_右+C$，此时视准轴偏离目标 A；旋下目镜处的护盖，稍微松开十字丝环的四个压环螺钉及十字丝上、下校正螺丝（图 2.6.2），再将十字丝左、右校正螺丝一松一紧平动十字丝，使十字丝的交点对准目标 A，应反复检查，直至 C 值满足限差要求，然后旋紧四个压环螺钉，并旋上目镜护盖。

第二种检校方法：（四分之一法）。

检验方法：如图 2.6.3 所示，在一平坦场地，选择一长度约 100m 的直线 AB，仪器安置于直线的中点 O 上，在 A 点设一照准标志，在 B 点横置一垂直于直线 AB 刻有 mm 分划的小尺，仪器整平后，先以盘左位置照准 A 点标志，旋紧照准部制动螺旋固定照准部，倒转望远镜在 B 点上的尺子读数，记为 B_1，如图 2.6.3（a）所示。再以盘右位置照准 A 点标志，旋紧照准部制动螺旋固定照准部，倒转望远镜在 B 点上的尺子读数，记为

B_2,如图 2.6.3（b）所示。如果 B_1 和 B_2 相等，则说明视准轴垂直于横轴，否则应进行校正。

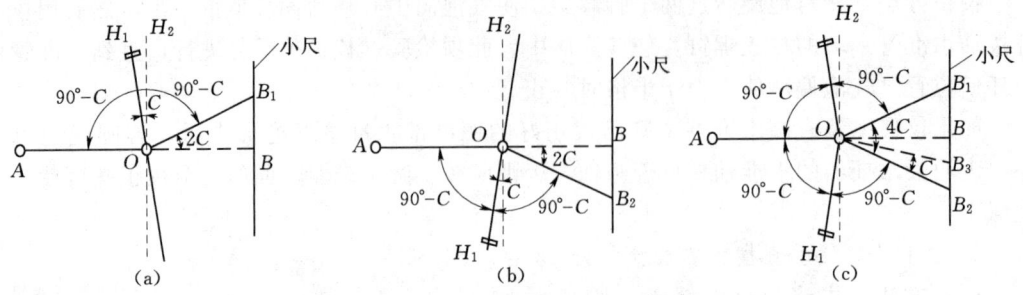

图 2.6.3　视准轴垂直于横轴的检验与校正

校正方法：由 B_2 点向 B_1 点量取 B_1B_2 长度的 1/4，定出 B_3 点，如图 2.6.3（c）所示，此时 OB_3 垂直于横轴 H_1；旋下目镜处的护盖，稍微松开十字丝环的四个压环螺钉及十字丝上、下校正螺丝，如图 2.6.2 所示，再将十字丝左、右校正螺丝一松一紧平动十字丝使十字丝的交点对准目标 B_3，应反复检查，直至 B_1B_2 长度小于 1cm，这时视准轴误差 $C \approx \pm 10''$，满足限差要求，然后旋紧四个压环螺钉，并旋上目镜护盖。

4. 横轴垂直于竖轴的检验与校正

检验方法：如图 2.6.4 所示，在距一高大建筑物 20～50m 处安置仪器，以盘左位置瞄准墙壁高处（仰角最好大于 30°）一目标点 P，固定照准部，放平望远镜，在与仪器等高的墙壁上定出一点 A，以盘右位置瞄准 P 点，固定照准部，放平望远镜，在墙壁上又定出一点 B。若 AB 两点重合，则说明条件满足，否则应进行校正。

校正方法：取 A、B 中点 C（图 2.6.4），以盘左（或盘右）位置瞄准 C 点，固定照准部，抬高望远镜，次时视线偏离 P 点，然后打开支架处横轴一端的护盖，调节其校正螺钉，升高或降低横轴的一端，直到十字丝交点对准 P 点。此项校正应反复进行多次。

由于仪器的横轴是密封安装的，仪器出厂一般能保证横轴垂直于竖轴，因此测量人员只需进行次项检验；如需校正，应送仪器维修部门。

5. 竖盘指标差的检验与校正

检验方法：先将仪器安置在三脚架上严格整平，分别以盘左、盘右照准同一目标点，并转动竖盘指标水准管微动螺旋使竖盘指标水准管气泡居中，读取竖盘两个读数 L 和 R，按式（2.5.10）计算竖盘指标差，若指标差 x 超限，则应进行校正。

校正方法：校正时，仪器一般处于盘右位置，仍照准原目标，此时盘右目标的正确读数 $R_正$ 为

$$R_正 = R - x \tag{2.6.1}$$

转地竖盘指标水准管微动螺旋，使竖盘盘右的读数为 $R-x$，这时竖盘指标水准管气泡偏离值中心位置，然后用校正针拨动竖盘指标水准管的校正螺钉使气泡居中。此项检验、校正须反复进行，直到 x 在限差要求的范围内为止。

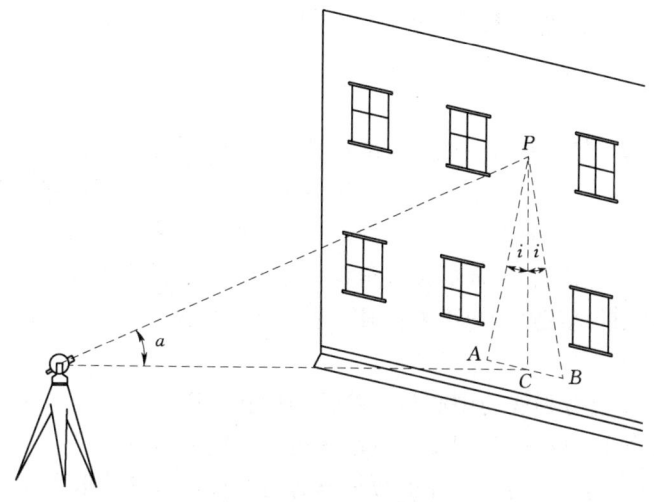

图 2.6.4 横轴的检验与校正

任务 2.7　了解角度测量的误差及消减方法

在角度测量的过程中，由于仪器本身的制造设计误差、仪器的标称精度不同、观测者的感官鉴别生理局限性及外界的环境因素的变化不定等各种各样的原因影响，使得观测结果中包含观测误差。概括起来角度测量的误差主要包括仪器误差、观测误差和外界条件三个方面的影响。

2.7.1　仪器误差

仪器误差有属于本身制作方面的，如度盘刻划不均匀误差、度盘偏心误差、水平度盘与竖轴不垂直等；有属于仪器的检校不完善的，如照准部水准管轴与竖轴不完全垂直、视准轴与横轴的残差、横轴与竖轴的残差；有属于仪器自身的标称精度，每一类仪器只具有一定限度的精密度等。总体上讲仪器误差主要有以下几个方面。

1. 视准轴误差

由于视准轴与横轴不垂直就会产生视准轴误差 C，从而引起水平方向的读数误差。对同一方向，盘左和盘右两次给度盘带来的误差（即 $2C$）大小相等、符号相反，因此，可以通过取盘左和盘右两次读数的平均值的方法来消除视准轴误差的影响。另外，对同一台仪器，视准轴误差与目标方向的竖直角有关，竖直角越大，视准轴误差给度盘读数带来的误差越大，因此，SL 197—2013《水利水电工程测量规范》规定："当照准点方向的竖直角超过 $\pm3°$时，$2C$ 互差应在不同测回同方向间进行比较。"

2. 横轴误差

由于横轴与竖轴不垂直就会产生横轴误差，当仪器整平后竖轴处于竖直位置，而此时横轴不水平，从而引起水平方向的读数误差。对同一目标，盘左和盘右两次给度盘带来的横轴误差是大小相等、符号相反，因此，可以通过取盘左和盘右两次读数的平均值的方法来消除横轴误差的影响。另外，对同一台仪器，横轴误差也与目标方向的竖直角有关，竖直角越大，横轴误差给度盘读数带来的误差越大，而当竖直角为零时（即目标处于水平位置），横轴的误差对水平方向的读数没有影响。

3. 竖轴误差

由于水准管轴与竖轴不垂直，或者水准管轴与竖轴原已垂直，但安置仪器时未能将水准管轴严格导致水平，均会产生竖轴误差，从而引起水平方向的读数误差。对同一目标，盘左和盘右两次给度盘带来的竖轴误差符号不变，故通过取盘左和盘右两次读数的平均值不能消除横轴误差的影响。另外目标方向的竖直角越大，竖轴误差给度盘读数带来的误差越大，因此，在视线倾斜大的地区进行角度测量时，应严格检校仪器，特别是注意仪器的整平。

4. 度盘偏心误差

度盘偏心就是度盘分划线的中心与照准部的旋转中心不重合，从而引起度盘的实际读数比正确读数小，且度盘处于不同位置对读数将有不同的影响。另外，在盘左和盘右进行同一目标的观测时，度盘的指标线在读数上具有对称性，因此，取盘左和盘右两次读数的平均值（顾及常数180°）可消除度盘偏心的影响。

5. 度盘刻划不均匀误差

在仪器的制造中，由于仪器度盘刻划线不均匀，使得观测方向的读数产生误差。这种误差，就目前生产的仪器而言，一般都很小，可以在不同的测回中采用变换度盘位置的方法，使读数均匀地分布在度盘的各个区间加以消减，其影响不是很大。

6. 竖盘指标差

当竖盘指标水准管气泡居中，望远镜水平时，竖盘读数不为90°的整倍数，使得所测竖直角产生误差。一般通过竖盘指标差的检校可减弱其影响，但校正存在残差，由式(2.5.4)知，可通过取盘左和盘右两次竖盘读数平均值的方法来消除影响。

2.7.2 观测误差

在角度的观测中，因仪器的对中不严格、观测点上所立标志几何中心偏离目标实际点位、对目标的瞄准不准确及仪器本身读数设备的限度和观测者的估读误差等原因，也会对观测结果产生影响，这种影响称为观测误差。观测误差有对中误差、目标偏心误差、瞄准误差和读数误差。

1. 对中误差

对中误差是指仪器在对中时，未严格使仪器中心与测站标志中心重合，从而对在测站上测定目标间的水平角带来影响，也称测站偏心。如图2.7.1所示，仪器中心为O'，测站标志中心为O，二者的间距设为e，e为对中误差，观测目标点A、B距测站点的距离设为S_1、S_2，β为正确角值，β'为因未严格对中的实际观测角值，δ_1、δ_2为因对中偏差引起A、B方向值的误差。

因δ_1和δ_2很小，由图2.7.1易知

$$\delta_1 = \frac{e\sin(180°-\theta)}{s_1}\rho'' = \frac{e\sin\theta}{s_1}\rho'' \qquad (2.7.1)$$

$$\delta_2 = \frac{e\sin(\beta'+\theta-180°)}{s_2}\rho'' = -\frac{e\sin(\beta'+\theta)}{s_2}\rho'' \qquad (2.7.2)$$

任务 2.7 了解角度测量的误差及消减方法

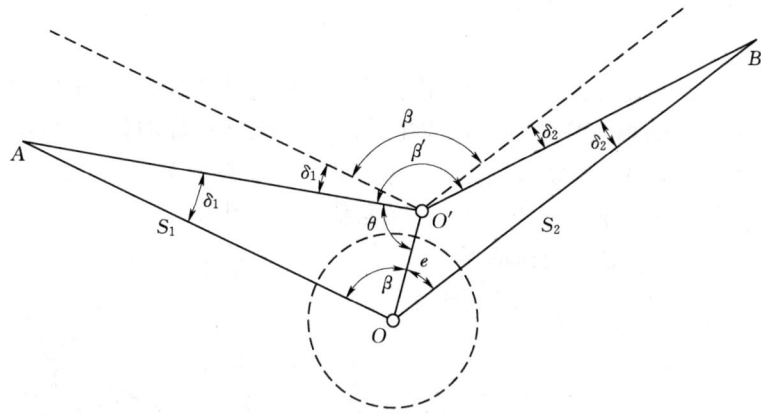

图 2.7.1 对中误差示意图

又由图 2.7.1 知：对中误差 e 对水平角的影响为

$$\mathrm{d}\beta = \beta - \beta' = -(\delta_1 + \delta_2) = e\left[\frac{\sin(\beta'+\theta)}{s_1} - \frac{\sin\theta}{s_2}\right] \tag{2.7.3}$$

因为，O' 可以在以 O 为圆心，e 为半径的圆周上的任意位置，θ 角每变化一个 $\mathrm{d}\theta$，就对应一个 $\mathrm{d}\beta$，从而可有 $\frac{2\pi}{\mathrm{d}\theta}$ 个影响值。由误差理论可知因仪器的对中误差引起角 β 的中误差为

$$m_{\text{中}}^2 = \frac{[\mathrm{d}\beta\mathrm{d}\beta]}{\frac{2\pi}{\mathrm{d}\theta}} \tag{2.7.4}$$

将（2.7.3）式代入式（2.7.4），得

$$m_{\text{中}}^2 = \rho^2 \frac{e^2}{2} \frac{s_{AB}^2}{S_1^2 S_2^2} \tag{2.7.5}$$

即

$$m_{\text{中}} = \frac{e}{\sqrt{2}} \frac{S_{AB}}{S_1 S_2} \rho'' \tag{2.7.6}$$

由式（2.7.5）可知，仪器的对中误差给水平角的影响与下列的因素有关：

(1) 与目标之间的距离 S_{AB} 成正比，S_{AB} 愈大，即水平角愈接近 $180°$，此时影响最大。
(2) 与测站到目标的距离有关系，距离愈短，影响愈大。
(3) 与对中的偏差 e 成正比，偏差愈大，影响愈大。

如果 $e = 3\text{mm}$，$S_1 = S_2 = 100\text{m}$，$\beta' = 180°$，则

$$m_{\text{中}} = \frac{3}{\sqrt{2}} \times \frac{200000}{100000^2} \times 206265 = \pm 8.8''$$

而当 $e = 3\text{mm}$，$S_1 = S_2 = 10\text{m}$，$\beta' = 180°$ 时，则

$$m_{\text{中}} = \frac{3}{\sqrt{2}} \times \frac{20000}{10000^2} \times 206265 = \pm 88''$$

由此可见，在水平角测量时，应认真精确地对中，对于边长较短的角度或者被观测角

接近 180°的情况下更应特别注意对中。

2. 目标偏心误差

目标偏心误差是指仪器瞄准在观测的点上所立的标志杆位置同观测点的标志中心不在一铅垂线上或者所立的标志杆不在观测点上,从而因照准目标的偏心对水平角产生的影响。如图 2.7.2 所示,A、B 分别为观测点标志的实际中心,A'、B' 分别为仪器瞄准标志杆上的点在水平面上的垂直投影点,β 为正确角值,β' 为因目标偏心的实际观测角值,δ_1、δ_2 为因目标偏心引起 A、B 方向值的误差。

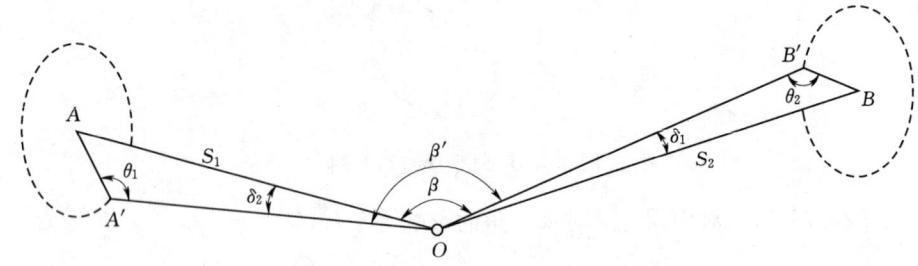

图 2.7.2 目标偏心误差示意图

因 δ_1 和 δ_2 很小,由图 2.7.2 易知

$$\delta_1 = \frac{e_1 \sin(180°-\theta_1)}{s_1}\rho'' = \frac{e_1 \sin\theta_1}{s_1}\rho'' \tag{2.7.7}$$

$$\delta_2 = \frac{e_2 \sin(180°-\theta_2)}{s_2}\rho'' = \frac{e_2 \sin\theta_2}{s_2}\rho'' \tag{2.7.8}$$

因为,A' 可以在以 A 为圆心,e_1 为半径的圆周上的任意位置,θ_1 角每变化一个 $d\theta$,就对应一个 δ_1,从而可有 $\frac{2\pi}{d\theta_1}$ 个影响值。由误差理论可知因目标偏心引起 A 方向的中误差为

$$m_{\text{偏}_A}^2 = \frac{[\delta_1\delta_1]}{\frac{2\pi}{d\theta_1}} \tag{2.7.9}$$

将式 (2.7.7) 代入式 (2.7.9),得

$$m_{\text{偏}_A}^2 = \frac{e_1^2}{2S_1^2}\rho^2 \tag{2.7.10}$$

同理可得

$$m_{\text{偏}_B}^2 = \frac{e_2^2}{2S_2^2}\rho^2 \tag{2.7.11}$$

从而由误差传播定律可得因目标偏心对水平角的影响为

$$m_{\text{偏}} = \sqrt{m_{\text{偏}_A}^2 + m_{\text{偏}_B}^2} = \frac{\rho}{\sqrt{2}}\sqrt{\frac{e_1^2}{S_1^2} + \frac{e_2^2}{S_2^2}} \tag{2.7.12}$$

由式 (2.7.7)、式 (2.7.8) 及式 (2.7.12) 可知,目标偏心的误差给水平角的影响与下列因素有关:

(1) 与测站到目标的距离有关系,距离愈短,影响愈大。

(2) 与目标偏心的方向有关系,若目标偏心在观测方向上,此时对水平角无影响;若目标偏心垂直于观测方向，此时对水平角影响最大。

（3）与目标偏心的偏差大小也有关系，偏差愈大，影响愈大。

如果 $e_1=e_2=3\text{mm}$，$S_1=S_2=100\text{m}$，则

$$m_{偏}=\frac{3}{\sqrt{2}}\times\sqrt{\frac{1}{100000^2}+\frac{1}{100000^2}}\times 206265=\pm 6.2''$$

而当 $e_1=e_2=3\text{mm}$，$S_1=S_2=10\text{m}$ 时，则

$$m_{偏}=\frac{3}{\sqrt{2}}\times\sqrt{\frac{1}{10000^2}+\frac{1}{10000^2}}\times 206265=\pm 62''$$

由此可见，在瞄准目标时，应尽量瞄准目标的底部，对于观测边长较短时更应特别注意将标志杆立直，且立于观测点的中心上，并使标志杆尽量细一些。

仪器的对中误差和目标偏心误差，就误差的本身性质而言，二者均是偶然误差，但是仪器安置和目标标志设置一旦完成，则仪器的对中误差和目标偏心误差的真值就不再发生变化，无论水平角的观测采用多少个测回，因这两项误差分别在各测回之间均保持相同，绝不会通过增加水平角观测的测回数而减小仪器的对中误差和目标偏心误差对水平角的影响。所以，在水平角的观测中，一定要注意仪器的对中误差和目标偏心误差的影响，特别是当测站到目标的距离较短时，尤应仔细对中，观测点上的标志杆尽可能细，并立直，且立于观测点的中心上。

3．瞄准误差

瞄准误差是人眼在通过望远镜瞄准远处目标时所产生的一种偶然误差，它取决于望远镜的照准精度；目标与照准标志的形状、大小及颜色；人眼对照准标志在望远镜中的影像的判别力；目标影像的亮度和清晰度；目标成像的稳定性以及通视情况等因素。一般认为瞄准误差与望远镜的放大率和人眼的分辨率有直接关系，是影响瞄准误差的主要因素。其误差的大小可以表示为

$$\mathrm{d}\beta''=\frac{p''}{v} \tag{2.7.13}$$

其中 v 为望远镜的放大率；p'' 为在目标影像亮度合适、成像稳定、清晰度好等较为理想的状态下，人眼通过望远镜观测远处目标的瞄准分辨率。在此理想状况下，当以十字丝的双丝来照准目标时，人眼的瞄准分辨率 $p''=10''$，并取 $v=25$（对 DJ6 型经纬仪而言），则得瞄准误差为

$$\mathrm{d}\beta''=\frac{10''}{25}=\pm 0.4'' \tag{2.7.14}$$

由于影响瞄准误差的因素很多，实际上 $\mathrm{d}\beta''$ 一般比式（2.7.14）的计算值大一定的倍数 k，即

$$\mathrm{d}\beta''=\kappa\frac{p''}{v} \tag{2.7.15}$$

由实验数据可统计得出：在目标亮度适宜、标志杆宽度较小、成像稳定及远处目标背景清晰等的情况下，k 可取 1.5～3.0。

4．读数误差

读数误差主要取决于仪器的读数设备，一般以仪器的最小估读数为读数误差的极限。

对于采用分微尺测微器的 J6 型经纬仪而言，其估读的极限误差为分划值的 1/10，即 $\pm 6''$。当然，在读数窗照明不佳、读数显微镜的目镜焦距未调好以及观测者的技术不熟练等情况下，估读的极限误差则会增大，从而读数误差将超过 $6''$。

2.7.3 外界条件的影响

角度的观测均在一定的外界环境中进行，外界条件或外界条件的变化都不可避免地影响测角的精度。当然外界的条件很复杂，其变化的随机性很大，如大风天气或附近的震动等会影响仪器和标志杆的稳定；地面的辐射热会引起大气的稳定，从而目标在望远镜中的成像出现跳动、飘移甚至模糊不清；视线贴近地面或从建筑物旁擦过而使光线产生折光；温度的变化影响仪器的正常性能；目标处于逆光状态或者标志杆的颜色同其周围环境的颜色较为接近，而使目标成像模糊或难于分辨；地面是否坚固稳定而会使仪器或者目标出现沉降；因交通、施工等的影响，使视线不时受阻等。这些因素均会对观测角度造成影响，要完全避免这些影响是不可能的，但可以在观测时采取一定的措施，选择有利的观测条件和时段，从而使这些外界条件的影响减弱和降低到较小的程度。例如，当视线处于逆光时，可以选择顺光时段，分组进行观测；观测时尽量避免过建筑物旁、冒烟的上方或其他热辐射区域的上面、近水面的空间通过；标志杆的颜色应涂成较鲜艳或颜色对比较强，以便于分辨；避免在交通、人流量大的时段进行观测等。

任务 2.8　了解精密经纬仪及电子经纬仪的构造和使用

2.8.1　DJ2 光学经纬仪

1. 与 DJ6 光学经纬仪的不同点及其适用

DJ2 级经纬仪一测回方向观测中误差不大于 $2''$，其测角精度显然高于 J6 级光学经纬仪，它是一种精密光学测角仪器，广泛用于国家和城市的三等、四等三角测量、精密导线测量以及角度放样、归化准直、精密定线、投点等精密工程测量中。同时亦可用于铁路、公路、桥梁、水利、矿山及大型企业的建筑，大型机器的安装和计量等工作。

DJ2 级经纬仪的基本构造与 J6 级光学经纬仪相类似，它的构造也包括照准部、水平度盘和基座三大部分。图 2.8.1 为苏州第一光学仪器厂生产的 J2-1 自动补偿光学经纬仪，各部件名称的编号如图所注。

尽管基本构造二者类似，但它们还是有许多不同之处，除测角精度、望远镜放大倍数及水准管灵敏度不同外，主要不同点如下：

(1) 在 DJ2 级经纬仪的构造中增设了换像手轮装置 (图 2.8.1)。由于 J2 级经纬仪的读数显微镜内只能看到水平度盘或者竖直度盘纵的一种影像，利用换像手轮可以变换读数显微镜内度盘分划的影像，当进行水平角观测时，将手轮上的指示线呈水平位置，通向竖盘的光路不通，在数显微镜内只读取水平方向值；当进行竖直角观测时，将手轮上的指示线呈竖直位置，通向水平度盘的光路即不通，从而在数显微镜只看到竖盘分划的影像。

任务 2.8　了解精密经纬仪及电子经纬仪的构造和使用

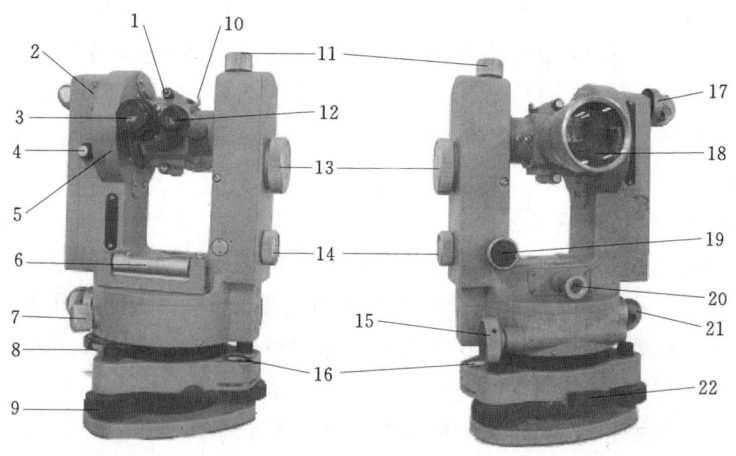

图 2.8.1　J2 型光学经纬仪

1—光学粗照准器；2—调校指标差盖板；3—望远镜目镜；4—按钮；5—竖直度盘；6—照准部水准管；7—照准部制动螺旋；8—水平度盘变换手轮及护盖；9—脚螺旋；10—望远镜反光拨杆；11—竖直制动；12—读数显微镜；13—测微手轮；14—换像手轮；15—照准部微动螺旋；16—圆水准器；17—竖直度盘照明反光镜；18—望远镜物镜；19—竖直微动；20—光学对点器；21—水平度盘照明反光镜；22—轴套固定螺丝

（2）DJ2 级经纬仪的光学读数系统，一般都采用对径分划线影像符合的读数设备。它是将度盘上相对 180°的分划线，经过一系列棱镜和透镜的反射和折射的作用后，同时显现于读数显微镜内，并分别位于一条横线的上、下方，成为正像和倒像，如图 2.8.2 所示，采用对径符合和测微显微镜原理进行读数。为了测微时获得度盘分划线得相对移动，绝大部分的仪器应用了双平板玻璃的光学测微器。

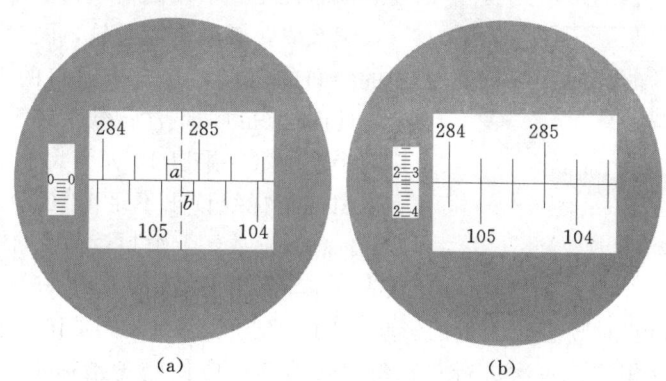

图 2.8.2　经纬仪读数窗

这种测微器由测微手轮、秒盘（也称测微分划盘或测微尺）和一对平板玻璃组成。当转动测微手轮时，测微尺随之转动，一对平板玻璃则作等量的相反方向的移动，这样可使度盘的分划线影像作相向移动而彼此符合，这个等量的相对移动量可在测微尺相应的转动量上显示出。

如图 2.8.2 所示，当测微尺读数为 0 时，可设想在读数显微镜内度盘上相对 180°的分划线影像的窗口中间有一条读数指标线（图中的虚线），按指标线进行读数，正像读数为

75

284°40′+a，倒像读数为 104°40′+b，如图 2.8.2（a）所示，转动测微手轮，使正像的 284°40 和倒像的 104°40 分划线在指标线处符合，这时两条分划线各自相向移动了（$a+b$）/2，测微尺上的读数由零增加至（$a+b$）/2，如图 2.8.2（b）所示，由此可见度盘分划线重合（又称对径符合）是读数的关键性依据，并以对径线（如 284°与 104°）互为度盘上读数的指标线。

2. DJ2 光学经纬仪的读数方法

DJ2 级经纬仪的度盘最小分划格值为 20′度盘影像的上下分划线的最大移动量为度盘最小分划格值的一半（10′），也即测微尺上的读数范围是 10′，因而不到 10′的分值和秒值可由测微尺读出，测微尺全长分成 10 个大格，每大格代表 1′，又分成 60 小格，每小格代表 1″，可估读到 0.1″。

读数时先转动测微手轮使正、倒像分划符合，如图 2.8.2（b）所示，读数以正像注记为准，并选定在正像的右边能找到一个相差 180°的倒像注记，且以二者相隔最近的正像注记为度数，该正像和其倒像注记之间所夹的格数乘以 10′作为大于 10′的分值（一格为 10′），不足 10′的分、秒值由测微尺读出，即得度盘最终的读数。

例如，图 2.8.2（b）所示的读数为 284°（度盘上的度数）+40′（度盘上正、倒像间相差格数乘 10′）+2′32.5″（测微尺上的分秒数），即 284°42′32.5″。

为了读数更为方便以及防止读数出错，现代生产的 J2 级光学经纬仪采用了数字化的读数方法。如图 2.8.3 所示，读数显微镜内有三个窗口，上窗口为度数和整 10′的注记，其中突出的小框中为 10′的整倍数，中间的窗口为对径分划线影像的符合窗，没有注记，下面的窗口为不足 10 的分秒读数。

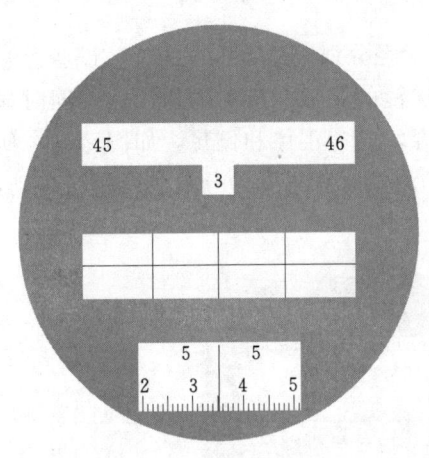

图 2.8.3 J2 读数窗

读数时，转动测微手轮，同时观察读数显微镜中的中间的窗口，直至中窗口的上下 4 分划线符合，此时上窗口两端注记数字较小的为度数，上窗口的小框中数字乘以 10 即为大于 10′的分数，再以下窗口的指标线读出不足 10′的分秒数，并估读到 0.1″。总的读数：上窗口读数为 45°30′，下窗口读数为 5′35.2″，即总读数为 45°35′35.2″。

为消除竖轴倾斜对竖直角测量的影响，DJ2 级光学经纬仪同 DJ6 一样，都采用竖盘水准管与竖盘指标相连，每次进行竖直角读数前，均应使竖盘指标水准管的气泡居中，保持竖盘指标归零。近年来，许多的 DJ2 级经纬仪都采用自动归零补偿器装置代替竖盘水准管结构，这样极大简化了操作程序，同时也加快了观测速度，又提高了测量精度。

3. DJ2 光学经纬仪的水平度盘置数方法

同 DJ6 级经纬仪一样，为提高测角的精度，往往水平角观测需要多个测回，此时为减小由于度盘刻划误差的影响以及计算水平角方向方便，各测回之间的起始方向度盘读数应变换一个角度 σ，σ 按下式计算

任务 2.8　了解精密经纬仪及电子经纬仪的构造和使用

$$\sigma = \frac{180°}{n}(j-1) + i(j-1) + \frac{\omega}{n}\left(j-\frac{1}{2}\right) \tag{2.8.1}$$

式中　n——测回数；

　　　i'——度盘最小分划值；

　　　j——测回序号；

　　　ω——测微盘分格数。

对于 J2 级经纬仪来说：i 取 $10'$，ω 取 $600''$。

然后，通过水平度盘变换手轮拨盘配置度和大于 $10'$ 的分值，小于 $10'$ 的分秒值则需要测微手轮配置。例如，在 DJ2 光学经纬仪上配置 $125°47'55''$，具体的过程为：瞄准目标后，将照准部锁定，转动测微手轮使测微尺上的读数为 $7'55''$，然后打开水平度盘变换手轮护盖，拨动水平度盘变换手轮，使水平度盘读数为 $125°40'$，并使上下分划线符合（即上下分划线对齐）。

至于用 J2 级经纬仪进行水平角的观测及记录方法，完全同 J6 级经纬仪，只不过其各项观测数据的限差要求更高，精度也较高，这里不再作详细的叙述。

2.8.2　电子经纬仪简介

近年来，随着微电子技术及计算机的发展和综合运用，新一代具有数字显示、自动记录、数据自动传输等功能及测角精度高的电子经纬仪的应用愈加广泛，而且这种仪器配有适当的外接接口，可将野外电子手簿记录的数据直接输入计算机，实现数据处理和绘图的自动化。目前，电子经纬仪将逐步取代传统的光学经纬仪。

1. 电子经纬仪的结构

电子经纬仪与光学经纬仪的外部结构类似，主要包括照准部、测角装置和基座三大部分。图 2.8.4 所示为苏州第一光学仪器厂生产的 DJD2 电子经纬仪，各部件名称的编号如图所注。

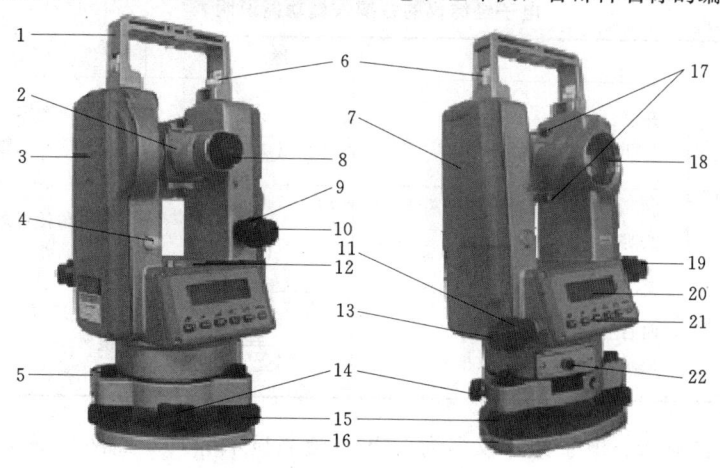

图 2.8.4　电子经纬仪的结构

1—提手；2—望远镜调焦螺旋；3—仪器高标志；4—测距仪通信口；5—圆水准器；6—提手锁紧螺丝；7—电池盒；
8—望远镜目镜；9—竖直制动；10—竖直微动；11—照准部制动螺旋；12—照准部水准管；13—照准部微动螺旋；
14—轴套固定螺丝；15—脚螺旋；16—基座；17—光学照准器；18—望远镜物镜；19—光学对点器；
20—液晶显示屏；21—键盘；22—外接手簿通信口

电子经纬仪的基座都采用分离式三爪基座，三点强制对中结构，仪器照准部与基座通过闭锁扳手固连，部分三爪基座设有激光对点装置。电子经纬仪的测角装置采用光电测角装置，利用光栅度盘或光电编码盘等，将角值的光信号转换成电信号，再对电信号进行处理，最后用数字显示或自动记录。电子经纬仪的照准部同光学经纬仪类似，它主要由望远镜、光学瞄准器和照准控制机构等组成。

2. 电子经纬仪的键盘功能及水平角的观测

以拓普康（Topcon）DT100 和苏州第一光学仪器厂生产的 DJD2 电子经纬仪为例介绍电子经纬仪的键盘功能及简单的使用。

(1) 电子经纬仪的键盘功能及信息显示。

1) 仪器键盘功能。电子经纬仪的键盘如图 2.8.5 所示，各操作键功能见表 2.8.1。

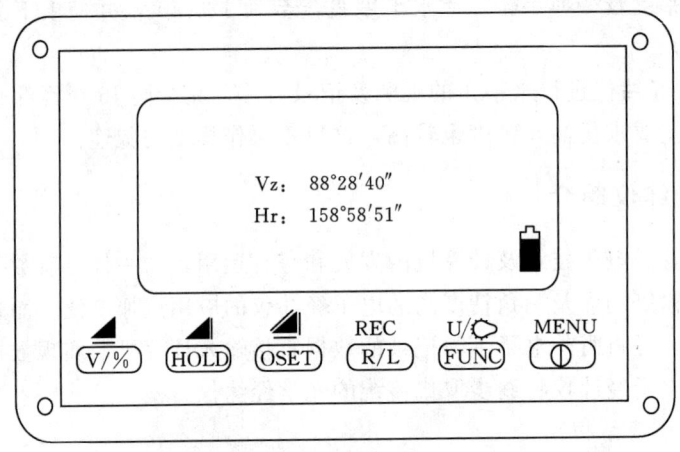

图 2.8.5 电子经纬仪的键盘

表 2.8.1　　　　　　　　电子经纬仪的各操作键功能说明表

键 名	功 能	键 名	功 能
MENU	开机、关机 打开手簿通信或测距菜单	OSET	水平角置零 进行单次测距
U/☼ FUNC	360°/400gon 单位转换 照明开/关 进入菜单后返回键	HOLD	水平角任意角度锁定 显示高差
REC R/L	向右/左水平角度值增加 记录，向手簿发送数据	V/%	竖盘角度显示天顶距 V 或坡度值% 显示平距

2) 仪器信息显示。电子经纬仪多为 LCD（液晶显示屏）双面两行显示，中间两行为观测数据和提示信息显示区，两边为显示内容、单位、符号区。其一般显示内容见表 2.8.2。

(2) 电子经纬仪水平角的观测方法。

1) 观测前的准备工作。主要包括正确安装电池，并检查供电情况参数的设置；打开仪器电源开关,检查电压和电池的工作状态;进行水平角的初始化设置。

表 2.8.2　　　　　　　　　电子经纬仪显示及内容

显　示	内　容	显　示	内　容
V_Z	天顶距	$V_\%$	坡度值
HR	水平角顺转增加	HL	水平角逆转增加
▯	电池容量	◢	高差
◣	平距	◤	单次测距键
REC	记录		

初始化设置的项目主要有角度测量单位、角度最小显示单位、自动断电关机时间等。

2) 角度测量操作。按"左—右—右—左"观测方法：①仪器的安置（对中、整平）；②照准左方目标，置零按［OSET］；③松开制动螺旋，顺时针转动仪器照准右方目标，读数［HR］即为盘左所测水平角；④盘右照准右方目标，置零按［OSET］；⑤逆时针方向转动仪器，照准左方目标，读数［HL］即为盘右所测水平角。

上面为一测回的观测操作，记录方法与前述测回法相同，观测限差参考有关规范。

2.8.3　激光经纬仪简介

激光是一种方向性极、能量十分集中的光辐射。激光经纬仪正是利用激光的这一特性，来实现测量过程中的高精度、方便及自动化。激光经纬仪是在电子经纬仪的基础上，增加激光发射系统改制而成，多数仪器采用半导体激光发射器，由半导体激光发射器所发射的激光通过仪器的望远镜发射出去，与望远镜照准轴保持同轴、同焦，而且所发射的是一条可见的激光束。

激光经纬仪可向天顶方向垂直发射激光束，成为一台激光垂准仪，当将望远镜照准轴精确调平后，又可作激光水准仪或者激光扫平仪来使用。当然，其望远镜可绕支架进行盘左盘右地角度测量，完全可将其作为电子经纬仪使用，进行高精度的水平角的观测。

由于这种经纬仪兼顾电子测角和激光投点的功能，又可使用微型计算机技术进行测量、计算、显示和存储等多项功能，所以可用于高精度的角度坐标测量，也可进行大型构件的架设、大型建筑物的位移测量、重型机器安装与校正、天顶和水平方向的定向准直以及精密的水准测量，因而有着广泛的用途。

实　训　与　习　题

1. 实训任务、内容、方法步骤与能力目标

序号	实训任务	内　容	能力目标要求
1	认识经纬仪和经纬仪使用	认识经纬仪各部件名称、作用；仪器安置、测量水平角	1. 具有仪器的安置初步能力。 2. 具有测量水平角的初步能力

续表

序号	实训任务	内容	能力目标要求
2	测回法测量水平角	每组完成本案例中闭合导线 ABCDEFA 中各内角的观测，每个内角测量一测回	1. 具有测回法测量水平角的观测、记录与计算能力。 2. 具有判断测量成果是否合格的能力，提交一份合格的成果
3	全圆测回法测量水平角	测量三目标一测回	1. 具有全圆测回法测量水平角的观测、记录与计算能力。 2. 具有判断测量成果是否合格的能力
4	测量竖直角	两目标各一测回	1. 具有测量竖直角的观测、记录与计算能力。 2. 具有判断测量成果是否合格的能力
5	检验与校正经纬仪	每组完成一台仪器的检验与校正	1. 具有水准管、十字丝、视准轴、横轴、竖盘指标差、光学对中器检验能力。 2. 具有校正仪器的初步能力

2. 习题

(1) 何谓水平角？经纬仪为何可以测出水平角？

(2) 何谓竖直角？它有几种表现形式？

(3) 光学经纬仪主要由几大部分组成？

(4) 经纬仪上有哪些用于控制各部分部件的相对运动的装置？试分别说明其作用。

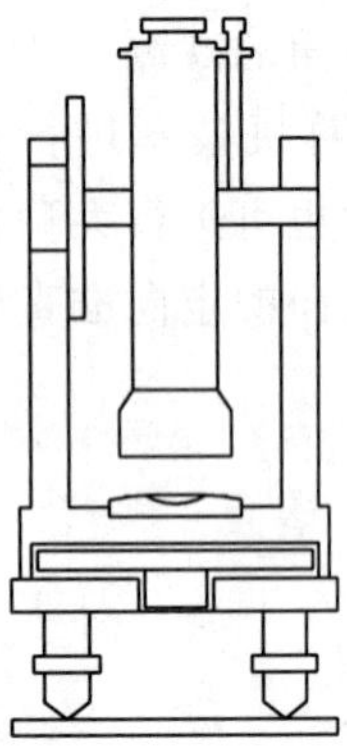

图1

(5) 对中和整平的目的各是什么？如何利用光学对点器进行对中？

(6) 整平的目的是什么？如何进行整平？

(7) 观测水平角时，若需进行两个以上测回，为何各测回间要变换度盘位置？

(8) 若测回数为3，用J6级经纬仪观测时，各测回的起始读数为多少？那么用J2级经纬仪观测时，又如何呢？

(9) 试分别叙述用测回法和方向观测法进行水平角的操作步骤（两测回）。

(10) 采用盘左、盘右观测角度时，可以消除或减弱哪些仪器误差？

(11) 经纬仪有哪些主要轴线？在图1中把它们画出来。各轴线应满足什么条件？

(12) 某一经纬仪置于盘左，当视线水平时，竖盘读数为90°；当望远镜逐渐上仰，竖盘读数在逐渐减少。试推导该仪器的竖直角的计算公式。

(13) 在竖直角观测时，为何在读数前一定要使竖盘指标水准管地气泡居中？

(14) 何谓竖盘指标差？对顺时针和逆时针注记的竖盘，竖盘指标差的计算公式有无区别？

(15) 在何种情况下，测站偏心和目标偏心对测角的影响大？在实际操作中应采取什么措施？

(16) 如何检验和校正竖盘指标差？

(17) 在进行视准轴垂直于横轴的检验时，为何照准的目标与仪器大致同高？而在进行横轴垂直于竖轴的检验时，又为何选择较高的目标点？

(18) 电子经纬仪有何主要特点？

(19) 试整理表1、表2的水平角观测记录。

表1　　　　　　　　　　　　　　测回法观测记录表

测站	竖盘位置	目标	水平角读数 /(° ′ ″)	半测回角值 /(° ′ ″)	一测回角值 /(° ′ ″)	备注
A	左	B	347 16 30			
		C	48 34 24			
	右	B	167 15 42			
		C	228 33 54			

表2　　　　　　　　　　　　　全圆方向观测法记录表

测回数	测站	目标	读　数		2C /(″)	平均读数 /(° ′ ″)	归零后方向值 /(° ′ ″)	各测回归零后方向平均值 /(° ′ ″)	备注
			盘左 /(° ′ ″)	盘右 /(° ′ ″)					
Ⅰ	O	A	0 01 00	180 01 12					
		B	62 15 24	242 15 48					
		C	107 38 42	287 39 06					
		D	185 29 06	5 29 12					
		A	0 01 06	180 01 18					
	归零差								
Ⅱ	O	A	90 01 36	270 02 00					
		B	152 15 54	332 16 06					
		C	197 39 24	17 39 30					
		D	275 29 42	95 29 48					
		A	90 01 36	270 01 48					
	归零差								

(20) 完成表3的竖直角的记录表。

81

表3　　　　　　　　　　　　　　　　竖直表的记录表

测站	盘位	目标	竖盘读数 /(° ′ ″)	半测回竖直角 /(° ′ ″)	指标差 /(″)	一测回竖直角 /(° ′ ″)	备注
P	左	A	69 20 30				
	右		290 40 00				
	左	B	98 03 12				
	右		261 56 54				

项目 3 距离测量和直线定向

学习目标:

通过本项目学习,使学生了解距离测量的工具、直线定线的方法、精密量距和视距测量的观测与计算方法;掌握一般距离的直线定向、丈量和计算的方法;掌握坐标方位角的计算方法及坐标的正反算方法;初步具有距离丈量与计算、方位角测量与推算的能力和坐标正、反算的能力。

任务 3.1 用钢尺丈量距离

距离测量是确定地面点位的基本测量工作之一。距离是指地面两点之间的直线距离。主要包括两种:水平面两点之间的距离称为水平距离,简称平距;不同高度上两点之间的距离称为倾斜距离,简称斜距。距离测量的方法有钢尺和皮尺量距、视距测量、电磁波测距和 GPS 测量等。钢尺和皮尺量距是用钢尺或皮尺沿地面直接丈量两点间距离;视距测量是利用水准仪或经纬仪望远镜中的视距丝及视距标尺按几何光学原理进行测距;电磁波测距是用仪器发射并接收电磁波,通过测量电磁波在待测距离上往返传播的时间解算出距离;GPS 测量是利用 GPS 接收机接收卫星发射的信号,通过解算求出两台 GPS 接收机之间的距离、坐标和高程。本任务重点介绍前两种距离测量方法。

3.1.1 钢尺量距的工具

钢尺量距的主要器材有钢尺、皮尺和测钎、温度计、弹簧秤、垂球、标杆等辅助量距工具。

1. 钢尺

钢尺也称钢卷尺,是用钢制成的带状尺,尺的宽度为 10~15mm,厚度约 0.4mm,长度有 20m、30m、50m 等几种。钢尺有卷放在圆盘形的尺壳内的,也有卷放在金属尺架上的,如图 3.1.1 所示。钢尺的分划也有好几种,有的以厘米为基本分划,适用于一般量距;有的也以厘米为基本分划,但尺端第一分米内有毫米分划;目前市场上的钢尺一般分划至毫米,在钢尺的厘米、分米和米的分划线上都有数字注记。钢尺一般量距的精度可达到 1/1000~1/5000,精密测距的精度可以达到 1/10000~1/40000,适合于平坦地区距离测量。

2. 皮尺

皮尺是用麻线或加入金属丝织成的带状尺。长度有 20m、30m 和 50m 等。皮尺的基

项目 3　距离测量和直线定向

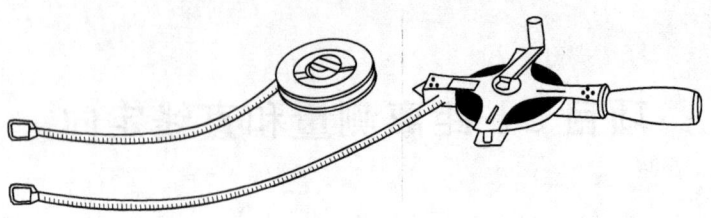

图 3.1.1　钢尺

本分划为厘米，在尺的分米和整米处有注记，尺端金属环的外端为尺子的零点，如图 3.1.2 所示。尺子不用时，卷入支壳或塑料壳内，携带和使用都很方便，但是皮尺容易伸缩，量距精度比钢尺低，皮尺丈量精度在 1/1000 左右，一般用于要求精度不高的碎部测量和土方工程的施工放样等。

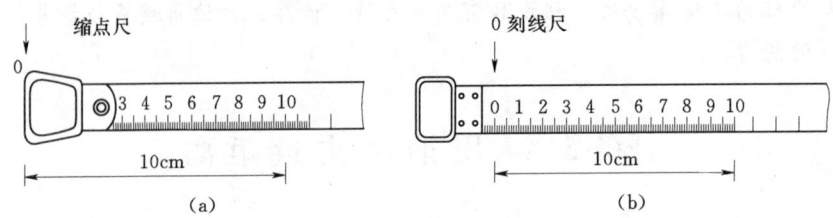

图 3.1.2　皮尺的分划

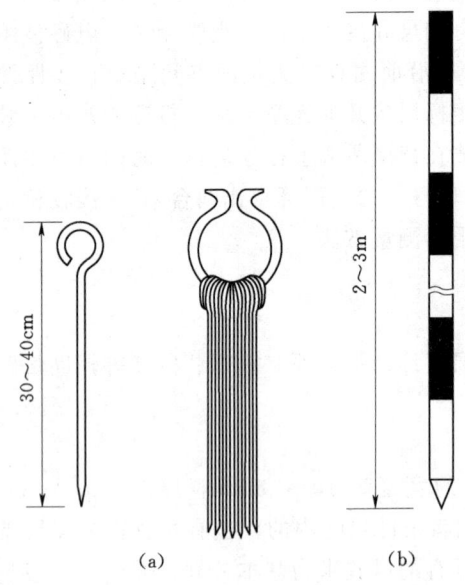

图 3.1.3　钢尺量距的辅助工具
(a) 测钎；(b) 标杆

3. 辅助量距工具

辅助量距工具有测钎、标杆、垂球、温度计、弹簧秤等。测钎一般用钢筋制成，长 30～40cm，如图 3.1.3（a）所示。一端磨尖便于插入土中准确定位，另一端卷成圆环，便于串在一起携带。测钎主要用于标定尺段和作为定线的标志。标杆用木或竹竿制成，直径 0.5～2cm。长 2～3m，间隔 10cm，涂以红、白相间的油漆，如图 3.1.3（b）所示。它主要用于直线的定线和在倾斜尺段上进行水平丈量时标定尺段点位。弹簧秤用于对钢尺施加规定的拉力，保证尺长的稳定性。因为钢尺有一定自重展开时必呈悬链线状。如果拉力不同，则尺子会不一样长。量距时就必须用弹簧秤施加检定时的标准拉力。温度计用于测定量距时的温度，以便对钢尺丈量的距离加温度改正，如图 3.1.4 所示。

3.1.2　直线定线

当欲丈量的两点间距离比所用尺子长时，就需要分若干尺段丈量，为使尺段点位不偏离两点连线的方向，就需要定线。所谓直线定线，就是将所有尺段点都标定在两点的连线上。直线定线的方法根据精度要求不同一般采用目测定线和经纬仪定线法。

1. 目测定线

一般精度量距对定线的精度要求不高，可采用目测定线的方法。如图 3.1.5 所示，设 A、B 两点相互通视，要在 A、B 两点的直线上分段 1、2 点。先在 A、B 点上竖

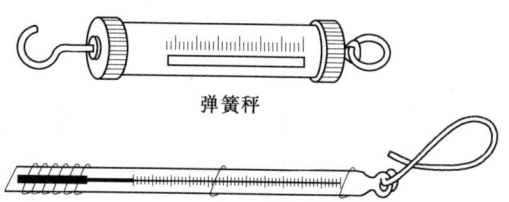

图 3.1.4 辅助工具弹簧秤和温度计

立标杆，甲站在 A 点标杆后约 1m 处，指挥乙左右移动标杆，直到甲在 A 点沿标杆的同一侧看到 A、2、B 三支标杆成一条线为止。同理可以定出直线上的其他点。定线时一般要求点与点之间的距离稍小于一整尺长，地面起伏较大时则宜更短；乙所持的标杆应竖直，利用食指和拇指夹住标杆的上部，稍微提起，利用重心使标杆自然竖直。此外。为了不挡住甲的视线，乙应持标杆站立在直线方向的左侧或右侧。目测定线的偏差一般小于 10cm，若尺段长为 30m 时，由此引起的距离误差小于 0.2mm，在图根控制测量中是可以忽略不计的。

图 3.1.5 目测定线

2. 经纬仪定线

设 A、B 两点相互通视，将经纬仪安置在 A 点，用望远镜纵丝瞄准 B 点，制动照准部，望远镜上下转动，指挥在两点间某一点上的助手，左右移动标杆，直至标杆像与纵丝所平分。为了减小照准部误差，精密定线时，可用直径更细的测钎或垂球线代替标杆。

3.1.3 钢尺量距的一般方法

用钢尺或皮尺量距的方法是基本相同的，下面介绍用钢尺量距的一般方法。用钢尺丈量距离精度在 1/1000～1/5000 方法称为钢尺量距一般方法。

如图 3.1.6 所示，丈量距离时一般需要三人，前、后尺各一人，记录一人。清除待量直线上的障碍物后，在直线两端点 A、B 竖立标杆，后尺手持钢尺的零端位于 A 点，前尺手持钢尺的末端和一组测钎沿 AB 方向前进，行至一个尺段处停下。后尺手用手势指挥前尺手将钢尺拉在 AB 直线上，后尺手将钢尺的零点对准 A 点，当两人同时把钢尺拉紧后，前尺手在钢尺末端的整尺段长分划处竖直插下一根测钎得到 1 点，即量完一个尺段。前、后尺手抬尺前进，当后尺手到达插测钎或画记号处时停住，再重复上述操作，量完第二尺段。后尺手拔起地上的测钎，依次前进，直到量完 AB 直线的最后一段为止。

图 3.1.6 平坦地面的距离丈量

最后一段距离一般不会刚好是整尺段的长度,称为余长。丈量余长时,前尺手在钢尺上读取余长值,则最后 A、B 两点间的水平距离为

$$D_{AB}=n×尺段长+余长 \tag{3.1.1}$$

式中 n——整尺段数。

在平坦地面,钢尺沿地面丈量的结果就是水平距离。

为了防止丈量中发生错误及提高量距的精度,需要往、返丈量。上述为往测,返测时,将钢尺调头,从 B 点往 A 点方向丈量,方法相同。最后取往、返丈量距离的平均值作为丈量结果,用"$D_平$"表示,即

$$D_平=\frac{D_{AB}+D_{BA}}{2} \tag{3.1.2}$$

式中 D_{AB}——往测距离;

D_{BA}——返测距离。

丈量结果(即平均距离)的精度或称相对误差为

$$K=\frac{|D_{AB}-D_{BA}|}{D_平}=\frac{1}{M} \tag{3.1.3}$$

式中 K——往、返丈量结果的相对误差(或精度)。

所谓相对误差,是往、返丈量距离之差的绝对值与其往、返丈量距离的平均值之比化成分子为 1 的分式,相对误差的分母 M 越大,K 值就愈小,说明量距的精度就愈高。

【例 3.1.1】 已知 A、B 的往测距离为 178.842m,返测距离为 178.328m,求丈量的结果($D_平$)及相对误差(K)。

解:丈量的结果为

$$D_平=\frac{D_{AB}+D_{BA}}{2}=\frac{186.898+186.930}{2}=186.914(m)$$

丈量结果的相对误差为

$$K=\frac{|186.898-186.930|}{186.914}=\frac{1}{5800}$$

在平坦地区,钢尺的相对误差一般应不大于 1/3000;当量距的相对误差没有超出上述规定时,可取往、返测距离的平均值作为两点间的水平距离。平坦地面距离丈量的记录和计算见表 3.1.1。

任务 3.1 用钢尺丈量距离

表 3.1.1 距 离 丈 量 记 录 表

线段	往测		返测		往返差 /m	相对误差 K	平均距离 $D_{平}$/m	备注
	分段长 /m	总长 /m	分段长 /m	总长 /m				
AB	30×6 6.898	186.898	30×6 6.930	186.930	−0.032	1/5841	186.914	
BC	30×5 12.368	162.368	30×5 12.400	162.400	−0.032	1/5074	162.384	

1. 倾斜距离的丈量

（1）平量法。平量法是在沿倾斜地面丈量距离，当地面坡度不大时，将钢尺拉平丈量的方法。平量时由高点向低点方向进行独立两次丈量，取平均值作为丈量的结果。

1）丈量。如图 3.1.7 所示，由 A 点向 B 点进行丈量，后尺手持钢尺零端，并将零刻线对准起点 A 点，前尺手进行定线后，将尺拉在 AB 方向上并使尺子抬高至水平状态，然后用垂球尖端将尺段的末端（如 30m 刻划）投于地面上，再插以测钎。若地面倾斜较大，将钢尺抬平有困难时，可将一尺段分为几段来平量。

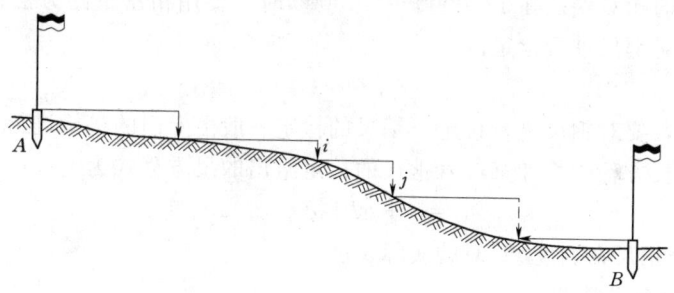

图 3.1.7 平量法示意图

2）丈量结果的计算。平量法的丈量结果取两次丈量的平均值，即

$$D_{平}=\frac{D_{AB1}+D_{AB2}}{2} \tag{3.1.4}$$

式中 D_{AB1}、D_{AB2}——第一、第二次丈量值；

$D_{平}$——第一、第二次丈量值的平均值。

3）丈量结果的精度计算。丈量结果的相对误差采用下式计算

$$K=\frac{|D_{AB1}-D_{AB2}|}{D_{平}}=\frac{1}{M} \tag{3.1.5}$$

平量法丈量距离可用表 3.1.1 进行记录和计算。

（2）斜量法。当倾斜地面的坡度比较均匀时，可采用斜量法。斜量法是沿均匀倾斜地面往返丈量出倾斜距离，用仪器测出其两端高差，用勾股定理计算出其水平距离的测量方法。如图 3.1.8 所示，可以沿着斜坡往返丈量出 A、B 的斜距，精度符合要求后，计算往

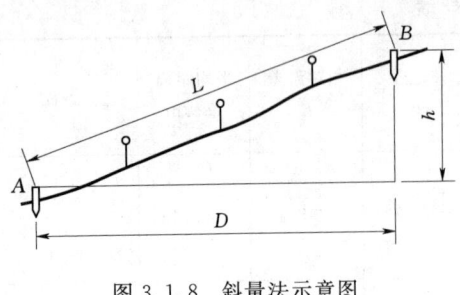

图 3.1.8 斜量法示意图

返平均斜距 L,测出地面倾斜角 α 和两端点的高差 h,然后按下式计算 A、B 的水平距离 D

$$D=\sqrt{L^2-h^2} \tag{3.1.6}$$

当需丈量的距离不是均匀坡度时,定线时用木桩定出每尺段的端点,用仪器测出各尺段高差,并分段计算出每一尺段的平距,然后再计算总的往、返测距离及丈量的结果和相对误差。

2. 一般距离丈量的成果整理

一般距离丈量的成果整理主要有每尺段的实量长度、尺长改正数、温度改正数和高差改正数计算及改正后的尺段水平距离。具体计算方法见 3.1.4 有关内容。在下列情况下,不需进行有关改正数计算:

(1) 尺长改正值小于尺长的 1/10000,不需计算尺长改正数。
(2) 量距时温度与标准温度相差小于 ±10℃ 时,不需计算温度改正数。
(3) 沿地面丈量的地面坡度小于 1% 时,不需计算高差改正数。

3.1.4 钢尺量距的精密方法

当要求量距的相对误差在 1/10000～1/40000 时,要用精密量距方法进行丈量。精密方法量距前,要对钢尺进行检定。

1. 钢尺检定

精密量距前,要对钢尺进行检定,钢尺的检定一般由专门的机构进行,通过检定,给出所用钢尺的尺长方程式。如某 2 号钢尺的检定给出的尺方程式为

$$l_t=l_0+\Delta l+\alpha(t-t_0)l_0 \tag{3.1.7}$$

式中 l_t——2 号钢尺在温度 t℃ 时的实际长度;

l_0——钢尺名义长度;

Δl——尺长改正数;

α——钢尺的膨胀系数,一般为 1.25×10^{-5}/℃;

t——钢尺量距时的温度;

t_0——钢尺检定时的温度,一般为 20℃。

每根钢尺都应有由尺长方程式才能得出实际长度,但尺长方程式中的 Δl 会发生变化,故尺子使用一段时期后必须重新检定,得出新的尺长方程式。

2. 丈量的方法

(1) 直线定线。丈量前,先用经纬仪定线,定线偏在 5～7cm 内,两标志间的距离要略短于所用钢尺长度。

(2) 尺段高差测量。用水准仪往返测出各段高差,各尺段往返测量高差之差不大于 5～10mm。

(3) 丈量距离。用 1～2 根钢尺进行作业,施加检验钢尺时的拉力,并同时用温度计测定各尺段温度。每段需要丈量三次,每次应略微变动尺子的位置,三次读得长度值之差

的允许值根据不同要求而定，一般不超过 2mm。如三次在限差范围之内，则取三次丈量的平均值作为该次丈量的结果。根据需要丈量距离的精度不同，各种测量要求不同，普通钢尺测距的主要技术要求见表 3.1.2。

表 3.1.2　　普通钢尺测距的主要技术要求

边长丈量的相对误差	作业尺数	丈量总次数	定线最大偏差/mm	尺段高差较差/mm	该尺次数	估读值至/mm	温度读数值至/℃	同尺各次或同段各尺的较差/mm
1/30000	2	4	50	≤5	3	0.5	0.5	≤2
1/20000	1～2	2	50	≤10	3	0.5	0.5	≤2
1/10000	1～2	2	70	≤10	2	0.5	0.5	≤3

（4）测量成果的整理。测量外结束后，对测量的结果进行尺段长改正、温度改正和倾斜改正，计算改正后的尺段水平距离和丈量的结果和精度。

1）计算尺长改正数。由于钢尺的实际长度与名义长度不符，故所量距离必须加尺长改正。尺长改正数的计算式为

$$\Delta D_l = \frac{\Delta l}{l_0} D' \tag{3.1.8}$$

式中　Δl——钢尺全长的尺长改正数；

　　　D'——尺段长；

　　　l_0——钢尺名义长。

2）计算温度改正数。尺长方程式的尺长改正是在标准温度情况下的数值，量距时的平均温度 t 与标准温度 t_0 并不相等，因此作业时的温度与标准温度的差值对尺子的影响数值就是温度改正数。设 t 为丈量时的平均温度，尺段 L 的温度改正数为

$$\Delta D_t = D' \times 1.25 \times 10^{-5} (t - t_0) \tag{3.1.9}$$

式中　t——丈量时温度；

　　　t_0——标准温度，一般为 20℃。

3）计算高差改正数。设两点的高差为 h，为了将尺段长 D' 改算成水平距离 D，则需要加高差改正。高差改正数为

$$\Delta D_h = -\frac{h^2}{2D'} \tag{3.1.10}$$

4）计算改正后的尺段平距。通过上述三项改正数，就可以求得改正后的尺段水平距离 D 为

$$D = D' + \Delta D_l + \Delta D_t + \Delta D_h \tag{3.1.11}$$

5）计算丈量的结果和精度。通过三项改正数计算求出了改正后的各尺段平距，根据各尺段平距计算全线的往、返丈量结果和平均值、相对误差。

3.1.5　钢尺量距的误差分析及注意事项

1. 钢尺量距的误差分析

钢尺量距的主要误差来源主要有以下几种：

（1）定线误差。丈量时，钢尺没有准确地放在所量距离的直线方向上，使所量距离不是直线而是一组折线，造成丈量结果偏大，这种误差称为定线误差。一般距离丈量时，要求定线偏差不大于0.1m，可以用标杆目测定线。当直线较长或精密量距时，应利用仪器定线。

（2）尺长误差。如果钢尺的名义长度和实际长度不符，则产生尺长误差。尺长误差是积累的，丈量的距离越长，误差越大。因此，新购置的钢尺必须经过检定，求出其钢尺的尺方程式。

（3）温度误差。钢尺的长度随温度而变化，当丈量时的温度与钢尺检定时的标准温度不一致时，将产生温度误差。一般量距时，当温度变化小于10℃，可以不加温度改正，对于精密量距必须加温度改正数。

（4）钢尺倾斜和垂曲误差。在高低不平的地面上采用钢尺水平法量距时，钢尺不水平或中间下垂而成曲线时，都会使量得的长度比实际要大。因此，丈量时必须注意钢尺水平，整尺段悬空时，中间应有人托住钢尺，否则会产生不容忽视的垂曲误差。

（5）拉力误差。钢尺在丈量时所受拉力应与检定时的拉力相同，否则将产生误差。对于一般距离丈量而言，保持大概与检定钢尺时的拉力即可，但对于精密量距，必须使用拉力器。

（6）丈量误差。丈量时，在地面上标志尺段点位置处插测钎不准，前、后尺手配合不佳，余长读数不准等，都会引起丈量误差，这种误差对丈量结果的影响可正可负，大小不定。在丈量中要尽量做到对点准确，配合协调。

2. 钢尺量距的注意主要事项

（1）丈量时应检查钢尺，看清钢尺的零点位置。

（2）量距时要定线准确，尺子要水平，拉力要均匀。

（3）读数时要细心、精确，不要看错、念错。

（4）记录要完整、清楚、正确；不要漏记、涂改、算错。

（5）钢尺易生锈，丈量结束后应用软布擦去尺上的泥和水，涂上机油，以防生锈。

（6）钢尺易折断，如果钢尺出现卷曲，切不可用力硬拉。

（7）丈量时，钢尺末端的持尺员应该用尺夹夹住钢尺后手握紧尺夹加力，没有尺夹时，可以用布或者纱手套包住钢尺代替尺夹，切不可手握尺盘或尺架加力，以免将钢尺拖出。

（8）在行人和车辆较多的地区量距时，中间要有专人保护，以防止钢尺被车辆压而折断。

（9）不准将钢尺沿地面拖拉，以免磨损尺面分划。

（10）收卷钢尺时，应按顺时针方向转动钢尺摇柄，切不可逆转，以免折断钢尺。

任务3.2 视 距 测 量

视距测量是利用望远镜内十字丝分划板上的视距丝及视距尺（塔尺或普通水准尺），根据光学和三角学原理同时测定仪器至立尺点间的水平距离和高差的一种方法。视距测量的精度较低，其测量距离的相对误差约为1/300，低于钢尺量距；测定高差的精度每百米约±3cm，低于水准测量。但用视距测量测定距离和高差具有速度快、劳动强度小、受地形条件限制小等优点。因此视距测量广泛用于精度要求不高的地形测量、架空输电线路中。

3.2.1 视距测量的原理

1. 视线水平时的视距计算公式

如图3.2.1所示，AB为待测距离，在A点安置经纬仪，B点竖立视距尺，设望远镜视线水平，瞄准B点的视距尺，此时视线与视距尺垂直。

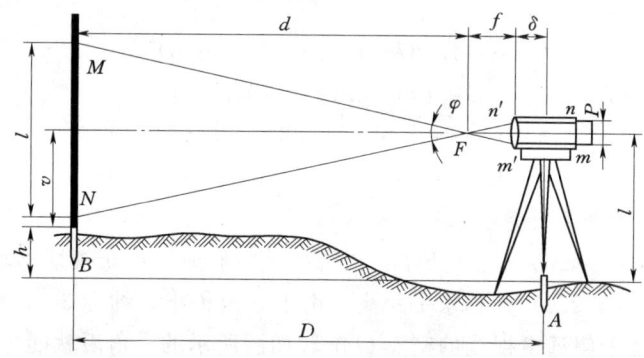

图3.2.1 视准轴水平时的视距测量原理图

（1）平距计算公式。在图3.2.1中，$P=\overline{nm}$为望远镜上、下视距丝的间距，$l=\overline{NM}$为视距间隔，f为望远镜物镜焦距，δ为物镜中心到仪器中心的距离。

由于望远镜上、下视距丝的间距p固定，因此从这两根丝引出去的视线在竖直面内的夹角φ是固定的角度。设由上、下视距丝n、m引出去的视线在标尺上的交点分别为N、M，则在望远镜视场内可以通过读取交点的读数N、M求出视距间隔l。

由于$\triangle n'm'F$相似于$\triangle NMF$，所以有$\dfrac{d}{f}=\dfrac{l}{p}$，则

$$d=\frac{f}{p}l \tag{3.2.1}$$

顾及式（3.2.1），由图3.2.1得

$$D=d+f+\delta=\frac{f}{p}l+f+\delta \tag{3.2.2}$$

令$K=\dfrac{f}{p}$，$C=f+\delta$，则有

$$D=Kl+C \tag{3.2.3}$$

式中 K、C——视距乘常数和视距加常数。

设计制造仪器时，通常使$K=100$，对于内对光仪器C值很小接近于零，因此，视线水平时的平距计算式为

$$D=Kl=100l \tag{3.2.4}$$

式中　　K——视距乘常数 100；

　　　　l——视距间隔，即上、下丝读数之差。

（2）高差计算公式。如图 3.2.1 所示，如果再在望远镜中读出中丝读数 v，用 2m 卷尺量出仪器高 i，则 A、B 两点的高差为

$$h = i - v \tag{3.2.5}$$

若已知测站点的高程 H_A，则立尺点 B 的高程为

$$H_B = H_A + h = H_A + i - v \tag{3.2.6}$$

【**例 3.2.1**】　如图 3.2.1 所示，设测站点的高程 $H_A = 80.36\text{m}$，仪器高度 $i = 1.48\text{m}$，中丝高度 $V = 1.288\text{m}$，AB 间的水平距离和 B 的高程是多少？

解：

视距间隔　　　　　　　$l = 1.387 - 1.188 = 0.199 (\text{m})$

AB 间的水平距离　　　$D = 100 \times 0.199 = 19.9 (\text{m})$

AB 间的高差　　　　　$h = i - v = 1.48 - 1.288 = +1.192 (\text{m})$

B 的高程　　　　　　$H_B = H_A + h = 80.31 + 0.192 = 80.502 (\text{m})$

2. 视线倾斜时的视距计算公式

（1）平距计算式。如图 3.2.2 所示，当视准轴倾斜时，由于视线不垂直于视距尺，所以不能直接应用式（3.2.4）计算水平距高。由于 φ 角很小，约为 $34''$，所以有 $\angle MOM' = \alpha$，只要将视距尺绕于望远镜视线的交点 O 旋转如图所示的 α 角后就能与视线垂直，并有

$$l' = l\cos\alpha \tag{3.2.7}$$

则望远镜旋转中心 Q 与视距尺旋转中心 O 的视距为

$$S = Kl' = Kl\cos\alpha \tag{3.2.8}$$

由此求得视线倾斜时 A、B 两点间的水平距离计算式为

$$D = S\cos\alpha = Kl\cos^2\alpha \tag{3.2.9}$$

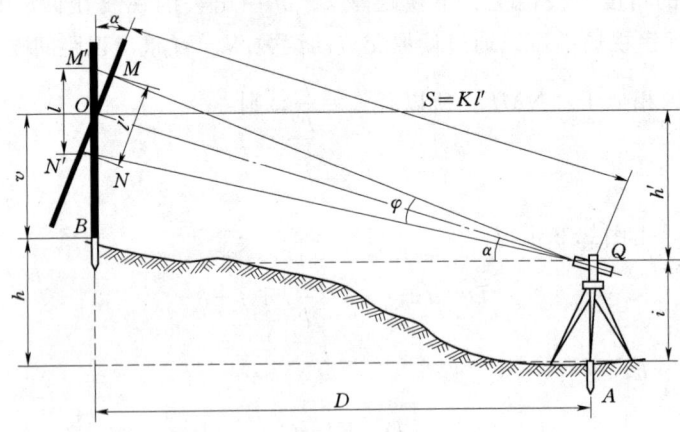

图 3.2.2　视准轴倾斜时的视距原理示意图

（2）高差计算式。设 A、B 的高差为 h，由图 3.2.2 容易列出方程

$$h + v = h' + i$$

其中
$$h' = S\sin\alpha = Kl\cos\alpha\sin\alpha = \frac{1}{2}Kl\sin2\alpha = D\tan\alpha \tag{3.2.10}$$

式中 h'——高差主值（也称初算高差）。

视线倾斜时高差计算式为
$$h = h' + i - v = \frac{1}{2}Kl\sin2\alpha + i - v = D\tan\alpha + i - v \tag{3.2.11}$$

由已知高程点推算出待求高程点的高程，其计算式为
$$H_B = H_A + h \tag{3.2.12}$$

3.2.2 视距测量的观测和计算方法

1. 观测方法

（1）安置仪器于测站点上，量出仪器高度（i），取至厘米即可。

（2）盘左照准视距尺，用望远镜微动螺旋使中丝为一整数或仪器高度，读取上丝、下丝和中丝读数，并使竖盘指标水准管气泡居中（自动归零装置的仪器没有此项操作），读取竖盘读数。

（3）计算仪器至立尺点间的平距和高差、立尺点的高程。

2. 计算方法

视距测量的计算方法，过去多采用"视距计算表"的方法，现在这种方法很少使用，目前广泛使用多功能计算器或有程序的计算器进行计算。

【例 3.2.2】 设测站点的高程 $H_A=96.68$m，仪器高 $i=1.46$m，观测竖直角时以中丝切准尺面使 $v=1.38$m，此时下丝读数 $m=1.668$m，上丝读数 $n=1.012$m，竖直度盘盘左读数 $L=86°45'12''$。计算 A 到 B 点的平距 D_{AB} 及 B 点的高程 H_B。

解：
$$\alpha = 90° - L = 90° - 86°45'12'' = 3°14'48''$$
$$D = Kl\cos^2\alpha = 100 \times (1.668 - 1.012) \times \cos^2 3°14'48'' = 65.38(\text{m})$$
$$h_{AB} = D\tan\alpha + i - v = 65.38 \times \tan3°14'48'' + 1.46 - 1.38$$
$$= 3.71 + 1.46 - 1.38 = 3.79(\text{m})$$
$$H_B = H_A + h_{AB} = 96.68 + 3.79 = 103.47(\text{m})$$

3.2.3 视距测量误差及注意事项

（1）视距乘常数 K 和视距尺分划误差。由于仪器制造工艺上的原因，K 值不一定恰好等于 100，视距尺的分划不均匀也产生误差。在使用仪器测量前必须准确测定 K 值，必要时对距离进行改正。

（2）用视距丝在标尺上读数引起的误差。由于视距测量主要按视距丝来读取标尺读数计算视距的，而视距丝有一定的宽度，估读时存在误差。因此，在读数时为了减小读数误差，要注意认真进行物镜对光，消除视差外，可依视距丝的上边缘（或下边缘）读数，以减小读数误差。

（3）外界条件变化引起的误差。视距测量是在一定的外界条件下进行的，外界条件如温度的变化、风力的大小、空间的透明度等，都会给测量带来误差，因此，视距测量要避

免在烈日下、风力大和尘雾中进行视距测量，另视线应距地面有一定高度。

（4）标尺倾斜引起的误差。标尺扶立不正，前后倾斜引起，使读数存在误差，因此在观测时要注意扶正标尺，标尺上最好装有圆水准器或水准管，以保证标尺竖直。

任务 3.3 直 线 定 向

3.3.1 直线定向的概念

在测量工作中常要确定地面上两点间的平面位置关系，要确定这种关系除了需要测量两点之间的水平距离以外，还必须确定该两点直线的方向。在测量上，确定某一条直线与标准方向线之间的水平角称为直线定向。

3.3.2 标准方向的种类

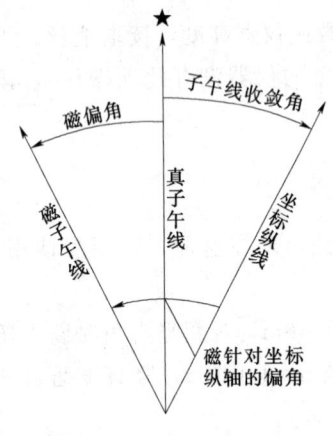

图 3.3.1 测量标准方向

1. 真子午线方向

椭球的子午线方向称为真子午线，通过地球表面上某点的真子午线的切线方向称为该点的真子午线方向（也称真北方向），真子午线方向可通过天文观测、陀螺经纬仪测量来测定。

2. 磁子午线方向

磁子午线方向即为磁针静止时所指的方向（也称磁北方向），它是用罗盘来测定的。

3. 坐标纵轴方向

我国采用高斯平面直角坐标系，其每一投影带中央子午线的投影为坐标纵轴方向，即 X 轴方向，平行于高斯投影平面直角坐标系 X 坐标轴的方向称为坐标纵线（也称轴北方向）。

测量中常用这三个方向作为直线定向的标准方向，即所谓的三北方向。如图 3.3.1 所示。

3.3.3 直线方向的表示方法

测量工作中，常用方位角、坐标方位角或象限角来表示直线的方向。

1. 方位角

（1）方位角的概念。从直线一端点的标准方向顺时针转至某直线的水平夹角，称为该直线的方位角。方位角的大小是 0°~360°，方位角不能为负数。

（2）方位角的分类。根据标准方向的不同，方位角又分为真方位角、磁方位角和坐标方位角三种。

1）真方位角。从直线一端点的真子午线方向顺时针方向转到该直线的水平角，称为该直线的真方位角，用 $\alpha_\text{真}$ 表示，如图 3.3.2（a）所示。

2）磁方位角。从直线一端点的磁子午线方向顺时针方向量到某直线的水平角，称为该直线的磁方位角，用 $\alpha_\text{磁}$ 表示，如图 3.3.2（b）所示。

3)坐标方位角。从坐标纵轴方向的北端起顺时针方向量到某直线的水平角,称为该直线的坐标方位角,一般用α表示,如图3.3.2(c)所示。

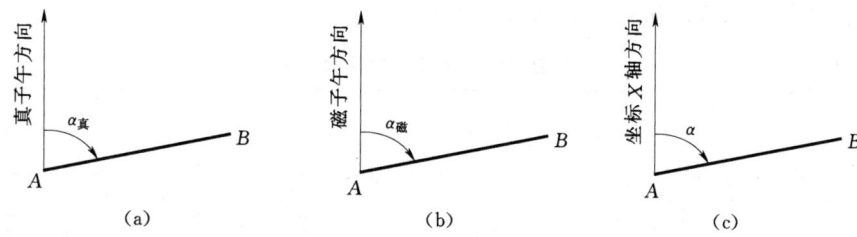

图 3.3.2 直线定向
(a)真方位角;(b)磁方位角;(c)坐标方位角

(3)磁偏角。由于磁南北极与地球的南北极不重合,因此过地球上某点的真子午线与磁子午线不重合,同一点的磁子午线方向偏离真子午线方向某一个角度称为磁偏角,用δ表示,如图3.3.3所示。

(4)磁方位角与真方位角。磁方位角与真方位角之间的关系,如图3.3.4所示,则

$$\alpha_{真} = \alpha_{磁} + \delta \tag{3.3.1}$$

式中,磁偏角δ值,东偏取正,西偏取负。我国的磁偏角的变化在$-10°\sim+6°$。

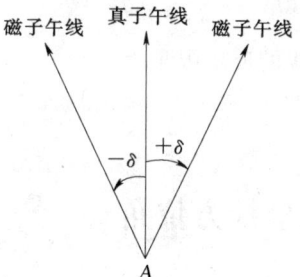 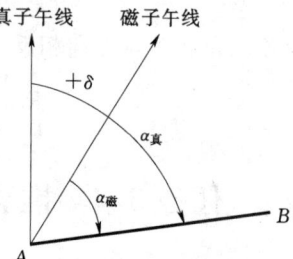

图 3.3.3 磁偏角　　　图 3.3.4 磁方位角与真方位角之间的关系

2. 象限角

如图3.3.5所示,通过X和Y坐标轴将平面划分为四个象限。从X轴方向按顺时针或逆时针转至某直线的水平角,称为象限角,以R表示。象限角的范围是$0°\sim90°$。正反象限角相等,方向相反。

直线OP_1位于第一象限,象限角R_1。

直线OP_2位于第二象限,象限角R_2。

直线OP_3位于第三象限,象限角R_3。

直线OP_4位于第四象限,象限角R_4。

用象限角来表示直线的方向,必须注明直线所处的象限。第一象限记为"北东",第二象限记

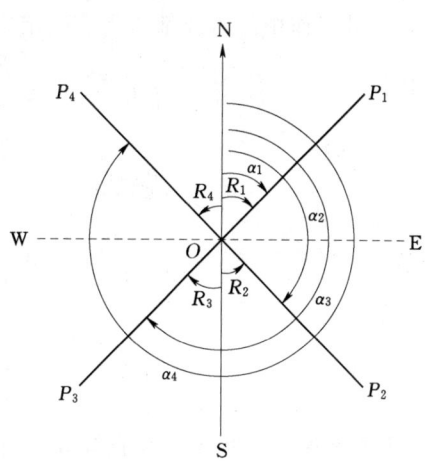

图 3.3.5 象限角与坐标方位角

为"南东",第三象限记为"南西",第四象限记为"北西"。图 3.3.5 中,假定 $R_1=42°30'$、$R_3=44°18'$,则应分别记为 $R_1=$ 北东 $42°30'$、$R_3=$ 南西 $44°18'$。

直线方位角与象限角换算关系见表 3.3.1。

表 3.3.1　　　　　　　　直线的方位角与象限角换算关系

象 限	方 位 角	象 限 角
Ⅰ	$\alpha_1 = R_1$	$R_1 = \alpha_1$
Ⅱ	$\alpha_2 = 180° - R_2$	$R_2 = 180° - \alpha_2$
Ⅲ	$\alpha_3 = 180° + R_3$	$R_3 = \alpha_3 - 180°$
Ⅳ	$\alpha_4 = 360° - R_4$	$R_4 = 360° - \alpha_4$

【例 3.3.1】 已知 AB 直线方位角 $\alpha_{AB}=186°39'$,AB 直线的象限角是多少?

解:AB 直线方位角 $\alpha_{AB}=186°39'$,直线 AB 在第Ⅲ象限。则直线 AB 象限角为

$$R_{AB} = 186°39' - 180' = 南西\ 6°39'$$

【例 3.3.2】 已知直线 CD 象限角为 $R_{CD}=$ 南东 $16°30'$,CD 直线的方位角和反象限角是多少?

解:因为直线在第Ⅱ象限,所以 CD 直线的方位角为

$$\alpha_{CD} = 180° - R = 164°30'$$

另因为正反象限角相等,方向相反。所以 CD 直线的反象限角为

$$R_{CD} = 北西\ 16°30'$$

任务 3.4　推算导线各边坐标方位角

3.4.1　正、反坐标方位角

测量工作中的直线都是具有一定方向的,一条直线存在正、反两个方向,如图 3.4.1

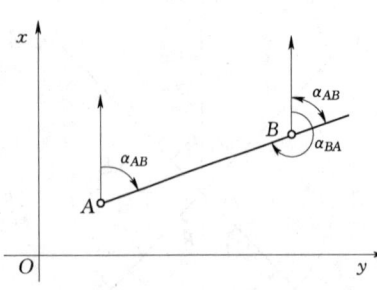

图 3.4.1　正反坐标方位角

所示。就直线 AB 而言,点 A 是起点,点 B 是终点。通过起点 A 的坐标纵轴北方向与直线 AB 所夹的坐标方位角 α_{AB} 称为直线 AB 的正坐标方位角;通过终点 B 的坐标纵轴北方向与直线 BA 所夹的坐标方位角 α_{BA},称为直线 AB 的反坐标方位角(是直线 BA 的正坐标方位角)。正、反坐标方位角相差 $180°$,即

$$\alpha_{反} = \alpha_{正} \pm 180° \qquad (3.4.1)$$

式中,当 $\alpha_{反} \geqslant 180°$ 时,取"−"号;当 $\alpha_{反} < 180°$ 时,取"+"号。

【例 3.4.1】 已知 AB 直线方位角 $\alpha_{AB}=196°35'$,AB 直线的反方位角 α_{BA} 是多少?

解:因为 $\alpha_{反} = \alpha_{正} \pm 180°$,所以 $\alpha_{BA} = 196°35' - 180' = 16°35'$。

3.4.2 坐标方位角的推算

在测量工作中,通常只测定起始边的方位角,其他各边的方位角是用导线点上观测的水平角进行推算的。

如图 3.4.2 所示,通过已知坐标方位角和观测的水平角来推算出各边的坐标方位角。在推算时水平角 β 有左角和右角之分,图中沿前进方向 $A \rightarrow B \rightarrow C \rightarrow D \rightarrow E$ 左侧的水平角称为左角,沿前进方向右侧的水平角称为右角。

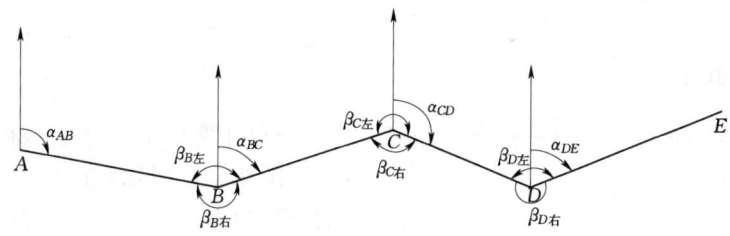

图 3.4.2 坐标方位的角的推算

1. 用左角推算各边方位角的公式

设 α_{AB} 为已知起始方位角,各转折角为左角。从图 3.4.1 可以看出:每一边的正、反坐标方位角相差 180°,则有

$$\alpha_{BC} = \alpha_{AB} + \beta_{B左} - 180° \tag{3.4.2}$$

同理有

$$\alpha_{CD} = \alpha_{BC} + \beta_{C左} - 180° \tag{3.4.3}$$

$$\alpha_{DE} = \alpha_{CD} + \beta_{D左} - 180° \tag{3.4.4}$$

由此可知,按线路前进方向,由后一边的已知方位角和左角推算线路前一边的坐标方位角的计算式为

$$\alpha_{前} = (\alpha_{后} + \beta_{左}) - 180° \tag{3.4.5}$$

式 (3.4.5) 称为左角公式,即用左角推算方位角的公式。

2. 用右角推算各边方位角

根据左、右角间的关系,将 $\beta_{左} = 360° - \beta_{右}$ 代入式 (3.4.5),则有

$$\alpha_{前} = (\alpha_{后} + 180°) - \beta_{右} \tag{3.4.6}$$

式 (3.4.6) 称为右角公式,即用右角推算方位角的公式。

注意:坐标方位角的范围是 0°~360°,没有负值或大于 360°的值;如果按公式计算的角值大于 360°时,则应该减去 360°才是其方位角;如果计算的角值为负值时,则应该加上 360°才是其方位角。

【例 3.4.2】 在图 3.4.2 中,已知 $\alpha_{AB} = 86°$,$\beta_{B左} = 160°$,$\beta_{C左} = 210°$,$\beta_{D左} = 150°$,各边方位角是多少?

解: 根据式 (3.4.4),推算各边方位角如下:

BC 边方位角: $\alpha_{BC} = (\alpha_{AB} + \beta_B) - 180°$
$= (86° + 160°) - 180° = 66°$

CD 边方位角：
$$\alpha_{CD} = (\alpha_{BC} + \beta_C) - 180°$$
$$= (66° + 210°) - 180° = 96°$$

DE 边方位角：
$$\alpha_{DE} = (\alpha_{CD} + \beta_D) - 180°$$
$$= (96° + 150°) - 180° = 66°$$

如果用右角，推算得各边的方位角是相同的。

任务 3.5 距离、方位角与地面点直角坐标的关系

3.5.1 坐标正算

根据直线始点的坐标、直线的水平距离及其方位角计算直线终点的坐标，称为坐标正算。如图 3.5.1 所示，已知直线 AB 的始点 A 的坐标（X_A，Y_A），AB 的水平距离 D_{AB} 和方位角 α_{AB}，则终点 B 的坐标（X_B，Y_B）可按下列步骤计算。

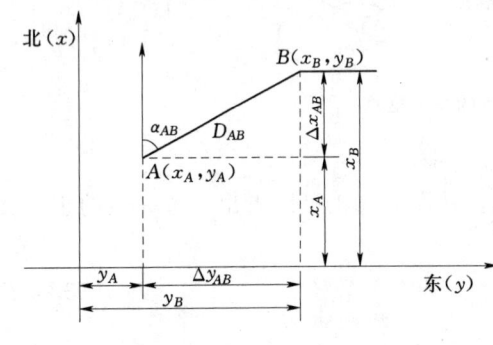

图 3.5.1 坐标的正算与反算

1. 计算两点间纵横坐标增量

由图 3.5.1 可以看出 A、B 两点间纵横坐标增量分别为

$$\left.\begin{array}{l}\Delta x_{AB} = D_{AB}\cos\alpha_{AB} \\ \Delta y_{AB} = D_{AB}\sin\alpha_{AB}\end{array}\right\} \quad (3.5.1)$$

2. 计算 B 点的坐标

由图 3.5.1 可以看出，B 点的坐标为

$$\left.\begin{array}{l}x_B = x_A + \Delta x_{AB} = x_A + D_{AB}\cos\alpha_{AB} \\ y_B = y_A + \Delta y_{AB} = y_A + D_{AB}\sin\alpha_{AB}\end{array}\right\} \quad (3.5.2)$$

【例 3.5.1】 已知 A 点的坐标为（500.21，680.30），AB 边的边长为 100.12m，AB 边的坐标方位角 α_{AB} 为 135°30′12″，试求 B 点坐标。

解：$x_B = 500.21 + 100.12 \times \cos135°30′12″ = 500.21 + (-71.417) = 428.795(\text{m})$
$y_B = 680.30 + 100.12 \times \sin135°30′12″ = 680.30 + 70.171 = 750.471(\text{m})$

3.5.2 坐标反算

根据直线始点和终点的坐标，计算两点间的水平距离和该直线的坐标方位角，称为坐标反算。

如图 3.5.1 所示，A、B 两点的水平距离及方位角可按下列公式计算

$$\alpha_{AB} = \arctan\frac{\Delta y_{AB}}{\Delta x_{AB}} = \arctan\frac{y_B - y_A}{x_B - x_A} \quad (3.5.3)$$

$$D_{AB} = \sqrt{\Delta x_{ab}^2 + \Delta y_{AB}^2} = \sqrt{(x_B - x_A)^2 + (y_B - y_A)^2} \tag{3.5.4}$$

或
$$D_{AB} = \frac{\Delta y_{AB}}{\sin\alpha_{AB}} = \frac{\Delta x_{AB}}{\cos\alpha_{AB}} \tag{3.5.5}$$

如果用一般函数计算器，根据式（3.5.3）中 $\frac{\Delta y_{AB}}{\Delta x_{AB}}$ 应取绝对值反算所得的角值是象限角，需要根据方位角与象限角的换算关系换算为方位角，方法如下：

（1）当 $\Delta x_{AB} > 0$，$\Delta y_{AB} > 0$ 时，α_{AB} 位于第Ⅰ象限内，范围为 0°～90°，象限角与方位角相同，即 $\alpha = R$，计算的象限角值即为方位角值。

（2）当 $\Delta x_{AB} < 0$，$\Delta y_{AB} > 0$ 时，α_{AB} 位于第Ⅱ象限内，范围为 90°～180°。计算得到象限角值后，按式 $\alpha = 180° - R$ 计算该直线方位角值。

（3）当 $\Delta x_{AB} < 0$，$\Delta y_{AB} < 0$ 时，α_{AB} 位于第Ⅲ象限内，范围为 180°～270°。计算得到的象限角值后，按式 $\alpha = 180° + R$ 计算该直线方位角值。

（4）当 $\Delta x_{AB} > 0$，$\Delta y_{AB} < 0$ 时，α_{AB} 位于第Ⅳ象限内，范围为 270°～360°。计算得象限角值后，按公式 $\alpha = 360° - R$ 计算该直线方位角值。

如果用多功能计算器或有可编程序的计算器计算，方法更为简便，在这里不再介绍。

【例 3.5.2】 已知 A、B 两点的坐标为 $A(500.00, 500.00)$，$B(356.25, 256.88)$，试计算 AB 的边长及 AB 边的坐标方位角。

解： $D_{AB} = \sqrt{(356.25 - 500.00)^2 + (256.88 - 500.00)^2} = 282.438(\text{m})$

$$\alpha_{AB} = \arctan\left|\frac{256.88 - 500.00}{356.25 - 500.00}\right| = \arctan\left|\frac{-243.12}{-143.75}\right| = 59°24'19''$$

由于 $\Delta x_{AB} < 0$，$\Delta y_{AB} < 0$，所以 α_{AB} 应为第Ⅲ象限的角，根据方位角与象限角的换算公式得

$$\alpha_{AB} = 59°24'19'' + 180° = 239°24'19''$$

任务 3.6　用罗盘仪测定直线磁方位角

3.6.1　罗盘仪的构造

罗盘仪是用来测定直线磁方位角的仪器。罗盘仪的种类很多，构造大同小异，由磁针、度盘和望远镜三部分构成。图 3.6.1 所示为罗盘仪的一种。

磁针由磁铁制成，当罗盘仪水平放置时，自由静止的磁针就指向南北极方向，即过测站点的磁子午线方向。一般在磁针的南端缠绕有细铜丝，这是因为我国位于地球的北半球，磁针的北端受磁力的影响下倾，缠绕铜丝可以保持磁针水平。罗盘仪的度盘按逆时针方向 0°至 360°（图 3.6.2），每 10° 有注记，最小分划为 1° 或 30′，度盘 0° 和 180° 两根刻画线与罗盘仪望远镜的视准轴一致。罗盘仪内装有两个相互垂直的长水准器，用于整平罗盘仪。

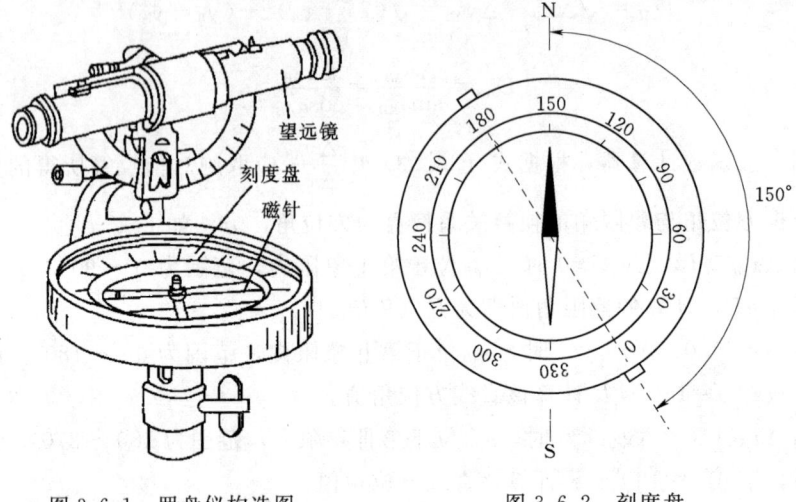

图 3.6.1 罗盘仪构造图　　　　图 3.6.2 刻度盘

3.6.2 罗盘仪的使用

将罗盘仪安置在直线的起点，对中、整平后松开磁针固定螺丝，使磁针处于自由状态，并旋转罗盘使指北针对好 0°处，然后旋转望远镜瞄准直线终点目标，待磁针静止后读取磁针北端所指的读数（图 3.6.2 中读数为 150°），即为该直线的磁方位角。将磁针安置在直线的另一端，按上述方法返测磁方位角进行检核，二者之差理论上应等于 180°，若不超限，取平均值作为最后结果。

3.6.3 罗盘仪使用时的注意事项

（1）罗盘仪必须置平，磁针能自由转动。
（2）罗盘仪使用时应避开铁器、高压线、磁场等物质。
（3）观测结束后，必须旋紧顶起螺丝，将磁针顶起，以免磁针磨损，并保护磁针的灵活性。

实 训 与 习 题

1. 实训任务、内容、方法步骤和能力目标

序号	实训任务	内容	能力目标
1	图根导线各边距离测量与磁方位角测定	1. 在实际地面上进行定线。 2. 往返丈量。 3. 计算丈量结果与精度。 4. 用磁针或罗盘仪测定直线的方位角	具有距离丈量记录、计算和磁方位角测量的能力
2	视距测量	测量两点间的水平距离和高差，求出立尺点的高程	具有用视距测量观测、记录和计算的能力

2. 习题

(1) 测量上常用的测距方法有哪几种？

(2) 什么叫视距测量？视距测量有什么特点？

(3) 什么叫直线定线？怎样进行直线定线？

(4) 用什么来衡量距离丈量结果的精度？什么叫相对误差？

(5) 在平坦地面，用钢尺一般量距的方法丈量 A、B 两点间的水平距离，往测为 168.336m，返测为 168.368m，则水平距离 D_{AB} 的结果如何？其相对误差是多少？

(6) 什么是直线定向？为什么要进行直线定向？

(7) 测量上作为定向依据的标准方向有几种？

(8) 什么是直线正方位角、反方位角和象限角？已知各边的方位角见表1，求各边的反方位角和象限角。

表1　　　　　　　　方位角与反方位角、象限角的换算

直线	方位角 /(° ′ ″)	直线反方位角 /(° ′ ″)	直线象限角 /(° ′ ″)
AB	336　45　46		
BC	268　36　32		
CD	156　28　58		
DE	87　12　36		

(9) 用竖盘顺时针注记的光学经纬仪（竖盘指标差忽略不计）进行视距测量，测站点高程 $H_A=56.87$，仪器高 $i=1.45$，视距测量结果见表2，计算完成表中各项。

表2　　　　　　　　　　视 距 计 算 表

点号	上、下丝读数 /m	视距 /m	中丝 /m	竖盘读数 /(° ′)	竖直角 /(° ′)	水平距离 /m	高差 /m	高程 /m
1	2.154 1.745		1.95	90　00				
2	1.987 1.256		1.60	87　36				
3	2.486 1.763		2.10	93　42				

(10) 某直线的磁方位角为 120°17′，而该处的磁偏角为东偏 13°30′，问该直线的真方位角为多少？

(11) 已知 A 点的坐标为 $A(500.00，800.00)$，AB 边的边长为 $D_{AB}=130.08$m，AB 边的方位角为 $\alpha_{AB}=206°18′36″$，试计算 B 点的坐标。

(12) 已知 A 点的坐标为 $A(636.286，463.220)$，B 点的坐标为 $B(562.018，603.528)$，试求 AB 边的边长 D_{AB} 和方位角 α_{AB}。

(13) 如图1所示，测得起始边 AB 的方位角 $\alpha_{AB}=243°28′16″$ 及各点左角，求各边方

位角值。

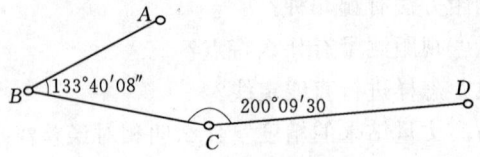

图 1　坐标方位角

(14) 根据表 3 数据，计算直线丈量的结果和精度。

表 3　　　　　　　　　　距 离 丈 量 记 录 表

尺段	往测长 /m	返测长 /m	往返差 /m	相对误差 k	平均距离 $D_\text{平}$/m	备注
A—1	29.356	29.350				
1—2	29.874	29.876				
2—B	21.682	21.674				
Σ						

(15) 如图 2 所示，用附带磁针的经纬仪安置在直线起点 A 点上，打开制动螺旋磁针，上下两端线重合成一直线后，在经纬仪水平度盘上该数为 65°40′06″，转动仪器照准直线端点 B 点，读数为 159°46′48″，该直线 AB 的磁方位角 α_{AB} 是多少？

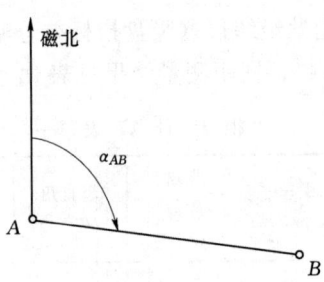

图 2　直线磁方位角测量

项目 4　全　站　仪　测　量

学习目标：

通过本项目的学习，了解全站仪的基本工作原理和基本构造，清楚全站仪的按键功能和测量模式，掌握全站仪测量的基本方法；具有使用全站仪进行角度测量、距离测量、高差测量、坐标测量、坐标放样、对边测量、悬高测量、面积测量和后方交会测量的能力。

任务 4.1　了解全站仪的功能和分类

全站仪（Total Station）全称为全站型电子速测仪，也称为电子速测仪或者电子视距仪，是一种兼有光电测距、电子测角、测量数据记录的大地测量仪器，全站仪广泛地用于各种工程建设，是目前各种工程测量中重要的测量仪器之一。

4.1.1　全站仪的功能

全站仪是能够实现对测量数据进行自动获取、显示、存储、传输、识别、处理计算的三维坐标测量与定位系统。它融光学、机械、电子等先进技术于一身，它由光电测距仪、电子经纬仪、微处理机、电源装置和反射棱镜等组成。在一个测站上可同时进行角度（水平角、垂直角）测量和距离（斜距、平距、高差）基本测量工作，并配置计算程序自动计算出待定点的坐标和高程。同时能根据放样点坐标自动计算放样数据，完成点的放样工作。由于仪器只要安置一次就可以完成本测站所有的测量工作，故被称为"全站仪"。全站仪对野外采集的数据进行自动记录并通过传输接口（或 SD 卡）将数据传输给计算机，配以相应的绘图软件以及绘图设备，全站仪测图工作便实现了自动化和数字化。也可以把测量作业所需要的已知数据由计算机或仪器的键盘输入全站仪。这样，不仅使测量的外业工作自动化，而且可以实现整个测量作业的高效化。全站仪已广泛应用于控制测量、地形测量、地籍与房产测量、施工放样、变形观测及近海定位等方面的测量作业中，是现代化测量和信息化测量工作最有力的助手。

4.1.2　全站仪的分类

全站仪按其结构可分为整体型和积木型（有时又称作组合型）两类。整体型全站仪的测距、测角与电子计算单元以及仪器的光学、机械系统组合成一个整体，不可分开。积木型全站仪的电子测距仪（又称测距头）、电子经纬仪各为一独立的整体，既可单独使用，又可组合在一起使用。目前广泛应用的是整体型全站仪，全站仪按其测角精度（方向标准偏差）可分为 0.5″、1.0″、1.5″、2.0″、3.0″、5.0″、7.0″等级别。

第一台全站仪问世于 20 世纪 70 年代，经历了 40 多年的发展，全站仪的结构变化不大，但全站仪的功能不断地增强，早期的全站仪，仅能进行边、角的数字测量，后来，全站仪有了放样、坐标测量等功能。现在的全站仪有了内存、磁卡存储，并且在 WINDOWS 系统支持下，实现了全站仪功能的大突破，使全站仪实现了电脑化、自动化、信息化、网络化。

目前国内、国外生产的全站仪类型很多，图 4.1.1 所示为几种常用的全站仪。全站仪按载波波长的不同，可分为微波测距仪、激光测距仪、红外测距仪三类；按测程可分为短程测距仪、中程测距仪、长程测距仪三类。短程测距仪测程小于 3km，一般测距精度为±（5mm+5×10^{-6}D），D 为距离用于普通工程测量和城市测量；中程测距仪测程为 3~15km，一般测距精度为±（5mm+2×10^{-6}D）~±（2+2×10^{-6}D），通常用于一般等级的控制测量；长程测距仪测程大于 15km，一般测距精度为±（5+1×10^{-6}D），通常用于国家三角网及等级导线测量。本项目以尼康全站仪为例说明全站仪的基本构造与功能及其使用方法。

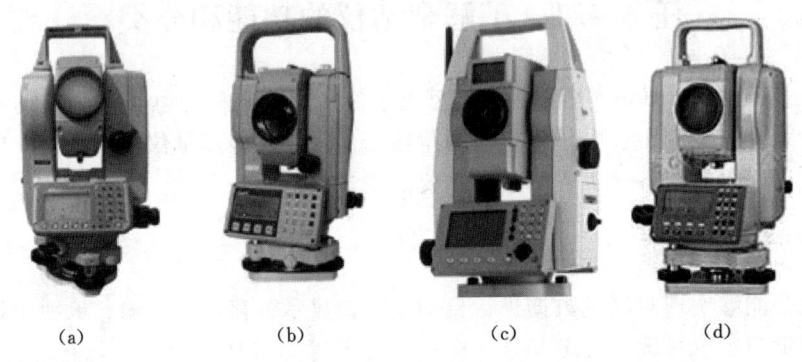

图 4.1.1　几种常用全站仪

(a) 尼康 DTM-452C；(b) 拓普康 TKS-202R；(c) 徕卡 TS09；(d) 南方 NTS—350

任务 4.2　了解尼康全站仪的基本构造和功能

图 4.2.1 所示为日本生产的尼康 DTM352-C 全站仪，下面说明全站仪的基本构造与功能。

全站仪的结构原理如图 4.2.1 所示。图中上半部分包含着测量的四大光电系统，即测距、测水平角、测竖直角和水平补偿。电源是可充电池，供各部分运转、望远镜十字丝和显示器照明。键盘是测量过程的控制系统，测量人员可通过键盘调用内部指令，指挥仪器的测量工作过程和测量数据的处理。以上各系统通过 I/O 接口接入总线与数字计算机系统联系起来。

微处理机是全站仪的核心部分，它如同计算机的中央处理器（CPU），主要由寄存器系列（缓冲寄存器、数据寄存器、指令寄存器等）、运算器和控制器组成。微处理机的主要功能是根据键盘指令启动仪器进行测量工作，执行测量过程的检核和数据的传输、处理、显示、储存等工作，保证整个光电测量工作有序地完成。输入输出单元是与仪器外部设备连接的装置（接口）。为便于测量人员设计软件系统，全站仪的微型电脑中还提供有程序存储器。

全站仪的基本结构大体由同轴望远镜、键盘、度盘读数系统、补偿器、存储器和I/O通信接口几部分组成。

4.2.1 同轴望远镜

全站仪的望远镜中，瞄准目标用的视准轴和光电测距仪的光波发射、接收系统

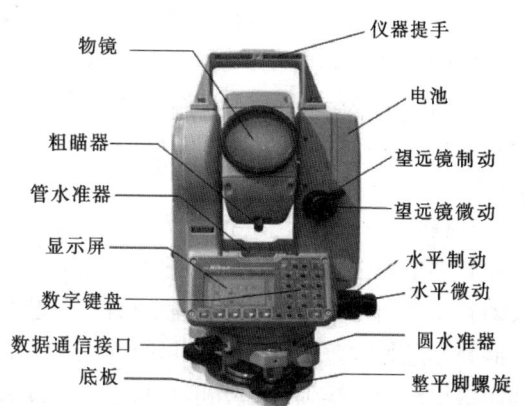

图4.2.1 尼康DTM352-C全站仪

的光轴是同轴的。望远镜与调光透镜中间设置分光棱镜系统，使它一方面可以接收目标发出的光线，在十字丝分划上成像，进行目标瞄准；又可使光电测距部分的发光管射出的测距光波经物镜射向目标棱镜，并经同一路径反射回来，由光敏二极管接收，并配置电子计算机中央处理机、存储器和输入输出设备，根据外业观测数据实时计算并显示所需要的测量结果。在全站仪测距头里，安装有两个光路与视准轴同轴的发射管，提供两种测距方式：一种方式为IR，它可以利用棱镜和反射片发射与接收红外光束；另一种方式为RL，它可以发射可见的红色激光束，不用反射镜（或反射片）即可测距。两种测量方式的转换可通过仪器键盘上的操作控制内部光路来实现，由此引起的不同的常数改正会由系统自动修正到测量结果上。正因为全站仪是同轴望远镜，因此，一次瞄准目标棱镜，即可同时测定水平角、垂直角和斜距。望远镜也能作360°纵转，通过直角目镜，甚至可以瞄准天顶的目标（工程测量中有此需要），并可测得其垂直距离（高差）。

4.2.2 键盘

全站仪的键盘为测量时的操作指令和数据输入的部件，键盘上的按键分为硬键和软件键（简称软键）两种。每一个硬键有一固定的功能，或兼有第二、第三功能；软键与屏幕最下一行显示的功能菜单相配合，使一个软键在不同的功能菜单下有多种功能。

4.2.3 度盘读数系统

电子测角，即角度测量的数字化，也就是自动数字显示角度测量结果，其实质是用一套角码转换系统来代替传统的光学经纬仪光学读数系统。目前，这种转换系统有两类：一类是采用光栅度盘的所谓"增量法"测角；另一类是采用编码度盘的所谓"绝对法"测角。然而，无论是编码度盘或是光栅度盘，都只给出角度的大数（格值为1′）。如果要提高角度的分辨力，必须再采用电子内插技术，对格值进行测微，达到秒级才能成功。

4.2.4 补偿器

在测量工作中，有许多方面的因素影响着测量的精度，不正确安装常常是诸多误差源

中最重要的因素。补偿器的作用就是通过寻找仪器在垂直和水平方向的倾斜信息，自动地对测量值进行改正，从而提高采集数据的精度。

补偿器类型一般有摆式补偿器和液体补偿器两种，前者为老式补偿器，多见于早期徕卡电子经纬仪，如 T(c) 1000/r(c) 1600 等，液体补偿器则几乎为当今所有全站仪所使用。

补偿器按补偿范围一般分为单轴（纵向，即 X 方向）补偿、双轴（纵横向，即 XY 方向）补偿和三轴补偿。单轴补偿仅能补偿由于垂直轴倾斜而引起的垂直度盘读数误差；双轴补偿可同时补偿由于垂直轴倾斜而引起的垂直和水平度盘的读数误差；三轴补偿则不仅能补偿经纬仪垂直轴倾斜引起的垂直度盘和水平度盘读数误差，而且还能补偿由于水平轴倾斜误差和视准轴误差引起的水平度盘读数的影响。

与全站仪的双轴补偿器密切相关的是电子气泡。在仪器工作过程中，它显示的就是仪器的倾斜状态，而这种状态对垂直和水平度盘读数的影响，就是通过补偿器有关电路来进行改正。电子气泡的形式有两种：一种是数字型，用仪器在 X、Y 方向的倾斜值来表示，当二者都为零时，仪器为整平状态；另一种是图形型，常常用一个圆点在大圆中的位置来表示，当圆点位于大圆的圆心时，仪器为整平状态。电子气泡的使用使仪器整平过程更加容易。在实际测量时，仪器允许电子气泡起作用并有效地整平。当倾斜量被自动地用来改正水平角和垂直角时，单面测量将会获得更高的精度，特别在垂直角较大时这一点很重要。大范围的补偿范围为测量工作者增强了信心，特别是工作在松软的地面上，或者接近震动源（如高速公路或铁路轨道）时更是这样。

4.2.5 存储器

把测量数据先在仪器内存储起来，然后传送到外围设备（电子记录手簿、计算机等），这是全站仪的基本功能之一。全站仪的存储器有机内存储器和存储卡两种。

1. 机内存储器

机内存储器相当于计算机中的内存（RAM），利用它来暂时存储或读出测量数据，其容量的大小随仪器的类型而异，较大的内存可同时存储测量数据和坐标数据多达 1 万点以上。现场测量所必需的已知数据也可以放入内存。经过接口线将内存数据传输到计算机以后将其清除。

2. 存储卡

存储卡的作用相当于计算机的磁盘，用作全站仪的数据存储装置，卡内有集成电路、能进行大容量存储的元件和运算处理的微处理器。一台全站仪可以使用多张存储卡。通常，一张卡能存储大约 1 万个点的距离、角度和坐标数据。在与计算机进行数据传送时，通常使用称为卡片读出打印机（卡读器）的专用设备。

将测量数据存储在卡上后，把卡送往办公室处理测量数据。同样，在室内将坐标数据等存储在卡上后，送到野外测量现场，就能使用卡中的数据。

4.2.6 I/O 通信接口

全站仪可以将内存中的存储数据通过 I/O 接口和通信电缆传输给计算机，也可以接收由计算机传输来的测量数据及其他信息，称为数据通信。通过 I/O 接口和通信电缆，在全站仪的键盘上所进行的操作，也同样可以在计算机的键盘上操作，便于用户应用开发，即具有双向通信功能。

全站仪基本功能是一起照准目标后，通过微处理器控制，自动完成测距、水平方向、竖直角的测量，并将测量结果进行显示与存储。可以自动记录测量数据和坐标数据，并直接与计算机传输数据，实现真正的数字化测量。随着计算机的发展，全站仪的功能也在不断扩展，生产厂家将一些规模较小但很实用的计算机程序固化在微处理器内，如悬高测量、偏心测量、对边测量、距离放样、坐标放样，设置新点，后方交会，面积计算等，只要进入相应的测量模式，输入已知数据，然后依照程序观测所需的观测值，即可随时显示结果。

任务 4.3　了解尼康全站仪的按键功能

全站仪的种类很多，功能各异，操作方法也不尽相同，但全站仪的测角、测边及测定高差的基本测量功能却大同小异，若要想熟练掌握一种全站仪的测量方法，首先要熟悉它的键盘及其功能，本任务主要介绍尼康 DTM352c 系列全站仪的按键功能，如图 4.3.1 所示为英文版面说明。

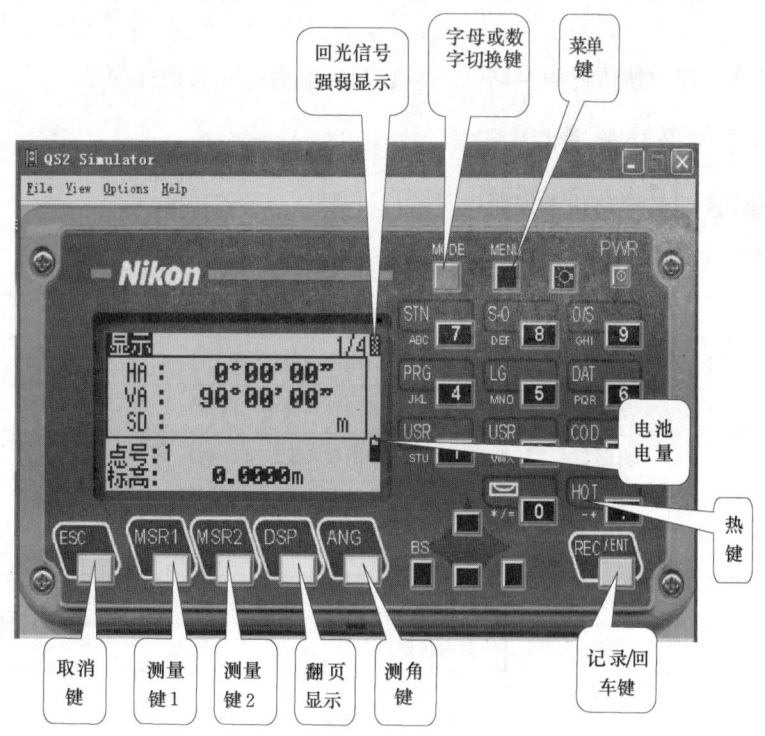

图 4.3.1　英文键盘说明

如图 4.3.2 所示为中文版面。

项目4 全站仪测量

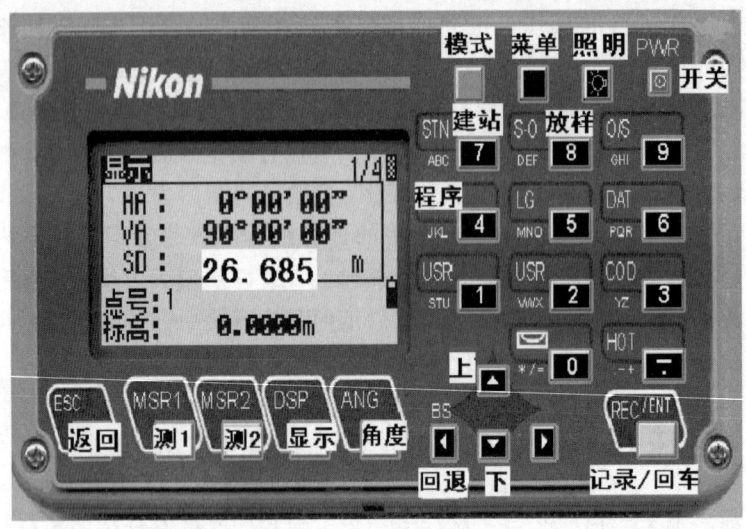

图 4.3.2 中文键盘及显示

任务 4.4 认识尼康全站仪屏幕显示符号

为了更好地操作和使用尼康全站仪,对它的按键名称及功能作简单介绍。

4.4.1 按键名称及功能说明

尼康全站仪按键名称及功能说明,见表 4.4.1。

表 4.4.1 按键名称及功能说明

英文缩写	中文含义	功 能
ESC	返回	终止命令/返回上一级菜单
MSR1	测量1	开始测距/测距模式设定(1s键)
MSR2	测量2	开始测距/测距模式设定(1s键)
DSP	显示	分屏显示测量数据/设定测量数据显示顺序(1s键)
ANG	角度	显示测角菜单
MOOE	模式	变换字母、数字输入状态/调用快速代码模式
MENU	菜单	显示仪器主菜单
☼	照明	背景照明开关
PWR	电源	电源开关
STN	建站	显示建站菜单/输入7、A、B、C
S—O	放样	显示放样菜单/输入8、D、E、F(1s键)

续表

英文缩写	中文含义	功能
O/S	偏心	显示偏心菜单/输入9、G、H、I
PRG	程序	调用测量程序/输入4、J、K、L
DAT	数据	数据管理/输入6、P、Q、R（1s键）
USR1	用户1	执行用户设定功能/输入1、S、T、U（1s键）
USR2	用户2	执行用户设定功能/输入2、V、W、S（1s键）
COD	代码	打开代码输入列表/输入3、Y、Z
	电子气泡	指示全站仪水平状态
HOT	热键	显示热键菜单/输入—、+
REC/ENT	回车	记录测量数据/确认操作结束
5		输入5、M、N、O

4.4.2 屏幕显示符号说明

尼康全站仪屏幕显示符号说明，见表4.4.2。

表 4.4.2　　　　　　　　屏幕显示符号说明

ANG	测角	ARC	弧	AZ	方位角
BM	水准点	BMS	水准测量	BUBBLE	气泡
BS	后视	CC	计算坐标	CO	说明记录
COD	代码	Cogo	坐标几何计算	COORD	坐标
CP	控制点	C&R	地球曲率/大气折光改正	DAT	数据
DEG	度	DSP	显示	ENT	输入
HA	水平角	HD	平距	HOT	热（键）
HT	目标高	HI	仪器高	ITEM	项
JOB	项目	LIST	列表	MENU	菜单
MODE	模式	MSR	测量（键）	O/S	偏心
PWR	电源	RAW	原始（数据）	REC	记录
STACK	堆栈	PT	点	PRG	程序
RDM	遥测距离	RE	后交点	STN	站点
RBM	遥测高程	SD	斜距	S-O	放样
SO	放样	S-Pln	倾斜平面	SS	碎部点
ST	站点	TGT	目标点	VA	垂直角
VD	垂距（高差）	USR	用户（键）	V-Pln	垂直平面

4.4.3 开机与关机

1. 开机

按［电源］键开机显示以前设置的温度和气压，如图4.4.1所示。

上下转动望远镜进入基本测量状态，如图4.2.2所示。

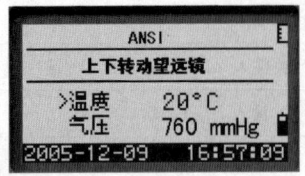 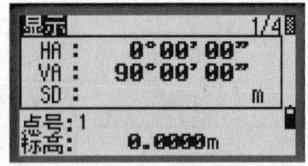

图4.4.1 设置温度气压　　　　图4.4.2 基本状态屏幕1/4

2. 基本测量屏幕显示说明

在基本测量状态下（图4.4.2），屏幕左上角［显示］二字说明全站仪所处状态，1/4说明基本测量状态下的1/4屏幕，按［显示］键依次显示基本测量状态下2/4、3/4、4/4屏幕。如图4.4.3、图4.4.4、图4.4.5所示。

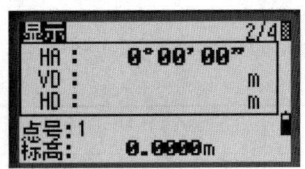 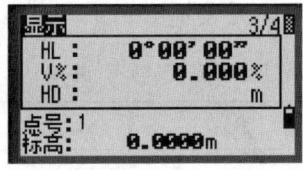 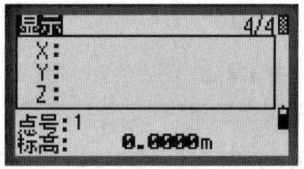

图4.4.3 基本状态屏幕2/4　　图4.4.4 基本状态屏幕3/4　　图4.4.5 基本状态屏幕4/4

3. 屏幕显示各符号含义

HA：水平角或方位角。

VA：垂直角或天顶距。

SD：斜距。

VD：垂距（高差）。

HD：平距。

HL：逆水平角。

V%：坡度比。

X：X坐标。

Y：Y坐标。

Z：Z坐标。

点号：正在测量目标点的点号。

标高：被测目标的目标高（望远镜横丝所切棱镜处到地面的高度）。

4. 关机

在测量状态下，按［电源］键关机显示（图4.4.6），进入关机状态。

按［回车］键关机，按［复位］键和［返回］键进入关机前状态。

任务 4.5 用全站仪测量导线的水平角、距离和高差

按［休眠］键进入休眠状态显示（图 4.4.7），按［任意］键退出休眠状态，返回关机前状态。

图 4.4.6 按［回车］键关闭仪器　　图 4.4.7 仪器休眠状态

任务 4.5　用全站仪测量导线的水平角、距离和高差

4.5.1　测量水平角

全站仪和经纬仪一样可以进行角度测量，而且更方便、快速。在进行角度测量前，首先也要在角顶点上进行安置仪器，安置仪器包括对中、整平和照准的方法，与经纬仪相同，不再介绍。

角度测量是测定测站至两目标间的水平夹角，同时可测定相应视线的天顶距，设地面上有 A、B、C 三点，A 为测站点，如图 4.5.1 所示，测定 $\angle BAC$ 的步骤如下：

（1）在测站点安置仪器，开机进入基本测量模式。

（2）将仪器望远镜瞄准起始目标点 B。

（3）按［角度］键全站仪显示角度测量菜单（图 4.5.2），选第一项置零，将起始方向值置成零，如图 4.5.3 所示。

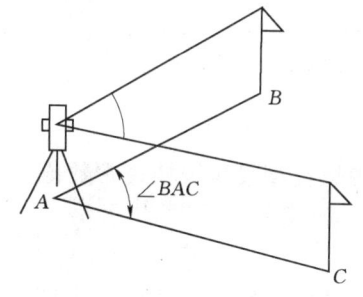
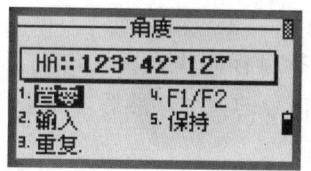
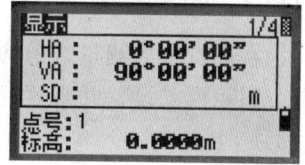

图 4.5.1　水平角观测　　图 4.5.2　设置水平角零值　　图 4.5.3　水平角显示零值

（4）将全站仪望远镜右旋瞄准目标点 C，全站仪屏幕即显示所测角度，如图 4.5.4 所示。

图中显示的 HA 76°50′02″即为盘左所测水平角。图中显示的 VA 89°12′56″为视线的天顶距。如果此时是横丝照准目标，则该目标 C 的盘左所测竖直角为

$$90° - 89°12'56'' = 0°47'04''$$

若要盘右测量时，将照准右方目标时设置水平角为零，将仪器左旋照准左方目标 B，

这时如图 4.5.5 所示：HL 76°50′07″，表示盘右所测的水平角。

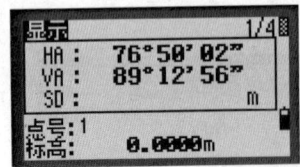
图 4.5.4　显示测量角度

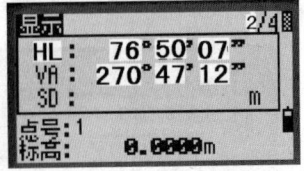
图 4.5.5　盘右测量时显示角值

图中显示的 VA 270°47′12″为 A 目标视线的天顶距。如果此时是横丝照准目标，则该目标 A 的盘右所测竖直角为

$$270°47′12″-270°=0°47′12″$$

一测回水平角为

$$(76°50′02″+76°50′07″)/2=76°50′04″$$

注意：竖直角不能取平均值，因为不是同一目标的观测值。

（5）在水平角测量时可以将起始方向置成零，也可以将起始方向设置成所需的方向值，其方法是在照准第一目标后，在基本测量模式下按［角度］键全站仪显示角度测量菜单，如图 4.5.2 所示，选第二项［输入］，输入所需的方向值后按回车键即可。输入格式：例如，角度值为 90°03′06″时应输入 90.0306，如图 4.5.6（a）、（b）所示。

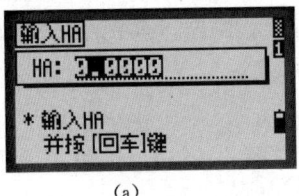
(a)

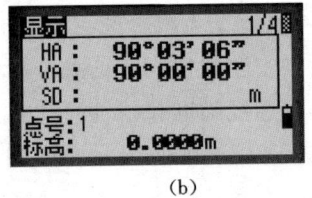
(b)

图 4.5.6　设置起始角度
(a) 输入角度并回车；(b) 显示设置的角值

4.5.2　测量距离

在进行距离测量之前应进行目标高输入、气象改正、棱镜类型设定、棱镜常数值设定、测距模式设置并观察返回信号的大小，然后才能进行距离测量。

1. 目标高输入和气象改正

（1）目标高输入。在基本测量状态下（图 4.5.7）按［热键］键，全站仪屏幕显示［热键］菜单（图 4.5.7），选第一项目标高屏幕显示如图 4.5.8 所示。

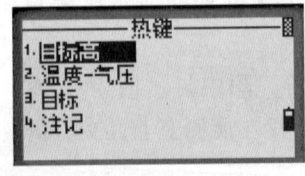
图 4.5.7　按热键显示菜单

图 4.5.8　显示标高输入状态

任务 4.5 用全站仪测量导线的水平角、距离和高差

按相应数字键输入目标高。输入格式：例如，目标高为 1.230m 时应输入 1.230，按［回车］键确认，如图 4.5.9、图 4.5.10 所示。

图 4.5.9 显示标高输入数据　　图 4.5.10 输入标高回车显示

图 4.5.9 中堆栈的含义是：按下堆栈下面对应的按键（角度键），全站仪屏幕将按后进先出的原则，显示最近用过的 20 个目标高数据（图 4.5.11），可按［控制］键进行快速选择目标高，按［回车］键确认。

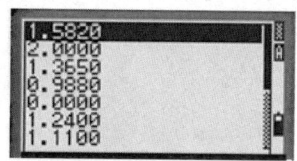 

图 4.5.11 最近输入的标高　　图 4.5.12 气象改正设置

注：［热键］键包含目标高、温度与气压，选择目标与注记输入功能，在任一屏幕均可使用。

（2）气象改正。在基本测量状态下（图 4.3.2）按［热键］键，全站仪屏幕显示［热键］菜单如图 4.5.7 所示，选第二项温度—气压，屏幕显示如图 4.5.12 所示，按［控制］键、［数字］键输入测定的温度和气压，按［回车］键确认。

棱镜类型设定、棱镜常数值设定、测距模式设置如下。

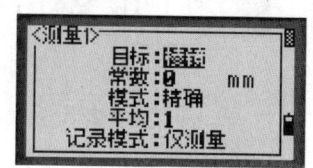

图 4.5.13 测距时参数设置

在基本测量状态下（图 4.3.2）按［测量 1］键或［测量 2］键 1s，全站仪屏幕显示测量模式菜单如图 4.5.13 所示，用［控制］键的上下键选中需要改变的项目，用［控制］键的左右键选择各项目中的参数，最后按［回车］键确认。

1）目标。目标有棱镜和反射片、免棱镜或无棱镜。

2）常数。即棱镜常数，根据使用棱镜大小输入，范围 −999～999mm。尼康仪器有棱镜时输入 30mm，无棱镜或反射片时输入 0mm，其他仪器按说明输入相应的参数。

3）模式。精测与正常两种，精测距离测量显示到 0.1mm，正常距离测量显示到 1mm。

4）平均。即按 1 次［测量］键全站仪内部所进行的测距次数，输入范围 0～99 次。输入 0 次，按下［测量］键全站仪内部不停进行地测距，直到再一次按下［测量］键或［返回］键，才能停止测距；输入 1～99 次，按下［测量］键全站仪内部设置次数进行测距，完成后以平均值显示。

项目4 全站仪测量

5) 记录模式。记录模式有仅测量、确定、所有的三种。

a. 仅测量。只测距不记录，要记录必须按[记录]键才进行记录。

b. 确定。测距后显示要记录的点号、目标高、代码，输入相应数值，按[回车]键确认存储测量数据，如图4.5.14所示。

图4.5.14 输入相应数据后回车

c. 所有的：测距后点号自动加1，存储测量数据。

注：列表列出全站仪内部存储的代码；堆栈按后进先出的原则列出最近使用的20个代码。

2. 测量距离

用望远镜十字丝精确照准棱镜上的觇牌（图4.5.15），按[测量1]键或[测量2]键，经数秒即可测出距离并显示在屏幕上。按[显示]键依次显示基本测量状态下1/4、2/4屏幕。如图4.5.16、图4.5.17所示，斜距 $SD = 1230.5675$m，平距 $HD = 1230.5276$m。

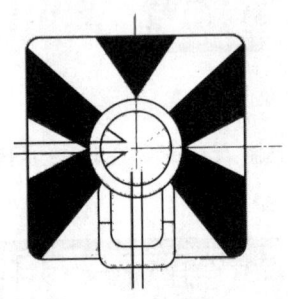

图4.5.15 照准镜中心

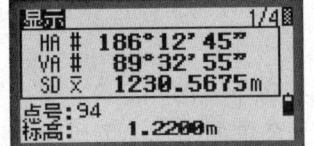

图4.5.16 显示斜距和天顶距

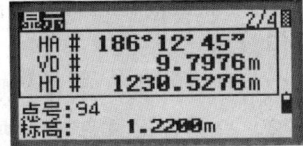

图4.5.17 显示平距和高差主值

4.5.3 测量高差

在测量水平距离的同时，也显示出仪器到棱镜之间的高差主值VD，如图4.5.17所示。VD不是测站至棱镜间的实际高差，实际高差按下式计算

$$h = VD + HI - HT \tag{4.5.1}$$

式中 h——仪器到棱镜间的高差；

VD——高差主值；

HI——仪器高度；

HT——棱镜高度。

当仪器照准棱镜的高度与仪器高度相等时，$h = VD$。

任务4.6 用全站仪测量导线点的坐标

用全站仪测量坐标是全站仪测量的重要内容之一。本任务是先学习用全站仪测量点的坐标的操作方法，然后使用全站仪进行测量案例中各导线点的坐标。

任务 4.6　用全站仪测量导线点的坐标

测量坐标的基本操作思路是：首先安置仪器于测站点上，量出仪器高度，然后操作步骤为：建立或打开项目—设置测站和另一已知点（称后视点）连线的方位角（简称建站）—测量各立镜点的坐标并记录。

4.6.1　建立项目

当进行坐标测量时，一般数据都要存储记录，必须新建或打开一个项目。

1. 创建项目

第一次使用仪器时，或在新的工程中应创建一个新项目，以便进行存储记录数据。其步骤如下：

（1）按［菜单］键，选择第一项，进入项目管理功能，如图 4.6.1 所示，全站仪列出了以前所有建立的项目。按屏幕左下方的［创建］键，进入项目创建屏幕，如图 4.6.2 所示。

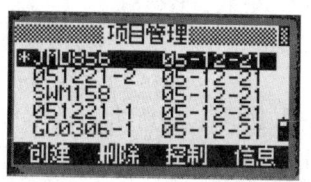
图 4.6.1　进入项目管理界面

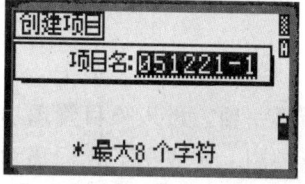
图 4.6.2　创建自动形成项目

图 4.6.3　创建输入项目名称

（2）仪器自动生成以日期为文件名的项目，如图 4.6.2 所示：2005 年 12 月 21 日第 1 个文件。如果不要这个生成文件名，输入新的项目名称建立项目，如图 4.6.3 所示，按［回车］键进入项目创建菜单，如图 4.6.4 所示。

在图 4.6.4 中，按［放弃］键可将新创建的项目放弃，返回项目管理状态。按［OK］键默认项目中的设置模式，创建了新项目，项目文件名为"GC0306-1"。

图 4.6.4　按［OK］键完成项目创建

在图 4.6.4 中，按［设置］键进入项目设置检查，如图 4.6.5～图 4.6.7 所示共 12 个项目设置项，按［控制］键逐项设置后，最后按［回车］键新项目创建成功。

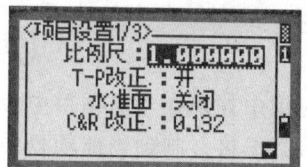
图 4.6.5　设置测距比例尺

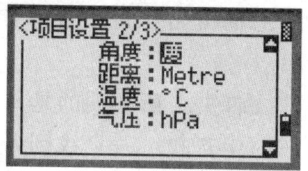
图 4.6.6　角度单位设置

图 4.6.7　天顶距设置

12 个项目设置项各项设置含义及内容如下：

1) 比例尺。测距比例尺，比例尺范围。
2) T-P 改正。温度、气压改正，可设置打开与关闭状态。
3) 水准面。将直接测得的距离经改正后显示在屏幕上，可设置打开与关闭状态。

4) C&R 改正。地球曲率和大气折光改正，取值范围 0.132/0.200 或关闭。

5) 角度。角度单位设置，单位有度、CON（哥恩）、MIL（密尔）。

6) 距离。距离单位设置，单位有 Metre（米）、I-FT（英尺）、US-FT（美尺）。

7) 温度。温度单位设置，单位有 ℃（摄氏）、℉（华氏）。

$$1℃=\frac{5}{9}(℉-32) \quad 1℉=1℃×\frac{9}{5}+32$$

8) 气压。气压单位设置，单位有 mmHg（毫米汞高）、inHg（英寸汞高）、hpa（毫巴）。

$$760mmHg=1013.25hPa \quad (1hPa=10^5Pa, 1mmHg=133.322Pa)$$

9) VA 归零。竖直角零方向设置，有天顶距、水平角、罗盘三种。

10) AZ 归零。方位角零方向设置，分南、北两个方向。

11) 次序。坐标显示次序设置，分 NEZ、ENZ 两种次序（XYZ、YXZ）。

12) HA。水平角零方向设置，方位角（以正北方向或正南方向为零方向）、0toBS 两种（以后视方向为零方向）。

2. 打开项目

按［菜单］键在菜单中选择第一项，进入项目管理功能，如图 4.6.1 所示，全站仪列出了以前所有建立的项目。用［控制］键或上下光标移动选中所需项目，按［回车］键打开所需项目。在打开项目的过程中，全站仪给出提示，如图 4.6.8 所示，以前的项目设置将会改变，可根据实际情况进行选择。

　　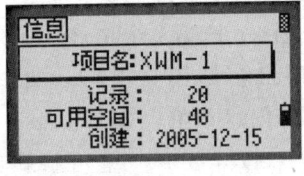

图 4.6.8　选定需要打开的项目　　图 4.6.9　项目内容

3. 查看项目内容

在图 4.6.1 中，全站仪列出了以前所有建立的项目。按［控制］键选中所需项目，按屏幕右下方的［信息］键，屏幕显示选中项目的基本信息，如图 4.6.9 所示。基本信息有：项目名、已记录的数据各数、总的可用空间和创建项目的时间。

4. 创建控制项目

控制项目相当计算机中的共享文件夹。所不同的是，在应用中如果在当前项目中找不到所需数据，全站仪自动在控制项目中查找，一旦找到自动将数据将复制到当前项目中。

在图 4.6.1 中，全站仪列出了以前所有建立的项目。用［控制］键选中所需项目，按屏幕下方的［控制］键，屏幕显示创建控制项目的信息，如图 4.6.10 所示，按［Yes］键或［回车］键建立控制项目。

如果要取消当前的控制项目，只要将光标移至该项目名上，按屏幕下方的［控制］键，屏幕显示创建控制项目的信息，如图 4.6.10 所示，按［NO］键，则取消对该控制项目的设定。

5. 删除项目

如果出现"MAX32JOBS"或"数据满"的提示,则必须删除一些老的项目。如果只在项目中删去一些记录,则不能增加记录空间。

在图 4.6.1 中,按[控制]键选中要删除项目,按屏幕下方的[删除]键,屏幕显示删除项目的信息,如图 4.6.11 所示,按[DEL]键或[回车]键删除项目。

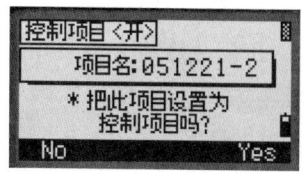

图 4.6.10 创建控制项目

注:*表示当前项目;@表示控制项目;!表示一些项目设置与当前项目不一致。当打开一个项目,所有的项目设置就自动改变为该打开项目的设定。

图 4.6.11 删除项目

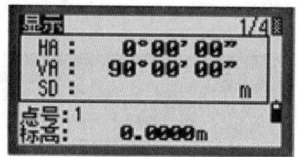

图 4.6.12 基本状态

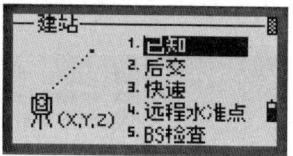

图 4.6.13 建站选择

4.6.2 建站五种内容

在基本测量状态下(图 4.6.12),按[建站]键屏幕显示五项内容,如图 4.6.13 所示。

1. 已知点建站

选择已知项,是将全站仪所在已知点的数据和后视点的数据输入全站仪,以便全站仪调用内部坐标测量和施工放样程序,进行坐标测量和施工放样。当全站仪在已知点上架设时必须选择第一项进行建站,否则全站仪默认上一个已知点的数据,测出的坐标和放样数据都是错误的。

2. 多点后方交会

选择后交项,是将全站仪架设在未知点上,通过对两个以上的已知点进行距离或角度测量,得到未知点上的坐标数据,同时进行建站。

3. 快速建站

选择快速项,是将全站仪架设在未知点上,默认 $X=0$、$Y=0$、$Z=0$;也可将全站仪架设在已知点上进行建站。对于后视可有可无,方位角也可假定,是一种独立坐标系的建站方法。

4. 测站高程检验

选择远程水准点项,是在完成建站之后,用一个已知水准点对测站高程进行检验,用检验结果对测站高程更新。

5. 后视检查

选择 BS 检查项,是在完成建站之后,经过一段时间的测量,对测站后视方向进行检验,如发现问题用检查结果对测站后视方向进行重置。

用已知测站点坐标和后视点坐标进行建站操作步骤方法如下。

当进行已知点建站时，必须新建或打开一个项目。

在按［建站］键时，选择"1已知"项屏幕显示如图 4.6.14 所示，要求输入测站点（ST）点号、坐标、代码（可以不要）、仪器高，输入过程的屏幕显示如图 4.6.15～图 4.6.19 所示。

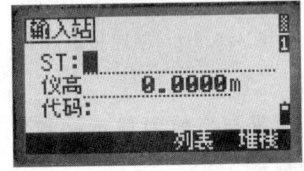　　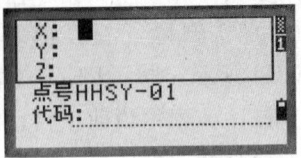

图 4.6.14　要求输入测站点点号　　图 4.6.15　输入测站点点号　　图 4.6.16　要求输入测站点坐标

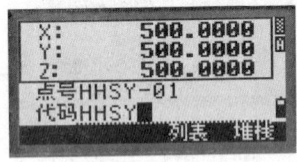　　

图 4.6.17　输入测站点坐标　　图 4.6.18　要求输入测站仪器高　　图 4.6.19　输入测站点仪器高

以上输入完成后按［回车］键屏幕显示如图 4.6.20 所示，有两种方法输入后视点（BS）的数据。输入后视点数据的目的是建立测站点与后视点连线的方位角，同时全站仪内部自动记录了以后视为零方向的水平角值。为以后的测角、测坐标及施工放样提供水平角起始值。

1. 输入后视点坐标建立测站点与连线的方位角

在图 4.6.20 中选择"1 坐标"屏幕显示如图 4.6.21 所示，要求输入后视点（BS）点号，接着需要输入后视点坐标、代码、目标高（HT），输入过程的屏幕显示如图 4.6.21、图 4.6.22、图 4.6.23、图 4.6.24、图 4.6.25 所示。

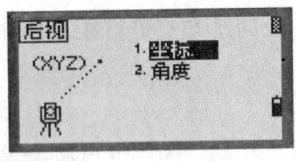　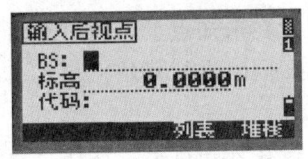　

图 4.6.20　输入后视点的数据　　图 4.6.21　要求输入后视点号　　图 4.6.22　输入后视点点号

图 4.6.23　要求输入后视点坐标　　4.6.24　输入后视点坐标、代码　　图 4.6.25　要求后视点目标高

输入完成后按［回车］键屏幕显示如图 4.6.26 所示，此时要求必须精确照准后视底

任务 4.6 用全站仪测量导线点的坐标

部按［回车］键。建站工作结束。

检查：照准在后视点上的棱镜按［测量］键，4/4 屏幕显示建站后测量后视点坐标，并存到后视点号上，即显示出测量的后视点与原已知后视点的坐标差值，如图 4.6.27 所示，检验建站的正确性，当误差在容许范围内，即完成检查工作。在检查中最好是检查另一已知控制点。图 4.6.27，显示全站仪测量值与计算值的差值，同时全站仪内部自动记录了以后视为零方向的水平角值。

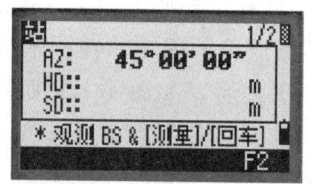
图 4.6.26 显示方位角

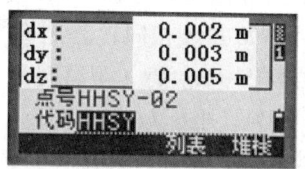
图 4.6.27 显示后视点的误差

2. 直接输入测站点与后视点连线的方位角

在图 4.6.28 中选择 2 输入方位角屏幕显示如图 4.6.29 所示，要求输入后视点点号，接着需要输入后视点坐标、代码、仪器高，输入过程的屏幕显示如图 4.6.30～图 4.6.33 所示。

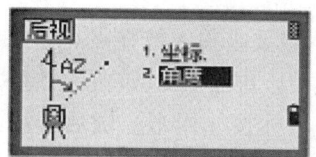
图 4.6.28 选择 2 输入方位角

图 4.6.29 要求输入 BS 点号

图 4.6.30 输入 BS 点镜高

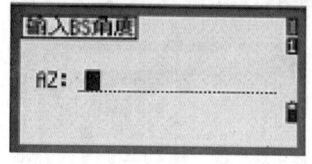
图 4.6.31 要求输入方位角

图 4.6.32 输入方位角

图 4.6.33 照准后视［回车］

4.6.3 测量各点坐标

完成建站后，即可进行坐标测量工作。坐标测量的操作步骤如下：

（1）检查后视点的坐标值。照准后视点底部后抬高按［测量 1］或［测量 2］键，测量后视点坐标进行检查，当误差很小时，说明设置正确。检查最好是用第 3 点（后视点外已知点）坐标进行检查。如果后视点坐标不知道，按［回车］键储存。

（2）测量其他碎部点坐标并储存。用全站仪直接照准 001 点，按［测量］键，测出 001 点的坐标，照准 002 点，按［测量］键，测出 002 点的坐标，照准 003 点，……依此类推，测出各点坐标，并按［回车］键，直到当显示"记录 XYZ"，说明该点坐标已储存。

注意：重新安置仪器或搬站时要重新进行建站。

任务 4.7 测设建筑物的位置

坐标放样，就是将图纸上设计的或计算好的建筑物主要轴线端点或角点的坐标，从图纸上放样到实地上并标定其位置，以便进行施工。放样之前必须先进行建站，建站方法与上述坐标测量时建站方法相同，否则会造成放样点点位的偏差。在基本测量状态下（图4.7.1），按［放样 S-O］键，屏幕显示放样有四项内容，如图 4.7.2 所示。有角度—距离放样（HA—HD）、坐标放样（XYZ）、分割线放样、参考线放样（偏心放样）四项。这里介绍坐标放样，选择"2.XYZ"进入坐标放样功能。

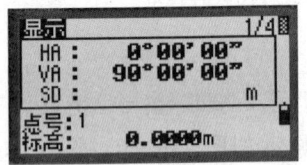
图 4.7.1 基本状态

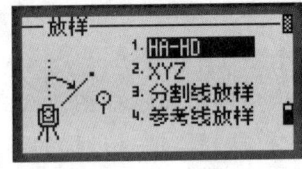
图 4.7.2 放样方式选项

图 4.7.3 要求输入放样点点号

在图 4.7.2 中选择"2.XYZ"项屏幕显示如图 4.7.3 所示，要求输入放样点点号或者输入放样点距全站仪的半径。输入放样点点号后按［回车］键，屏幕显示如图 4.7.4 所示，要求输入放样点 X、Y、Z 坐标。输入放样点 X、Y、Z 坐标按［回车］键后屏幕显示如图 4.7.5 所示，按 HA 后面的箭头方向旋转仪器使"dHA：$0°00'00''$"为止，此时需要放样该点在仪器望远镜方向上，移动棱镜对准此方向，当望远镜十字丝在棱镜上，按［测量］键，这时屏幕显示如图 4.7.6 所示，说明此立杆点并非放样点位置，还要移动。

图 4.7.4 要求输入坐标

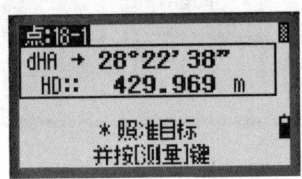
图 4.7.5 旋转方向、角值，距离

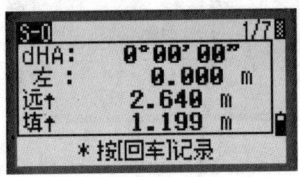
图 4.7.6 移动方向、距离

（1）dHA。仪器至目标点的水平角之差。

（2）右/左。横向差值。

（3）远/近。远近差值。

（4）填/挖。填/挖值。

按照屏幕上指示移动棱镜，再按［测量1］键或［测量2］键进行测量，直至：dHA=0；右/左=0；远/近=0；填/挖=0，放样结束。

在棱镜尖的位置即为放样上点的位置，并用木桩或铁钉标定。要放样其他点时，方法相同。

检查：放样完后，测量各放样点的坐标与已知坐标进行比较，或丈量边长与设计边长比较，做好记录，符合要求，放样结束。

任务 4.8　使用测量程序进行测量对边两点间距离、高差、斜距和悬高

尼康 DTM352 全站仪内存了七个实用测量程序，调用这些程序可以进行一些特殊要求的快速测量。在基本测量状态下（图 4.8.1），按［程序］键屏幕显示七项内容，如图 4.8.2 和图 4.8.3 所示。

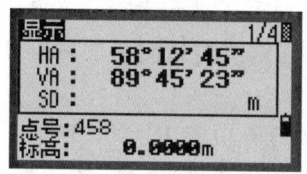　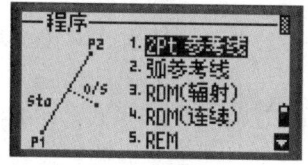　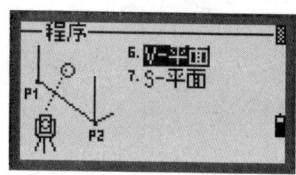

图 4.8.1　基本状态　　　图 4.8.2　程序测量选项　　　图 4.8.3　程序测量选项续

1. 2Pt 参考线（二点参考线）

选择 2Pt 参考线（二点参考线）项，测量未知点在一直线上的距离 Sta 和与直线的偏心距离 O/S。

2. 弧参考线（弧—曲线参考线）

选择弧参考线（弧—曲线参考线）项，测量未知点在一曲线上的距离 Sta 和与曲线的偏心距离 O/S。

3. RDM（辐射）

RDM（辐射）也称为辐射式对边测量。选择此项，是测量第一点与最后一点之间的斜距、平距、高差等数据。

4. RDM（连续）

RDM（连续）也称为连续式对边测量。选择此项，是测量最新两点之间的斜距、平距、高差等数据。

5. REM（悬高）

选择 REM（悬高）项，是进行高度测量。当所测目标不能直接放置棱镜时，可将棱镜放置在所测目标的铅垂线下，从而间接获得被测目标的高度。

6. V—平面

选择 V—平面项，可进行垂直平面的距离与偏移量测量。

7. S—平面

选择 S—平面项，可进行倾斜平面的距离与偏移量测量。

下面仅介绍对边测量和悬高测量方法，其他方法请参考有关资料。

4.8.1　对边测量（RDM）

对边测量分为 RDM（辐射式）和 RDM（连续式）两种方式。

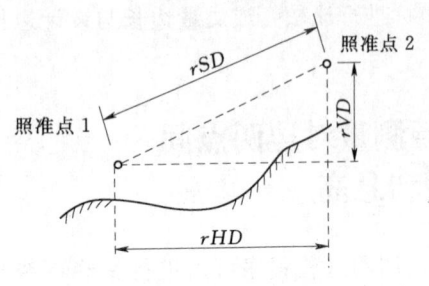

1. RDM（辐射式）

如图 4.8.4 所示，RDM 测量时屏幕显示含义如下。

(1) rSD：两点间的斜距。

(2) rHD：两点间的水平距离。

(3) rVD：两点间的高差。

(4) $rV\%$：$(rVD/rHD) \times 100$ 两点间的斜度百分比。

(5) rGD：(rHD/rVD)：两点间的垂度坡度。

(6) rHA：第一点到第二点连线的方位角。

辐射式对边测量与连续式对边测量的区别如图 4.8.5 所示。

在图 4.8.6 中选第三项功能 RDM（辐射）屏幕显示如图 4.8.7 所示，照准目标 $P1$ 按［测量］键，屏幕显示如图 4.8.8 所示，按［显示］键屏幕显示如图 4.8.9 所示。屏幕显示的数据为测站点与目标 $P1$ 之间的数据。

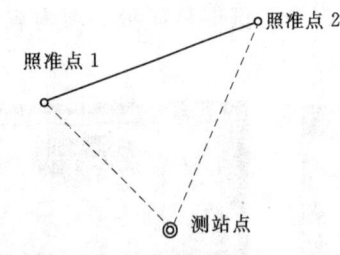

图 4.8.4 对边测量示意图

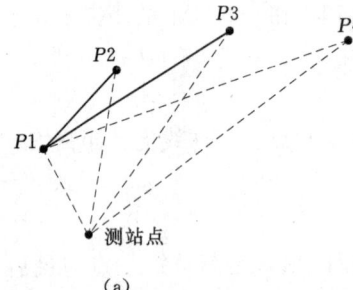

(a)

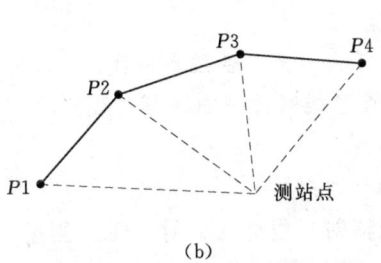

(b)

图 4.8.5 对边测量方式
(a) 辐射式；(b) 连续式

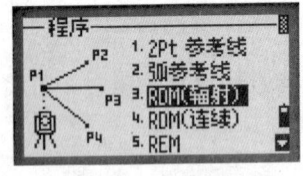

图 4.8.6 程序测量选项

图 4.8.7 照准 $P1$ 点并测量

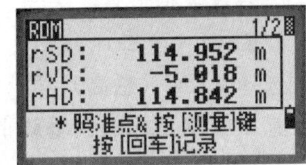

图 4.8.8 测站至 $P1$ 点数据

照准目标 $P2$ 按［测量］键，屏幕显示如图 4.8.10 所示，按［显示］键屏幕显示如图 4.8.11 所示。屏幕显示的数据为目标 $P1$ 与目标 $P2$ 之间的数据。同理照准目标 $P3$ 按［测量］键，屏幕显示的数据为目标 $P1$ 与目标 $P3$ 之间的数据；以此类推屏幕显示 $P1$-$P4$、$P1$-$P5$、$P1$-$P6$、…即第一点与最后一点之间的数据，按［ESC］键退出对边测量状态。

任务 4.8 使用测量程序进行测量对边两点间距离、高差、斜距和悬高

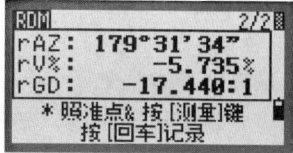

图 4.8.9 测站点至 P1 点数据　　图 4.8.10 P1 至 P2 点间数据　　图 4.8.11 P1 至 P2 点间数据

需要记录时按［回车］键屏幕显示如图 4.8.12 所示，输入两点之间数据的点名，按［回车］键存储后进行下一个点测量。需要注意的是，无论是放射式对边测量还是连续式对边测量，无论是 P1－P2、P1－P3 还是 P1－P4，在对边测量的过程中屏幕都没有任何提示，需要测量人员记清所选的对边测量方式，以及哪两点之间的数据。如果先建站，这些测量数据可以储存，在测量数据中可以查取。

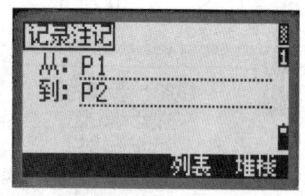

图 4.8.12 记录测量数据

2. RDM（连续式）

在图 4.8.13 中选第四项屏幕显示如图 4.8.14 所示，照准目标 P1 按［测量］键，屏幕显示如图 4.8.15 所示，屏幕显示的数据为测站点与目标 P1 之间的数据。照准目标 P2 按［测量］键，屏幕显示为目标 P1 与目标 P2 之间的数据。照准目标 P3 按［测量］键，屏幕显示为目标 P2 与目标 P3 之间的数据；以此类推屏幕显示 P3－P4、P4－P5、P5－P6、…之间的数据，即最新两点之间的数据，按［ESC］键退出对边测量状态。

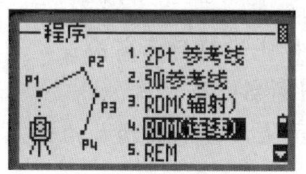 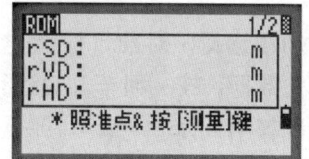 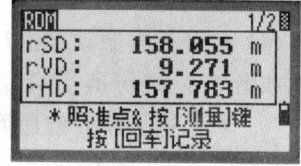

图 4.8.13 选择连续测量　　图 4.8.14 照准 P1 点并测量　　图 4.8.15 测站至 P1 点数据

4.8.2 悬高测量（REM）

在一些工程测量中，需测某点的高度，但不能在其上面放置棱镜或其他标志，给测量工作带来了诸多不便。应用 DTM352C 全站仪，调用悬高测量程序，可方便地解决此问题。其悬高测量的原理如图 4.8.16 所示。

基本原理是：仪器首先测出测站到 A 点的斜距和天顶距，以 A 点作为高度的起始零点，随着望远镜的转动，天顶距变化，由内部程序，根据天顶距、平距、高差等数据，随时计算出 A 点到 B 点的垂直距离 Vh，并显示 B 点的实际高度为 Vh 值加上 A 点到

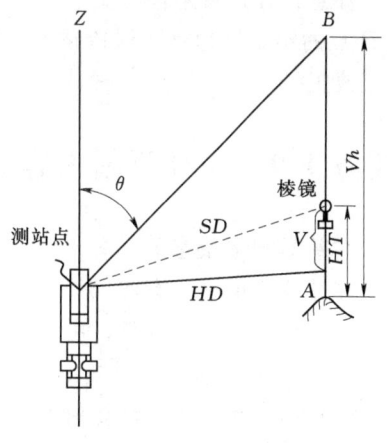

图 4.8.16 悬高测量原理

地面的距离。

$$Vh = HD\tan(90°-\theta) + HT - V$$

悬高测量方法如下：

(1) 将棱镜（A 点）架设在被测目标（B 点）的铅垂线下，在图 4.8.17 中选第五项屏幕显示如图 4.8.18 所示，输入目标高，此时目标高可大致假设，后面还要进行校正。按［测量］键屏幕显示如图 4.8.19 所示，要求照准目标棱镜按［测量］键，显示目标点高度，如图 4.8.20 所示。

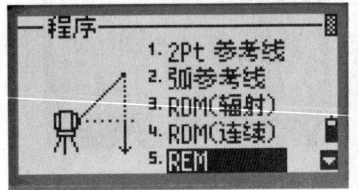
图 4.8.17 选择悬高测量 REM

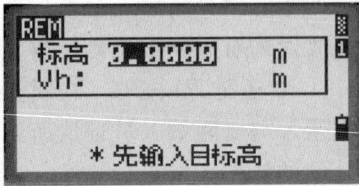
图 4.8.18 要求输入棱镜高

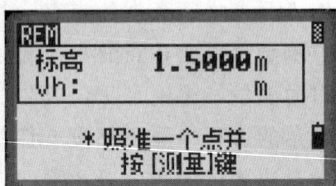
图 4.8.19 输入棱镜高

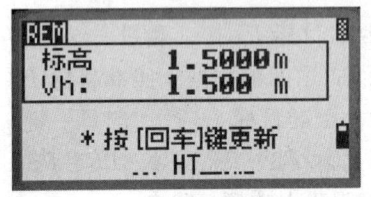
图 4.8.20 照准棱镜测量显示

图 4.8.21 照准地面显示

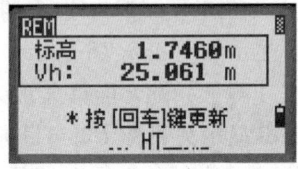
图 4.8.22 显示 B 点悬高值

(2) 松开垂直制动旋钮，转动望远镜，对准目标 A 地面标志进行目标高检查，屏幕显示如图 4.8.21 所示，Vh 为校正数据，按［回车］键进行目标高更新。

(3) 目标高更新后望远镜照准被测目标（B 点），屏幕显示从 A 点地面到 B 点的垂直高度如图 4.8.22 所示。

(4) 按［ESC］键退出。

注意：在进行悬高测量时，A 点必须在 B 点的铅垂线下，否则 Vh 将出现误差，A 点离 B 点的铅垂线越远，误差越大。当 A 点不能放在 B 点铅垂线上时，要视具体情况进行人工改正。

任务 4.9　用计算项内容进行坐标反算、导线坐标计算、面积计算

在基本测量状态下（图 4.9.1），按［菜单］键屏幕显示九项内容，如图 4.9.2 所示。在计算菜单中，有四项计算和一项输入，如图 4.9.3 所示。

(1) 反算：坐标反算，由两个已知点计算方位角和平距。

(2) 方向 & 距离：坐标正算，由方位角和距离计算坐标。

(3) 面积和周长：计算由已知点所围成的面积和周长。

(4) 直线和偏心：计算偏离直线方向的点的坐标。

(5) 输入 XYZ：向全站仪输入已知点坐标。

任务 4.9 用计算项内容进行坐标反算、导线坐标计算、面积计算

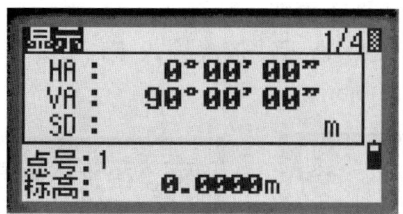

图 4.9.1 基本状态

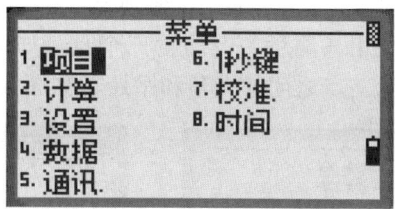

图 4.9.2 菜单选项

本任务主要学习坐标反算、坐标正算和面积计算。

4.9.1 坐标反算

在图 4.9.3 中选 "1. 反算" 进入坐标反算菜单。如图 4.9.4 所示。

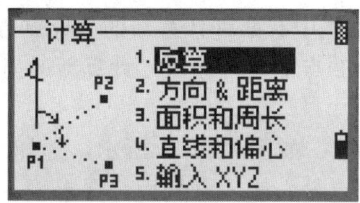

图 4.9.3 选择坐标反算　　图 4.9.4 进入坐标反算菜单

1. 点—点反算（坐标反算）

在坐标反算菜单中选第一项，如图 4.9.5 所示。输入第一个点的点名，并按[回车]键，全站仪内有坐标即显示坐标，无坐标输入坐标并输入代码如图 4.9.6 所示。按[回车]键显示如图 4.9.7 所示，输入第二点点号和坐标，输入方法同第一点，输入完成后按[回车]键显示如图 4.9.8 所示，给出两点之间的方位角 AZ、平距 dHD、高差 dVD。

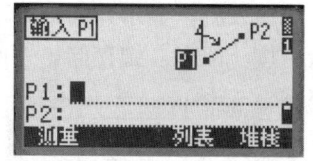

图 4.9.5 输入点号

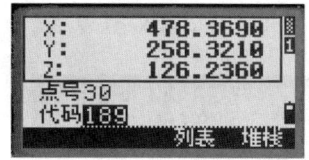

图 4.9.6 输入坐标、代码

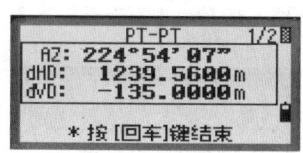

图 4.9.7 输入点号坐标　　图 4.9.8 显示方位角、距离、高差

按[显示]键显示如图 4.9.9 所示。

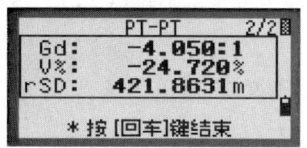

图 4.9.9 显示垂坡、坡度、坡距

Gd：坡度（HD/VD）。

$V\%$：$100/Gd$。

rSD：$PT1/PT2$ 的坡距。

2. 3 点定角

反算的另一功能是 "3 点角度"，计算三点所构成的两

条直线的夹角。P1 是基点，分别与 P2、P3 构成两条直线，如图 4.9.10 所示。可以键入三个点或使用［测量］键测量三个点，如图 4.9.11 所示。依次输入 P1、P2 和 P3 的坐标，可显示三点之间的夹角和平距，如图 4.9.12 所示。

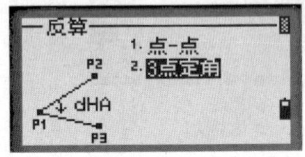 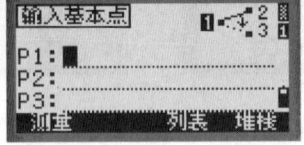 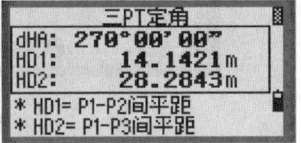

图 4.9.10　选择 3 点定角　　图 4.9.11　输入各点坐标　　图 4.9.12　显示角度、距离

注：用测量的方法计算夹角和距离的方法略。

4.9.2　方向与距离（即坐标正算）

利用角度与距离计算坐标，在方向与距离功能中有两种计算新的坐标点方法：一种用方位角、平距计算新的坐标点；另一种用导线（2 点加角度输入）计算新的坐标点。

1. 输入方位角—平距

从 4.9.13 图中选第二项，进入坐标正算菜单，如图 4.9.14 所示，选择"$AZ+HD$"显示如图 4.9.15 所示，要求输入基点（P1）的点号，输入点号后，要求输入该点坐标及代码，如图 4.9.16 所示，输入后显示如图 4.9.17 所示，要求输入基准点（P1）与待求点连线的方位角（AZ）、平距（HD）和高差。

输入后，显示计算结果（X，Y，Z），点号在 P1 的基础上自动加 1，如图 4.9.18 所示，按［回车］键存储，返回计算菜单。

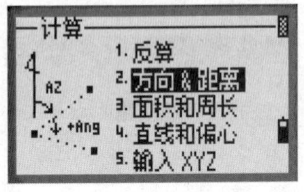 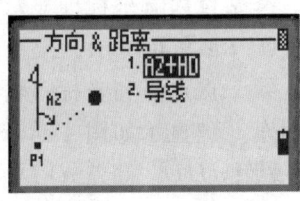 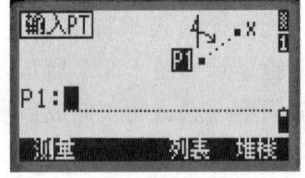

图 4.9.13　选择坐标正算 2　　图 4.9.14　坐标正算菜单 1　　图 4.9.15　输入 P1 点号

 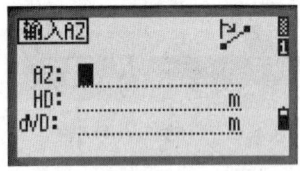 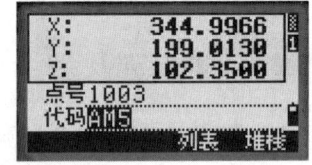

图 4.9.16　P1 坐标　　　　图 4.9.17　输入 P1—P2　　　图 4.9.18　显示 P2 点坐标
　　　　　　　　　　　　　　方位角、距离、高差

注：如果全站仪内存有（P1）的坐标，将自动显示后（图 4.9.19）进入输入待定点的夹角、平距、高差的状态。

2. 导线计算

如图 4.9.20 所示导线测量线路，用图 4.9.21 的导线计算程序，可依次计算 X_1、X_2、

任务 4.9　用计算项内容进行坐标反算、导线坐标计算、面积计算

X_3、X_4、…坐标。

在图 4.9.21 中选第二项，按［回车］键显示如图 4.9.22 所示，分别输入 $P1$、$P2$ 点的坐标后，显示如图 4.9.23 所示，要求输入水平角（Ang），平距（HD）和高差（dVD）。

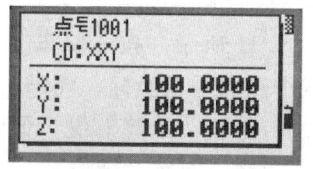

图 4.9.19　显示坐标

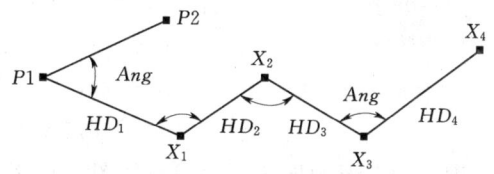

图 4.9.20　导线测量示意图

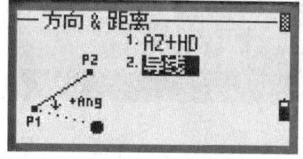

图 4.9.21　选择导线

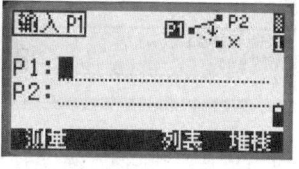

图 4.9.22　输入坐标

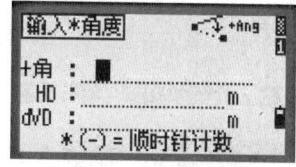

图 4.9.23　输入水平角

水平角的输入方法为：按前进方向左角为正角，输入正角，右角为负角输入负角，如图 4.9.24 所示。高差同理，按前进方向高为正，低为负输入。输入完成后按［回车］键，显示如图 4.9.25 所示，为 X_1 点的坐标。

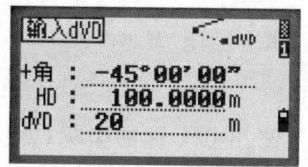

图 4.9.24　输入右角为负

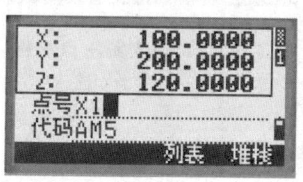

图 4.9.25　显示 X_1 点坐标

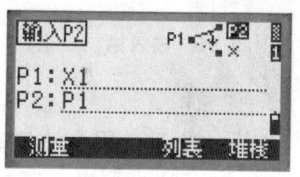

图 4.9.26　返回下一点计算

如果在设置中将"ENE"改为"NEE"，则显示将 X、Y 坐标值互换。

需要说明的是，在此显示的是在上一点点号上自动加 1 的点号。如需改变用［控制］键移至 $X1$ 处，输入相应的点号，按［回车］键存储记录。屏幕返回下一个点的计算状态，并自动将要用的已知点点号列于屏幕，如图 4.9.26 所示，检查无误后即可按［回车］键，进行下一个点的计算和输入。

点号的计算顺序参考图 4.9.20，此导线计算程序只能计算下一点的坐标，不能进行导线计算中的角度闭合差、坐标增量闭合差等计算，在使用中应加以注意。

注：当 dVD（高差）为空白的时候，则假定为 0.000。

4.9.3　面积和周长计算

在计算菜单中，选第三项面积和周长，如图 4.9.27 所示，可计算由多点围成的不交叉的闭合图形的面积和周长，同时存储各点坐标。也可建站之后直接测量这个点的坐标，由全

127

站仪内部程序自动计算多点围成的不交叉的闭合图形的面积和周长,同时存储各点坐标。

1. 计算

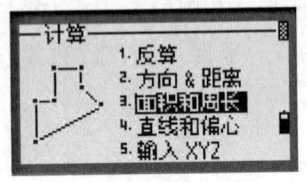

在计算菜单中,选第三项,屏幕显示如图 4.9.28 所示,要求输入第一个点点号,输入后如图 4.9.29 所示,输入坐标及代码,按[回车]键,接着输入第二个点点号、坐标、代码。如图 4.9.30 和图 4.9.31 所示。按[回车]键显示如图 4.9.32 所示,输入第三个点点号、坐标、代码,……以此类推。需计算时按图 4.9.32 中的[计算]键,便计算出来

图 4.9.27 选择面积和周长

各点坐标所围成的图形的周长与面积。如图 4.9.33 所示,按[回车]键记录。

图 4.9.28　输入第一点点号　　图 4.9.29　输入第一点坐标　　图 4.9.30　输入第二点点号

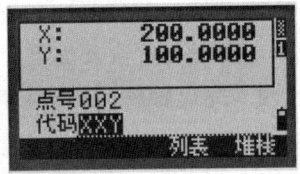 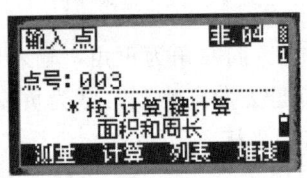 

图 4.9.31　输入第二点坐标　　图 4.9.32　输入第三点坐标　　图 4.9.33　显示面积周长

2. 测量

在设站之后,用全站仪直接照准 001 点,按[测量]键,测出 001 键的坐标;照准 002 点,按[测量]键,测出 002 键的坐标;照准 003 点,……以此类推,测出各点坐标,同样可计算出周长与面积。

3. 计算与测量混合应用

设站之后,通视的可用全站仪测量出坐标,不通视的可输入坐标,同样计算出周长和坐标。

注:①在缺省情况下,系统会将输入的最后一个点与第一个点闭合该面积;②为取得正确的结果,必须以正确的顺序输入构成该区域的各个点;③最多可计算 99 个点。

任务 4.10　用多点后方交会测量测站点坐标

多点后方交会是将全站仪架设在未知点上,对已知点进行角度或距离测量,从而建立新的测站点。调用多点后方交会程序,一次最多可用 10 个已知点进行后交,根据不同情况对已知点可以既测距又测角,也可以只测角不测距。当有足够的测量数据达到时,屏幕自动显示计算结果,按屏幕提示可以进行添加下一点、查看、显示与记录。

任务 4.10 用多点后方交会测量测站点坐标

在建站菜单图 4.10.1 中选择"后交"项屏幕显示如图 4.10.2 所示，要求输入第一个已知点点号、坐标、代码、目标高及测量，其过程的屏幕显示如图 4.10.3～图 4.10.6 所示。

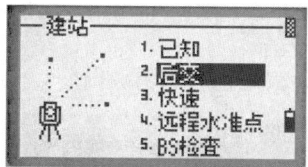
图 4.10.1 建站菜单

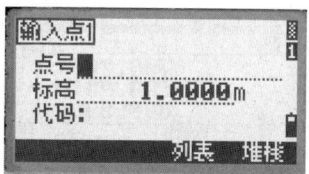
图 4.10.2 要求输入第一个点号

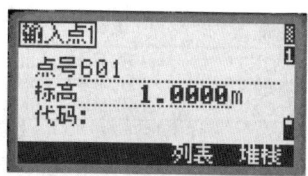
图 4.10.3 输入第一个点号

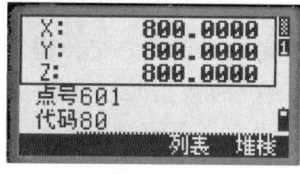
图 4.10.4 输入坐标及代码

图 4.10.5 输入目标高

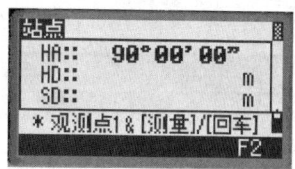
图 4.10.6 照准已知点测量

照准第一个已知点测量后屏幕显示如图 4.10.7 所示，显示测站（未知点）到第一个已知点的平距、斜距和水平角。按[回车]键进入下一个点的测量程序如图 4.10.8 所示。同第一点一样，需输入点号、坐标、代码、目标高及测量，其过程的屏幕显示如图 4.10.9～图 4.10.12 所示。

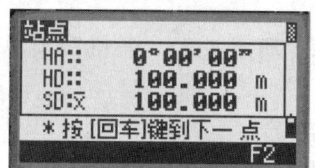
图 4.10.7 显示测站至第一个已知点的测量数据

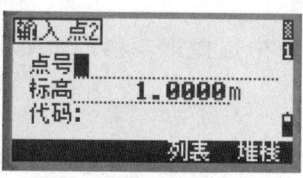
图 4.10.8 要求输入第二个已知点的点号

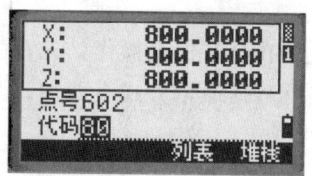
图 4.10.9 输入第二个点已知坐标

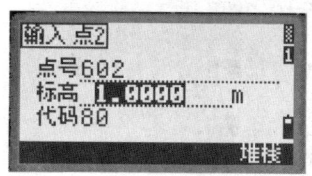
图 4.10.10 输入第二个已知点目标高

图 4.10.11 照准第二个已知点并测量

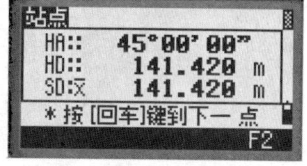
图 4.10.12 测量结果，按[回车]键进入下点

照准第二个已知点测量后屏幕显示如图 4.10.12 所示，显示测站（未知点）到第二个已知点的平距、斜距和水平角。按键进入第三个点的测量如图 4.10.13 所示，按[显示]键显示如图 4.10.14 所示。图 4.10.13 显示了测量值与计算值的差值，图 4.10.14 给出了未知点的坐标。

在图 4.10.13 中选择 [添加] 则进行第三个已知点的测量，选择 [记录] 则进行建站显示如图 4.10.15 所示，输入建站点的点号、仪器高、代码以及后视点号。对于后视点选择，可按 [改变] 键在图 4.10.16 中进行选择。

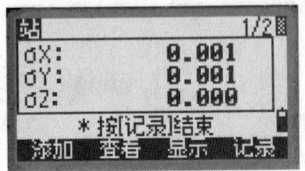  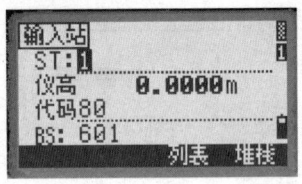

图 4.10.13　测量值与计算值　　图 4.10.14　按 [显示] 键后　　图 4.10.15　输入测站点号、
　　　　　　之差值　　　　　　　　　　　显示未知点坐标　　　　　　　仪器高、代码

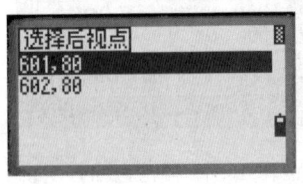

选择后视点号后按 [回车] 键完成多点后方交会建站操作。进行多点后方交会建站时，最少的数据是三个角度观测，或者是1个角度加1个距离观测值（在此情况下，目标点之间的距离应该大于所测的距离）。

dHA：对每个方向的 HA 的所分配的误差。

图 4.10.16　选择后视点号　　dVD：在测量与计算的 VD 之间的差值。

dHD：在测量与计算的 HD 之间的差值。

任务 4.11　下载或上传测量数据

在全站仪上操作，先在主菜单中选择第 5 项，如图 4.11.1 所示进入"通讯"菜单。进行数据通讯方式有四种。

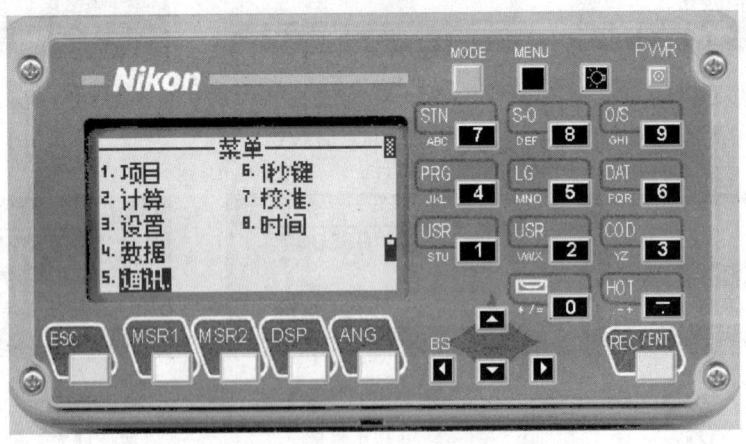

图 4.11.1　按 [菜单] 键后显示内容

4.11.1　下载记录的数据

在图 4.11.2 中，选第 1 项"下载"，如图 4.11.3 所示。

(1) 根据数据处理时运行的不同软件选择下载的数据格式,格式有三种:NIKON、SDR2X、SDR33。

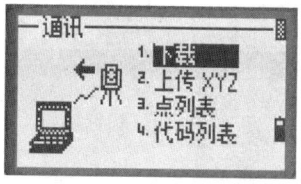

图 4.11.2　通讯选项

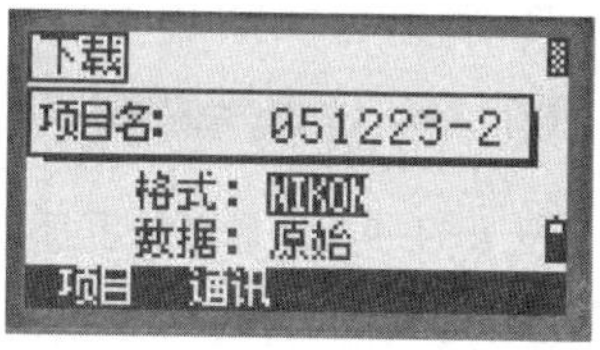

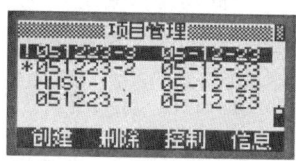

图 4.11.3　选择数据格式

图 4.11.4　选择下载项目

(2) 选择下载的数据类型:原始/坐标。

(3) 要进行下载项目的选择,因为 DTM-352C 一次只能下载一个项目中的内容。按[项目]键屏幕显示如图 4.11.3 所示,从中选择要下载数据所在的项目。

(4) 最重要的是进行与计算机的通讯协议设定。在图 4.11.3 中,按[通讯]键,屏幕显示如图 4.11.4 所示。根据计算机上所设定的通讯协议,将波特率、字节长度、奇偶检校位、停止位四项与计算机上的设置一样。这样才能保证不失真地传输数据。设置完成后按[回车]键。

(5) 数据下载:将计算机上的通讯软件打开设置好,确认无误后,按下全站仪的[回车]键,等待数据传输,如图 4.11.5 所示。计算机打开通讯接口后按图 4.11.6 中所示的[开始]键进行。

图 4.11.5　选择波特率

图 4.11.6　数据下载

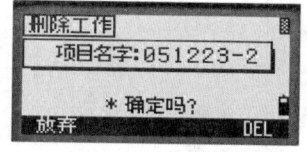

图 4.11.7　选择放弃

(6) 数据传输。传输完成后,显示如图 4.11.7 所示,询问是否删除刚刚传输过的项目中的内容。按[放弃]键不删除数据。返回基本测量状态。在此特别注意,建议不要删除项目中的内容。只有等到确认所传输的数据已经完整地保存在计算机中后方可删除。

4.11.2　上传坐标数据

在图 4.11.2 中,选第 2 项"上传 XYZ",如图 4.11.8 所示。按[项目]键选择上传数据存放的位置,选中所要存放的项目按[回车]键,如图 4.11.9 所示。按[通讯]键进行通讯协议设置,方法与数据下载相同。按[编辑]键进行数据格式的编辑,如图 4.11.10 所示。用[控制]键左右选择,改变数据项。用[?]改变各项数据。按[回车]键显示如图 4.11.11 所示。图 4.11.11 说明在项目 051223-2 中,有 15 个记录数据,正在存储 412 个数据。当计算机通讯软件准备好后而且数据电缆连接完毕,按[开始]键进行数据上传,显示如图 4.11.12 所示。随着上传数据的增加,数据从 0 开始增加。

项目4 全站仪测量

图4.11.8 上传界面

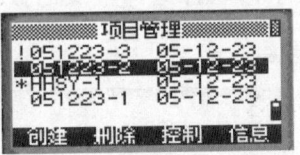
图4.11.9 选择上传项目

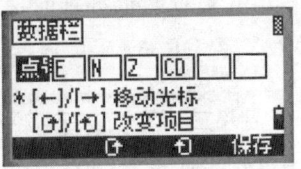
图4.11.10 数据编辑

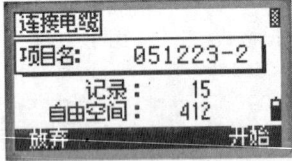
图4.11.11 显示该项目下已有数据和上传数据数

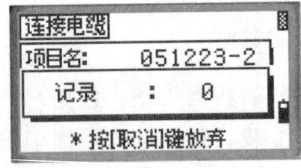
图4.11.12 按［开始］键后显示上传数据

实 训 与 习 题

1. 实训任务、内容和能力目标

序号	内 容	任 务	能 力 目 标
1	全站仪的基本应用	认识全站仪各部件名称、作用；仪器安置、测量水平角、竖直角和高差	具有全站仪安置和基本应用的能力
2	测量坐标和高程	每组测量案例中BCDEFA构成的图根导线点的坐标	具有使用全站仪测量坐标能力
3	坐标放样	每组完成放样一建筑物	具有使用全站仪放样建筑物的能力
4	程序测量	每人完成对边测量、悬高测量、面积测量	具有使用全站仪进行对边测量、悬高测量和面积测量的能力

2. 习题

(1) 全站仪能做哪些工作？

(2) 全站仪由哪几部分组成？

(3) 怎样建立项目（任务）？

(4) 何谓建站？全站仪的建站工作有几个步骤？建站后怎样进行检查？

(5) 怎样进行坐标测量的校核？

(6) 怎样进行温度、气压、棱镜系数、测量方式、记录方式的设置？

(7) 在测量记录中怎样进行点号、棱镜高的修改？

(8) 怎样输入已知坐标和查取坐标数据？

实训与习题

(9) 进行后方交会测量时最少需要几个已知坐标点?后方交会测量时需要量取仪器高吗?

(10) 如果只需要测量出某图形的面积时,一定需要用已知点进行建站吗?

(11) 怎样进行全站仪测量数据库的下载和已知数据的上传?

项目 5　小区域控制测量

学习目标：

本项目的主要任务有两个：即在小区域内的平面控制测量和高程控制测量。平面控制测量中主要学习导线测量外业和内业工作，高程控制测量中主要学习三、四等水准测量和三角高程测量。学生通过本项目学习，了解平面控制和高程控制的概念及交会测量方法，掌握导线测量，三、四等水准测量和三角高程测量的方法，具有导线测量，三、四等水准测量和三角高程测量的外业、内业工作能力。

案例： 图 5.0.1 所示为某测区全景图，要将该测区测绘大比例尺地形图。图中布设了控制点 ABCDEF 点，要求通过测量水平角、距离、定向，由于水平角测量、距离测量存在测量误差，要进行合理的调整误差，最后计算出各导线点的坐标。前面已进行了进行角度测量、距离测量、定向等工作，本项目主要介绍求合理的调整各种误差，最后计算出各导线点的坐标。

图 5.0.1　某测区全景图

任务 5.1　平面控制测量

在工程规划设计中，需要一定比例尺的地形图和其他测绘资料，工程施工中也需要进行施工控制测量。为了保证测图和施工测量的精度与速度，必须遵循"先整体后局部"

任务5.1 平面控制测量

"先控制后碎部"的测量原则,即在测量区域内先进行控制测量,然后再进行碎部测量。在测区内选择若干个控制点,构成一定的几何图形或折线,测定控制点的平面位置和高程,这种测量工作就称为控制测量。

控制测量在实施过程中又分为平面控制测量和高程控制测量两部分。平面控制测量的任务是精确测定控制点的平面坐标,高程控制测量的任务是精确测定控制点的高程。

5.1.1 国家平面控制网

国家测绘部门在全国范围采用"分级布网、逐级控制"的原则,建立国家级的平面控制网,作为科学研究、地形测量和施工测量的依据。

建立国家平面控制网的方法有三角测量、精密导线测量和GPS测量等。

1. 三角控制测量

三角测量是在地面上选择若干控制点组成一系列三角形(三角形的顶点称为三角点),观测三角形中的内角,并精密测定起始边(基线)的边长和方位角,应用三角学中正弦定理解算出各个三角形的边长,再根据起始点坐标、起始方位角和各边边长,采用一定的方法推算出各三角点的平面坐标。

当三角形向某一方向推进而连成锁状的控制网称为三角锁,三角形向四周扩展而连成网状的控制网称为三角网,如图5.1.1所示。

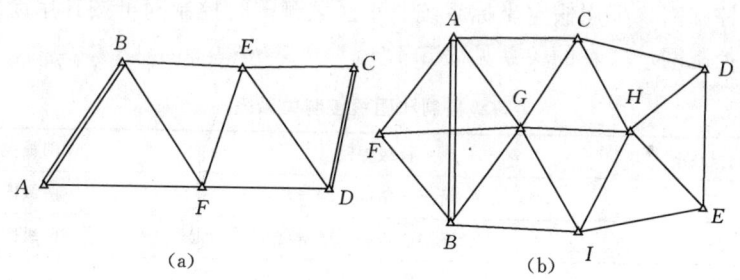

图5.1.1 三角锁(网)
(a)三角锁;(b)三角网

国家平面控制网按其精度的高低,分为一、二、三、四共四个等级,一等精度最高,四等精度最低,采用逐级控制,低一级控制网是在高一级控制网的基础上建立的,如图5.1.2所示。

2. 精密导线测量

在通视困难或平坦地区,采用精密导线测量来代替相应等级的三角测量是非常方便的。特别是近代电磁波测距仪和全站仪的出现,为精密导线测量创造了便利条件。

导线测量是将一系列地面点组成折线形状,观测各转折角,测量出各边边长后,根据起始坐标和起始方位角来推算各导线点的平面坐标,如图5.1.3所示,A、B、C、D、E、F为已知点,1、2、3为未知点。精密导线测量也相应地分为四个等级,即一、二、三、四等。

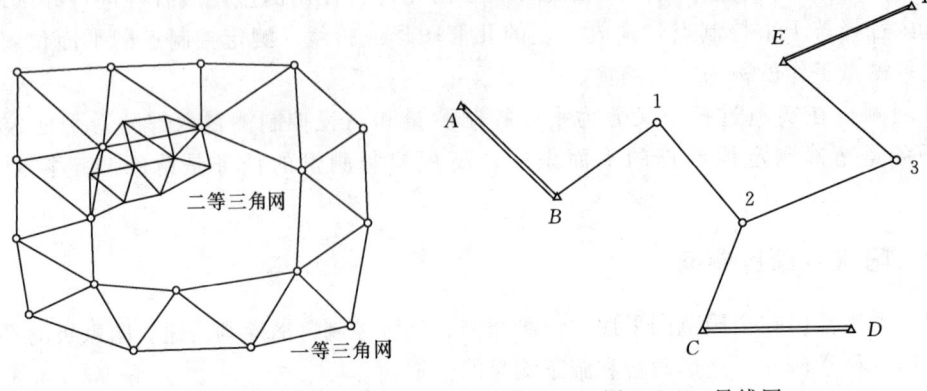

图 5.1.2 国家平面控制网　　　　　图 5.1.3 导线网

3. GPS 测量

GPS 测量是将 GPS 接收仪安置在控制点上接收全球定位系统的卫星信号，通过处理后得到控制的坐标和高程。

5.1.2 小区域平面控制测量

在小区域（这里指小于 15km² 的面积）范围内，进行大比例尺测图和工程建设，建立控制网尽可能附合国家（或城市）高级控制点上，形成统一坐标系统，根据实际情况也可布设成独立控制网，采用假定坐标系统。小区域测图时控制网可按其用途来划分为首级控制网和图根控制网。二者的关系见表 5.1.1。

表 5.1.1　　　　　　　　首级控制和图根控制关系表

测区面积/km²	首级控制	图根控制
2~15	一级小三角或一级导线	两级图根
0.5~2	二级小三角或二级导线	两级图根
0.5 以下	图根导线	

1. 首级控制网

小区域平面控制网，应根据测区面积的大小按精度分级布设建立。在测区范围内建立统一的精度最高的控制网，称为首级控制网。首级平面控制网的布设分为小三角控制网和导线。

2. 图根控制网

工程建设常常需要大比例尺地形图，为了满足测绘地形图的需要，必须在首级控制网的基础上对控制点进一步加密，控制网可采用导线、小三角、交会法等形式。直接为测图建立的控制网，称为图根控制网。图根控制网中的控制点称为图根控制点，简称图根点。由于图根控制测量的特点是范围小，边长较短，精度要求相对较低，因而图根点标志一般采用木桩或埋设简易混凝土标石，即可满足要求。

图根点的密度（包括高级点），取决于测图比例尺的大小和地物、地貌的复杂程度以及采用的测图方法。平坦开阔地区图根点的密度采用传统测量方法时参见表 5.1.2 的规定。地形复杂地区、城市建筑密集区和山区，应根据测图需要并结合实际情况加大密度。对于采用全站仪、RTK GPS 数字测图时图根点密度参考表 5.1.3。

表 5.1.2　　　　　　　　　　　　图　根　点　密　度

测图比例尺	1:500	1:1000	1:2000	1:5000
图根点密度/(点·km^{-2})	150	50	15	5

表 5.1.3　　　　　　　　　　　数字测图图根点密度

测图比例尺	1:500	1:1000	1:2000	1:5000
图根点密度/(点·km^{-2})	64	16	4	2

由于目前全站仪、GPS 测量的广泛应用，用小三角测量建立控制测量的方法已很少采用，主要采用导线测量和 GPS 测量网建立小区域平面控制。下面主要介绍导线测量方法，简述交会测量方法。

5.1.3　导线测量

1. 概述

（1）导线的布设形式。导线测量是图根控制的常用方法，单一导线的布设有三种形式。

1）闭合导线。由某已知控制点出发经过若干未知点的连续折线仍回至原已知控制点，形成一个闭合多边形，称为闭合导线，如图 5.1.4 所示。

2）附合导线。由某已知控制点开始，经过若干点后终止于另一已知控制点上，称为附合导线，如图 5.1.5 所示。

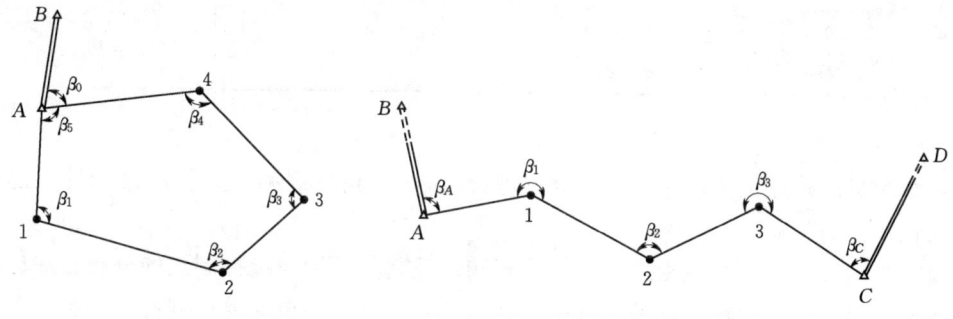

图 5.1.4　闭合导线　　　　　　　　图 5.1.5　附合导线

3）支导线。由某已知控制点开始，形成自由延伸的导线，即一端连接在高一级控制点上，而另一端不与任何高级控制点相连，称为支导线，如图 5.1.6 所示。

由于支导线没有附合到已知控制点上，在测量中若发生错误，无法检核，所以规范规定支导线中的未知点数不得超过两个点。

（2）导线测量的技术指标。

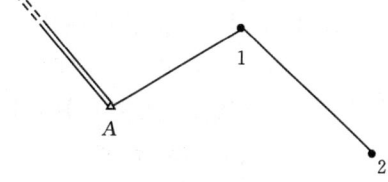

图 5.1.6　支导线

用传统导线测量方法建立小区域平面控制测量,通常分为一级导线、二级导线、三级导线和图根导线几个等级,其主要技术指标见表 5.1.4。采用全站仪或 RTK GPS 数字测图时其主要技术指标见表 5.1.5。

表 5.1.4   导线测量技术指标

等级	测图比例尺	导线长度/m	平均边长/m	测角中误差/(″)	导线全长相对中误差	测回数 DJ2	测回数 DJ6	方位角闭合差/(″)
一级		2500	250	±5	1/10000	2	4	$\pm 10\sqrt{n}$
二级		1800	180	±8	1/7000	1	3	$\pm 16\sqrt{n}$
三级		1200	120	±12	1/5000	1	2	$\pm 24\sqrt{n}$
图根	1:500	500	75	±20	1/2000		1	$\pm 60\sqrt{n}$
	1:1000	1000	110					
	1:2000	2000	180					

注:表中 n 为测站数。

表 5.1.5   数字测图技术指标

等级	测图比例尺	导线长度/m	平均边长/m	测角中误差/(″)	导线全长相对中误差	测回数 DJ2	测回数 DJ6	方位角闭合差/(″)
一级		2500	250	±5	1/6000	2	4	$\pm 24\sqrt{n}$
二级		1800	180	±8	1/4000	1	3	$\pm 40\sqrt{n}$
三级		1200	120	±12	1/5000	1	2	$\pm 24\sqrt{n}$
图根	1:500	500	75	±20	1/2000		1	$\pm 60\sqrt{n}$
	1:1000	1000	110					
	1:2000	2000	180					

2. 导线测量的外业工作

导线测量的外业工作包括踏勘选点(埋设标志)、角度观测、边长测量和导线定向四个方面。

(1)踏勘选点。导线施测之前,要了解测区及其附近的高级控制点的分布、测区的范围及地形起伏等情况,收集有关比例尺的地形图,对测区的情况要做到心中有数,还要根据具体情况拟定导线的布设形式,选定导线点。导线点一般在地面上打入木桩,并在桩顶中心打一小铁钉以示标志(图 5.1.7)。对于长期保存的导线点则应埋设混凝土标石(图 5.1.8)。所有导线点的标志都要依次编号,并绘出点之记(图 5.1.9)便于寻找。

实地选点时,应注意下列几点:

1)导线点应选在土质坚实、视野开阔、便于安置仪器和施测的地方。

2)相邻导线点应互相通视,便于观测水平角和测量边长。

3)导线点应均匀分布在测区内,导线边长应大致相等,避免从短边突然过渡到长边或从长边过渡到短边的情况,以减小测角带来的误差。

任务 5.1 平面控制测量

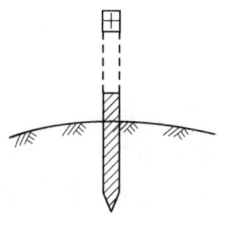
图 5.1.7 木桩

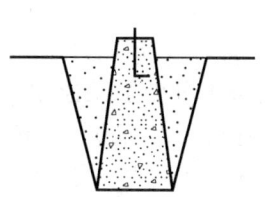
图 5.1.8 混凝土标石

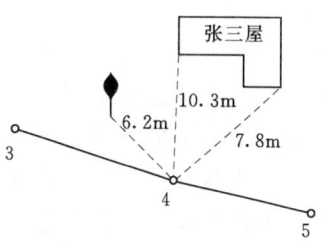
图 5.1.9 导线点点之记

（2）水平角观测。导线的转折角采用测回法观测。在导线前进方向左侧的水平角称为左转折角，简称左角。在导线前进方向右侧的水平角称为右转折角，简称右角。附合导线一般测量左角，闭合导线测量内角。

（3）边长测量。导线边长的测量可以采用钢尺量距，即用检定过的钢尺直接丈量每一条导线边的水平距离，应往返各丈量一次，往返丈量的相对中误差不得超过 1/2000，在比较困难的条件下，也不得超过 1/1000。导线边长的测量也可以采用电磁波测距仪测定。

（4）导线定向。导线定向可分为两种情况：第一种情况是与高级控制点相连接的导线，要测定向角进行定向，如图 5.1.4 中的 β_0 和图 5.1.5 中的 β_A 和 β_C；第二种情况是独立导线，即没有与高级控制点相连接，要在第一个导线点上用罗盘仪测出第一条边的磁方位角，并假定出第一个点的坐标，如图 5.1.10 中的 α_{AB}。

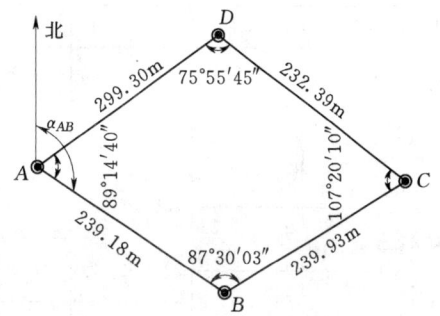

图 5.1.10 闭合导线计算示意图
$\alpha_{AB}=133°46'40''$ $X_A=540.00\text{m}$，$Y_A=500.00\text{m}$

经纬仪导线观测手簿见表 5.1.6。表中所记录数据是图 5.1.10 闭合导线 A 测站的数据。

表 5.1.6 经纬仪导线观测记录表

测站	测回	竖盘位置	目标	水平度盘读数 /(° ′ ″)	半测回水平角 /(° ′ ″)	一测回水平角 /(° ′ ″)	各测回平均值 /(° ′ ″)	边长 /m	备注
A	第1测回	左	D	0 00 06	89 14 36	89 14 39	89 14 40	A—B 239.18	
			B	89 14 42					
		右	D	180 00 12	89 14 42				
			B	269 14 54					
A	第2测回	左	D	90 01 00	89 14 48	89 14 42			
			B	179 15 48					
		右	D	270 01 18	89 14 36				
			B	359 15 54					

3. 导线测量的内业计算

导线测量外业结束后，就要进行导线内业计算。在内业计算之前，要全面检查外业观测数据有无遗漏，记录计算是否正确，成果是否符合限差要求，要保证原始数据的正确性，以免造成不必要的计算返工。还要根据外业成果绘制导线计算示意图，如图 5.1.10 所示。示意图上应注明导线点点号和相应的角度及边长，起始方位角及起算点的坐标。计算时要在相应的导线计算表中进行，见表 5.1.7，先按顺序填好点号，再将有关数据写在相应的栏目中，见表 5.1.7 中 1、2、5 栏。

表 5.1.7　　　　　　　　　　闭合导线坐标计算表

点号	观测角 β /(° ′ ″)	改正后角值 /(° ′ ″)	坐标方位角 α /(° ′ ″)	距离 D/m	纵坐标增量 Δx			横坐标增量 Δy			坐标值	
					计算值 /m	改正数 /m	改正后 /m	计算值 /m	改正数 /m	改正后 /m	X/m	Y/m
1	2	3	4	5	6	7	8	9	10	11	12	13
A			133 46 40	239.18	−165.48	+0.03	−165.45	+172.69	0	+172.69	540.00	500.00
B	−9 87 30 03	87 29 54	41 16 34	239.93	+180.32	+0.03	+180.35	+158.28	0	+158.28	374.55	672.69
C	−10 107 20 10	107 20 20	328 36 34	232.39	+198.38	+0.03	+198.41	−121.04	0	−121.04	554.90	830.97
D	−10 75 55 45	75 55 35	224 32 09	299.30	−213.34	+0.03	−213.31	−209.92	−0.01	−209.93	753.31	709.93
A	−9 89 14 40	89 14 31	133 46 40								540.00	500.00
B												
Σ	360 00 38	360 00 00		1010.80	−0.12	+0.12	0.00	+0.01	−0.01	0.00		

辅助计算	$f_\beta = \Sigma\beta_测 - \Sigma\beta_理 = 360°00′38″ - 360° = +38″$，$f_{\beta容} = \pm 60″\sqrt{4} = \pm 120″$（$f_\beta < f_{\beta容}$） $f_x = \Sigma\Delta xi = -0.12(m)$，$f_y = \Sigma\Delta yi = +0.01(m)$，$f_D = \sqrt{f_x^2+f_y^2} = 0.12(m)$，$K = \dfrac{|f_D|}{\Sigma D} = \dfrac{0.12}{1010.80} = \dfrac{1}{8400}$（$K<K_容$）

(1) 闭合导线计算方法及算例。闭合导线是由折线组成的多边形。因而，闭合导线必须满足两个几何条件：一个是多边形内角和条件；另一个是坐标条件，即从起算点开始，逐点推算导线点的坐标，最后推回到起算点，由于是同一个点，因而推算出的坐标应该等于已知坐标。

闭合导线计算的方法步骤如下：

1) 角度闭合差的计算与调整。由平面几何知识可知，n 条边的多边形内角和的理论值应为

$$\Sigma\beta_理 = (n-2) \times 180° \tag{5.1.1}$$

设闭合导线实测内角和为 $\Sigma\beta_测$。由于在角度观测过程中，不可避免地会产生误差，测得的内角和不可能刚好等于内角和的理论值，二者的差之称为角度闭合差。设角度闭合差用 f_β 表示，则

$$f_\beta = \Sigma\beta_测 - \Sigma\beta_理 \tag{5.1.2}$$

例如，图 5.1.10 所示的闭合导线，其角度闭合差为 $f_\beta = 360°00′38″ - 360° = +38″$。

角度闭合差 f_β 的大小一定程度上标志着测角的精度。导线作为图根控制时，角度闭合差的容许值按表 5.1.3 中的要求执行。

当角度闭合差不大于容许值时，可将闭合差按相反符号平均分配到观测角中。每个角度的改正数用 V_β 表示，则

$$V_\beta = -\frac{f_\beta}{n} \tag{5.1.3}$$

式中　f_β——角度闭合差，(″)；

　　　n——闭合导线内角个数。

如果 f_β 的数值，不能被导线内角数整除而有余数时，可将余数调整分配在短边的邻角上，使调整后的内角和等于 $\sum\beta_{理}$。

如果角度闭合差超过容许值，应分析原因，进行外业局部或全部返工。

本例的角度闭合差容许值为

$$f_{\beta容} = \pm 60\sqrt{n} = \pm 60\sqrt{4} = \pm 120''$$

显然 $|f_\beta| < |f_{\beta容}|$，可以进行角度闭合差调整分配，角度闭合差改正数填写在表 5.1.7 的第 2 栏观测值秒值的上方，第 3 栏为改正后的角度值。

2) 导线边方位角的推算。由起算方位角，再结合改正后的角值，按第四章第四节方位角推算公式推算各边的方位角，即

$$\alpha_{前} = \alpha_{后} + \beta_{左} \pm 180° \tag{5.1.4}$$

式中，若 $\alpha_{后} + \beta_{左}$ 算得的角值大于 180°，则减去 180°（若还大于 360°，再减去 360°）；若 $\alpha_{后} + \beta_{左}$ 算得的角值小于 180°，则加上 180°。

例如，图 5.1.10 中的 BC 边的方位角为

$$\alpha_{BC} = \alpha_{AB} + \beta_B - 180° = 133°46'40'' + 87°29'54'' - 180° = 41°16'34''$$

其他边的方位角见表 5.1.7 中的第 4 栏。为了检核方位角计算有无错误，方位角应推回到起算边，因多边形已调整闭合差，故应等以起算边的方位角，否则，应查明原因，加以纠正。

3) 坐标增量计算。坐标增量的计算按项目 4 中的坐标增量计算公式计算。

例如，算例中 BC 边的坐标增量为

$$\Delta x_{BC} = D_{BC}\cos\alpha_{BC} = 239.93 \times \cos(41°16'34'') = 180.32(\text{m})$$
$$\Delta y_{BC} = D_{BC}\sin\alpha_{BC} = 239.93 \times \sin(41°16'34'') = 158.28(\text{m})$$

其他边的坐标增量计算见表 5.1.7 第 6 栏和第 9 栏两栏，计算取位至 0.01m。

4) 坐标增量闭合差的计算与调整。闭合导线每一条边的坐标增量计算完成后，由图 5.1.11 (a) 可以看出，闭合导线各边纵、横坐标增量的代数和在理论上应等于零，即

$$\left.\begin{array}{l}\sum\Delta_{xi}=0\\\sum\Delta_{yi}=0\end{array}\right\} \tag{5.1.5}$$

由于测量角度（尽管角度进行了闭合差的调整，但调整后的角值也不一定是该角的真值）和边长均存在误差，所以，由边长、方位角计算出的纵、横坐标增量，其代数和 $\sum\Delta_{x测}$ 和 $\sum\Delta_{y测}$ 一般都不等于零，而等于某个数值，这两个数值分别称为闭合导线纵坐标

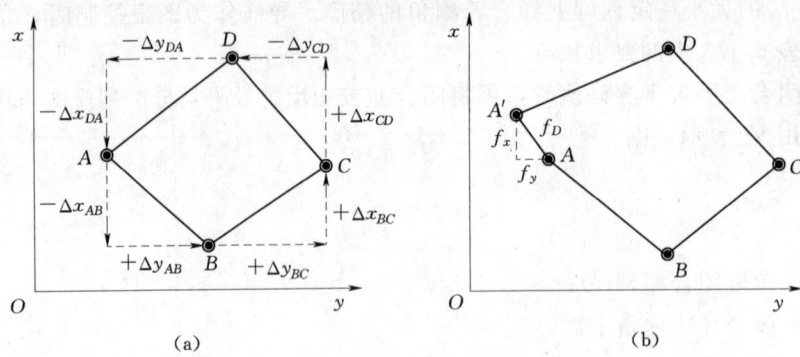

图 5.1.11 导线坐标增量闭合差示意图
(a) 闭合导线理论闭合差；(b) 闭合导线坐标闭合差

增量闭合差和横坐标增量闭合差，用 f_x 和 f_y 分别表示，则

$$\left.\begin{array}{l}f_x = \sum \Delta_{xi} \\ f_y = \sum \Delta_{yi}\end{array}\right\} \tag{5.1.6}$$

由于存在 f_x 和 f_y，使闭合导线由 A 点出发，最后闭合不到 A 点，而是落到 A' 点，产生了一段差距 AA'，这段差距称为导线全长闭合差，用 f_D 表示，如图 5.1.11（b）所示。从图中可知

$$f_D = \pm \sqrt{f_x^2 + f_y^2} \tag{5.1.7}$$

导线全长闭合差 f_D 主要由量边误差引起，一般来说，导线愈长，全长闭合差也愈大，因而单纯用导线全长闭合差 f_D 还不能正确反映导线测量的精度，通常采用 f_D 与导线总长 $\sum D$ 的比值并化成分子为 1 的分式来表示，称为导线全长相对闭合差，来衡量导线测量的精度好坏，用 K 表示，则

$$K = \frac{f_D}{\sum D} = \frac{1}{\sum D / f_D} \tag{5.1.8}$$

图根导线测量中，一般情况下，K 值不应超过 1/2000，困难地区也不应超过 1/1000。若 K 值不满足限差要求，首先检查内业计算有无错误，其次检查外业成果，若均不能发现错误，则应到实地现场重测可疑成果或全部重测；若 K 值满足限差要求，可进行坐标增量闭合差的调整。

由于坐标增量闭合差主要是由边长误差影响而产生的，而边长误差大小与边长的长短有关，因此，坐标增量闭合差的调整方法是将增量闭合差 f_x 和 f_y 反号，按与边长成正比分配于各个坐标增量中，使改正后的 $\sum \Delta x$、$\sum \Delta y$ 均等于零。设第 i 边边长为 D_i，其纵、横坐标增量改正数分别用 $V_{\Delta xi}$、$V_{\Delta yi}$ 表示。

$$\left.\begin{array}{l}V_{\Delta xi} = -\dfrac{f_x}{\sum D} D_i \\ V_{\Delta yi} = -\dfrac{f_y}{\sum D} D_i\end{array}\right\} \tag{5.1.9}$$

式中 $V_{\Delta xi}$——第 i 边的纵坐标增量，cm；

$V_{\Delta yi}$——第 i 边的横坐标增量，cm；

$\sum D$——导线边长总和，m。

改正数的单位为厘米，坐标增量改正数填在表 5.1.7 中的第 7 栏和第 10 栏两栏坐标增量的上方（如表中第 7 栏中的 +3、+3、+3、+3cm），它们的总和应等于坐标增量闭合差的相反数，用此进行检验。

5）导线点坐标计算。坐标增量调整后，可根据起算点的坐标（独立地区是假定坐标）和调整后的坐标增量（表 5.1.7 中的第 8 栏和第 11 栏），逐点计算导线点的坐标，计算公式为

$$\left. \begin{array}{l} x_{前}=x_{后}+\Delta xi \\ y_{前}=y_{后}+\Delta yi \end{array} \right\} \quad (5.1.10)$$

按式 (5.1.10) 计算完闭合导线最后一个点的坐标后，还要再推算出起算点的坐标，看是否与已知坐标相等，以检查计算是否正确。算例中各导线点的坐标计算见表 5.1.7 中的第 12 栏和第 13 栏两栏。

（2）附合导线的计算方法及算例。附合导线的计算与闭合导线的计算基本上相同，现仅将其不同的两点说明如下：

1）角度闭合差要换成方位角闭合差。附合导线不是闭合导线（图 5.1.12），角度闭合差不能按式 (5.1.2) 计算，而是用推算坐标方位角的方法来计算方位角闭合差。

如图 5.1.12 所示，设 A、B、C、D 为已知点，α_{AB} 为起算边的已知方位角，α_{CD} 为终边的已知坐标方位角。根据方位角的推算公式有

$$\alpha_{12}=\alpha_{AB}+\beta_1-180°$$

$$\alpha_{23}=\alpha_{12}+\beta_2-180°=\alpha_{AB}+\beta_1+\beta_2-2\times 180°$$

$$\vdots$$

$$\alpha'_{CD}=\alpha_{(n-1)n}+\beta_n-180°=\alpha_{AB}+(\beta_1+\beta_2+\cdots+\beta_n)-n\times 180°$$

即

$$\alpha'_{CD}=\alpha_{AB}+\sum \beta_i-n\times 180° \quad (5.1.11)$$

式中 n——观测角个数。

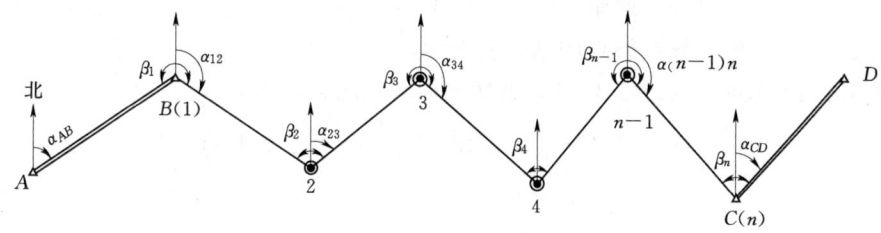

图 5.1.12 附合导线图

由于观测角误差的影响，推算出的方位角 α'_{CD} 与已知方位角 α_{CD} 一般不相等，产生了

方位角闭合差 f_β，即

$$f_\beta = \alpha'_{CD} - \alpha_{CD}$$

故附合导线方位角的计算公式为

$$f_\beta = \alpha_{AB} + \sum \beta_i - n \times 180° - \alpha_{CD}$$

写成一般形式为

$$f_\beta = (\alpha_{起} + \sum \beta_i - n \times 180° - \alpha_{终}) \times 360° \qquad (5.1.12)$$

式中　$\alpha_{起}$——附合导线的起算边方位角，(°)；

$\alpha_{终}$——附合导线的终边方位角，(°)。

例如，图 5.1.13 所示为一条附合导线，已知 BA 边的方位角 $\alpha_{BA}=45°00'00''$，CD 边的方位角 $\alpha_{CD}=116°44'48''$，四个观测角总和为 $\sum \beta=791°45'26''$，则

$$f_\beta = 45°00'00'' + 791°45'26'' - 4 \times 180° - 116°44'48'' = +38''$$

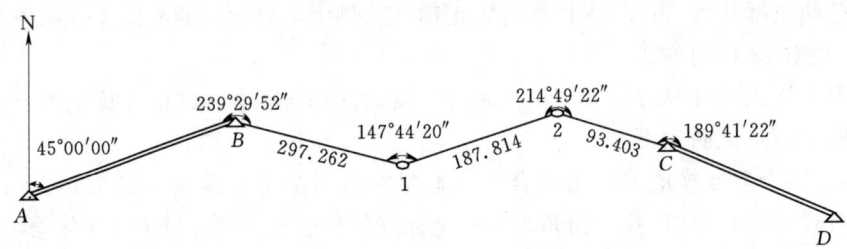

图 5.1.13　附合导线算例图

附合导线方位角闭合差的容许值和调整方法与闭合导线完全相同。

2）纵、横坐标增量的计算公式不同。附合导线是从一已知点出发，附合到另外一个已知点，因此，纵、横坐标增量的代数和理论上不是零，而应等于起、终两已知点间的坐标增量（即两坐标点之差）。如不相等，其差值即为附合导线的坐标增量闭合差，计算公式为

$$\left. \begin{array}{l} f_x = \sum \Delta x_{测} - (x_{终} - x_{起}) \\ f_y = \sum \Delta y_{测} - (y_{终} - y_{起}) \end{array} \right\} \qquad (5.1.13)$$

式中　$x_{起}$、$y_{起}$——附合导线起始点的纵、横坐标，m；

$x_{终}$、$y_{终}$——附合导线终点的纵、横坐标，m。

在图 5.1.13 算例中（表 5.1.8），纵横坐标增量闭合差为

$$f_x = -44.48 - (155.37 - 200.00) = +0.15(\text{m})$$

$$f_y = +555.94 - (756.06 - 200.00) = -0.12(\text{m})$$

（3）支导线的坐标计算。由于支导线只是一端与已知点相连，而另一端不附合到任何已知点，因而它就没有几何条件约束，其坐标计算不必进行角度闭合差和坐标增量闭合差的调整，直接由各边的边长和方位角求坐标增量，最后依次求各点的坐标。

表 5.1.8 附合导线坐标计算表

点号	观测角 β /(° ′ ″)	改正后角值 /(° ′ ″)	坐标方位角 α /(° ′ ″)	距离 D/m	纵坐标增量 Δx			横坐标增量 Δy			坐标值	
					计算值 /m	改正数 /m	改正后 /m	计算值 /m	改正数 /m	改正后 /m	X/m	Y/m
1	2	3	4	5	6	7	8	9	10	11	12	13
A			45 00 00									
B	−9 239 29 52	239 29 43									200.00	200.00
1	−9 147 44 20	147 44 11	104 29 43	297.262	−74.40	−0.08	−74.48	+287.80	+0.06	287.86	125.52	487.86
2	−10 214 49 52	214 49 42	72 13 54	187.814	+57.32	−0.05	+57.27	+178.85	+0.04	178.89	182.79	666.75
C	−10 189 41 22	189 41 12	107 03 36	93.403	−27.40	−0.02	−27.42	+89.29	+0.02	+89.31	155.37	756.06
D			116 44 48									
Σ	−38 791 45 26	791 44 48		578.479	−44.48	−0.15	−44.63	555.94	+0.12	556.06		
辅助计算	$\alpha'_{CD}=\alpha_{AB}+4\times180°+\sum\beta_{测}=116°45'26''$, $f_\beta=\alpha'_{CD}-\alpha_{CD}=+38''$, $f_{\beta容}=\pm60\sqrt{n}=\pm120''$, $f_\beta<f_{\beta容}$ $f_x=\sum\Delta x_{测}-(x_c-x_B)=-44.48-(44.63)=+0.15$, $f_y=\sum\Delta y_{测}-(y_C-y_B)=+555.94-(556.06)=-0.12$ $f_D=\sqrt{f_x^2+f_y^2}=0.19$, $K=\dfrac{f_D}{\sum D}=\dfrac{0.19}{578.479}\approx\dfrac{1}{3000}$, $f_容=\dfrac{1}{2000}$, $K<f_容$											

5.1.4 交会定点测量

当测区内已有控制点的数量不能满足测图或施工放样需要时,经常采用交会法测量来加密控制点。根据观测元素的性质不同,交会定点测量可分为测角交会定点测量(经纬仪交会)和测边交会定点测量。测角交会定点测量的布设形式有三种。

1. 前方交会

在两个已知控制点上,分别对待定点(交会点)观测水平角,以计算待定点的坐标,称为前方交会。为了进行检核和提高精度,实际工作中,常常采用三个已知控制点进行交会,由两个三角形分别计算待定点的坐标,取两组坐标的平均值为最后结果,如图 5.1.14(a)所示。

2. 侧方交会

在两个由已知控制点 A、B 和待定点 P 所组成的三角形中,分别在已知点 A 和待定点 P 观测水平角,以计算待定点 P 的坐标,称为侧方交会。为了进行检核,一般还要在 P 点对另一已知控制点观测一个检查角,如图 5.1.14(b)所示。

3. 后方交会

在待定点 P 上对三个已知控制点观测三个方向间的水平角以计算待定点 P 的坐标,称为后方交会。为了进行检核,一般还应对准第四个已知控制点观测一个检查角,如图 5.1.14(c)所示。

测量规范中规定,采用经纬仪交会测量,为了提高加密交会点的精度,待定点的交会角应为 30°～150°,最好为 90°。

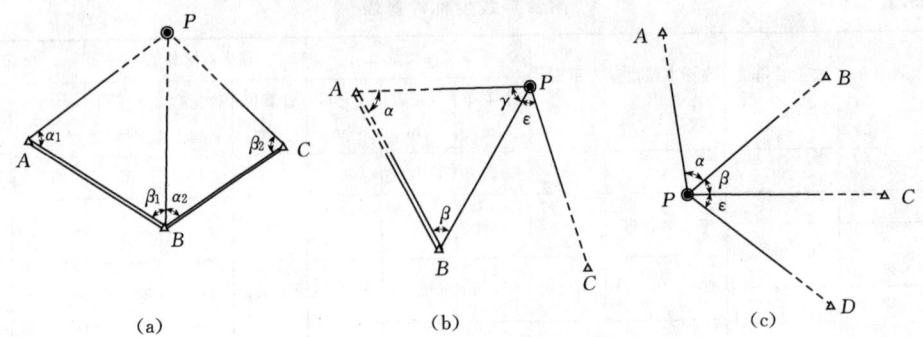

图 5.1.14 测角交会形式
(a) 前方交会；(b) 侧方交会；(c) 后方交会

(1) 前方交会的计算及算例。如图 5.1.15 所示，设 A、B 为已知控制点，P 为交会点（待定点），在 A、B 两点上分别观测 α 角、β 角，就可按式（5.1.14）计算出 P 点坐标（该公式不再推证）。

$$\left. \begin{array}{l} x_P = \dfrac{x_A \cot\beta + x_B \cot\alpha + y_B - y_A}{\cot\alpha + \cot\beta} \\[2mm] y_P = \dfrac{y_A \cot\beta + y_B \cot\alpha + x_A - x_B}{\cot\alpha + \cot\beta} \end{array} \right\} \tag{5.1.14}$$

式（5.1.14）称为余切公式，又称戎格公式。

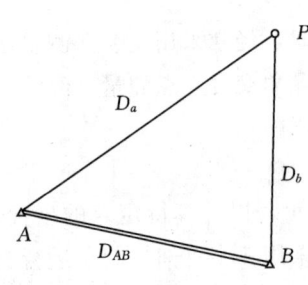

图 5.1.15 前方交会

必须指出：公式只能计算出交会点的坐标，并不能发现测错、抄错、用错已知数据和测量数据等，也不能提高交会点的精度。为了避免上述情况发生，并提高交会点的精度，应布设三个已知点的前方交会图形，如图 5.1.14（a）所示。测出四个角值：α_1、β_1、α_2、β_2，分两组计算 P 点的坐标。计算时，可按 $\triangle ABP$ 求出 P 点坐标 (x'_P, y'_P) 再按 $\triangle BCP$ 求出 P 点坐标 (x''_P, y''_P)。若两组坐标的较差 f_s（$f_s = \sqrt{f_x^2 + f_y^2}$）$\leqslant 0.2M$，则取它们的平均值作为 P 点的最后坐标，式中 M 为比例尺的分母。

为了便于计算，应绘制计算略图，对各点和角度进行编号。交会点编为 P，已知点编为 A、B，按逆时针方向编排，A、B 点的角度编号分别为 α、β。算例见表 5.1.9。

(2) 侧方交会的计算。侧方交会的计算先解出控制点 B 上的角 β，显然，$\beta = 180° - (\alpha + \gamma)$，其交会点的坐标可根据三角形 ABP 用余切公式进行解算，计算格式同前方交会，算例略。

为了检查侧方交会点点位的精度，应根据算得的 P 点坐标和 B、C 两点的已知坐标反算出方位角 α_{PB}，α_{PC} 及距离 D_{PC}。$\angle BPC$ 的计算值 $\varepsilon_算 = \alpha_{PB} - \alpha_{PC}$，与实测的角值 $\varepsilon_测$，有一个差值 $\Delta\varepsilon$，即

$$\Delta\varepsilon = \varepsilon_算 - \varepsilon_测 \tag{5.1.15}$$

表 5.1.9　　　　　　　　　　　前 方 交 会 计 算

点名		x 坐标/m	角度/(° ′ ″)				y 坐标/m
A	北街	5522.01	α_1	59	20	59	1523.29
B	西街	5189.35	β_1	54	09	52	1116.90
P	逻岗	5059.93					1595.34
B	西街	5189.35	α_2	61	54	29	1116.90
C	南街	4671.79	β_2	55	44	54	1236.06
P	逻岗	5060.02					1595.35
	中数	x_P　5059.98					y_P　1595.34
辅助计算		$f_容=0.2\times1000=\pm200$（mm） 测图比例尺 1∶1000 $f_s=\sqrt{f_x^2+f_y^2}=\sqrt{50^2+10^2}=51$（mm）					

在 1∶500～1∶2000 比例尺测图中，$|\Delta\varepsilon|\leqslant 0.20M\rho''/D_{PC}$（$M$ 为比例尺分母）。

（3）后方交会的计算。后方交会在工程中应用不太广泛，其计算方法也较为复杂，这里不予讲述。

（4）测边交会的计算及算例。如图 5.1.15 所示，已知 A、B 两点的坐标（x_A，y_A）、（x_B，y_B），实测水平距离 D_a、D_b。设未知点 P 的坐标为（x_P，y_P），A、B 两点间的水平距离 D_{AB}，直线 AB 的坐标方位角为 α_{AB}，则

$$\alpha_{AB}=\arctan\frac{y_B-y_A}{x_B-x_A} \tag{5.1.16}$$

即

$$D_{AB}=\sqrt{(x_B-x_A)^2+(y_B-y_A)^2} \tag{5.1.17}$$

$$\angle A=\arctan\frac{D_b^2+D_{AB}^2-D_a^2}{2D_bD_{AB}} \tag{5.1.18}$$

得 AP 边的坐标方位角为

$$\alpha_{AP}=\alpha_{AB}-\angle A \tag{5.1.19}$$

则 P 点的坐标为

$$\left.\begin{array}{l}x_P=x_A+D_{AP}\cos\alpha_{AP}\\y_P=y_A+D_{AP}\sin\alpha_{AP}\end{array}\right\} \tag{5.1.20}$$

算例见表 5.1.10。与前方交会一样，为检核观测错误和控制点坐标抄录错误，需要测定三条边，组成两个距离交会图形，解算出 P 点两组坐标，在满足 $f_D(f_D=\sqrt{f_x^2+f_y^2})$ $\leqslant 0.2M$ 条件下，取两组坐标平均值作为 P 点坐标。

表 5.1.10　　　　　　　　　　测 边 交 会 计 算

三角形编号	边名	边长	点名	坐标/m		计算略图
				x	y	
Ⅰ	$AP(D_b)$	321.180	$A(A)$	524.767	919.750	
	$AB(D_{AB})$	301.065	$B(B)$	479.593	1217.407	
	$BP(D_a)$	312.266	$P(P)$	776.161	1119.644	
Ⅱ	$BP(D_b)$	312.266	$B(A)$	479.593	1217.407	
	$BC(D_{AB})$	260.722	$C(B)$	700.433	1355.991	
	$CP(D_a)$	248.177	$P(P)$	776.163	1119.650	
	P 点最后坐标			776.162	1119.647	
辅助计算	$f_x=-0.002\mathrm{m}, f_y=-0.006\mathrm{m}$ $f_D=\sqrt{f_x^2+f_y^2}=\sqrt{(-0.002)^2+(-0.006)^2}=0.006(\mathrm{m})$ $M=1000, f_容\leqslant\pm0.2\times10^{-3}M=\pm0.2(\mathrm{m})$					

任务 5.2　高 程 控 制 测 量

5.2.1　高程控制测量概述

小区域高程控制测量建立的方法有三等、四等水准测量，图根水准测量，三角高程和GPS 高程测量。三等、四等水准测量，除了应用于国家高程控制网的加密外，还能够应用于建立小区域首级高程控制网。三等、四等水准测量的起算点高程应尽量从附近的一等、二等级水准点引测，若测区附近没有国家一等、二等级水准点，则在小区范围内可采用闭合水准路线建立独立的首级高程控网，假定起算点的高程。三等、四等水准点应选在土质较硬、便于长期保存和使用的地方，并应埋设水准标石（参见《国家三、四水准测量规范》），也可以利用埋石的平面控制点作为水准点，称为平高点。本任务主要介绍三等、四等水准测量，图根水准测量和三角高程测量。

为了便于寻找，各水准点应绘"点之记"。三等、四等水准测量及图根水准测量的精度要求见表 5.2.1。

表 5.2.1　　　　　　　　　　水 准 测 量 精 度 要 求

等级	路线长度 /km	水准仪	水准尺	观测次数		往返较差、闭合差	
				与已知点联测	附合或环线	平地/mm	山地/mm
三	50	DS_1	铟瓦	往返各一次	往一次	$\pm12\sqrt{L}$	$\pm4\sqrt{n}$
		DS_3	双面	往返各一次	往返各一次		

续表

等级	路线长度/km	水准仪	水准尺	观测次数		往返较差、闭合差	
				与已知点联测	附合或环线	平地/mm	山地/mm
四	20	DS_3	双面	往返各一次	往一次	$\pm 20\sqrt{L}$	$\pm 6\sqrt{n}$
五	16	DS_3	双面	往返各一次	往一次	$\pm 30\sqrt{L}$	$\pm 10\sqrt{n}$
图根	8	DS_3	双面	往返各一次	往一次	$\pm 40\sqrt{L}$	$\pm 12\sqrt{n}$

注 表中 L 为路线长度（km）, n 为测站数。

5.2.2 三等、四等水准测量

1. 三、四等水准测量的观测程序和记录方法

三等、四等水准测量的观测程序和记录方法如下：

（1）后视黑面尺，精平，读取上、下、中丝读数，记为（1）、（2）、（3）。

（2）前视黑面尺，精平，读取上、下、中丝读数，记为（4）、（5）、（6）。

（3）前视红面尺，精平，读取中丝读数，记为（7）。

（4）后视红面尺，精平，读取中丝读数，记为（8）。

上述测站观测顺序简称为后—前—前—后（或黑—黑—红—红），其优点是可消除或减弱仪器和尺垫下沉误差的影响。

四等水准测量测站观测顺序也可为后—后—前—前（或黑—红—黑—红）。

三等、四等水准测量一般采用双面尺法观测，其在一个测站上的技术要求见表5.2.2中。

表 5.2.2   水准测量一测站技术要求

等级	水准仪	视线长度/m	前后视距差/m	前后视距差累积/m	视线离地面最低高度/m	黑红面读数较差/mm	黑红面高差较差/mm
三等	DS_1	100	2	6	三丝能读数	1	1.5
	DS_3	75				2	3
四等	DS_3	100	3	10	三丝能读数	3	5
五等	DS_3	100	20	100	三丝能读数	4	6
图根	DS_3	100	20	100	—	4	6

2. 四等水准测量记录、计算与检核

四等水准测量记录、计算与检核见表5.2.3。

（1）视距计算。

后视距　　　　　　　　（9）＝100×[（1）−（2）]

前视距　　　　　　　　（10）＝100×[（4）−（5）]

前、后视距差　　　　　（11）＝（9）−（10）

前、后视距累积　　　　（12）＝本站（11）＋上站（12）

（2）同一水准尺黑、红面中丝读数校核。

后尺　　　　　　　　　（13）＝（3）＋K−（4）

前尺　　　　　　　　　　　(14)=(7)+K-(8)

(3) 高差计算及校核。

黑面高差　　　　　　　　(15)=(3)-(7)

红面高差　　　　　　　　(16)=(4)-(8)

高差平均值　　　　(18)=[(15)+(16)±0.100]/2

校核计算：红、黑面高差之差

$$(17)=(15)-[(16)±0.100]$$

或

$$(17)=(13)-(14)$$

在测站上，当后尺红面起点为 4.687m，前尺红面起点为 4.787m 时，取+0.100；反之，取-0.100。

(4) 每页计算校核。

1) 高差部分。每页上，后视红、黑面读数总和与前视红、黑面读数总和之差，应等于红、黑面高差之和，还应等于该站平均高差的两倍。

对于测站数为偶数的页，有

$$\sum[(3)+(4)]-\sum[(7)+(8)]=\sum[(15)+(16)]=2\sum(18)$$

对于测站数为奇数的页，有

$$\sum[(3)+(4)]-\sum[(7)+(8)]=\sum[(15)+(16)]=2\sum(18)±0.100$$

上式中"±0.100"，最后一站后视尺常数是 4.787 时，取"+"，反之取"-"。

2) 视距部分。末站视距累积差值

$$末站(12)=\sum(9)-\sum(10)$$

$$总视距=\sum(9)+\sum(10)$$

3. 成果计算与校核

在每个测站计算无误后，并且各项数值都在相应的限差范围之内时，根据每个测站的平均高差，利用已知点的高程，推算出各水准点的高程至此完成了三等、四等水准测量的整个过程。

5.2.3　图根水准测量

图根水准测量，是用于工程水准测量或测定图根控制点的高程，其精度低于四等水准测量，也称为等外水准测量。图根水准测量的水准路线形式可根据平面控制点和图根点在测区的分布情况布设，其施测方法参照四等水准测量，精度要求见表 5.2.3。

5.2.4　三角高程测量

三角高程测量是加密图根高程的一种方法。它是根据两点间的水平距离和竖直角，利用平面三角计算公式计算两点间的高差，推求待定点的高程。在地形起伏较大的山区，用几何水准测量测定高程进程缓慢，有时甚至不可能观测，若采用三角高程测量，既能保证一定的精度，又能迅速完成测量任务。但三角高程测量精度较低，只能满足图根高程控制的要求。

表 5.2.3　　　　四等水准测量手簿（双面尺法：后—后—前—前）

测站编号	测点编号	后尺 上丝 / 下丝 / 后视距 / 视距差 d/m	前尺 下丝 / 上丝 / 前视距 / Σd /m	方向及尺号	水准尺读数/m 黑面	水准尺读数/m 红面	K+黑—红 /mm	平均高差 /m	备注
		(1)	(5)	后	(3)	(4)	(13)		
		(2)	(6)	前	(7)	(8)	(14)		
		(9)	(10)	后—前	(15)	(16)	(17)	(18)	
		(11)	(12)						
1	BM1	1.571	0.739	后 01	1.384	6.171	0		
	TP1	1.197	0.363	前 02	0.551	5.239	−1		
		37.4	37.6	后—前	+0.833	+0.932	+1	+0.8325	
		−0.2	−0.2						
2	TP1	2.121	2.196	后 02	1.934	6.621	0		尺常数
	TP2	1.747	1.821	前 01	2.008	6.796	−1		01尺：
		37.4	37.5	后—前	−0.074	−0.175	+1	−0.0745	4.787
		−0.1	−0.3						02尺：
3	TP2	1.914	2.055	后 01	1.726	6.513	0		4.687
	TP3	1.539	1.678	前 02	1.866	6.554	−1		
		37.5	37.7	后—前	−0.140	−0.041	+1	−0.1405	
		−0.2	−0.5						
4	TP3	1.965	2.141	后 02	1.832	6.519	0		
	BM2	1.700	1.874	前 01	2.007	6.793	+1		
		26.5	26.7	后—前	−0.175	−0.274	−1	−0.1745	
		−0.2	−0.7						
每页校核	Σ(9)=138.8(m) −Σ(10)=139.5(m) =−0.7(m) 总视距=Σ(9)+Σ(10)=278.3(m)		Σ[(3)+(4)]=32.700(m) −Σ[(7)+(8)]=31.814(m) =+0.866(m)		Σ[(15)+(16)] =0.866(m)		Σ(18)=+0.443(m), 2Σ(18)=+0.886(m)		

1. 三角高程测量原理

如图 5.2.1 所示，在 A 点架设经纬仪，B 点竖立标杆，照准目标高为 V 时，测出的竖直角为 α，量出仪器高为 i。设 A、B 两点间的水平距离为 D（D 可测出或由平面坐标反算求出）。

由图 5.2.1 可知，即

$$h_{AB}+V=D\tan\alpha+i \tag{5.2.1}$$

$$h_{AB}=D\tan\alpha+i-V \tag{5.2.2}$$

如果 A 点的高程已知，设其为 H_A，则 B 点的高程为

$$H_B=H_A+h_{AB}=H_A+D\tan\alpha+i-V \tag{5.2.3}$$

式（5.2.3）适用于 A、B 两点距离较近（小于 300m），此时水准面可近似看成平面，视线视为直线。

2. 球气差影响及改正方法

当地面两点间的距离 D 大于 300m 时，就要考虑地球曲率及观测视线受大气垂直折光的影响。地球曲率对高差的影响称为地球曲率差，简称球差。大气折光引起视线成弧线的差异，称为气差。

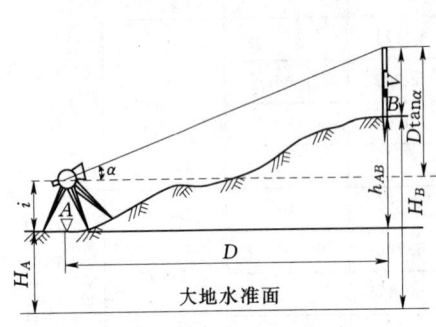

图 5.2.1 三角高程测量原理

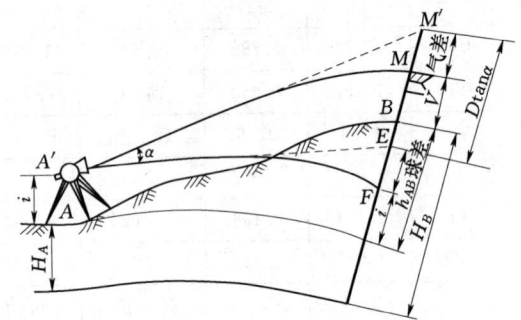

图 5.2.2 三角高程测量球气差影响

如图 5.2.2 所示，MM' 为大气折光的影响，称为气差，EF 为地球曲率的影响，称为球差，由如图 5.2.2 可知

$$h_{AB}+V+MM'=D\tan\alpha+i+EF \tag{5.2.4}$$

令 $f=EF-MM'$，称为球气差，整理式（5.2.4）得

$$h_{AB}=D\tan\alpha+i-V+f \tag{5.2.5}$$

式（5.2.5）即为受球气差影响的三角高程计算公式。f 为球气差的联合影响。球差的影响为 $EF=\dfrac{D^2}{2R}$，但气差的影响较为复杂，它与气温、气压、地面坡度和植被等因素有关。在我国境内一般认为气差是球差的七分之一，即 $MM'=\dfrac{D^2}{14R}$，所以球气差的计算公式为

$$f=EF-MM'=\dfrac{D^2}{2R}-\dfrac{D^2}{14R}\approx 0.43\dfrac{D^2}{R}\approx 0.07D^2 \tag{5.2.6}$$

式中 D——地球两点间的水平距离，100m；

R——地球平均曲率半径，一般取 6371km。

若将式（5.2.6）中取不同的 D 值，球气差 f 的数值列于表 5.2.4，用时可直接查取。

表 5.2.4　　　　　　　球气差查取表

D/100m	1	2	3	4	5	6	7	8	9	10
f/cm	0.1	0.3	0.6	1.1	1.7	2.5	3.4	4.5	5.7	7.0

由表可知，当两点水平距离 $D<300$m 时，其影响不足 1cm，故一般规定当 $D<300$m 时，不考虑球气差的影响；当 $D>300$m 时，才考虑其影响。

3. 三角高程测量外业工作

设 A 点为已知高程点，已知 A、B 两点之间的水平距离，用三角高程测量 B 点的高程，其方法为：

将经纬仪安置在测站上，可以是待定点 B 也可以是已知点 A，量取仪器高和目标高（量至 cm）。测量竖直角。为了减小大气折光的影响，观测视线应高出地面或障碍物 1m，把仪器高、目标高、竖盘读数记入表 5.2.5 所示的记录手簿中。

表 5.2.5　　　　　　　　　　竖直角观测记录表　　　　　　　仪器高：1.45m

测站	目标及目标高	竖盘位置	竖盘读数 /(° ′ ″)	指标差 /(″)	一测回竖直角 /(° ′ ″)	各测回竖直角 /(° ′ ″)	备注
A	$\dfrac{B}{1.5m}$	左	83　16　30	−3	+6　43　27	+6　43　22	
		右	276　43　24				
A	$\dfrac{B}{1.5m}$	左	83　16　48	+6	+6　43　18		
		右	276　43　24				

不管采用何种形式的三角高程测量，其最后计算出的闭合差或不符值均要满足规范要求，才能调整闭合差，求待定点的高程。

当用三角高程测量方法测定平面控制点高程时，应组成闭合或附合三角高程路线。每边均要对向观测高差，符合要求后取对向观测高差的平均值，计算闭合环线或附合路线的高差闭合差，其限差为（SL 197—2013《水利水电工程测量规范》）

$$f_{h_{容}}=\pm 40\sqrt{D} \quad (\text{mm}) \tag{5.2.7}$$

式中　D——各边的水平距离总和，km。

当 f_h 不超过 $f_{h_{容}}$ 时，则根据边长按成正比例的原则，将 f_h 反符号分配于各高差之中，然后用改正后的高差，从起始点的高程计算各未知点的高程。

4. 三角高程测量内业计算

以独立交会点计算为例，计算过程见表 5.2.6。

表 5.2.6　　　　　　　独立交会点三角高程计算

所　求　点	P（孙家岭）	
起始点	石人山	八里坟
觇法	直	反
D/m	2150.4	2451.4
α	$+1°58′02″$	$-1°51′10″$
i/m	1.60	1.48
v/m	4.20	3.80
f/m	0.32	0.32
h/m	+71.58	−71.56
$H_{起}$/m	164.70	+64.70
H_P/m	236.28	236.26
中数 H_P/m	236.27	

实训与习题

1. 实训任务、内容与能力目标

序号	任务	内容	能力目标
1	闭合导线外业测量	测量角度、边长、定向	1. 具有用全站仪测量水平角和距离的能力。 2. 具有用罗盘仪进行导线定向的能力。
2	导线内业计算	各种角度闭合差计算、调整和导线点坐标计算	具有闭合导线、附合导线和支导线计算的能力
3	测量图根导线点的高程	采用双面尺法每组完成案例中 BCDEFA 构成的图根水准路线的观测,提交合格的水准测量的成果	1. 具有三等、四等、五等和图根水准测量的观测、记录与计算能力。 2. 具有判断水准测量成果是否合格的能力。 3. 能提交图根水准测量的合格的成果

2. 习题

(1) 测绘地形图和施工放样为何先建立控制网?

(2) 导线有哪几种布设形式?各在什么情况下采用?

(3) 测角交会有哪几种形式?

(4) 导线测量外业工作如何进行?

(5) 导线坐标计算时应满足哪些几何条件?闭合导线与附合导线在计算中有哪些异同点?

(6) 用四等水准测量建立高程控制时,怎样观测、记录、计算?

(7) 在什么情况下采用三角高程测量?如何观测、记录、计算?

(8) 设有闭合导线 1—2—3—4—5—1,其已知数据和观测数据列于表 1(表中已知数据用单线标明),试计算各导线点坐标。

表 1　　　　　闭合导线 1—2—3—4—5—1 的数据

点号	观测角 β /(° ′ ″)	坐标方位角 α /(° ′ ″)	距离 D/m	坐标值	
				X/m	Y/m
1				1000.00	2000.00
		90 28 32	199.36		
2	128 38 36				
			150.23		
3	85 10 30				
			183.45		
4	126 18 55				
			105.42		
5	123 16 46				
			185.26		
1	76 36 13				

(9) 根据图 1 中的已知数据及观测值进行附合导线计算。

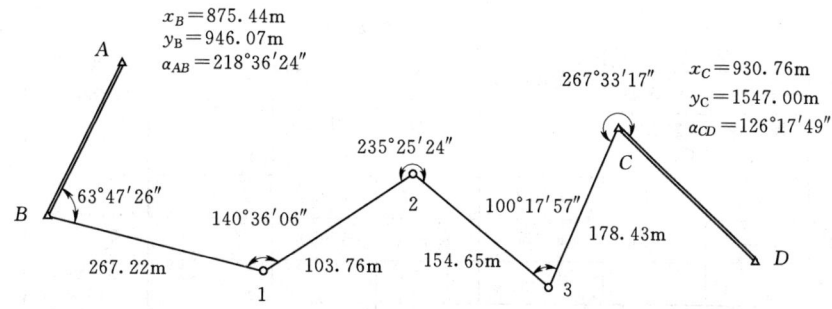

图 1　附合导线计算

(10) 如图 2 所示，仪器安置 A 点，仪器高 1.50m，已知 AB 水平距离为 250.780m，照准 B 点处的铁塔底部分别求得竖直角为 $-6°16'28''$ 和 $3°08'26''$，求铁塔的高度 h 是多少？

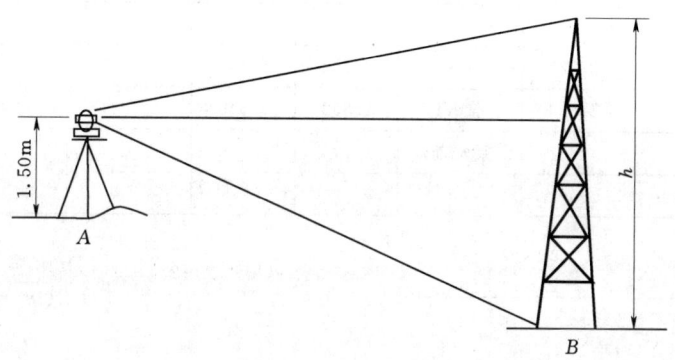

图 2　铁塔高度计算

(11) 试完成表 2 中四等水准测量计算。

表 2　　四等水准测量手簿（双面尺：后—后—前—前）

测站编号	测点号	后尺 上丝 下丝 后视距 视距差 /m	前尺 上丝 下丝 前视距 累积差 /m	方向及尺号	标尺读数/mm 黑面	标尺读数/mm 红面	$K+$黑$-$红 /mm	高差中数 /mm	备注
表项标注		(1) (2) (9) (11)	(5) (6) (10) (12)	后 前 后—前	(3) (7) (15)	(4) (8) (16)	(13) (14) (17)	(18)	K1尺：4.687 K2尺：4.787
1	A TP1	0.576 0.380	2.880 2.458	后 K1 前 K2 后—前	2.669 0.575	7.357 5.362			

续表

测站编号	测点号	后尺 上丝 下丝 后视距 视距差/m	前尺 上丝 下丝 前视距 累积差/m	方向及尺号	标尺读数/mm 黑面	标尺读数/mm 红面	K+黑-红/mm	高差中数/mm	备注
2	TP1	2.869	1.656	后K2	2.510	7.333			
	TP2	2.151	0.951	前K1	1.303	5.989			
				后-前					
3	TP2	0.908	2.926	后K1	0.610	5.297			K1尺：4.687
	TP3	0.312	2.866	前K2	2.896	7.684			
				后-前					K2尺：4.787
4	TP3	1.112	2.926	后K2	0.712	5.498			
	B	0.312	2.823	前K1	2.862	7.549			
				后-前					
检核计算		∑(9)= -∑(10)= = 总视距=∑(9)+∑(10)=	∑[(3)+(4)]= -∑[(7)+(8)]= =		∑[(15)+(16)] =		∑(18)= 2∑(18)=		

（12）前方交会观测数据如图3所示，已知 $x_A=1112.342$m、$y_A=351.727$m、$x_B=659.232$m、$y_B=355.537$m、$x_C=406.593$m、$y_C=654.051$m，求 P 点的坐标。

（13）测边交会观测数据如图4所示，已知 $x_A=1223.453$m、$y_A=462.838$m、$x_B=770.343$m、$y_B=466.648$m、$x_C=517.704$m、$y_C=765.162$m，求 P 点的坐标。

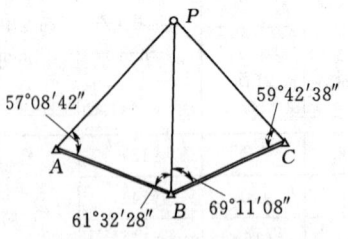
图3 前方交会观测数据

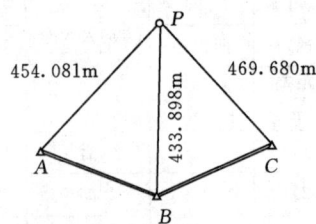
图4 测边交会观测数据

项目6　大比例尺地形图的测绘

学习目标：

通过本项目的学习，了解地形图的概念和地形的分类、比例尺的概念、种类和比例尺精度，能够在测图时合理地选择比例尺；掌握地物和地貌表示方法，能够通过等高线分辨各种典型地貌；了解图廓以及图廓外注记；了解地形图分幅与编号以及传统的测图方法；具有数字测图的基本能力。

案例：如图5.0.1和图6.0.1所示为地形图测绘项目的测区全景图和地形图。地形图测绘是在完成了平面控制测量和高程控制测量后进行的。地形图测绘就是根据控制测量的结果利用测图仪器逐点进行局部地物、地貌的测量，将地物和地貌等地面信息按国家规定的图式符号表示在图纸上，就得到图6.0.1地形图。地形图测绘方法有传统的测图方法和数字测图法，本项目通过介绍地形图的基本知识和传统的测图方法及数字测图方法，从而掌握测绘地形图方法，测绘出项目案例的地形图，如图6.0.1所示。

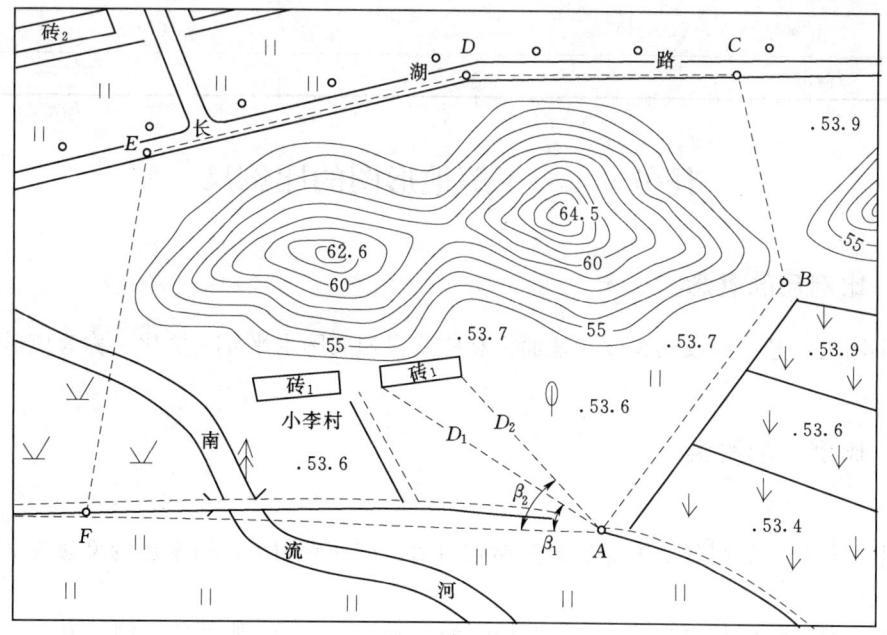

图6.0.1　某测区地形图

项目6　大比例尺地形图的测绘

任务6.1　了解地形图及其分类

6.1.1　地形图概念

地球表面是高低起伏、错落有致的，有高山、盆地、丘陵、平原，还有许多人工建筑物、构筑物和有明显轮廓、自然形成的固定物体分布其间。我们按照正射投影的方法，以一定的比例尺，用规定的图式符号把这些起伏形态和固定物体测绘在图纸上，就形成了地形图，如图6.2.1所示。

6.1.2　地形分类

地形可分为地物和地貌两种。我们把地球表面各种起伏形态称为地貌，根据大部分地区地面的倾斜程度和起伏状态的不同，地貌分为平地、丘陵地、山地、高山地等。地貌的分类见表6.1.1。把各种固定的自然物体和人工建筑物称为地物，如河流、森林、房屋、道路等。如果测图时只测地物而不测地貌，则形成的图纸称为平面图。

表6.1.1　地　貌　分　类

地 貌 类 别	图 幅 内 大 部 分 地 区	
	地面倾斜角/(°)	地面高差/m
平　地	<2	<20
丘陵地	2～6	20～150
山　地	6～25	—
高山地	>25	—

任务6.2　了解地形图的比例尺

6.2.1　比例尺的概念

地形图上任意一线段的长度与地面上相应线段的实际水平长度之比，称为地形图的比例尺。

6.2.2　比例尺的种类

1. 数字比例尺

数字比例尺一般用分子为1的分数形式表示。在地形图上，数字比例尺通常书写于图幅下方正中处。

设图上某直线的长度为d，地面上相应的水平长度为D，则图的比例尺为

$$\frac{d}{D}=\frac{1}{\dfrac{D}{d}}=\frac{1}{M} \tag{6.2.1}$$

式中 M——比例尺分母。

当图上 1cm 代表地面上水平长度 10m 时，该图的比例尺为 1/1000，一般写成 1：1000，$M=1000$。当图上 1cm 代表地面上水平长度 100m 时，则该图的比例尺就是 1/10000，写成 1：10000，$M=10000$。

在数字比例尺中，比例尺的大小是以比例尺的比值来衡量的，比例尺的分母愈大，比例尺愈小；反之，分母愈小，则比例尺愈大。通常称 1：500、1：1000、1：2000、1：5000、1：10000 比例尺的地形图为大比例尺地形图；1：25000、1：50000、1：100000 为中比例尺地形图；1：250000、1：500000、1：1000000 为小比例尺地形图。

2. 图示比例尺

为了用图方便，避免或减小由图纸伸缩而引起的误差，在绘制地形图时，通常在地形图上同时绘制图示比例尺，即在直线上截取若干相等的线段（一般为 1cm 或 2cm），称为比例尺的基本单位，再把最左端的一个基本单位分成 10 等分（或 20 等分），如图 6.2.1 所示，它是 1：2000 的图示比例尺，其基本单位为 2cm，所表示的实地长度应为 40m，最左端的基本单位分成 10 等分后，每等分 2mm 所表示的实地长度即为 4m。

使用时，先用分规在图上量取某线段的长度，然后用分规的右针尖对准右边的某个整分划，使分规的左针尖落在最左边的基本单位内。如图 6.2.1 所示：整分划线读数为100m，最左边读数为 18m，即图示距离等于实地 118m。

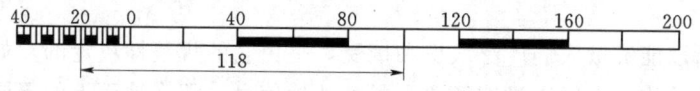

图 6.2.1 图示比例尺（单位：m）

6.2.3 比例尺精度及其应用

由于人眼最小视角的限制，正常眼睛只能分辨出图上最小距离为 0.1mm，因此，地形图上 0.1mm 所代表的实地水平距离，称为比例尺的精度，即

$$\delta = 0.1\text{mm} \times M \qquad (6.2.2)$$

式中 M——比例尺分母。

根据比例尺的精度，可确定测绘地形图时测量距离的精度。例如，测绘 1：1000 比例尺地形图时，其比例尺精度为 0.1mm×1000=0.1m，因此，丈量地物的精度只需 0.1m（小于 0.1m 在图上表示不出来）。另外，如果规定了地物图上要表示的最短长度，根据比例尺的精度，可确定测图的比例尺。

【例 6.2.1】 欲在图上表示地物最短线段的长度为 0.2m，应采用的测图比例尺是多少？

解：比例尺精度与规定地形上要求表示的最短长度，即 $\dfrac{0.1\text{mm}}{0.2\text{m}} = \dfrac{1}{2000}$。表示测图比例尺不小于 1/2000。

表 6.2.1 为各种不同比例尺的精度，可见比例尺越大，表示地物和地貌的情况越详细，精度就越高。反之，比例尺越小，表示地面情况就越简略，精度就越低。同时必须指

项目6 大比例尺地形图的测绘

出,同一测区面积,采用较大的比例尺测图往往比用较小比例尺测图的工作量和投资增加数倍,因此,采用多大的比例尺测图,应从实际需要的精度出发。而工程规划、设计、施工工作中需要采用哪几种比例尺的地形图,也应根据实际需要的精度,来要求甲方提供相应比例尺的地形图,不应盲目追求更大比例尺的地形图,从而节省费用。

表 6.2.1 不同比例尺的精度

比例尺	1:500	1:1000	1:2000	1:5000	1:10000
比例尺精度/m	0.05	0.10	0.20	0.50	1.00

通常在工程建设的初步规划设计阶段使用1:10000、1:5000的地形图,在详细规划设计和施工阶段应使用1:2000、1:1000和1:500的地形图。选用地形图比例尺的一般原则如下:

(1) 图面所显示地物、地貌的详尽程度和明晰程度能否满足设计要求。
(2) 图上平面点位和高程的精度是否能满足设计要求。
(3) 图幅的大小应便于总图设计布局的需要。
(4) 在满足以上要求的前提下,尽可能选用较小的比例尺测图。

任务6.3 了解地形图的图式

地形图之所以能够被人们广泛认识和接受,是由它的规范性决定的。如前所述,地形是地物和地貌的总称,人们通过地形图去了解地形信息,那么地面上的不同地物、地貌就必须按统一规范的符号表示在地形图上,这个规范就是国家测绘主管部门颁发的GB/T 20257.1—2007《地形图图式》。地形图图式上的符号总体分为地物符号与地貌符号,它们是测图和用图的重要依据。表6.3.1中,1:500、1:1000和1:2000是比例尺地形图图式的一些常用符号。

6.3.1 地物在图上的表示方法

地物在图上表示的方法用地物符号。地物符号根据其表示地物的大小、测图比例尺和描绘方法的不同,可分为以下几类。

1. 比例符号

在地形图上表示地物的形状、大小、位置,与地物的轮廓线成相似图形的符号,称为比例符号,如房屋、运动场、湖泊、森林等符号。

2. 非比例符号

在地形图上,有些地物轮廓较小,无法将其形状、大小依比例画到图上,则不考虑其实际形状、大小,而采用规定的符号表示其中心位置,这种符号称为非比例符号,如三角点、水准点、独立树、里程牌和钻孔等。

非比例符号不仅其形状大小不依比例绘出,而且符号的中心位置与该地物实地的中心位置关系,也随各种不同的地物而异,所以,在测图或用图时应注意以下几点:

(1) 规则的几何图形符号(圆形、正方形、三角形、星形等),以图形的几何中心点

任务 6.3 了解地形图的图式

为实地地物的中心位置。

（2）宽底符号（烟囱、水塔等），以符号的底部中心为实地地物的中心位置。

（3）底端为直角的符号（独立树、路标等），以符号的直角顶点为实地地物的中心位置。

（4）几何图形组合符号（路灯、消火栓等），以符号下方的图形几何中心为地物的实际中心位置。

（5）不规则的几何图形，又没有宽底或直角顶点的符号（山洞、窑洞等），以符号下方两端的中心为实地地物的中心位置。

3. 半比例符号（线状符号）

在地形图上，对于一些带状延伸地物，其长度可依测图比例尺缩绘，而宽度无法依比例表示的符号，称为半比例符号，如道路、通信线、管道、垣栅等。

通过半比例尺符号可以从图上量取地物的长度，而不能确定它们的宽度。其符号的中心线，一般表示其实地地物的中线位置。但城墙和垣栅等，其准确位置应在其符号的底线上。

4. 地物注记符号

在地形图上，用文字、数字或特有符号对地物加以说明，称为地物注记符号。诸如城镇、工厂、河流、道路的名称，桥梁的长宽及载重量，江河的流向、流速及水深，道路的去向，森林、树木的类别等，都用文字、数字或配以特定符号加以注记说明。

这里应指出，在地形图上，对于某些地物（如房屋、运动场等），究竟采用比例符号还是非比例符号，主要取决于测图比例尺的大小。测图比例尺越小，不依比例描绘的地物就越多。在测绘地形图时，必须按照各种不同比例尺的 GB/T 20257.1—2007《地形图图式》中的规定绘图。

表 6.3.1　　　　　　　　　　常用地形图图式符号（摘录）

编号	符号名称	1:500　1:1000　1:2000	编号	符号名称	1:500　1:1000　1:2000
1	GPS 控制点	△ B 14 / 394.486　3.0	5	一般房屋： 混—房屋结构； 3—房屋层数	混3
2	三角点： 凤凰山—点名； 394.486—高程	△ 凤凰山 / 394.486　3.0	6	简单房屋	
3	导线点： Ⅰ16—等级、点名； 84.46—高程	2.0 □ Ⅰ16 / 84.46	7	建筑中的房屋	建
			8	架空房屋	混凝土2　混凝土　混凝土4
4	埋石图根点： 16—点名； 84.46—高程	1.6 ⊡ 16 / 84.46　2.6	9	廊房	混3

编号	符号名称	1:500 1:1000 1:2000	编号	符号名称	1:500 1:1000 1:2000
10	台阶		19	林地	
11	体育场		20	人工草皮	
12	过街天桥		21	稻田	
13	高速公路： a—收费站； 0—技术等级代码		22	喷水池	
14	等级公路： 2—技术等级代码 G326—国道路线编码		23	等高线 a—首曲线； b—计曲线； c—间曲线	
15	乡村路： a—依比例尺的； b—不依比例尺的； c—小路		24	地貌表示	
16	场地		25	梯田坎	
17	旱地				
18	花圃				

6.3.2 地貌在图上的表示方法

地貌是指地表的高低起伏状态，它包括平原、山地、丘陵、盆地等。地形图上表示地貌的方法最常用的是等高线法，特别在大比例尺地形图中，等高线不仅能表示地面的起伏形态，而且还能表示地面的坡度和地面点的高程。对某些不便使用等高线表示的特殊地貌，GB/T 20257.1—2007《地形图图式》中用规定的特殊符号表示。

1. 等高线概念

等高线是由地面上高程相等的相邻点连续形成的闭合曲线。如图 6.3.1 所示，有一位于平静湖水中的小山头，山顶被湖水恰好淹没时的水面高程为 100m，假设水位下降了 5m，此时水面与山坡就有一条交线，而且是闭合曲线，曲线上各点的高程是相等的，这就是高程为 95m 的等高线。当水位每下降 5m 时，山坡周围就分别留下一条交线，这就是高程为 90m、85m、80m、75m 的等高线，将这些等高线沿铅垂方向投影到水平面 H 上，并用规定的比例尺缩绘在图纸上，就可得到用等高线表示这一山头的地貌图。

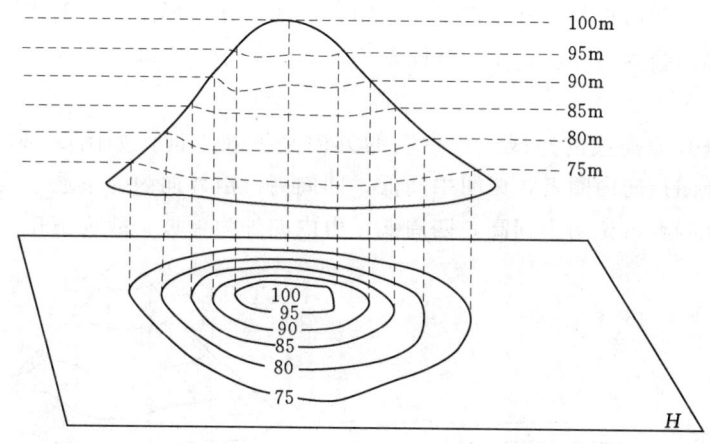

图 6.3.1 等高线

2. 等高距和等高线平距

相邻等高线之间的高差称为等高距，常以 h 表示。图 6.3.1 中的等高距为 5m。在同一幅地形图上，等高距是相同的。相邻等高线之间的水平距离称为等高线平距，常以 d 表示。因为同一地形图上的等高距是相同的，所以等高线平距 d 的大小将反映地面坡度的变化。如图 6.3.2 所示，地面上 CD 段的坡度

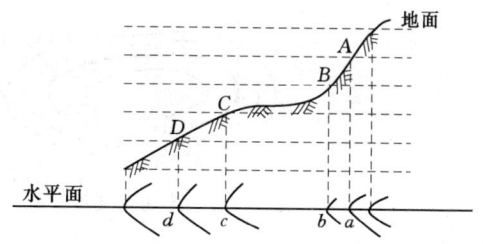

图 6.3.2 等高距和平距

大于 BC 段，其等高线平距 cd 就小于 bc，相反，地面上 CD 段的坡度小于 AB 段，从图上明显看出：其等高线平距 cd 就大于 ab。

由此可见，等高线平距愈小，地面坡度就愈大；平距愈大，则坡度愈小；平距相等，则坡度相同。因此，我们可以根据地形图上等高线的疏、密来判定坡度的缓、陡。显然，地形图上等高距愈小，显示地貌就愈详细，愈大愈简略。但等高距过小时，图上的等高线

就过于密集，从而影响图面的清晰度。所以，在测绘地形图时，应根据测图比例、测区地面起伏的程度和用图的目的来合理选择等高距。表 6.3.2 所列是大比例尺地形图的基本等高距参考值。

表 6.3.2　　　　　　　　　　大比例尺地形图的基本等高距

比例尺	平地/m	丘陵地/m	山地/m	比例尺	平地/m	丘陵地/m	山地/m
1∶500	0.5	0.5	1	1∶2000	0.5	1	2, 2.5
1∶1000	0.5	1	1	1∶5000	1	2, 2.5	2.5, 5

3. 典型地貌的等高线

地面上地貌的形态是多样的，对它进行仔细分析后，就会发现它们不外乎是山丘、洼地、山脊、山谷、鞍部等几种典型地貌的综合形态。了解和熟悉用等高线表示典型地貌的特征，将有助于识读、应用和测绘地形图。

（1）洼地、山丘及其等高线。图 6.3.3 所示为洼地及其等高线，图 6.3.4 所示为山丘及其等高线。洼地和山丘的等高线都是一组闭合曲线。在地形图上区别洼地或山丘的方法是：凡是内圈等高线的高程注记小于外圈都为洼地，大于外圈者为山丘。如果没有高程注记，则用示坡线来表示。

示坡线是垂直等高线的短线，它指示的方向是下坡方向。如图 6.3.3、图 6.3.4 所示，示坡线从外圈指向内圈者，说明中间低，四周高，由外向内为下坡，故为洼地；示坡线从内圈指向外圈者，说明中间高，四周低，由内向外为下坡，故为山丘。

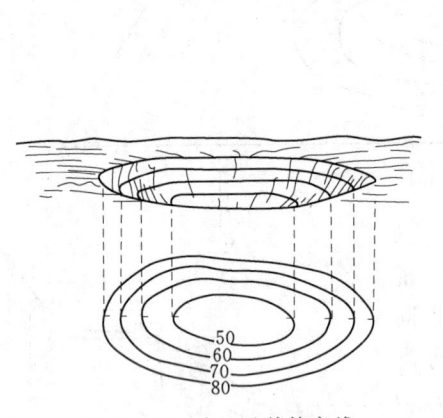

图 6.3.3　洼地及其等高线

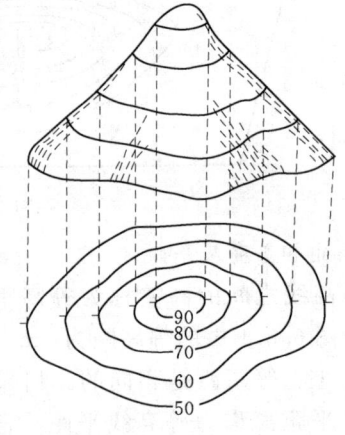

图 6.3.4　山丘及其等高线

（2）山脊、山谷及其等高线。山的凸棱由山顶延伸至山脚者称为山脊。山脊最高的棱线称为山脊线，因雨水以山脊线为界流向山体两侧，故山脊线又称分水线。

山脊等高线表现为一组凸向低处的曲线，如图 6.3.5（a）所示。图中点划线是山脊线。相邻两山脊之间的凹部称为山谷，其两侧称为谷坡，两谷坡相交部分叫谷底。而谷底最低点的连线称为山谷线，或称集水线。如图 6.3.5（b）所示，山谷等高线表现为一组凸向高处的曲线，图中的虚线是山谷线。

（3）鞍部及其等高线。相邻两山头之间呈马鞍形的低凹部位称为鞍部，如图 6.3.6 所示。鞍部（K点处）往往是山区道路必经之地，又称垭口。因是两个山脊与两个山谷的会合点，所以，鞍部等高线是两组相对的山脊等高线和山谷等高线的对称组合。

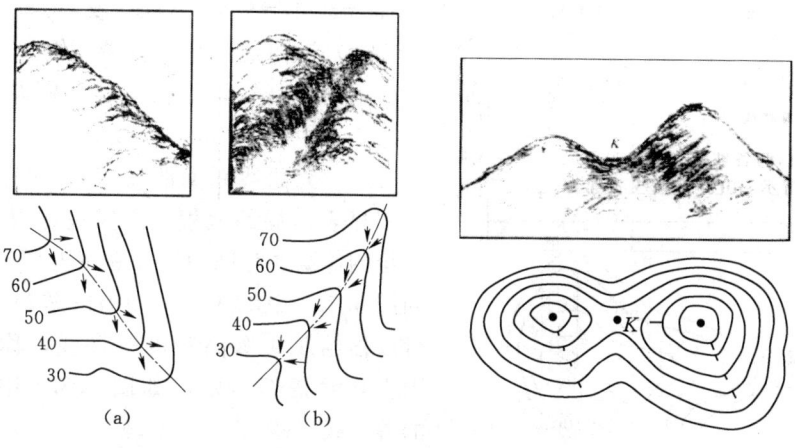

图 6.3.5　山脊、山谷及其等高线　　　图 6.3.6　鞍部及其等高线
(a) 山脊线；(b) 山谷线

（4）陡崖及其等高线。陡崖是坡度在 70°以上的陡峭崖壁，有石质和土质之分。陡崖采用特定符号来表示，符号的画法可参见 GB/T 20257.1—1997《地形图图式》。

还有某些变形地貌，如滑坡、冲沟、悬崖、崩崖等，其表示方法亦可参见 GB/T 20257.1—1997《地形图图式》。掌握了典型地貌的等高线，就不难了解地面复杂的综合地貌。图 6.3.7 所示是某地区的综合地貌及等高线。

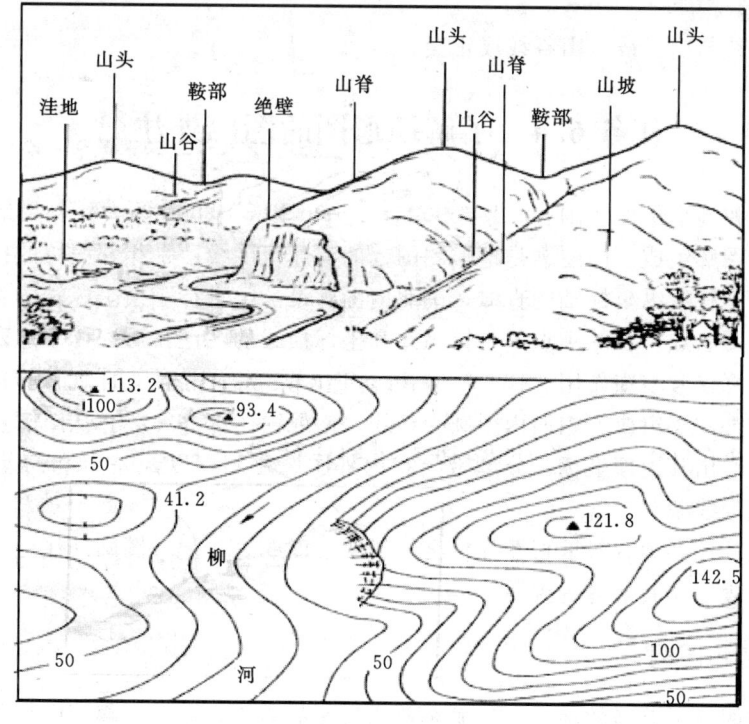

图 6.3.7　某地区的综合地貌及等高线

4. 等高线的分类

（1）首曲线。在同一幅地形图上，按规定的等高距绘制的等高线，称为首曲线，也称基本等高线。如图6.3.8中的102m、104m、106m和108m等各条等高线。

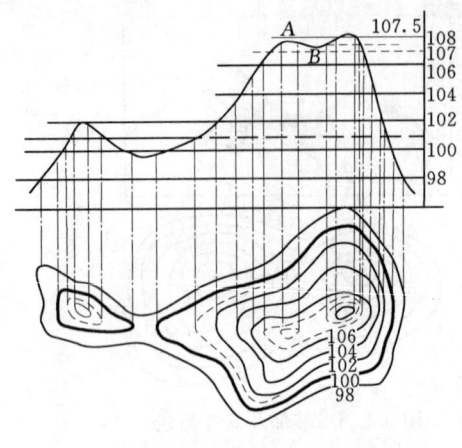

图6.3.8 计曲线和间曲线

（2）计曲线。为了读图方便，每5倍基本等高距的等高线均加粗描绘，称为计曲线。如图6.3.8中的100m等高线。

（3）间曲线和助曲线。有时只用首曲线不能明显表示局部地貌，图式规定用1/2等高距描绘的等高线为间曲线，在图上用长虚线描绘，如图6.3.8中的101m、107m等高线。有时还可以描绘1/4等高距的等高线，称为助曲线，图上用短虚线表示，如图6.3.8中的107.5m的等高线。

5. 等高线的特性

（1）同一条等高线上，各点的高程必相等。

（2）等高线是闭合曲线，如不在同一图幅内闭合，则必在图外或其他图幅中闭合。

（3）不同高程的等高线不能相交。但某些特殊地貌，如陡崖等是用特定符号表示其相交或重叠。

（4）一幅地形图上等高距相等。等高线平距小表示坡度陡，平距大则坡度缓，平距相等则坡度相同。

（5）等高线与山脊线、山谷线成正交。

任务6.4 了解地形图的图廓外注记

图廓是一幅地形图的范围线。1∶500、1∶1000和1∶2000等大比例尺地形图的图廓由内图廓和外图廓组成。内图廓是地形图图幅的实际范围线，是相邻图幅的接边线。东西内图廓是一组平行于纵坐标轴的直线，南北内图廓是一组平行于横坐标轴的直线，四条内图廓的交点是图廓点。从图廓点的坐标纵线和坐标横线的注记，可以读出这四个图廓点的坐标值。外图廓仅起装饰作用。1∶10000和小于1∶10000比例尺的地形图的图廓由内图廓、分度带和外图廓组成。东西内图廓为经线，南北内图廓为纬线。从图廓点的经纬线的注记上，可以读出其地理坐标。分度带绘在内外图廓之间，以经差1′和纬差1′分别交替涂成黑白相间的线条。

外图廓以外还必须有对地形图提供必要说明的图廓外注记，图廓外注记主要包括图名和图号、接图表以及其他各种说明。

6.4.1 图名和图号

以所在图幅内最著名的地名、厂矿企业或村庄的名称来命名本幅图的名称，即图名。

图号是根据地形图分幅和编号方法编定的,用于区别各幅地形图所在的位置关系,通常把它标注在北图廓上方的中央。如图 6.4.1(a)所示。

6.4.2 接图表

接图表说明本图幅与相邻图幅的关系,供接图时用。通常是中间画有斜线的一格代表本图幅,四邻分别注明相应的图号(或图名),并绘注在图廓的左上方,如图 6.4.1(b)所示。

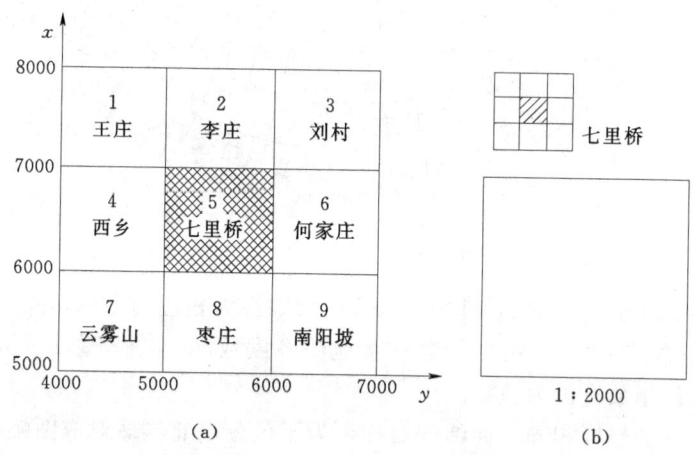

图 6.4.1 图名、图号与接图表
(a)图名、图号;(b)接图表

任务 6.5　了解地形图的分幅与编号

为了便于测绘、管理与使用地形图,按一定的规律将广大地区的地形图划分为若干尺寸适宜的单幅图的工作称为地形图的分幅。对每一单幅图按一定规律,编定图号的工作,称为地形图的编号。我国采用的分幅编号方法主要有两种:一种是按经度、纬度分幅的梯形分幅法;另一种是用于工程建设上的按坐标格网分幅的矩形分幅法。

6.5.1 梯形分幅与编号

地形图的梯形分幅又称为国际分幅,由国际统一规定的经线为图幅的东西边界,统一的纬线为图幅的南北边界。由于子午线收敛于南、北两极,所以整个图幅呈梯形,其编号方法将随其比例尺不同而不同。

1.1∶1000000 比例尺地形图的分幅与编号

1∶1000000 比例尺地形图是按照国家标准统一分幅的。从地球赤道向两极,以纬差 4°为一列,每列依次以拉丁字母 A、B、C、…表示。经度由 180°子午线起,由西向东,以经差 6°为一行,依次以数字 1、2、…、60 表示,如图 6.5.1 所示。

每幅 1∶1000000 的地形图图号由该图的横列字母与行数组成。如南宁所在 1∶

项目6 大比例尺地形图的测绘

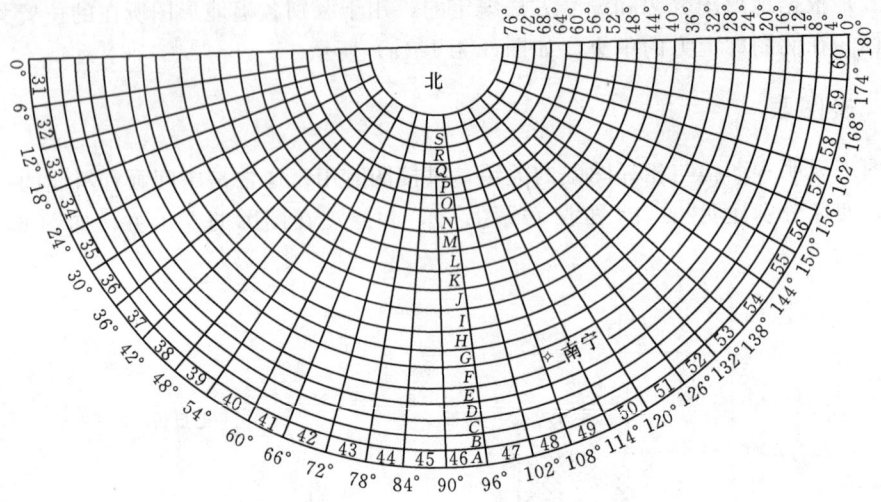

图 6.5.1 1∶1000000 图分幅

1000000 地形图的编号为 F—49。其中,"F"由列数换为相应的字母得到:"列数＝某地的纬度数/4°(进整数)";"49"由"行数＝某地的经度数/6°(进整数)＋30"得到。进整数是指将除不尽的小数进位为整数。

由于南北半球的经度相同,而纬度对称,为了区分南北半球对应图幅的编号,规定在南半球图号前加"S",北半球加"N"。我国的领域全部位于北半球,注释"N"则可省略。

以上分幅规定仅适用于纬度 60°以下,当纬度在 60°～76°时,以经差 12°、纬差 4°分幅,在 76°～88°时以经差 24°、纬差 4°分幅。

2. 1∶500000、1∶200000、1∶100000 地形图的分幅与编号

1∶500000、1∶200000、1∶100000 地形图的分幅与编号的基础是 1∶1000000 的地形图图幅。如图 6.5.2 所示,将一幅 1∶1000000 的图分成四幅 1∶500000 的图幅,其纬差 2°、经差 3°,用 A、B、C、D 表示。一幅 1∶1000000 的图分成 36 幅 1∶200000 的图幅,其纬差 40′、经差 1°,用 [1]、[2]、…、[36] 表示。一幅 1∶1000000 的图分成 144 幅 1∶100000 的图幅,其纬差为 20′、经差为 30′,用 1、2、…、144 表示。如北京所在图幅的编号为 J—50—5。

3. 1∶50000、1∶25000、1∶10000 地形图的分幅与编号

这三种比例尺的地形图是在 1∶100000 的基础上分幅与编号的。如图 6.5.3 所示,一幅 1∶100000 的地形图分成四幅 1∶50000 的图幅,分别以 A、B、C、D 表示,一幅 1∶50000 的地形图分成四幅 1∶25000 的图幅,分别以 1、2、3、4 表示。如图 6.5.4 所示,一幅 1∶100000 的地形图分为 64 幅 1∶10000 的图幅,分别以 (1)、(2)、…、(64) 表示。北京某地所在 1∶10000 图幅的编号为 J—50—5—(24)。

4. 1∶5000、1∶2000 地形图的分幅与编号

这两种比例尺的地形图是在 1∶10000 的基础上分幅编号的。如图 6.5.5 所示,一幅 1∶10000 的地形图分为四幅 1∶5000 的图幅,在 1∶10000 地形图图号后加 a、b、c、d;

再将1∶5000地形图分为九幅1∶2000的地形图图幅，在1∶5000的地形图图号后加1、2、…、9，即为1∶2000图幅的编号。图中北京某地所在1∶5000图幅的编号为J—50—5—(24)—b—5。

为使用方便，现将各种比例尺图的梯形分幅与编号列于表6.5.1中。

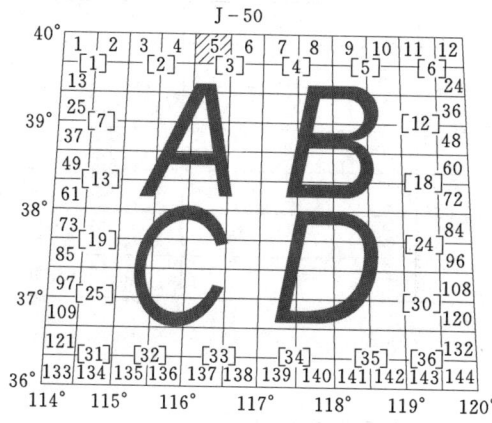

图6.5.2　1∶500000、1∶200000、1∶100000图分幅

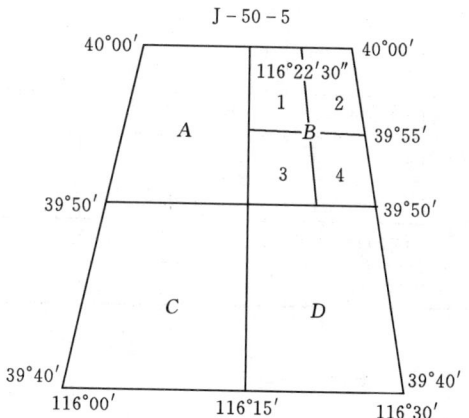

图6.5.3　1∶50000、1∶25000图分幅

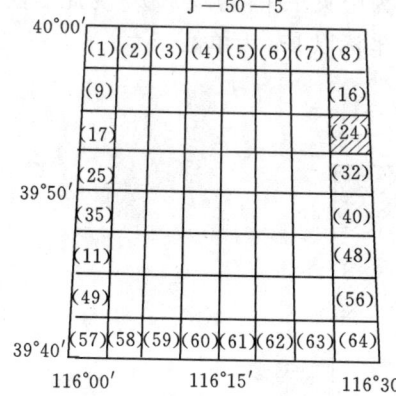

图6.5.4　1∶10000图分幅

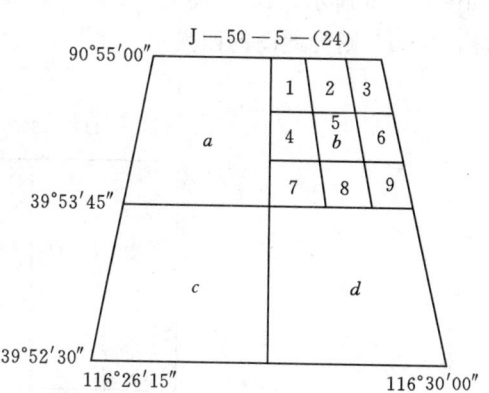

图6.5.5　1∶5000、1∶2000图分幅

表6.5.1　　　　按梯形分幅的各种比例尺图的分幅与编号

比例尺	图幅大小		1∶1000000、1∶100000、1∶50000、1∶10000图幅内的分幅数	分幅代号
	纬　差	经　差		
1∶1000000	4°	6°	1	行A、B、…、V 列1、2、…、60
1∶500000	2°	3°	4	A、B、C、D
1∶200000	40′	1°	36	(1)、(2)、…、(36)

续表

比例尺	图幅大小		1:1000000、1:100000、1:50000、1:10000 图幅内的分幅数	分幅代号
	纬 差	经 差		
1:100000	20′	30′	144	1、2、…、144
1:100000	20′	30′	1	
1:50000	10′	15′	4	A、B、C、D
1:10000	2′30″	3′45″	64	(1)、(2)、…、(64)
1:50000	10′	15′	1	
1:25000	7′30″	5′	4	1、2、3、4
1:10000	3′45″	2′30″	1	
1:5000	1′52″	1′15″	4	a、b、c、d

6.5.2 矩形分幅与编号

当采用国家统一坐标系统时，图幅的编号主要由下列两项组成：

(1) 图幅所在带的中央子午线的经度。

(2) 图幅西南角以 km 计的坐标值。

如图 6.5.6 所示，117°—300—400 中，"117°"为中央子午线，"300"为此图西南角 x 坐标，"400"则为此图的西南角 y 坐标，此 x、y 坐标以 km 为单位。

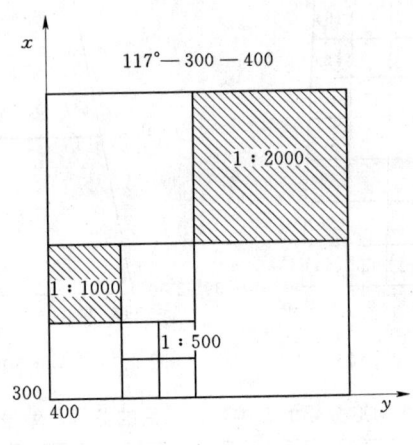

图 6.5.6 1:5000 图

任务 6.6 传 统 测 图 方 法

6.6.1 测图前的准备工作

地面上的控制测量完成之后，测区内的所有控制点的平面坐标和高程则是已知的。地形测图时，首先要把控制点展绘在图纸上，然后根据已知控制点的实地位置和图上位置，

任务 6.6 传统测图方法

测定控制点周围的所有地物、地貌相对于控制点的高差、距离和方向，从而在图上确定地物、地貌的位置。因此，在控制测量完成之后，开始测绘地形图之前，测绘人员需要做如下测图前的准备工作。

1. 收集资料

测图前摘录测区所有控制点的平面坐标和高程，绘制控制测量成果表，见表 6.6.1，收集有关测量规范、相应测图比例尺的地形图图式等以备查用。

表 6.6.1　　　　　　　　　浮桥镇防洪工程控制测量成果表

点号	X/m	Y/m	H/m	所 在 地
F410	7827.572	5702.627	11.390	旧防洪堤上广告牌下
F103	7735.583	5864.157	24.730	浮桥小学宿舍楼顶
F107	6859.869	5842.651	20.730	浮桥镇政府办公楼顶
F106	6666.041	6056.620	10.352	浮桥东侧桥头下游边

2. 仪器工具的准备

根据测图的要求，准备所需的仪器（如经纬仪、测距仪、全站仪等），并对仪器进行必要的检验和校正，使其能满足测图要求。绘图所需的量角器、比例尺、直尺、三角板、小刀、橡皮、大头针，2H、4H、6H 的铅笔（2H 的铅笔用于记录、4H 的铅笔用于绘图、6H 的铅笔用于绘制坐标方格网）等工具都要准备，一一俱全，缺一不可。

3. 图纸的准备

为了保证测图的质量和图纸使用的寿命，图纸应该选用伸缩性小、韧性好、色泽白、具有耐水性及吸墨性、质地良好的绘图纸，并将其裱糊在锌板或胶合板上。如果图纸选用打毛的聚酯薄膜，因其具有伸缩性小、韧性大、强度高、透明度好、不怕雨淋、可直接着墨复晒蓝图等优点，故可不必进行裱糊，只要将其固定在绘图板上即可；临时性的绘图，也可将图纸临时固定在绘图板上，不必裱糊。

4. 绘制坐标方格网

控制点在图上的位置是以坐标的形式确定的，为了把控制点展绘在图纸上，必须先精确地绘制坐标方格网。坐标方格网每小格的大小为 10cm×10cm。大比例尺地形图若采用正方形分幅时，坐标方格网的边界长为 50cm×50cm。坐标方格网绘制的方法有坐标仪法、坐标格网尺法、对角线法。当没有坐标仪和坐标格网尺时，对角线法是最常用的坐标方格网绘制的方法。现介绍对角线法绘制坐标方格网的方法如下。

以正方形图幅 50cm×50cm 为例，考虑图外注记的用处，取一张图幅大于 60cm×60cm 裱糊好的图纸，如图 6.6.1 所示，在图纸上画两条对角线相交于 O 点。以 O 点为圆心，以略小于对角线长度的一半（可取 35.357cm）为半径画弧，分别与对角线相交于 A、D、B、C 点，依次连接这四点形成一矩形。以直尺的同一尺段 10cm 的长度分别自 A、C 点沿 AD、CB 方向依次截取，得 $1'$、$2'$、$3'$、$4'$、$5'$ 各点，分别自 A、D 点沿 AC、DB 方向依次截取，得 1、2、3、4、5 各点，连接编码相同的点即得 50cm×50cm 的坐标方格网。方格网画好之后，用直尺检查各相应格网交点是否落在各相应的直线上（如图 6.6.1 中 $44'$ 虚直线），其偏离值不应超过 0.2mm；检查各小方格的边长与 10cm 的差值不应超过

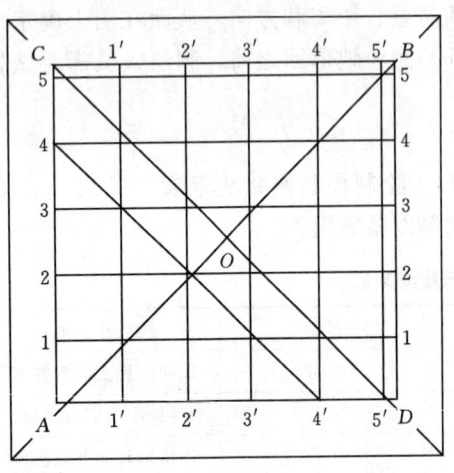

图 6.6.1 对角线绘制坐标方格网

0.2mm、图廓边及图廓对角线长度与其理论值之差不应超过 0.3mm、网格线粗应小于 0.1mm。若检查结果有一项超限，应重新绘制坐标方格网。

5. 展绘控制点

坐标方格网画好之后，在图廓的西、南边，内、外图廓间标注坐标值，标定的坐标值大小应根据比例尺的大小、控制点的坐标以及控制点至测区边界的距离，使控制点和以后测定的测区边界的地物、地貌都能落在图幅内。展点时，先根据控制点的坐标，确定控制点所在的方格，然后计算出控制点与该方格西南角点坐标的差值进行展绘。如图 6.6.2 所示，控制点 A 的坐标 $X_A=647.43$m，$Y_A=634.52$m，可确定 A 点位于 $plmn$ 方格内，由于方格 $plmn$ 的西南角 p 点的坐标为 $X_p=600$m，$Y_p=600$m，从而计算出 A 与 p 的坐标差值 $\Delta X_{pA}=47.43$m，$\Delta Y_{pA}=34.52$m。然后，用测图比例尺分别自 p、n 点，沿 pl、nm 方向量出 47.43m 得 c、d 两点。同法，分别自 p、l 点，沿 pn、lm 方向量出 34.52m 得 b、a 两点。连 ab、cd，其交点即为控制点 A 在图上的位置。同法可将相应图幅内其他的控制点全部展绘在图纸上。当所有的控制点展绘完毕之后，在各个控制点的右侧，以分数的形式注记控制点的点号和高程（分子注记点号、分母注记高程），所有的控制点均应根据其类型，用相应的控制点符号标出，如图 6.6.2 所示的 A、2、3、4、5 点为导线点。最后用测图比例尺量取图上各相邻控制点之间的水平距离，将量取的各边水平距离与控制测量所测的相应各边的水平距离进行比较，其差值应小于图上 0.3mm。如果超限，应重新展绘。

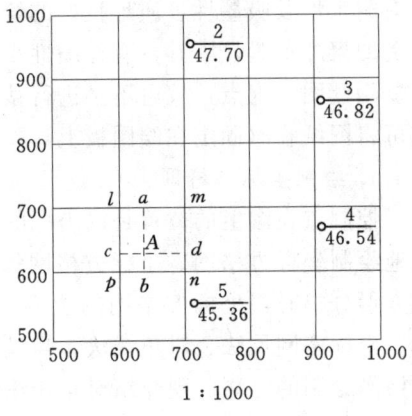

图 6.6.2 展绘控制点

6.6.2 经纬仪测图法

地形图测绘的方法有 GPS RTK 数字化测图法 GPS RTK 是英文缩写词 NAVSTAR/GPS RTK 的简称，全名为 Navigation System Timingand Ranging/Global Positioning System Real time Kinematic Survey，它的含义是授时与测距导航系统/全球定位系统、实时动态测量，简称全球定位系统、实时动态测量、全站仪（全站型电子速测仪的简称）数字化测图法、经纬仪测图法、大平板测图法、小平板测图法等。全站仪数字化测图法和经纬仪测图法是目前常用的两种测图方法。这里介绍经纬仪测图法。

1. 经纬仪测图法的思路

如图 6.6.3 所示，A、B 为实地上的两控制点，其展绘在图纸上为 a 点、b 点，点 1

为实地上的房角点。为了测量1点在图上的位置,我们把经纬仪安置在 A 点上,测定连线 AB 与连线 $A1$ 所夹的水平角 β 及 $A1$ 的水平距离 D_{A1}。而后根据水平角 β,水平距离 D_{A1},用量角器在图上量出 $\angle bac = \beta$,得 ac 方向线,在 ac 方向线上,用测图比例尺从 a 往 c 量出水平距离为 D_{A1} 得 $1'$ 点,并标注 $1'$ 点的高程,$1'$ 点即为实地房屋特征点1(房角点1)在图上的位置。同法测定房屋的其他各特征点房角点2、3、4点在图上的位置,并用直线将其相连,即可在图上绘出该房子来。类似测绘房子的方法,我们把实地的独立树、小路等在图上确定下来,把反映山头的各特征点在图上确定下来,并标注高程,按照等高线表示地貌的原理,用一组闭合的等高线把实地的山头在图上表示出来。

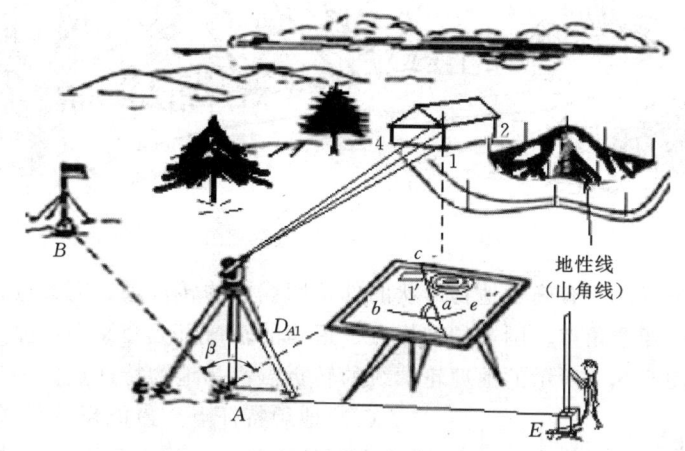

图 6.6.3 经纬仪测绘法示意图

2. 测站的设置和检查

根据经纬仪测图法的思路,如图 6.6.3 所示,观测员在测站(一个已知的控制点 A)上安置、对中、整平经纬仪,量取仪器高 I(仪器高量至 cm)。以盘左瞄准较远的另一个已知控制点(该点称为后视点、或定向点、或零方向点如 B 点),配置水平度盘读数为 $0°00'00''$ 后,照准第三个已知控制点(如 C 点)上的立尺,读取下丝、上丝、中丝读数,水平度盘读数,竖直度盘读数,检查观测所得半测回水平角值与控制测量时所得的角值(如 $\angle BAC$)之差不应大于 $2'$,观测所得的高程与控制测量时所得第三个控制点的高程之差不应大于 1/5 基本等高距。当测站的设置和检查合格后,才能进行碎部点的观测。

3. 碎部点选择

测绘地形图的主要工作就是根据已知的控制点测定地物、地貌的特征点在图上的位置。测量上,我们把地物、地貌的特征点称为碎部点。所有的地物或地貌的形态都是由若干不同倾角的平面相互组合而成的,组成地物或地貌的平面的交线称为地物或地貌棱线,如图 6.6.3 中的线段12、14 为地物棱线。地物棱线即地物轮廓线,地貌棱线即地性线,如图 6.6.4 所示的山脚线。地物棱线或地貌棱线的端点称为地物或地貌的特征点,即碎部点。测绘地形图时,必须测定构成地物或地貌的所有碎部点,只要漏测一个碎部点,地物或地貌就会走样。因此,碎部点的选择直接影响成图的质量,碎部点选择要认真、细致、准确,选择在最能够反映地物、地貌特征的点子上。但为了保持图面清晰,减小测图的工作业，对于地物特征点，当相邻点小于图上 0.4mm 时，可不必测绘；对于地貌特征点应根据测图比例尺大小、地貌复杂情况、用图的目的等综合考虑，进行取舍。一般规定图上每隔 2～3cm 应有一个地貌特征点。

图 6.6.4　地貌碎部点示意图

(1) 地物特征点。所有确定地物形状的外轮廓线上的转折点、交叉点，或独立地物的中心点，如房屋的四个角点、围墙的转折点、道路的转弯点或交叉点，独立树、路灯、旗杆等中心点以及图 6.6.5 所示的池塘轮廓线的转折点都是地物特征点。

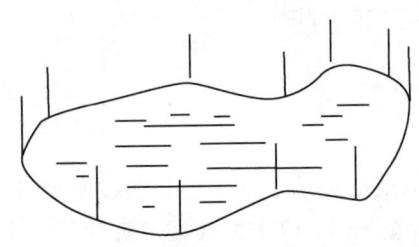

图 6.6.5　池塘碎部点示意图

(2) 地貌特征点。最能反映地貌特征的地面坡度或方向的变化点，如山顶的最高点、鞍部的最低点，山脊线、山谷线、山脚线、峭壁的边缘线等所有这些地性线上的转折点都是地貌特征点。如图 6.6.4 所示的那些立尺点，都是地貌特征点。

4. 碎部点观测与记录计算

如图 6.6.3 所示，观测员对碎部点（如房角点 1）上的立尺进行观测，读取下丝、上丝、中丝读数、水平度盘读数、竖直度盘读数。观测时，下丝、上丝读数读至毫米、中丝读数读至 cm，水平度盘和竖直度盘读数读至分。在读取下丝、上丝、中丝读数时，也可采用上丝读数凑整法直接读取尺间隔，即把上丝对准一个整分米的刻划（如 10dm＝1m），然后读取下丝读数（如 2.638m），将下丝读数减去整分米数，即得尺间隔（如 2.638－1＝1.638）。同法观测了其他碎部点。在每一站的测图过程中，观测员应随时检查定向点方向，其归零差不应大于 4′，即经纬仪再次照准定向点时，水平度盘读数与原先配置的 0°00′00″之差不应大于 4′。否则应返工重测。

为了记录的数据清晰、美观、便于查阅、存档，碎部点观测所得的数据应记录在专门的碎部测量记录表格中，见表 6.6.2，记录员应认真填写每一测站的观测时间、点名、高程、仪器高，观测者、记录者的姓名，以及后视点名称，记录所观测的每一碎部点名称（如房角 1、房角 2、房角 3、路灯、陡坎端点 1、陡坎折点、陡坎端点 2、山顶、鞍部、山坡等），记录观测员和计算员所报告的数据，记录员在记录时，须重报观测员和计算员所

任务6.6 传统测图方法

报告的数据,记录有误时,应按正确改错的方法进行改错,不得涂擦。

表 6.6.2　　　　　　　　　　碎部测量记录表格

2006 年 6 月 6 日　　　　　　观测者：×××　　记录者：×××
测站：　A　后视点：　B　　　仪器高：　1.42　　测站高程：　46.54

测点	下丝 上丝	视距	竖盘读数 /(° ′)	竖直角 /(° ′)	中丝 /m	平距 /m	水平角 /(° ′)	高差 /m	高程 /m	点位
1	1.520 1.300	22.0	88 06	+1 54	1.42	22.0	44 34	0.73	47.27	房角1
2	1.783 1.500	28.3	88 10	+1 50	1.59	28.3	47 30	0.73	47.27	房角2
⋮										
50	2.005 0.900	110.5	72 19	+17 41	1.42	105.3	63 24	33.57	80.11	山顶

计算员根据观测的竖盘读数,下、上、中丝读数,计算竖直角 α、立尺点相对于测站点的水平距离、高差及立尺点高程。各项计算方法和数据取位均按视距测量计算的方法要求。

碎部点的观测应按地物或地貌顺序。对地物而言,一个地物观测结束后,再观测另一个地物,对同一个地物,也要按顺序一点一点地观测;对于地貌而言,一条地性线观测结束后再观测另一条地性线,对同一条地性线,也要按顺序一点一点地观测。对于复杂的地物、地貌,跑尺员应画出草图,为展绘碎部点及绘图提供帮助。

5. 展绘碎部点

绘图员在测站边上安置图板,并使图纸的方向与实地方向基本保持一致。在图纸上画好零方向线,线长与绘图使用的半圆量角器的半径相等。把小针穿过量角器的圆心孔与图上的测站点位置对准,并插入图板(绘图使用的量角器如图6.6.6所示)。根据观测员所报的水平度盘读数,绘图员转动量角器,将量角器上相应的该读数值对准零方向线,此时量角器的直线边所指的方向就是图上测站点与碎部点的连线方向。如果水平盘读数在 0°~180°之间,则碎部点的图上位置处在量角器的圆心至 0°刻划线的方向上;如果水平盘读数在 180°~360°之间,或等于 180°,则碎部点的图上位置处在量角器的圆心至 180°刻划线的方向上。当碎部点的方向确定之后,即可自圆心沿碎部点方向,按测图比例截取测站点至碎部点的水平距离,展绘出碎部点,并在靠近点位的右侧标注高程。标注高程的字体为正等线体,字高2mm、宽1mm,字头朝北。每展绘一个碎部点,绘图员都应根据实地相邻碎部点的高低、前后、左右的实际关系,对照图上所展的碎部点,判断其测绘是否有误,及时检查,修正错误。检查无误后,及时把该相连的线(如房屋的外轮廓线、稻田的边界线、山脊线、山谷线、通信线、道路的边线、河岸线等)徒手轻轻相连,形成草图。

当测区面积较大,必须分幅测图时,为了相邻图幅的拼接,每幅图应测出图外 5~10mm。

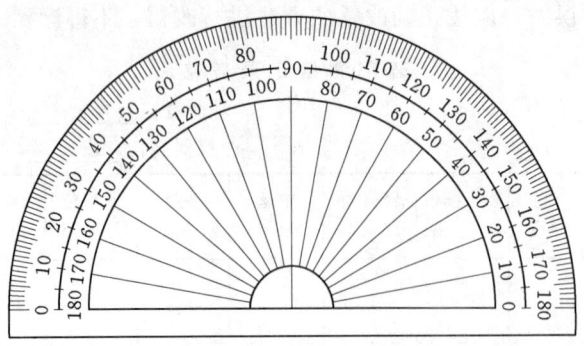

图 6.6.6　绘图使用的量角器

6. 地物地貌的绘制

地形测图的外业完成之后，图纸上显示的地物、地貌只是按比例缩小的草图。为了使图纸清晰、美观、准确、无误，符合国家规定的图式标准，成为合格的成果，还需要对图纸上的地物进行描绘，对地貌进行勾绘，对图纸拼接图边、检查、整饰，并用地物符号对地物进行描绘、用等高线对地貌进行勾绘，以及对所描绘和勾绘的对象进行检查、整饰、注记，使之符合地形图图式标准。

（1）地物描绘。GB/T 20257.1—2007《地形图图式》规定的地物符号有三种，地形图上，如果地物的外轮廓线的形状、大小能够依比例表示，则根据所测的外轮廓点用线粗为 0.15mm 的直线相连；不能依比例表示时，则用图式中的非比例符号描绘。非比例的地物符号的定位点（表示地物中心位置的点）随着符号形状的不同而不同。如果是几何图形符号（如矩形、圆形、三角形等），则其几何图形的中心表示实地地物的中心位置；如果是宽底符号（如烟囱、水塔、庙宇等），则其底线中心表示实地地物的中心位置；如果底部为直角形的符号（如独立树、路标等），则直角顶点表示实地地物的中心位置；如果由几种几何图形组成的符号（如气象站、旗杆等），则其下方图形中心点或交叉点表示实地地物的中心位置；如果下方没有底线的符号（如窑、亭等），则其下方两端点间的中心点表示实地地物的中心位置。描绘非比例的地物符号时，应使非比例的地物符号的定位点与图上的碎部点重合，且符号均朝正北方向描绘。非比例的地物符号的形状、大小、尺寸，地形图图式中都有明确的规定；描绘时，参照相应比例尺的地形图图式执行；如果线状物体长度能依比例，宽度不能依比例表示时，则用相应的线状符号依次连接图上线状物体的特征点。

通常情况下，地物的外轮廓线（或中心线）用实线描绘；地下部分或架空部分在地面的投影用虚线描绘；地类界、地物分界线、范围线、坎（坡）脚线用点线表示。

（2）等高线勾绘。表示地貌的符号是等高线，外业测图时，图上显示的只是地貌的特征点，不是等高线。等高线勾绘的工作就是根据图上地貌特征点的高程，找出高程为规定等高距的整数倍的点，再把其中高程相等的各相邻点，用光滑的曲线依次相连，形成一条条的等高线。等高线勾绘的方法有两种：一种是解析法；另一种是目估法。

1）解析法。由于地形测图时立尺点就是地貌特征点，即坡度变化点，因此相邻两地貌特征点之间的坡度是均匀变化的，在它们之间任取两点，其高差和距离是成正比关系

任务 6.6 传统测图方法

的。如图 6.6.7 所示，高程分别为 72.7m、77.4m 的实地 A、B 两点在图上的位置分别为 a、b，其图上的水平距离为 23mm。若用 1m 的等高距勾绘等高线，则通过 A、B 两点间的等高线有 73m、74m、75m、76m、77m 五条等高线。分别计算靠近 A 端的 73m 等高线与 a 点的平距 d 及靠近 B 端的 77m 等高线与 b 点的平距 c，由 $d:ab=h_1:h$ 得

$$d=ab\frac{h_1}{h}=23\text{mm}\times\frac{0.3\text{m}}{4.7\text{m}}=1.5(\text{mm})$$

由 $c:ab=h_2:h$ 得

$$c=ab\frac{h_2}{h}=23\text{mm}\times\frac{0.4\text{m}}{4.7\text{m}}=2.0(\text{mm})$$

自 a 向 b 量出平距 d 得 p 点，自 b 向 a 量出平距 c 得 q 点，p、q 即为 73m 点、77m 点。将 pq 线段四等分得 74m 点、75m 点、76m 点。用同样的解析方法定出图 6.6.8（a）中各相邻碎部点间高程为规定等高距的整数倍的点，再用光滑的曲线把其中高程相等的各相邻点依次相连，形成一条条如图 6.6.8（b）所示的等高线。

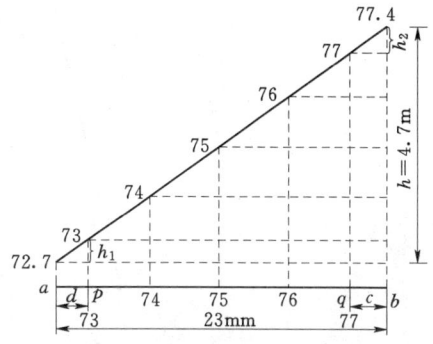

图 6.6.7 解析勾绘等高线原理

2）目估法。由于解析法勾绘等高线计算烦琐，所以实际采用目估法勾绘等高线。目估法勾绘等高线的基本方法与解析法勾绘等高线的方法基本相同，也是定两头，分中间，即先确定碎部点两头等高线通过的点，再等分碎部点中间等高线通过的点。如图 6.6.9（a）所示，高程仍然为 72.7m、77.4m 的图上 A、B 两点，仍然用 1m 的等高距勾绘等高线，欲定 A、B 之间通过的 73m、74m、75m、76m、77m 五条等高线的点，具体的方法如下。

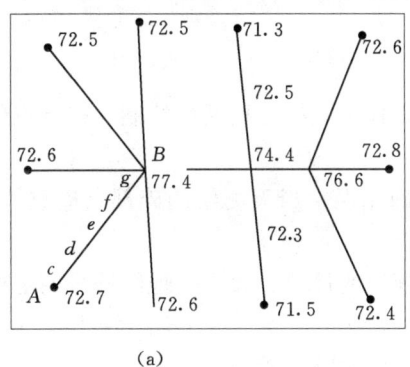 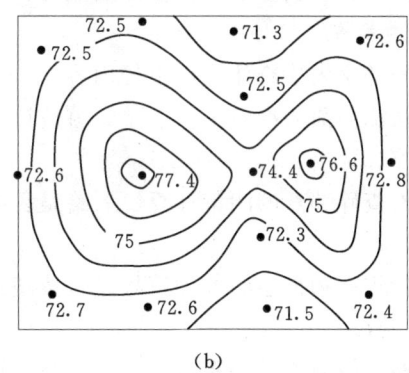

图 6.6.8 等高线勾绘

如图 6.6.9（a）所示，用铅笔轻轻画出 A、B 连线，计算出 B 点高程的整数与 A 点高程的整数差为 5m。将 AB 连线目估 5 等分得 a、b、i、h 四点（实际上仅取首和尾的两个点，如 a、h 点），如图 6.6.9（b）所示，则每相邻等分点的高差略小于 1m。自 B 点沿 BA 方向，取 BA 线段的 4/10 略多一些为 g 点，则 B 与 g 的高差约为 0.4m，g 点高程为

77m；自 A 向 B 取 Ah 线段的 3/10 略多一些为 c 点，则 A 与 c 的高差约为 0.3m，则 c 点高程为 73m，如图 6.6.9 的 (c) 所示。擦掉 a、h 两点，目估 4 等分线段 cg，得 d、e、f 点，则 d 点高程为 $74m$、e 点高程为 $75m$、f 点高程为 76m，如图 6.6.9 (d)、图 6.6.9 (e) 所示。如果感觉两头的线段与中间等分的线段比例不协调，可进行适当调整。用同样的目估方法定出图 6.6.8 (a) 中各相邻碎部点间高程为规定等高距的整数倍的点，用光滑的曲线把其中高程相等的各相邻点依次相连，形成一条条如图 6.6.8 (b) 所示的等高线。

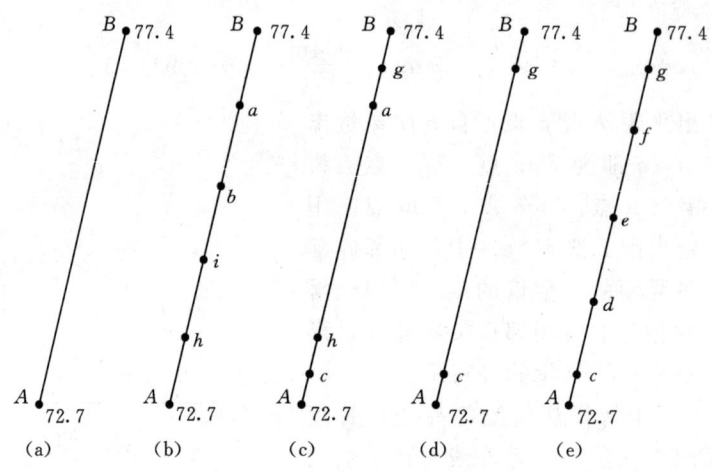

图 6.6.9　目估法定等高线

6.6.3　了解地形图的拼接方法

6.6.3.1　地形图的检查

地形图的检查贯穿于地形测图的始终，一般分为室内检查和室外检查。

1. 室内检查

地形图的室内检查注重以下的内容：

(1) 从测图前的准备工作开始，就应该认真检查坐标方格网的绘制、控制点的展绘是否符合标准。

(2) 检查碎部点的测量计算、展绘是否准确无误，当天测绘的碎部点应重算、重展，发现问题，及时修正。

(3) 检查地物描绘的各种符号是否按图式规定的尺寸、大小。地物符号的定位点与碎部点是否一致。

(4) 检查等高线是否光滑、合理，与高程点标注有无矛盾。

(5) 检查注记符号的位置是否恰当，文字或数字的大小是否按图式标准。

(6) 检查图幅拼接是否吻合，是否保持地物、地貌的原状。室内检查应在自检的基础上进行互检。

2. 室外检查

地形图的室外检查注重的内容为：带原图和测量仪器到实地对照检查。首先检查地物、地貌有无漏测，等高线走向与实地地貌是否一致；其次，在测图控制点上安置仪器，对地物、地貌特征点进行抽样观测检查,将观测的结果重展于图上,与原图上相应点的平面位置和高程进行比较,其较差应小于 $2\sqrt{2}M$(M 为中误差,其数值见表 6.6.3、表 6.6.4)。如果超差的个数占总抽查个数的 2% 以上,则认为该图纸不合格。

表 6.6.3　　　　　　　　　　图上地物点点位中误差

地 区 分 类	点位中误差/mm
城市建筑区和平地、丘陵地	±0.5
山地、高山地和设站施测困难旧街坊内部	±0.75

注:森林隐蔽等特殊困难地区,可按表 6.6.3 规定放宽 50%。

表 6.6.4　　　　　　　　　等高线插求点的高程中误差

地形类别	平地	丘陵地	山地	高山地
高程中误差(等高距)	1/3	1/2	2/3	1

6.6.3.2　地形图的拼接

当测区面积较大,进行分幅施测时,由于测量、绘图等误差的原因,使相邻图幅衔接处的地物轮廓线、地貌等高线不能完全吻合,如图 6.6.10 所示,因此为了相邻图幅拼接时能互成一整体,必须对地形图的图边进行拼接。如果测图用的图纸是打毛的聚酯薄膜,则直接将两幅拼接的图纸按图廓线和相同坐标的格网线重叠对齐,检查地物及等高线的偏差,如果地物轮廓线偏差小于 2mm,同一条等高线偏差小于相邻等高线平距时(等高线没有错开一条),则取其平均位置进行修整、改正。取平均位置时,应保证地物的原状不变(如房屋的直角不能改变)。如果是白纸测图,则用透明纸把图 6.6.10 的左幅图的东图廓线和靠近东图廓线的图内 2cm 范围的地物、等高线、坐标格网线及图外多测的地形透描下来,再将透描的透明纸蒙到右幅图上,使左、右幅图的东西图廓线重叠、相同坐标的格网线对齐,检查地物、等高线的偏差。当偏差在允许的范围时,在透明纸上取其平均位置进行修整、画线,使左、右图幅衔接处的地物轮廓线、地貌等高线完全吻合,然后把修整、画线的透明纸分别蒙到左、右幅图上进行改正。改正时,可用无墨的圆珠笔在透明纸上用力描绘,使透明纸下的图纸留下痕迹,而后铅笔在图纸上沿痕迹描绘。

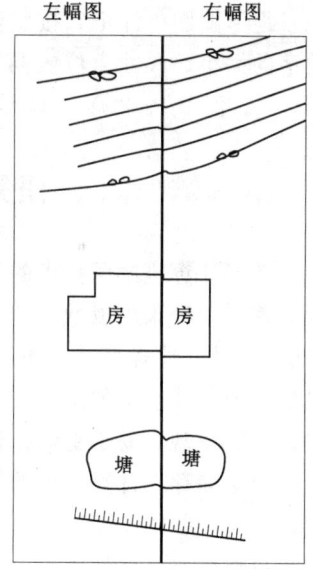

图 6.6.10　图幅拼接

6.6.3.3　地形图的整饰

地形图的整饰包括图廓内的图面整饰和图外注记整饰。

1. 图廓内的图面整饰

擦去所有不必要的线条、注记,如零方向线、碎部点旁标注的"电杆""消火栓""山顶""鞍部"等说明文字。擦去所有的坐标网格线,仅在网格线交叉点保留纵横格网线各

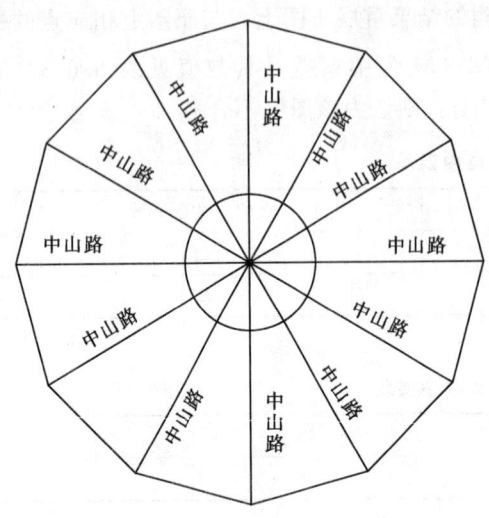

图 6.6.11 注记的字向字序示意图

1cm 的长度，在图廓内侧，格网线与图廓相交处保留 5mm 的长度。所有的地物按图式规定修饰。等高线应光滑合理，遇到各种注记、独立性符号时，应割断 0.2mm；遇到房屋、双线道路、双线河渠、水库、湖、塘等符号时，绘至符号边线。计曲线应加粗，并且标注高程，字体在计曲线中间。各种注记的字义、字体、字级、字向、字序、字位应准确无误，按照所注地物的面积和长度妥善配置，间隔均匀相等。各种注记的字向，除了计曲线高程注记字头朝向高处，街道名称、河名、道路、管线类别的注记字向、字序按图 6.6.11 所示的方法注记外，其余所有的注记字向朝向北图廓。

注记符号按注记的内容不同，其字体大小不同，具体尺寸参照地形图图式进行整饰。

2. 图外注记整饰

地形图图外注记，按照任务 6.4 的内容进行，根据注记的内容不同，其注记的文字或数字的大小、尺寸、位置与图廓的边距等都各有不同，进行图外注记整饰时，应参照 GB/T 20257.1—2007《地形图图式》附录"图廓整饰样式及说明"执行。

任务 6.7　全站仪数字测图方法

随着计算机制图技术的发展，各种高科技的测绘仪器的应用，以及数字成图软件的开发完善，一种采用以数字坐标表示地物、地貌的空间位置、以数字代码表示地形图符号（地物符号、地貌符号、注记符号）的测图方法——数字化测图正在测绘领域迅速发展。以数字的形式表示的地形图称为数字地形图。数字地形图比手工绘图具有精度高、速度快、图形美观、易于更新、误差小、便于长期保存的特点，且可根据用户的不同需要，同一幅分层储存在计算机中的数字地形图可输出不同比例尺、不同图幅大小的各种用图，如地籍图、管线图、断面图等。数字化测图是地形测图的发展方向。数字化测图的作业过程包括数据采集（将地面上的地形和地理要素转换为数字的过程称为数据采集）、数据处理和图形输出三个基本阶段。按照数据采集的方法不同，数字化测图分为经纬仪视距测量进行数据采集的数字化测图、电子经纬仪＋红外测距仪＋便携式电脑联合数据采集的数字化测图、航测数据采集的数字化测图、全站仪数据采集的数字化测图、GPS RTK 数据采集的数字化测图、数字化仪数据采集和扫描矢量化数据采集的数字化测图。本任务主要介绍带内存的全站仪数据采集的数字化测图方法。

6.7.1　野外数据采集

全站仪野外数据采集根据地形的复杂情况分别采用"草图法"数据采集和"编码

法"数据采集。当地物比较凌乱时,采用"草图法"作业模式,现场绘制草图,室内用编码引导文件或用测点点号定位方法,或坐标定位法进行成图。当地物比较规整时,可以采用"编码法"作业模式,现场观测每一个碎部点时,都输入编码,室内由计算机自动成图。

6.7.1.1 "草图法"数据采集

"草图法"数据采集的方法步骤大致如下:

(1) 利用各种带内存系列的全站仪,在一图根控制点上安置,对中、整平、量取仪器高,完成与数据采集有关的初始设置(如温度、气压、棱镜常数等,参数设置,以及测距模式、测距次数、测量所得数据是否自动记录等设置)。

(2) 在仪器内存中创建或建立一个数据采集的文件,如文件名为"AA"的文件。

(3) 输入测站的点名、仪高、三维坐标(北向坐标、东向坐标、高程),输入后视点的点名、坐标或方位角,并对后视点进行测量或定向。

(4) 仪器瞄准碎部点,如房子起点上的棱镜,输入房子起点的点号,如"8",目标高,并对陡坎起点上的棱镜进行测量,则点号为 8 的房子的三维坐标自动记录到文件名为"AA"的文件中(初始设置时,已设置为坐标自动记录)。

(5) 绘图员在预先画好的测区地物、地貌草图上,相应的房子位置,标注点号"8"。全站仪同法测量其他碎部点,以及其他的地貌特征点,随之文件名为"AA"的文件中自动记录其他的地貌特征点的三维坐标,同时绘图员也在草图上相应的位置标注出地貌特征点的点号。当碎部点无法安置棱镜或碎部点与测站点无法通视时,数据采集可采用角度偏心测量、距离偏心测量、平面偏心测量、圆柱偏心测量等偏心测量方法获得碎部点的三维坐标。

6.7.1.2 "编码法"数据采集

草图法数据采集仅采集碎部点的坐标和点号,不能满足计算机自动成图的要求,为了达到计算机自动成图的效果,数据采集时,观测员在输入测点点号之后,必须接着输入测点地物属性码(即地物特征码或地物代码)和地物特征点之间连接关系(连接的序号和连接的线型的信息等)的连接关系码。我们把表示地物属性和连接关系的,并具有一定规则的字符串称为编码。下面以成图系统 CASS 7.0 为例说明编码法数据采集的方法。

编码(CASS7.0 为简码)法数据采集的方法与草图法数据采集的作业方法基本相似,不同的是在输入每一个碎部点点号的同时,都要在全站仪上输入地物点的编码。如上所述,对加固陡坎的起点进行数据采集时,在点号栏输入陡坎起点的点号"8"后,还要在编码栏输入房子的编码 F1,当采集点号为 18 的方角点时,要在编码栏输入"+","+"表示 18 号点与上一点 8 号点直线连接。如果 21 号点是连接 18 号点后的其他房角点,则在采集 21 号点时,编码栏应输入编码"2+","2+"表示 21 号点跳过 2 个点(20、19)与 18 号点连接。具体的编码规则请参考 CASS7.0 成图系统。

6.7.2 数据传输和处理

数据传输是全站仪与计算机两者之间的数据相互传输,这里所指的数据传输是指野外数据采集完成之后,将全站仪内存中的采集数据传输到计算机中;数据处理贯穿于数字测

项目6 大比例尺地形图的测绘

图的全过程,包括的内容很多,这里的数据处理指的是,当数据传输到计算机后,对数据所进行的编辑(如坐标转换、简码格式坐标数据文件编辑)、图形生成、图形编辑、图形整饰、图形分幅等。由于不同系列的全站仪数据传输所配置的数据传输线和数据传输软件各不相同,不同的数字成图系统菜单命令各不相同,所以数据传输的方法和数据处理的方法也各不相同。下面以数字地形地籍成图系统CASS 7.0与尼康DTM—500系列全站仪通讯为例说明数据传输的方法,以数字地形地籍成图系统CASS 7.0说明数据处理的方法。

6.7.2.1 数据传输

1. 数据传输在计算机上的操作

首先在全站仪与计算机的串口之间,用全站仪配置的专用通讯电缆联上,然后打开计算机,进入WINDOWS系统,双击CASS7.0的图标,进入CASS成图系统,此时屏幕上将出现系统的操作界面。移动鼠标至菜单栏的"数据"处单击,便出现如图6.7.1所示的下拉菜单图,选择"读取全站仪数据"项,该处以高亮度(深蓝)显示,单击,这时,便出现如图6.7.2所示的对话框。在"仪器"下拉列表中选择全站仪的型号,如尼康DTM—500系列,单击,便出现如图6.7.3所示的对话框,在对话框中选择与全站仪内置相同的通信参数(图中选择为尼康DTM—500系列全站仪通信参数),接着在对话框最下面的"CASS坐标文件:"下的空栏里输入全站仪输出的数据要保存的文件名,如"测图数据.dat"。鼠标点击【转换】,屏幕提示:"先在计算机上按回车,再在全站仪上按回车",此时传输操作转向全站仪,如图6.7.4所示。

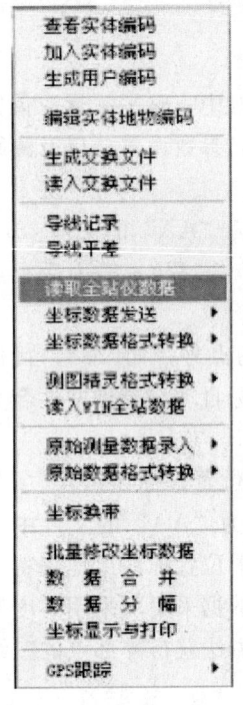

图6.7.1 数据处理的下拉菜单

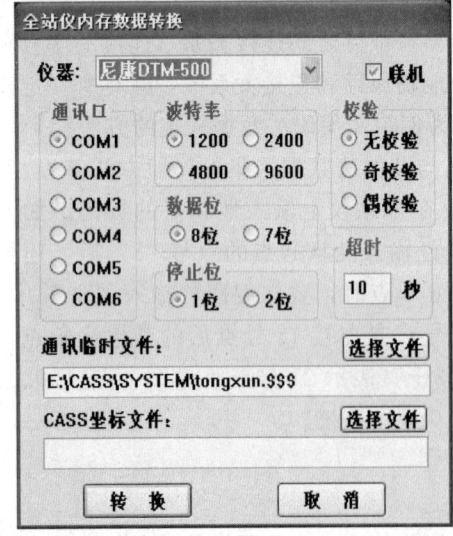

图6.7.2 全站仪内存数据转移

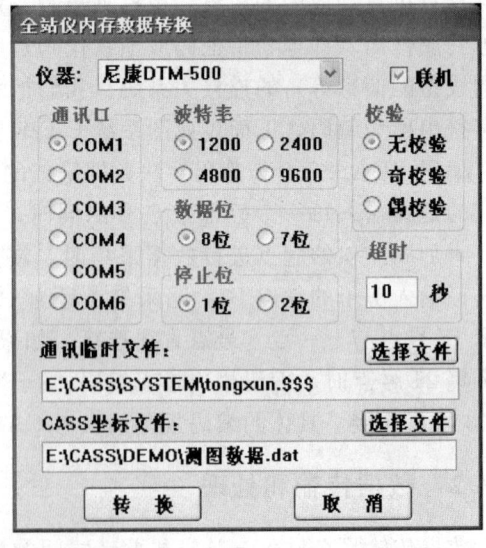

图6.7.3 数据传输通信参数设置

2. 数据传输在全站仪上的操作

打开全站仪的电源开关,在存储管理模式下选取"工作文件"后按回车,进入工作文件管理屏幕。选取"工作文件输出",屏幕上显示内存中工作文件列表,将光标移至其中一个文件,如上面数据采集时所建立的"AA"文件,此时按计算机屏幕上的提示,先在计算机上按回车,再在全站仪上按回车,如图 6.7.4 所示;如此即可把全站仪采集的碎部点的坐标及点信息"AA"文件中的数据转换成计算机中 CASS 成图系统能够识别的"测图数据.dat"坐标文件数据,并保存在计算机上的"测图数据.dat"文件中。

图 6.7.4 数据传输信息提示

6.7.2.2 数据处理

全站仪工作文件中的数据转换为 CASS 成图系统能够识别的坐标文件数据格式如下:
1 点点名,1 点编码,1 点 Y(东向)坐标,1 点 X(北向)坐标,1 点高程
……
N 点点名,N 点编码,N 点 Y(东向)坐标,N 点 X(北向)坐标,N 点高程
当全站仪数据采集以草图法进行数据采集时,其坐标文件数据格式如下:
1 点点名,1 点 Y(东向)坐标,1 点 X(北向)坐标,1 点高程
……
N 点点名,N 点 Y(东向)坐标,N 点 X(北向)坐标,N 点高程

以上两种格式数据都不是地形图图式符号,无法表示测区的地形。为了将这两种格式的数据转化为表示地形图的各种地物、地貌要素的符号,必须对这两种格式的数据作进一步处理。根据对数据处理的方法不同,数据处理分为点号定位法、坐标定位法、编码引导法、简码法,其中简码法数据处理适用于编码法数据采集。

1. 点号定位法

点号定位法数据处理的方法步骤大致如下:

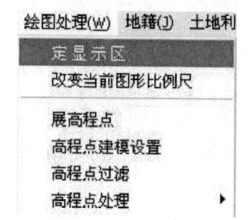

图 6.7.5 "定显示区"菜单

(1)定显示区。定显示区就是通过坐标数据文件中的最大、最小坐标定出屏幕窗口的显示范围。

进入 CASS7.0 主界面,鼠标单击"绘图处理"项,即出现如图 6.7.5 所示的下拉菜单。然后移至"定显示区"项,使之以高亮显示,单击,即出现一个对话窗如图 6.7.6 所示。选择坐标数据文件名。再移动鼠标至"打开"处,单击。这时,命令区显示:

最小坐标(m):$X=31293.320, Y=53306.220$
最大坐标(m):$X=31558.090, Y=53623.180$

(2)选择定点方式。在屏幕右侧菜单区的"坐标定位",选择"点号定位",再次选择坐标数据文件名,如"测图数据.dat"后,打开"测图数据.dat"文件,命令区提示:

读点完成!共读入 126 个点

(3)展野外测点点号。移动鼠标至屏幕的顶部菜单"绘图处理"项单击,这时系统弹出一个下拉菜单。再移动鼠标选择"绘图处理"下的"展野外测点点号"项,如图 6.7.7 所示。

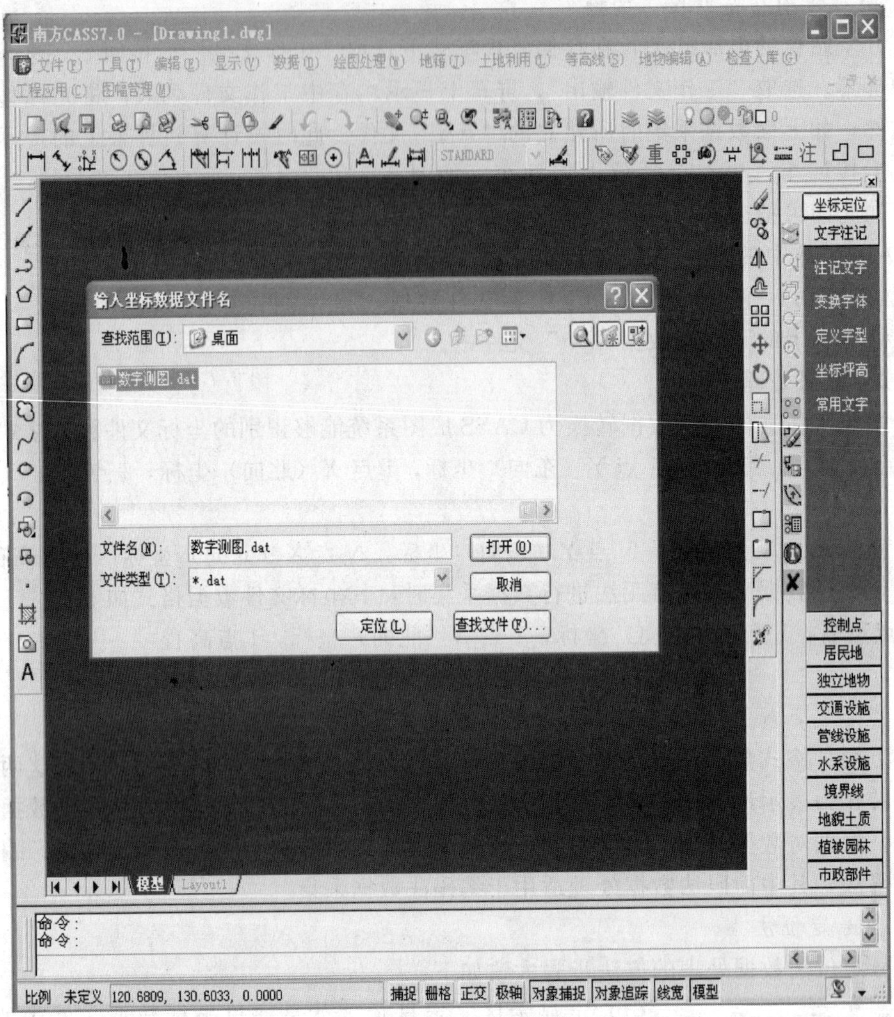

项目6 大比例尺地形图的测绘

图 6.7.6 选择"定显示区"数据文件

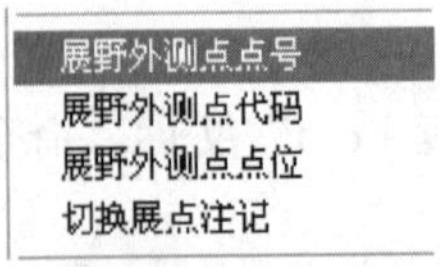

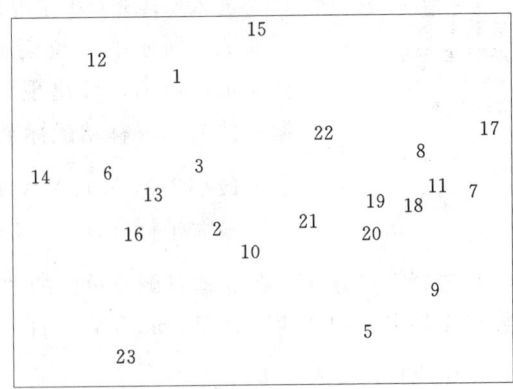

图 6.7.7 选择"展野外测点点号"　　图 6.7.8 数据测图.dat

输入对应的坐标数据文件名后,便可在屏幕上展出野外测点的点号,如图 6.7.8 所示。

(4) 绘制平面图。根据屏幕右侧的"屏幕菜单"所提供的各种地物符号(成图系统中已按图式标准制作好各种地物符号,并分层储存以便调用)和数据采集时绘制的外业草图,选择相应的地形图图式符号在屏幕上将平面图绘制出来,如图 6.7.9 所示,具体绘图方法参考说明书。

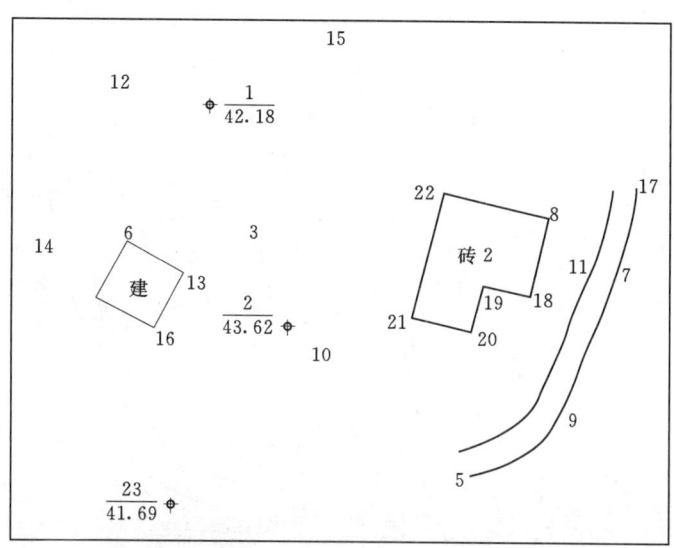

图 6.7.9 "数字测图"平面图

(5) 绘制等高线。再次在"绘图处理"下拉菜单中选择"展高程点",将会弹出数据文件的对话框,如图 6.7.10 所示,找到"数字测图.dat",选择"确定",命令区提示:

注记高程点的距离(m):

直接回车,表示不对高程点注记进行取舍,全部展出来。

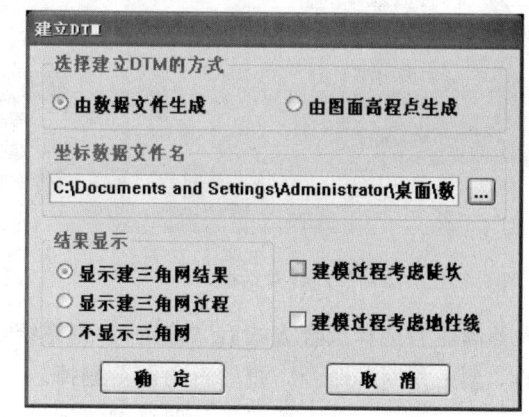

图 6.7.10 选择"展高程点"   图 6.7.11 建立 DTM 模型

(6) 建立 DTM 模型。用单击"等高线"下拉菜单中"建立 DTM",弹出如图 6.7.11 所示的对话框,选择"由数据文件建立 DTM(数字地面模型)",输入坐标数据文件名"测图数据"后,打开"测图数据.dat"文件,按照屏幕下方命令行提示,选择是否考虑坎高，是否选择地性线，是否显示三角网（通常情况这三项都应选择），完成该三项选择后，屏幕展现三角网。

（7）完善图面DTM。当屏幕显示出三角网后，可以对局部没有等高线通过的三角形进行删除，对小角度的或边长相差悬殊的三角形进行过滤，对不合理的三角形进行重组、删除等，将修改后的三角网存盘，生成如图6.7.12所示的DTM模型。

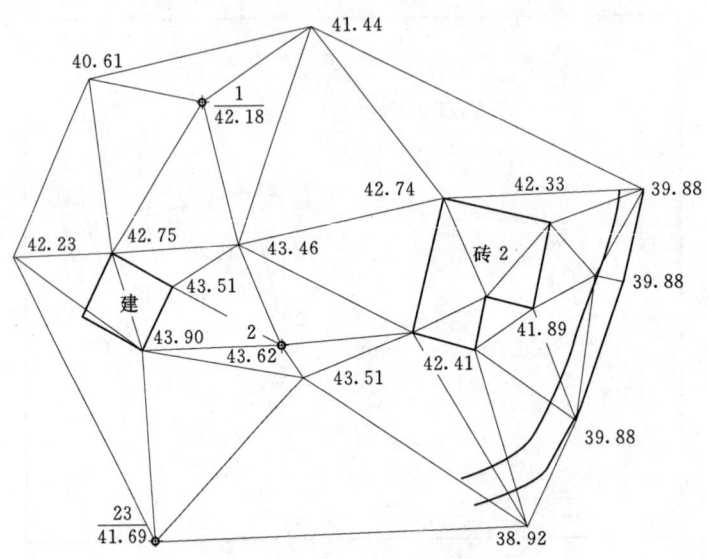

图 6.7.12　建立 DTM 模型

（8）绘等高线。单击"等高线/绘制等高线"，弹出如图6.7.13所示的对话框。

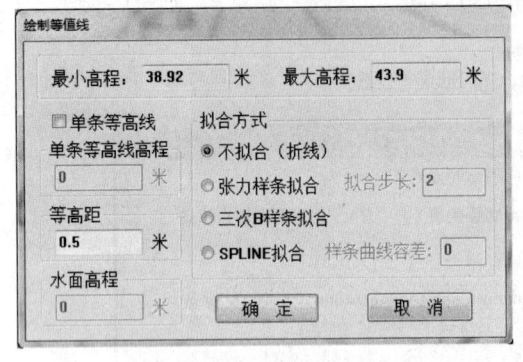

图 6.7.13　绘制等高线对话框

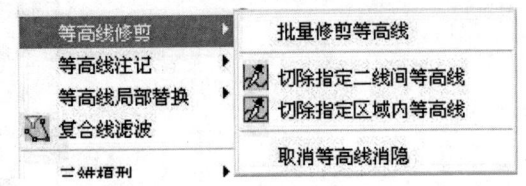

图 6.7.14　"等高线修剪"菜单

输入等高距后选择拟合方式后"确定"。则系统马上绘制出等高线，再选择"等高线"菜单下的"删三角网"命令，把"三角网"删掉。

（9）修饰等高线。其内容包括计曲线的注记、切除穿越地物的等高线、切除穿越文字注记的等高线等修饰工作。利用"等高线"菜单下的"等高线修剪"二级菜单，如图6.7.14所示。

单击"批量修建等高线"，弹出如图6.7.15所示的对话框，选择需要修剪穿越地物、注记符号等高线，并点［确定］按钮，软件将自动搜寻穿过建筑等地物地貌的等高线并将其进行整饰。点取"切除指定二线间等高线",依提示依次单击左上角的道路两边,CASS7.0将自动切除等高线穿过道路的部分。单击"切除穿高程注记等高线",CASS7.0将自动搜寻,把等高线穿过注记的部分切除。

(10)图面整饰与注记。对道路、河流、街道、村庄等名称进行注记,对房屋进行直角纠正、对植被进行填充等编辑和整饰工作。

(11)图形分幅,图幅整饰。在"绘图处理"下拉菜单中选择"任意图幅",出现"图幅整饰"对话框,在该对话框中输入有关分幅信息数据后,选择"确定",一幅类似图 6.7.16 所示的地形图就会在屏幕上呈现出来。其中图幅左下角的说明必须预先在 CASS 成图系统"参数设置"对话框中,选择"图框设置"选项卡,填写相关数据才能完成。

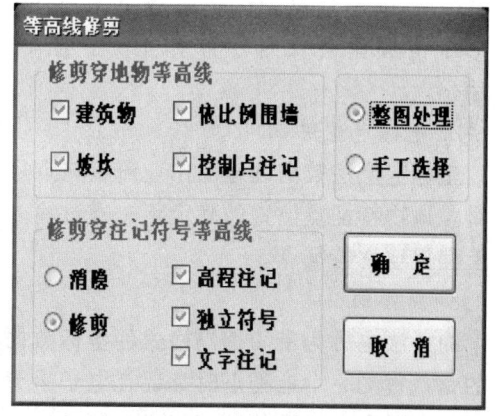

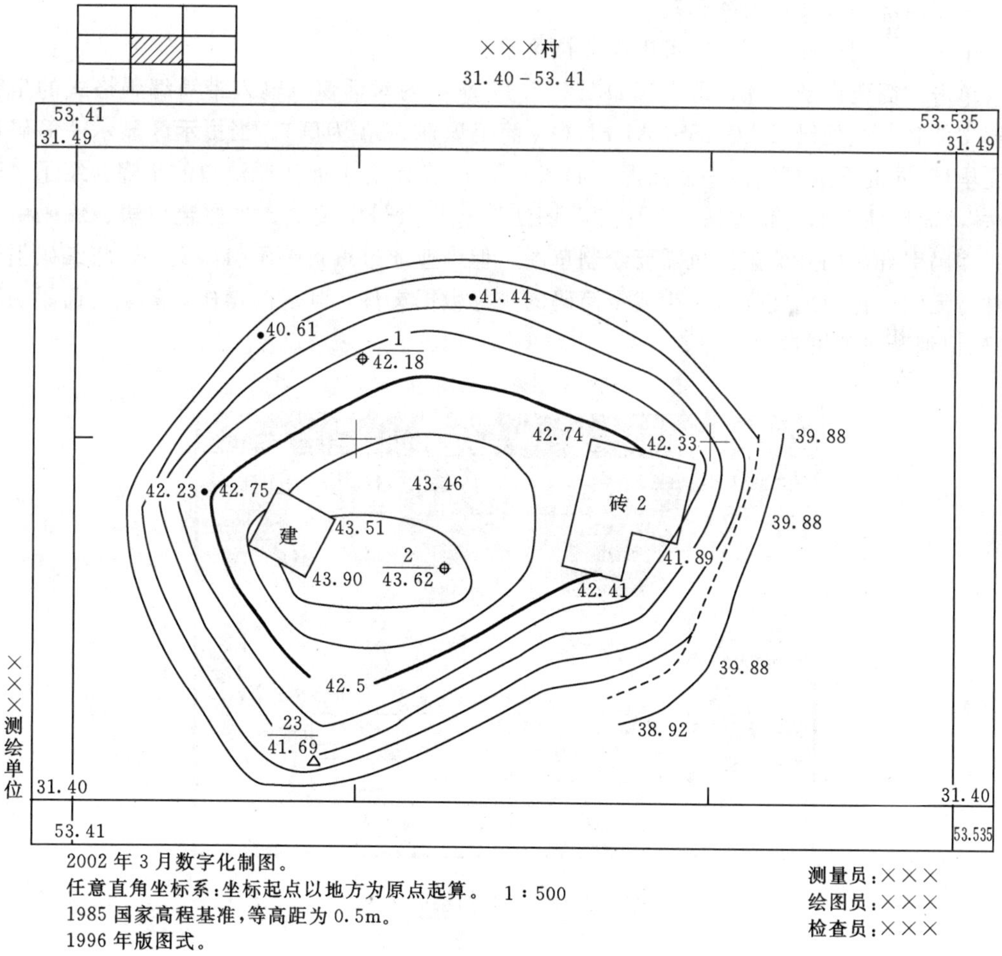

图 6.7.15 等高线修剪对话框

图 6.7.16 加图框

（12）图形信息的编辑。数字图形生成以后，根据工程应用的不同目的，可以在图形中生成里程文件、计算土方、绘制断面图、生成各种数据文件等，以供工程使用。

2. 坐标定位法

坐标定位法数据处理的作业流程与点号定位法基本一样，所不同的仅仅是在绘制平面图时，地物特征点位置的确定不是通过输入点号的方法，而是利用"捕捉"功能直接在屏幕上捕捉地物特征点。

3. 简码法

简码法也称为带简编码格式的坐标数据文件自动绘图方式，与草图法在野外测量时不同的是，每测一个地物点时都要在电子手簿或全站仪上输入地物点的简编码，简编码一般由一位字母和一或两位数字组成。用户可根据自己的需要定制野外操作简码。

（1）定显示区。此步操作与"草图法"中"测点点号"定位绘图方式作业流程的"定显示区"操作相同。

（2）简码识别。简码识别的作用是将带简编码格式的坐标数据文件转换成计算机能识别的程序内部码（又称绘图码）。

单击"绘图处理"项，即可出现下拉菜单。

单击"简码识别"项，即出现如图 6.7.17 所示的对话窗。输入带简编码格式的坐标数据文件名（此处以 C:\CASS70\DEMO\简码识别.dat 为例）。当提示区显示"简码识别完毕!"同时在屏幕绘出平面图形，如图 6.7.18 所示。上面按照清晰的步骤介绍了"草图法""简码法"的工作方法。其中"草图法"包括点号定位法、坐标定位法、编码引导法；编码引导法的外业工作也需要绘制草图，但内业通过编辑编码引导文件，将编码引导文件与无码坐标数据文件合并生成带简码的坐标数据文件，其后的操作等效于"简码法"，"简码识别"时就可自动绘图。

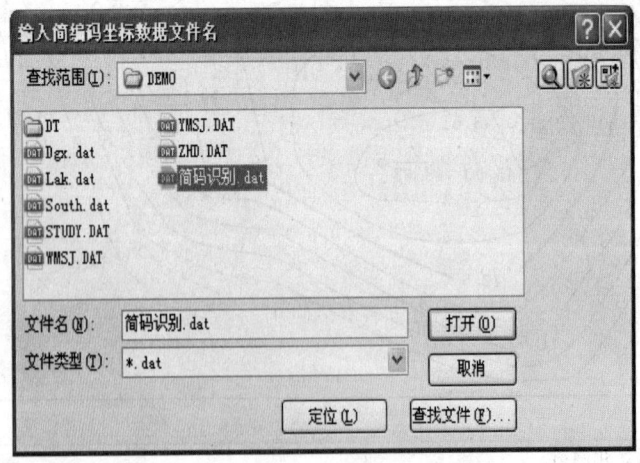

图 6.7.17 选择简编码文件

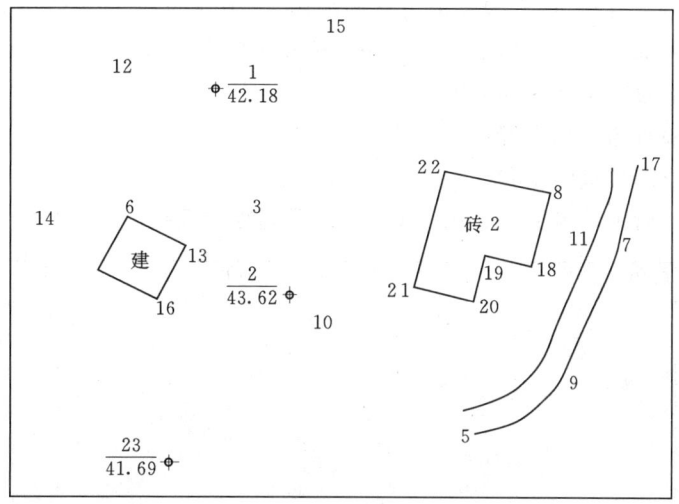

图 6.7.18 用简码识别.dat绘的平面图

6.7.3 数据和图形输出

经过数据处理后生成的图形,可以通过对层的控制,根据用户的不同需要输出平面图、地籍图、地形图、管网图等图形文件,以及坐标文件数据、纵横里程文件数据、权属信息文件数据、土方计算等各种数据文件。为了使用的方便和直观的效果,数据文件和图形文件还必须用绘图仪或打印机将数据文件和图形文件输出。

实 训 与 习 题

1. 实训任务、内容与能力目标

序号	任 务	内 容	能 力 目 标
1	测图外业数据采集	用全站仪对案例中地物地貌数据采集,分组分块进行,数据合并	1. 具有用全站仪进行数据采集的能力。 2. 具有数据传输和合并的能力
2	绘制地形图	根据外业采集的数据用南方CASS成图软件进行数据处理和绘图输出	1. 具有使用南方CASS绘图软件进行数据处理的能力。 2. 具有使用南方CASS绘图软件进行编辑和绘制地形图的能力

2. 习题

(1) 测图前的准备工作包括哪几项内容?

(2) 用对角线法绘制一幅 20cm×20cm 坐标方格网,其中每小方格的边长为 10cm。

(3) 点 A、B、C,其坐标 $X_A=647.4$,$Y_A=425.8$;$X_B=690.2$,$Y_B=538.4$;$X_C=$

725.6，Y_C＝442.6。在题（2）绘制的方格网中用 1∶1000 的比例展绘出来。

（4）什么是碎部点？测绘地形图时，如何选择碎部点？

（5）地形图的整饰包括哪些内容？

（6）地形图检查的内容有哪些？

（7）叙述地形图拼接的步骤。

（8）根据图 1 所示的地形点，用 1m 的等高距勾绘等高线。

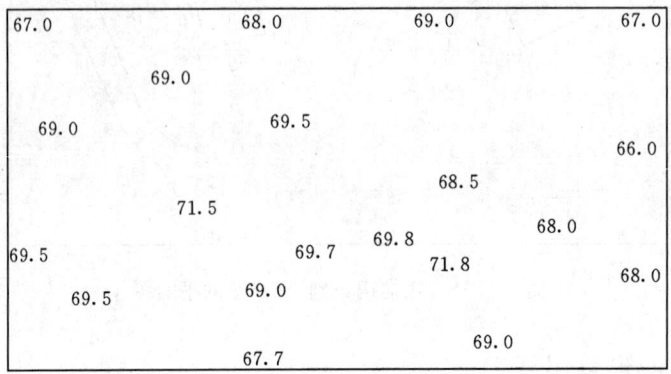

图 1　地形点示意图

（9）数字测图外业数据采集时应注意什么事项？数字采集方法有哪几种？

（10）在全站仪数字化测图中，点号定位法的数据处理包括哪些步骤？

（11）数字绘图的步骤是怎样的？

项目 7 地形图的应用

学习目标：

通过本项目学习，具有在纸质地形图上正确求出点的坐标、距离与方位角、地面点的高程和两点间的坡度的能力，了解面积的量算方法、地形图在工程建设中的应用等；具有在电子地形图上正确求出任一点的坐标、距离与方位角、地面点的高程，图形的面积，断面图的绘制，填挖土（石）方计算等方面的能力。

案例： 如图 7.0.1 所示为某测区 1:1000 地形图，该图幅的西南角坐标值为 $x_A=300\mathrm{m}$，$y_A=400\mathrm{m}$。要求：①计算出该测区的面积；②分别求出 ABCDEDFA 范围平整为设计高程为 56m 时的填挖土方量和填挖平衡的设计高程及填挖土方量；③分别求出水稻田和菜地面积。

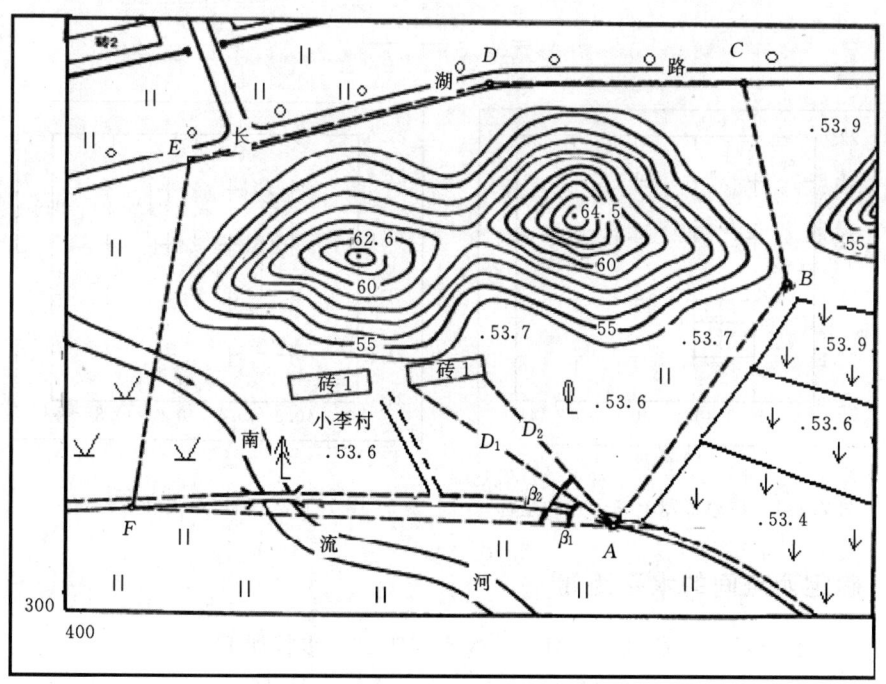

图 7.0.1 某测区 1:1000 地形图

任务 7.1 地形图的基本应用

7.1.1 确定点的平面直角坐标

如图 7.1.1 所示，欲求地形图上 P 点的坐标，步骤为：首先根据 P 点在地形图上的位置，确定 P 点所在的坐标方格 $abcd$，做坐标格网的平行线，与坐标格网交于 e，f，g，h，量取 af，ae；其次确定方格 $abcd$ 的西南角点 d 的坐标（21200，40000），接着过 P 点做平行线与 x 轴和 y 轴的两条直线 mn 和 fg 与坐标方格 $abcd$ 交于 m、n、f、g 四点，最后按地形图比例尺量出 $l_{dm}=l'_{dm}M=13.00$（m），$l_{dg}=l'_{dg}M=13.00$（m）（其中 M 为比例尺分母），则 P 点的坐标为

$$x_p = x_d + l_{dm} = 21200 + 13.00 = 21213.00 (\text{m}) \tag{7.1.1}$$

$$y_p = y_d + l_{dg} = 40000 + 13.00 = 40013.00 (\text{m}) \tag{7.1.2}$$

为防止图纸伸缩变形的影响，还应量取 da 和 dc 的长度。若图纸变形使 $l_{dm}+l_{dg} \neq 10$ (cm)；$l_{dg}+l_{gc} \neq 10$(cm)（注：这是对于 10cm 的坐标格网而言的，假若坐标格网采用其他的长度，那么根据实际的长度进行计算，计算方法也是一样的），则 P 点坐标为

$$x_p = x_d + \frac{10}{l_{dm}+l_{ma}} l_{dm} \tag{7.1.3}$$

$$y_p = y_d + \frac{10}{l_{dg}+l_{gc}} l_{dg} \tag{7.1.4}$$

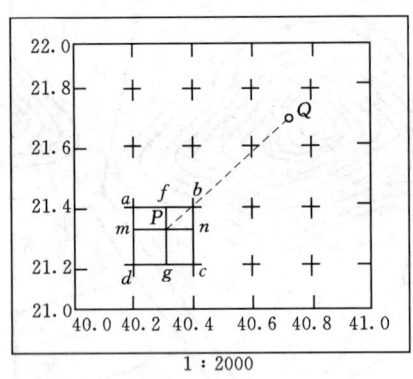

图 7.1.1 在地形图上确定点的坐标

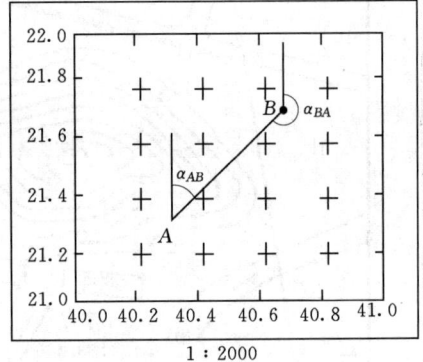

图 7.1.2 确定距离和方位角

7.1.2 确定两点间的水平距离

如图 7.1.2 所示，欲求 A、B 两点间的水平距离，步骤如下：

（1）当精度要求较高时，首先根据 7.1.1 所述的方法确定地形图上 A、B 点的坐标 x_A、y_A 和 x_B、y_B，然后根据坐标反算出 A、B 的水平距离为

$$D_{AB} = \sqrt{(x_B-x_A)^2 + (y_B-y_A)^2} \tag{7.1.5}$$

（2）当精度要求不高时，也可直接用地形图的比例尺或直接从地形图上量取。如图

7.1.2 所示比例尺为 1∶2000，量得 AB 的距离为 d，则 AB 的实地水平距离为

$$D = dM \tag{7.1.6}$$

在有直线比例尺的地形图中，为了消除图纸的伸缩变形给量取的距离带来误差，可以用圆规量取 AB 的长度，然后与图上的直线比例尺进行比较，得出 AB 两点的实地水平距离。

7.1.3 确定直线的坐标方位角

在图 7.1.2 中，欲求直线 AB 的坐标方位角，方法步骤如下：

(1) 图解法。首先过 A、B 两点分别作平行于坐标方格网纵轴的直线，然后用量角器量出直线 AB 和 BA 的坐标方位角。α_{AB} 和 α_{BA} 量测时各量测两次并取平均值。α_{AB} 和 α_{BA} 为直线 AB 的正方位角和反方位角，同一直线正、反方位角应相差 180°。由于图纸伸缩及测量误差的影响，一般来说，两者不会正好相差 180°，$\alpha_{BA} \neq \alpha_{AB} \pm 180°$，即

$$\delta = \alpha_{AB} \pm 180° - \alpha_{BA} \tag{7.1.7}$$

求出 δ 值后，在 α_{AB} 的量测值上加改正数 $\dfrac{\delta}{2}$，再以此作为直线 AB 的坐标方位角。

(2) 解析法。首先根据 7.1.1 所述的方法确定地形图上 A、B 点的坐标 x_A、y_A 和 x_B、y_B，再根据坐标的反算公式计算直线 AB 的方位角 α_{AB}，即

$$\alpha_{AB} = \arctan \frac{y_B - y_A}{x_B - x_A} = \arctan \frac{\Delta y}{\Delta x} \tag{7.1.8}$$

7.1.4 确定点的高程

如图 7.1.3 所示，欲求地形图上点的高程，可用地形图上的等高线及其注记来确定。点的位置情况有两种：

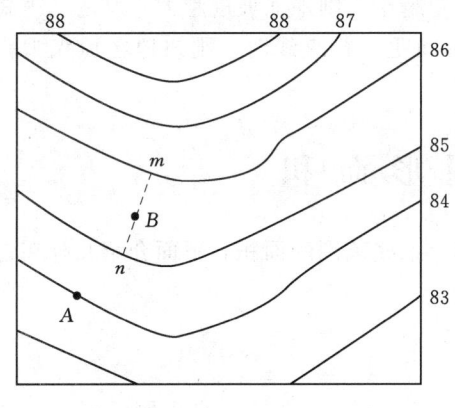

图 7.1.3 在地形图上确定点的高程

(1) 所求点恰好在等高线上，如图中的 A 点，它的高程与所在等高线的高程相同，从图上看应为 $H_A = 84\text{m}$。

(2) 所求点不在等高线上，如图中的 B 点。B 位于 85m 和 86m 的两条等高线之间，B 点高程可通过内插法求得高程，步骤为：首先过 B 点作一条垂直于相邻两条等高线的线段 nm，然后根据地形图的等高距 d（此图 d=1m），量取两等高线平距 l_{nm}，B 点到 n 的距离 l_{nB}，求出 B 点对 n 的高差 h_{nB}，即

$$h_{nB} = \frac{l_{nB}}{l_{nm}} d \tag{7.1.9}$$

最后计算 B 点的高程 H_B，则

$$H_B = H_n + h_{nB} \tag{7.1.10}$$

【例 7.1.1】 假设在图 7.1.3 中，量得 $l_{nm} = 6.6\text{mm}$，$l_{nB} = 3.5\text{mm}$，求出 B 点对 n 的高差 h_{nB} 及 B 点的高程 H_B。

解：将量得数据代入式（7.1.9）得

$$h_{nB} = \frac{l_{nB}}{l_{nm}}d = \frac{3.5}{6.6} \times 1 = 0.53(\text{m})$$

将量得数据代入式（7.1.10）得

$$H_B = H_n + h_{nB} = 85 + 0.53 = 85.53(\text{m})$$

另外，欲求地形图上某点的高程精度要求不高时，也可根据等高线的高程用目估法求取。

7.1.5 确定图上两点连线的坡度

在图 7.1.3 中，欲求 A、B 两点之间的地面坡度，步骤为：首先可以通过 7.1.4 所述的方法求出 A、B 两点的高程 H_A 和 H_B，计算 A、B 两点的高差 $h_{AB} = H_B - H_A$，然后根据 7.1.2 所述的方法求出 A、B 两点的水平距离 D_{AB}，而高差与水平距离之比称为坡度，以 i 表示，即

$$i = \frac{h_{AB}}{D_{AB}} = \frac{h_{AB}}{d_{AB}M} \tag{7.1.11}$$

式中 d——图上两点的长度，m；

M——地形图比例尺的分母。

坡度通常用千分率（‰）或百分率（％）的形式表示，"＋"为上坡，"－"为下坡。

【例 7.1.2】 假设在图 7.1.3 中，量得 $d_{AB} = 10\text{mm}$，$h_{AB} = 1.53\text{m}$，$M = 2000$，求 A、B 两点连线坡度。

解：将量得数据代入式（7.1.11）得

$$i = \frac{h_{AB}}{d_{AB}M} = \frac{1.53}{0.01 \times 2000} = 8\%$$

由等高线的特性可知，地形图上某处等高线平距越小，则地面坡度越大。反之，等高线平距越大，则地面坡度越小。当等高线为一组等间距平行直线时，则该地区地貌为斜平面。

任务 7.2 量算图形面积

在工程建设中使用地形图时，经常需要确定图上某些范围的面积，下面介绍几种在地形图上确定面积的常用方法。

7.2.1 几何图形法

若图形是内直线连接的多边形，则可将图形划分为若干种闭合的几何图形。如图 7.2.1 中的三角形、矩形、梯形等，然后用比例尺量取计算时所需的元素（长、宽、高）。应用面积计算公式求出各个几何图形的面积，可汇总出多边形的面积。

7.2.2 坐标计算法

若在地形图上确定多边形的面积时，可以根据地形图上的坐标格网线来量取多边形各

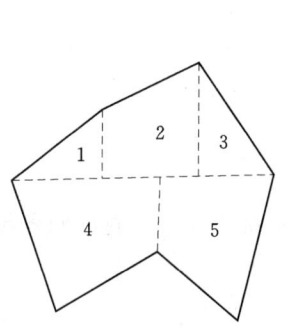

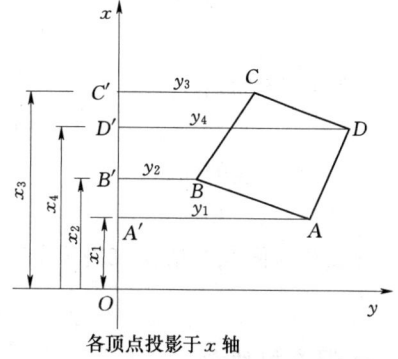

图 7.2.1 几何图形法求面积

图 7.2.2 解析法求面积

顶点的坐标,利用各顶点坐标用解析法计算面积。具体步骤为:如图 7.2.2 所示,$ABCD$ 为任意四边形,定点按顺时针编号,其坐标分别为 (x_A,y_A)、(x_B,y_B)、(x_C,y_C)、(x_D,y_D),则四边形 $ABCD$ 的面积等于相应梯形面积的代数和,即

$$S = S_{D'C'CD} + S_{A'D'DA} - S_{B'C'CB} - S_{A'B'BA}$$

$$= \frac{1}{2}[(x_3-x_4)(y_3+y_4) + (x_4-x_1)(y_1+y_4)$$

$$- (x_3-x_2)(y_2+y_3) - (x_2-x_1)(y_1+y_2)]$$

$$= \frac{1}{2}[x_1(y_2-y_4) + x_2(y_3-y_1) + x_3(y_4-y_2) + x_4(y_1-y_3)]$$

$$= \frac{1}{2}\sum_{i=1}^{4} x_i(y_{i+1}-y_{i-1})$$

若图形为 n 边形,则可得计算面积的通用公式为

$$P = \frac{1}{2}\sum_{i=1}^{n} x_i(y_{i+1}-y_{i-1}) = \frac{1}{2}\sum_{i=1}^{n} y_i(x_{i+1}-x_{i-1}) \tag{7.2.1}$$

在实际计算中,按顺时针编写点号,且 $y_{n+1}=y_1$,$y_0=y_n$ 或 $x_{n+1}=x_1$、$x_0=x_n$。若按逆时针编号,面积值为负号,但最终取值为正。

7.2.3 平行线法

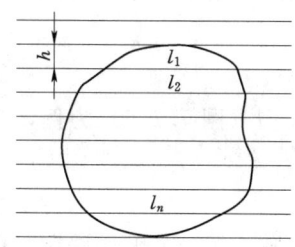

图 7.2.3 平行线法求面积

将间距 1mm 或 2mm 的平行线绘在透明纸或透明模片上制成平行线板。测量时将平行线板覆盖在图形上,并使图形的边缘尽量与平行线相切。如图 7.2.3 所示。整个图形被平行线分割成若干个等高的近似梯形,每个梯形的高为 h,底分别为 l_1、l_2、$\cdots$、l_n,则各个梯形的面积为

$$S_1 = h \times \frac{0+l_1}{2}$$

$$S_2 = h \times \frac{l_1+l_2}{2}$$

......

$$S_n = h \times \frac{l_{n-1} + l_n}{2}$$

累加得出所测图形的面积，即

$$S = l_1 h + l_2 h + \cdots + l_n h = h \sum l \tag{7.2.2}$$

式中　h——两平行线的间距；

　　　$\sum l$——中线长之和。

用平行线法求面积的精度取决于平行线之间的间隔大小，平行线间隔越小，则面积量算精度越高。

7.2.4　透明方格纸法

如图 7.2.4 中，欲求地形图曲线内的面积，步骤为：首先使用以 mm 为单位的透明方格纸（方格边长为 1mm、2mm 或 5mm）覆盖在地形图上，然后将待测图形的边界描绘在透明方格纸上，数出图形内整方格数 n_1 和不完整的方格数 n_2，则面积 A 按下式计算

$$A = \left(n_1 + \frac{1}{2} n_2\right) \frac{M^2}{10^6} m^2 \tag{7.2.3}$$

式中　M——地形图比例尺分母；

　　　m——单位方格面积。

在图 7.2.4 中，方格边长为 5mm，图形比例尺为 1：2000，则单位方格面积 $= 5 \times 2000^2 = 100(\text{m}^2)$。图形内正方格数 $n_1 = 14$，不完整的方格数 $n_2 = 16$，则所求图形的实质面积为

$$A = \left(14 + \frac{1}{2} \times 16\right) \times \frac{2000^2}{10^6} \times 100 = 4400(\text{m}^2)$$

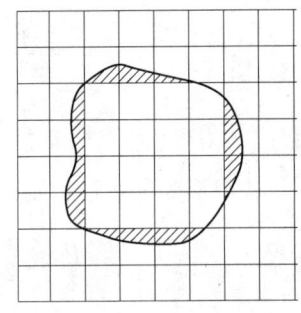

图 7.2.4　方格法求面积

7.2.5　求积仪法

求积仪对图形没有更多的要求，可以量测各种图形面积，并且量测速度快、精度高、操作方便，故被广泛使用。求积仪分机械求积仪和电子求积仪两种。现以日本生产的 KP-90N 型（图 7.2.5）为例，介绍电子求积仪。

1. 准备工作

将图纸水平固定在图板上，然后，在图形中央部分放置跟踪放大镜，并使跟踪臂与极轴垂直，随后，用放大镜中的描迹标沿图形的轮廓线转动一周或两周，检查动极轮能否平稳地滚动，否则，可调整动极的位置。

2. 打开电源

按下 [ON] 键，打开电源。

3. 设定单位

在操作时，首先根据需要选择面积单位。这种仪器的面积单位有公、英、日制，用"UNIT—1"选择；单位制下面又分若干单位，用"UNIT—2"选择。

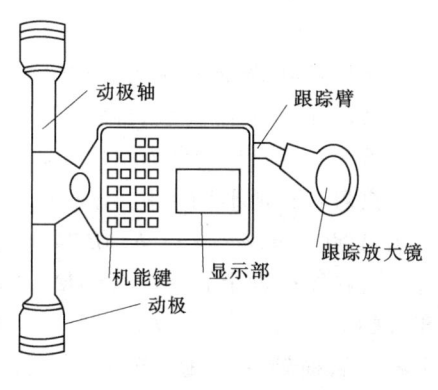

(a) 简图　　　　　　　　　　　　　　　(b) 实物图

图 7.2.5　日本生产的 KP-90N 电子求积仪

4. 设定比例尺

先用数字键输入比例尺分母，然后按下 [SCALE] 键，最后按 [R—S] 键确定，显示比例尺的平方。

5. 简单测量

将跟踪放大镜中心放在图廓边界上任意一点，作为测量的起点，按下 [START] 键，将跟踪放大器中心沿着图廓边缘顺时针方向移动一周，直至回到起点位为止，按下 [HOLD] 键，显示出所量图形的面积。

6. 累加测量

量测几个图形的面积之和。按照简单测量的办法，依次测量各个图形的面积，直到最后一个图形，按 [HOLD] 键。所显示的数值为所测的几个图形面积之和。

7. 平均值测量

按照简单测量的办法，每测完一个图形之后，按 [MEMO] 键，以此类推，测量完最后一个图形后，再按 [AVEB] 键，所显示的数值为多次测量的均值。

任务 7.3　地形图在工程建设中的应用

7.3.1　绘制已知方向的断面图

在各种线路工程设计中，为了进行填挖方量的概算，以及合理地确定线路的纵坡，都需要了解沿线路方向的地面起伏情况，为此，常需利用地形图绘制沿指定方向的纵断面图。

如图 7.3.1 所示，欲绘制直线 AB 纵断面图，具体步骤如下。

首先，在绘图纸或方格纸上绘制 NM 水平线（图 7.3.1），B 表示平距，过 A 点作 NM 的垂线作为高程轴线。平距的比例尺与地形图的比例尺一致，为了明显地表示地面起

项目 7 地形图的应用

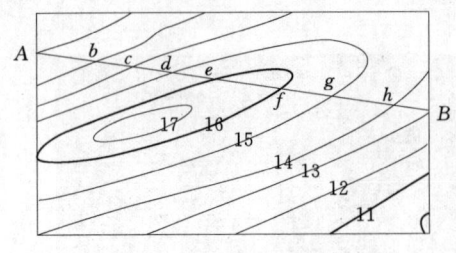

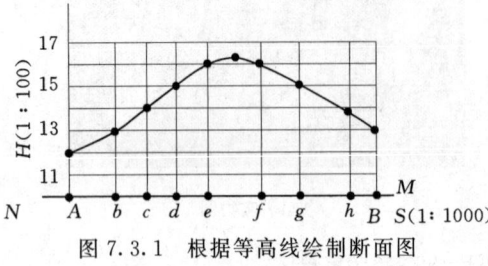

图 7.3.1 根据等高线绘制断面图

伏变化情况,高程比例尺往往比平距比例尺放大 10~20 倍。

然后,在纵轴上注明高程,并按等高距作横轴平行的高程线。高程的起始值要选择恰当,使绘出的断面图位置适中。

接着,在地形图上用卡规自 A 点分别卡出 A 点至 b、c、…、h、B 各点的距离,并分别在图横轴上自 A 点沿 MN 方向截出相应的 A、b、c、…、h、B 等点。从横轴上各点做横轴的垂线,在垂线上按各点的高程,根据纵轴高程注记确定各点在剖面上的位置。最后,用光滑的曲线连接各点,即得已知方向线 A—B 的纵断面图。

7.3.2 按限制坡度选择最短线路

在道路、管线、渠道等工程设计时,都要求线路在不超过限制坡度的条件下,选择一条最短路线或等坡度线。

如图 7.3.2 所示,在比例尺为 1∶2000,等高距为 1m 的地形图上设计一条公路,公路线的起点为公路旁 A 点,终点为高地 B 点。要求其坡度不大于 5%(限制坡度)。选线步骤如下。

首先,根据限制坡度的要求,根据式 (7.1.11) 计算出该路线经过相邻等高线的最小水平距离 d。

$$d = \frac{h}{iM} = \frac{1}{0.05 \times 2000}$$
$$= 0.01(\text{m}) = 1(\text{cm})$$

然后,以 A 为圆心,以 d 为半径画弧交 81m 等高线于点 1,再以点 1 为圆心,以 d 为半径画弧,交 82m 等高线于点 2,以此类推,直到 B 点附近为止。然后连接 A、1、2、…、B,便在图上得到符合限制坡度的路线。这只是 A 到 B 的路线之一,为了便于选线比较,还可以沿另一个方向定出第二天线路,如 A、1′、2′、…、B,作为方案比较。

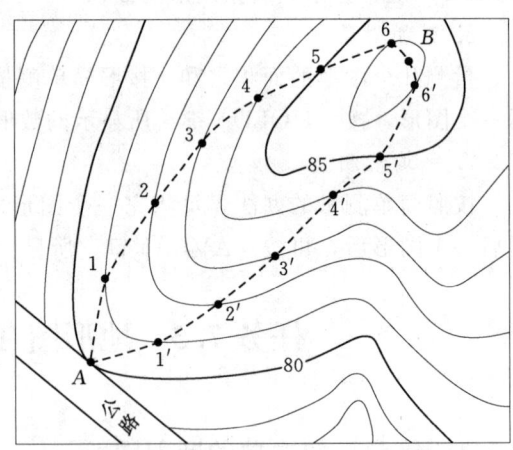

图 7.3.2 根据等高线绘制断面图

在实际工作中,确定一条最佳的线路,还需考虑其他因索,如少占农田,建筑费用最少,避开塌陷或崩裂地带等。

如遇等高线之间的平距大于 1cm,以 1cm 为半径的圆弧将不会与等向线相交。这说明坡度小于限制坡度。在这种情况下,路线方向可按最短距离绘出。

7.3.3 确定汇水面积

修筑道路时有时要跨越河流或山谷，这时就必须建桥梁或涵洞；兴修水库必须筑坝拦水。而桥梁、涵洞孔径的大小，水坝的设计位置与坝高，水库的蓄水量等，都要根据汇集于这个地区的水流量来确定。汇集水流量的面积称为汇水面积。

由于雨水是沿山脊线（分水线）向两侧山坡分流，所以汇水面积的边界线是由一系列的山脊线连接而成的。如图 7.3.3 所示，一条公路经过山谷，拟在 m 处架桥或修涵洞，其孔径大小应根据流经该处的流水量决定，而流水量又与山谷的汇水面积有关。由图可以看出，由山脊线 bc、cd、de、ef、fg、ga 与公路上的 ab 线段所围成的面积，就是这个山谷的汇水面积。量测该面积的大小，再结合气象水文资料，便可进一步确定流经公路 m 处的水量，从而对桥梁或涵洞的孔径设计提供依据。

确定汇水面积的边界线时，应注意以下两点：

（1）边界线（除公路 ab 段外）应与山脊线一致，且与等高线垂直。

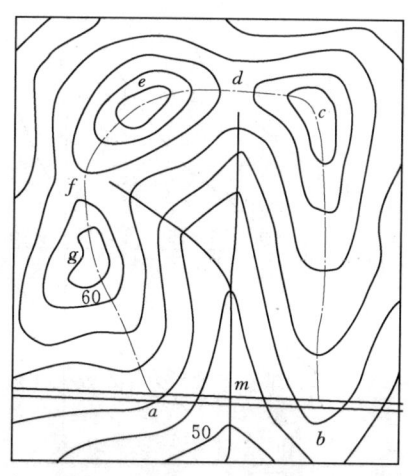

图 7.3.3　确定汇水面积分界线

（2）边界线是经过一系列的山脊线、山头和鞍部的曲线，并与河谷的指定断面（公路或水坝的中心线）闭合。

任务 7.4　地形图在平整土地中的应用及土方量估算

在各种工程建设中，除对建筑物要作合理的平面布置外，往往还要对原地貌作必要的改造，以便适于布置各类建筑物，排除地面水以及满足交通运输和敷设地下管线等。这种地貌改造称之为平整土地。

在平整土地工作中，常需预算土、石方的工程量，即利用地形图进行填挖土（石）方量的概算。其方法有多种，其中方格法（或设计等高线法）是应用最广泛的一种。下面分两种情况介绍该方法。

7.4.1　将地面平整成水平场地

如图 7.4.1 所示，假设要求按原地貌按挖填土方量平衡的原则改造成平面，其步骤如下。

7.4.1.1　要求填挖平衡的水平场地设计计算步骤

1. 在地形图上绘方格网

在地形图上拟建场地内绘制方格网。方格网的大小取决于地形复杂程度，地形图比例尺大小，以及土方概算的精度要求。例如，在设计阶段采用 1∶500 的地形图时，根据地形复杂情况，取方格边长为 20m（一般边长可取 10m 或 20m）。方格网绘制完后，根据地形图上的等高线，用内插法求出每一方格顶点的地面高程，并注记在相应方格顶点的右上方，如图 7.4.1 所示。

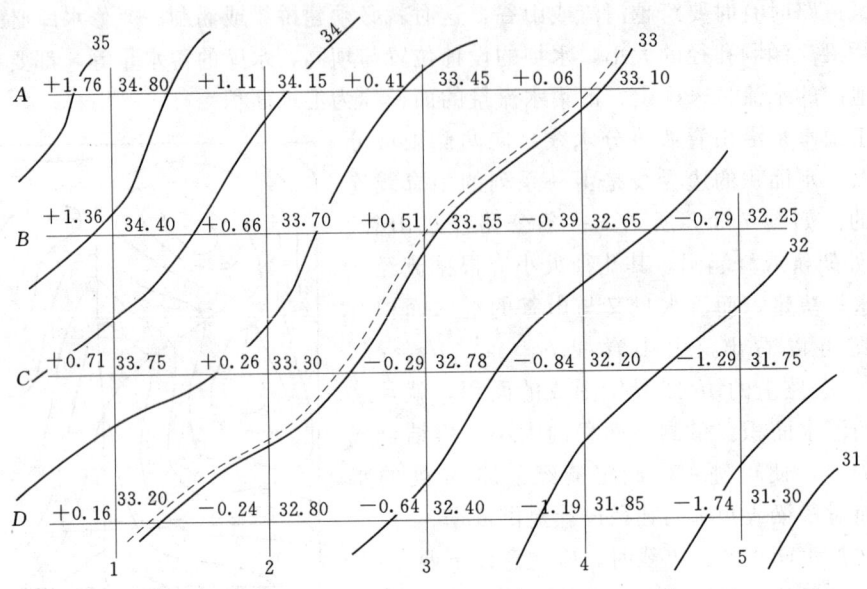

图 7.4.1　根据等高线绘制断面图

2. 计算设计高程

先将每一方格顶点的高程加起来除以 4，得到各方格的平均高程，再把每个方格的平均高程相加除以方格总数 n，就得到设计高程 $H_设$，即

$$H_设 = \frac{H_1 + H_2 + \cdots + H_n}{n} \quad (7.4.1)$$

式中　H_i——每一方格的平均高程，$i=1, 2, \cdots$；

　　　n——方格总数。

从设计高程的计算方法和图 7.4.1 可以看出，方格网的角点 A_1、A_4、B_5、D_1、D_5 的高程只用了一次，边点 A_2、A_3、B_1、C_1、D_2、D_3、$\cdots$ 的高程用了两次，拐点别的高程用了三次，而中间点 B_2、B_3、C_2、C_3、$\cdots$ 的高程都用了四次，因此设计高程的计算公式可写为

$$H_设 = \frac{1}{4n}(1\sum H_角 + 2\sum H_边 + 3\sum H_拐 + 4\sum H_中) \quad (7.4.2)$$

式中　n——方格总数；

　　　$\sum H_角$——各角点高程总和；

　　　$\sum H_边$——各边点高程总和；

　　　$\sum H_拐$——各拐点高程总和；

　　　$\sum H_中$——各中点高程总和。

将图中方格顶点的高程代入式（7.4.2），即可计算出设计高程为 33.17m。在图上内插出 33.17m 等高线（图中虚线），称为填挖边界线。

3. 计算挖、填高度

根据设计高程和方格顶点的高程，可以计算出每一方格顶点的挖、填高度，即

$$填、挖高度＝地面高度－设计高度 \quad (7.4.3)$$

将图中各方格顶点的挖、填高度写于相应方格顶点的左上角（图 7.4.1）。正号为挖深，负号为填高。

4. 计算填、挖土方量

挖、填土方量可按角点、边点、拐点和中点分别按下式列表计算

角点 $\qquad V_{挖(填)} = h_{挖(填)} \times \dfrac{1}{4} S_方$

边点 $\qquad V_{挖(填)} = h_{挖(填)} \times \dfrac{1}{2} S_方$

拐点 $\qquad V_{挖(填)} = h_{挖(填)} \times \dfrac{3}{4} S_方$

中点 $\qquad V_{挖(填)} = h_{挖(填)} S_方 \qquad (7.4.4)$

5. 计算总填、挖土方

将填方和挖方分别求和，即得总填、挖土方量，由于设计高程是根据填挖平衡的原则计算出来的，即 $V_{总挖} = V_{总填}$。

如图 7.4.2 所示，设每一方格面积为 400m²，计算的设计高程是 25.2m，每一方格的挖深或填高数据已分别按式 (7.4.3) 计算出，并已注记在相应方格顶点的左上方。于是，可按式 (7.4.4) 列表 (表 7.4.1) 分别计算出挖方量和填方量。从计算结果可以看出，挖方量和填方量是相等的，满足"挖、填平衡"的要求。

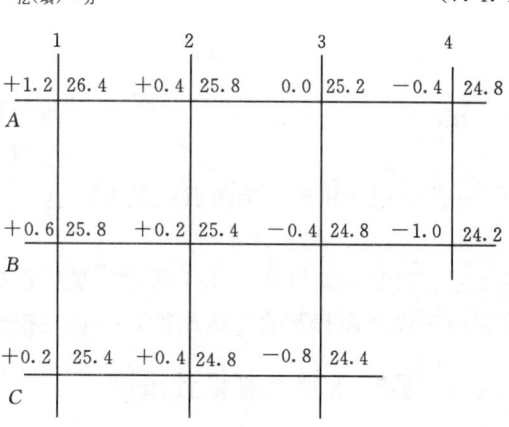

图 7.4.2 填、挖土方量计算

表 7.4.1   填、挖土方量计算表

点号	挖深/m	填高/m	所占面积/m²	挖方量/m³	填方量/m³
A_1	+1.2		100	120	
A_2	+0.4		200	80	
A_3	0.0		200	0	
A_4		−0.4	100		40
B_1	+0.8		200	120	
B_2	+0.2		400	80	
B_3		−0.4	300		120
B_4		−1.0	100		100
C_1	+0.2		100	20	
C_2		−0.4	200		80
C_3		−0.8	100		80
				∑420	∑420

7.4.1.2 要求平整为某设计高程的水平场地计算步骤

在图 7.4.3 中，比例尺为 1：500，面积为 80m×80m，假设要求改造成某一设计高程的平面，其平整的过程和填、挖土方量的计算步骤如下。

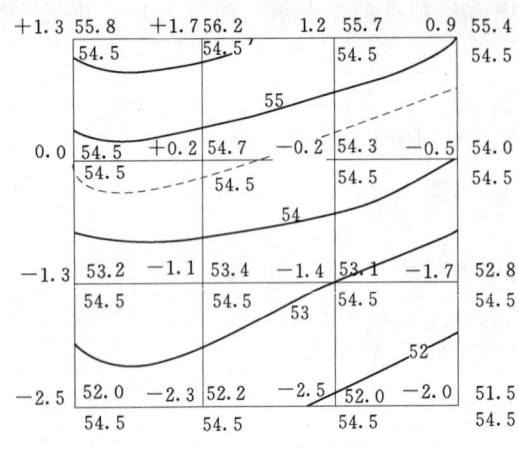

图 7.4.3 平整场地为某一设计高程

1. 在地形图纸上绘制方格网

图 7.4.3 中方格网的大小为 20m×20m，根据等高线内插出每个角点的高程值，并注记在相应角顶点的右上方。

2. 绘制填、挖边界线

本区域设计高程是给出的，$H_设 = 54.5$m，在地形图上用内插法绘制出 54.5m 等高线，该线是填、挖土方的分界线，如图 7.4.3 中的虚线。

3. 计算填、挖高度

根据设计高程和方格顶点的高程，可以计算出每一方格顶点的填、挖高度，即填、挖高度（h）＝地面高度（$H_地$）－设计高度（$H_设$），正号为挖深，负号为填高。

$$h = H_地 - H_设$$

h 值注记在相应方格角点左上方。

4. 计算填、挖土方量

土方计算方法同 7.4.1.1 所述，最后根据各填、挖土方量，求得场地的总填、挖土方量。由于设计高程是直接给出的，总填、挖土方量不一定平衡。

7.4.2 要求平整为某设计坡面

7.4.2.1 要求填挖平衡

当地面坡度较大时，可以将地形整理成某一坡度的倾斜面。将图 7.4.4 所示的地面平整为倾斜场地，坡度要求从北到南为 －4％，具体步骤如下：

（1）绘制方格网，求方格网点地面高程，方法与水平场地平整相同，图 7.4.4 中方格边长为 20m。

（2）计算各方格网点的设计高程。与水平场地平整计算平均高程的方法相同，计算出场地的平均高程，即场地重心的设计高程 $H_设 = 52.8$m。因为平整后场地坡度从北到南为 －4％，按此坡度推算相邻网格点的设计高差为 20×4％＝0.8m。例如，左上角点的设计高程为 52.8＋30×4％＝54.0m，则方格网其他点的设计高程可求出，标注在相应点位的右下角。

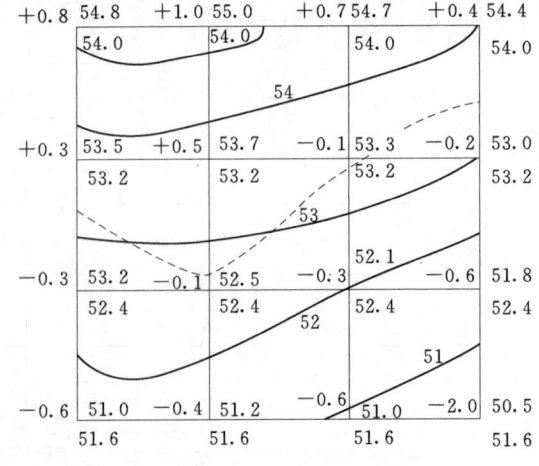

图 7.4.4 平整成倾斜场地

(3) 计算各方格网点的填挖高度。

(4) 确定填、挖分界线。用相邻方格网点的填挖高度确定零点位置，将其相连即为填挖分界线，如图7.4.4虚线所示。

(5) 计算填、挖土方量。与水平面场地平整计算土方的方法相同，并计算各方格的挖土方量。设计高程是根据填挖平衡的原则计算出来的，故填、挖土方应基本相同。

7.4.2.2 要求平整为某一设计坡面

将图7.4.5所示的地面平整为倾斜场地，坡度要求从北到南为-0.4%，北边线的设计高程为54.5m，具体步骤如下：

(1) 绘制方格网，求方格网点的地面高程，方法与填挖平衡相同，图7.4.5中方格边长为20m。

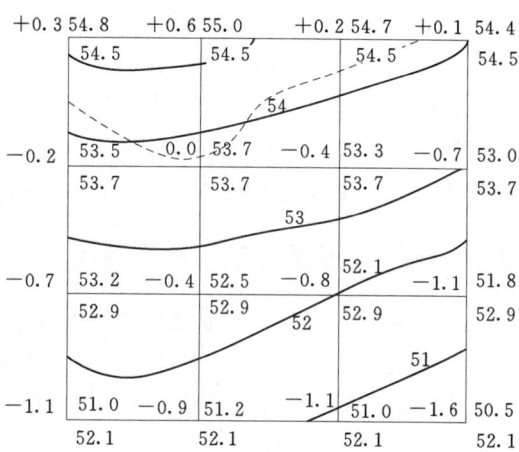

图7.4.5 平整为某设计坡面

(2) 计算各方格网点的设计高程。由于北边线的设计高程为54.5m，平整后场地坡度从北到南为-4%，按此坡度推算相邻网格点的设计高差为$20\times 4\%=0.8$（m）。则方格网其他点的设计高程可求出，标注在相应点位的右下角。其他计算步骤与上述方法相同。

任务7.5 电子地形图的应用

7.5.1 电子地形图的应用

传统白纸测图的主要产品是纸质地形图，它是以一定的比例尺并按图式符号缩绘在图纸上形成的图形，这种地形图具有直观性强、使用方便等优点，但也存在不易保存、易损坏、难以更新的缺点。电子地形图是数字测图的主要产品，它是以数字形式存储在计算机存储介质上，用以表达地物、地貌特征的空间几何形态，电子地形图有以下优点：

(1) 便于成果更新。数字测图的成果是以点的定位信息和属性信息存入计算机的，当实地有变化时只需输入变化的坐标、代码，经过编辑处理，很快便可以得到更新的图，从而可以确保地面的可靠性和形势性，电子地图可谓"一劳永逸"。

(2) 避免因图纸伸缩带来的各种误差。表示在图上的地理信息随着社会的推移，会因图纸的变形而产生误差。数字测图以电子地图形式保存，避免了对图纸的依赖性。

(3) 便于传输和处理。并可以供多个用户同时使用。计算机与显示器、打印机联机时，可以显示或打印各种需要的资料信息，如用打印机可以打印数据表格，当对绘图精度要求不高时，可用打印机打印图形。计算机与绘图仪联机，可以绘制出各种比例尺的地形图、专题图，以满足不同用户的需要。

(4) 方便成果的深加工利用。电子地图分层存放，可以使地面信息无限存放（这是模拟图无法比拟的优点），不受图面负载量的限制，从而便于成果的深加工利用，拓宽测绘工作的服务面，开拓市场。

（5）便于建立地图数据库和地理信息系统（GIS）。地理信息系统具有方便的空间信息查询检索功能、空间分析功能以及辅助决策功能。

与传统的纸质地形图相比，数字地形图具有明显的优越性和广阔的发展前景，特别是随着计算机技术和数字化测绘技术的迅速发展及其向各个领域的渗透，数字地形图在国民经济建设、国防建设和科学研究的各个方面发挥着越来越大的作用，如在各种工程建设的规划设计、交通工具的导航、环境监测和土地利用调查等方面都有着广泛的应用。

7.5.2　电子地形图在工程中的应用

现在，人们利用数字地形图能很好地完成用纸质地形图进行的各种测量工作，而且精度高，速度快。在AutoCAD软件环境下，利用数字地形图可以很容易地获取各种地形信息。这里以南方CASS软件为例，介绍电子地形图的应用。

南方CASS地形地籍成图软件是基于AutoCAD平台技术的GIS前端数据处理系统。广泛应用于地形成图、地籍成图、工程测量应用、空间数据建库等领域，全面面向GIS，彻底打通数字化成图系统与GIS接口，使用骨架线实时编辑、简码用户化、GIS无缝接口等先进技术。CASS软件自推出以来，已经成长为用户量最大、升级最快、服务最好的主流成图系统。

7.5.2.1　电子地形图的基本几何应用

图7.5.1所示为南方CASS成图软件界面，CASS界面由菜单栏、CAD工具栏、屏幕菜单、命令栏、状态栏组成。

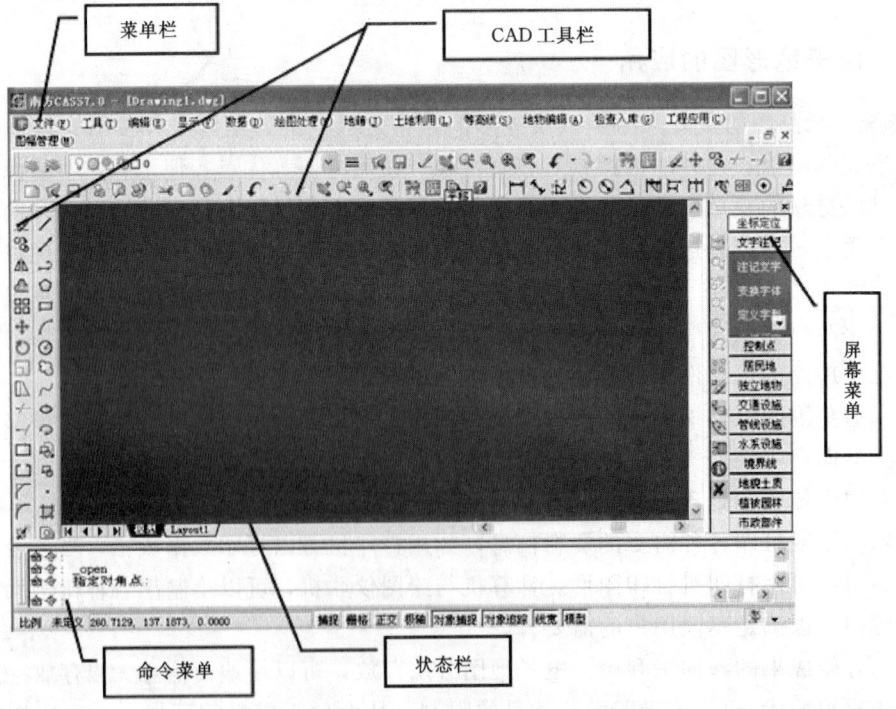

图7.5.1　CASS系统软件界面示意图

通过工具栏中的文件菜单,打开一幅已有的地形图。

1. 定点的平面直角坐标

如图 7.5.2 所示,通过软件菜单栏界面,单击 [工程应用] 菜单下的 [查询指定点坐标]。单击要查询的点,即确定点的平面直角坐标。

需要注意的是:当单击要查询的点时,软件界面左下角状态栏显示的坐标是迪卡儿坐标系中的坐标,与测量坐标系的 X 和 Y 的顺序相反。而从 [工程应用] 功能查询时,系统在命令行给出的 X、Y 则直接是测量坐标系的直角坐标值。

2. 确定两点间的水平距离

如图 7.5.2 所示,通过软件菜单栏界面,单击 [工程应用] 菜单下的 [查询线长]。单击地形图上要查询的两点连成的直线,右击,即确定两点间的水平距离。或者单击 [工程应用] 菜单下的 [查询两点距离及方位] 也得两点间的水平距离,使用这种方法要注意的是,CASS 所显示的坐标为实地坐标,不仅能显示图上两点间的水平距离,同时也能显示两点间实地水平距离。

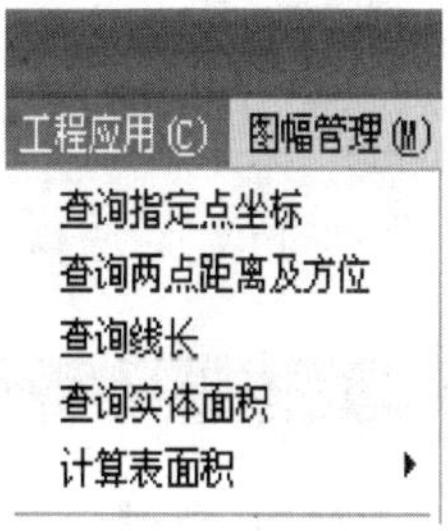

3. 确定直线的坐标方位角

图 7.5.2 工程应用查询界面

如图 7.5.2 所示,通过软件菜单栏界面单击 [工程应用] 菜单下的 [查询两点距离及方位]。逐一单击要查询的直线的两端点,即得直线的坐标方位角。

4. 确定点的高程

点的高程的确定方法很多,可以单击工具栏中的 [对象特性],再单击所要查询的高程的点,即得点的高程。也可以选取屏幕菜单中的 [控制点],再单击所要查询的高程的点,即得点的高程。

5. 确定某范围的面积

在电子地形图上,将欲测算的范围用闭合的多段线描绘出来,通过软件菜单栏界面,单击 [工程应用] 菜单下的 [查询实体面积] 并选择 [选取实体边线] 或者 [点取实体内部点],即得某范围的面积。

7.5.2.2 绘制某方向断面图

通过 CASS 软件,可以在电子地形图上进行选线,并能映出所选线路的地面起伏形态,即所选线路方向的纵断面图。利用 CASS 软件生成断面图的操作步骤如下:

(1) 展原始地形实测的坐标数据文件 dgx.dat 中的点号,生成等高线,基本操作如下。

1) 选定菜单 [绘图处理] 菜单下的 [展野外测点点号];弹出 [输入坐标数据文件名] 对话框中,如图 7.5.3 所示。打开 dgx.dat 文件,展绘出测点点号。

2) 选择菜单栏中的 [等高线] 菜单下的 [建立 DTM];弹出 [建立 DTM] 对话框,如图 7.5.4 所示。在 [选择建立 DTM 方式] 界面中单选 [由数据文件生成];在 [坐标数据文件名] 选项中打开 dgx.dat 文件;在 [结果显示] 中单选 [显示建三角网结果];单击 [确定] 按钮完成 DTM 的建立。

3) 选择菜单栏中的 [等高线] 菜单下的 [绘制等高线],弹出 [绘制等值线] 对话框,如图 7.5.5 所示。修改 [等距] 为 0.5m;在 [拟合方式] 中单选 [三次 B 样条拟合];单击 [确定] 按钮完成等高线的绘制。

项目7 地形图的应用

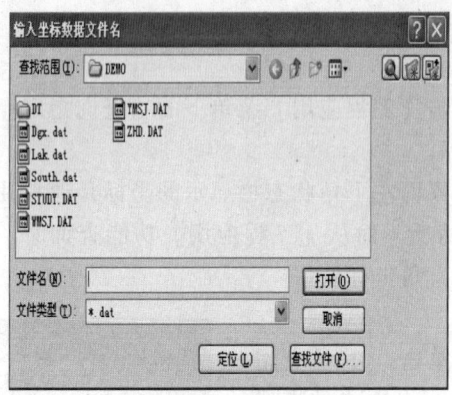

图7.5.3 输入坐标数据文件名

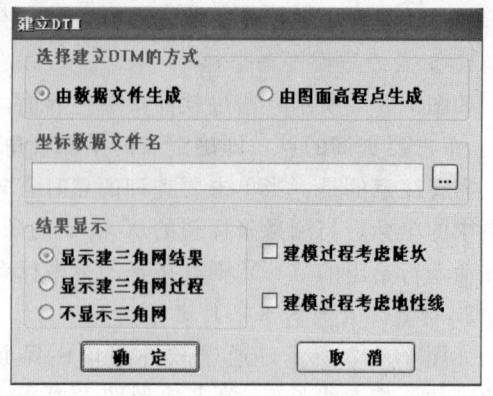

图7.5.4 建立DTM界面

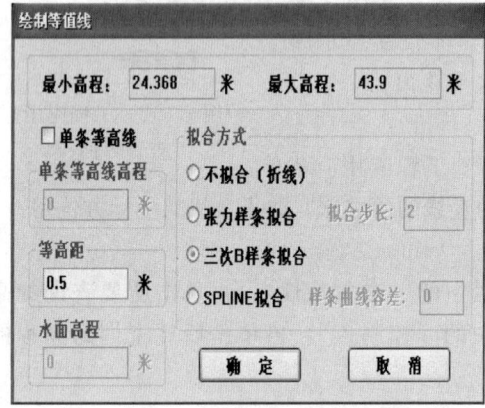

图7.5.5 绘制等值线界面

4）选择［等高线］菜单下的"删除三角网"，即等高线图形生成。

（2）设计线路走向，即确定纵断面线，绘制线路的纵断面图。绘制断面图的方法有四种：①根据已知坐标；②根据里程文件；③根据等高线；④根据三角网。现以第一种方法做介绍，其步骤如下：

1）在等高线地形图中绘制设计的纵断面线路：使用 pline 绘多段线命令，连接 dgx.dat 中测点点号 36（高程为 34.59）和 41（高程为 40.76），起点测点 36，终点测点 41。如图 7.5.6 所示。

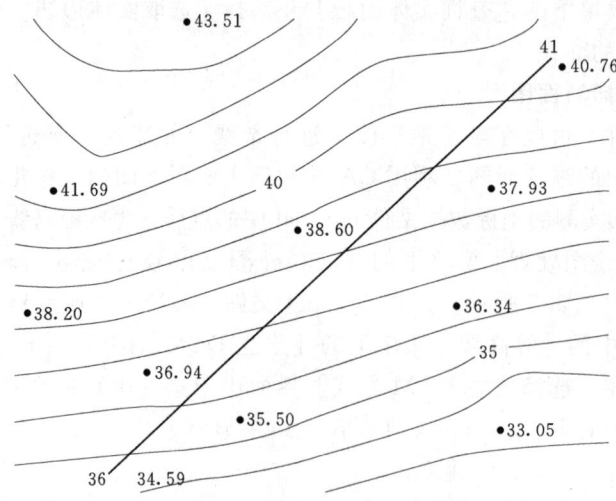

图7.5.6 设计线路走向示意图

2）选择"工程应用"菜单下的"绘断面图"中的"根据已知坐标"，并选择图上的点号 36 与点号 41 连接的断面线，会弹出［断面线上取值］对话框，在"选择已知坐标获取方式"中单选［由数据文件生成］；在［坐标数据文件名］中打开 dgx.dat 文件；注意在"采样间距"中输入 25m（该值可输入与横断面间距相同的数值，便于查看横断面个数及其中桩处的地面高程，并最终确定各里程处横断面的中桩设计高程）；单击［确定］按钮，此时弹出"绘制纵断面图"对话框，在"断面图比例"中默认横向 1∶500；纵向 1∶100；在"断面图位置"中单击［…］按钮，用鼠标在绘图区空白处指定所要生成的纵断面的位置，即纵断面图左下角坐标，返回"绘制纵断面图"对话框后，单击［确定］按钮，即在指定的位置生成了线路的纵断面图，如图 7.5.7 所示。

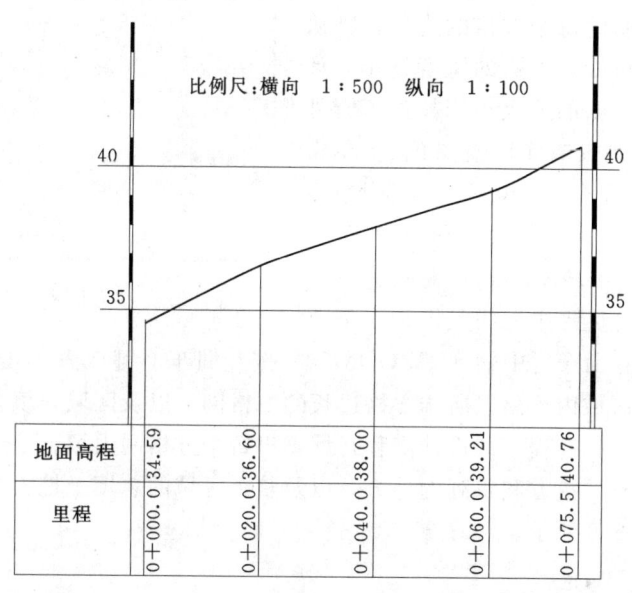

图 7.5.7 生成的纵断面线路图

7.5.3 计算土方量

土方计算在建设工程的土方工程中有着重要的意义和作用，是工程费用计算和工程施工方案优选的重要参考因素，直接关系到工程造价，建设方和设计单位一般都是将土方量计算结果作为时间、费用、效益上的平衡点，然而 CASS 软件是土方量计算时运用得最为广泛的一款软件，特别是大面积且不规则的土石方开挖填方、山体方量测算中，既快捷又方便。

CASS 计算土方量的方法有方格网法、区域土方量平衡法、DTM 法、断面法、等高线法。本内容主要介绍方格网法土方和区域土方量平衡法。

1. 方格网法进行土方量的计算

方格网法计算土方，是土方计算行业中最常用的方法之一，通过 CASS 软件，可以在电子地形图上进行工程土方量的计算。利用 CASS 软件进行土方量的计算，操作步骤如下。

（1）通过菜单栏中的"绘图处理"先的展野外测定点号，将数字地形图数据展绘到 CASS 软件界面。

（2）用 PL 复合线在数字地形图上画出所要计算土方的区域。注意：区域线必须要闭合，但是尽量不要拟合。因为拟合过的曲线在进行土方计算时会被折线叠代，影响计算结果的精度。

(3) 选择菜单栏中的"工程应用"下的子菜单"方格网法土方计算",命令栏提示"选择计算区域边界线",单击区域边界线,屏幕上将弹出如图 7.5.8 所示的对话框,在对话框中单击 [...] 选择所需的高程点坐标数据文件;在"设计面"栏选择"平面",并输入目标高程(即设计高度);在"方格宽度"栏,输入方格网的宽度(绘制的每个方格的边长,默认值为 20m,由原理可知,方格的宽度越小,计算精度越高。但如果给的值太小,超过了野外采集的点的密度也是没有实际意义的)。单击 [确定] 按钮,此时命令栏会提示所选区域内:最小高程=××.×××,最大高程=××.×××,总填方=××××.×m³,总挖方=×××.×m³,但是此时要注意的是图面上看不

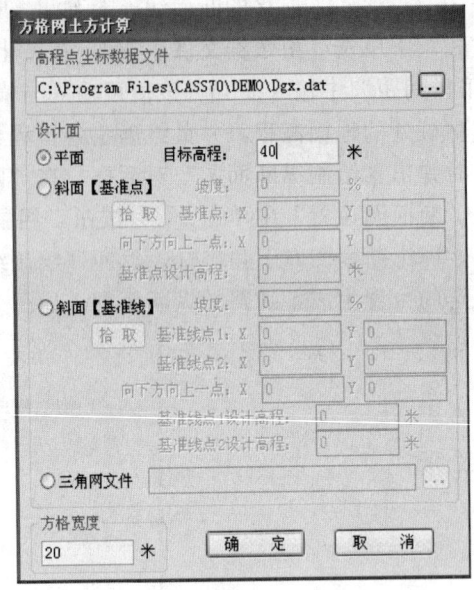

图 7.5.8 "方格网土方计算"对话框

到地形情况,需要在命令栏中输入"ZOOM"并按 [回车] 键或者单击工具栏中 图标即可。此时图面上区域内绘出以所选方格边长的方格网,以及区域内填、挖土方的分界线和根据按照输入的目标高程(即设计高程)计算出每个方格网内填、挖土方量,纵横方格中计算出区域内每行的挖方和每列的填方,以及整个区域的总填、挖土方量,方格网计算土方量结果如图 7.5.9 所示。

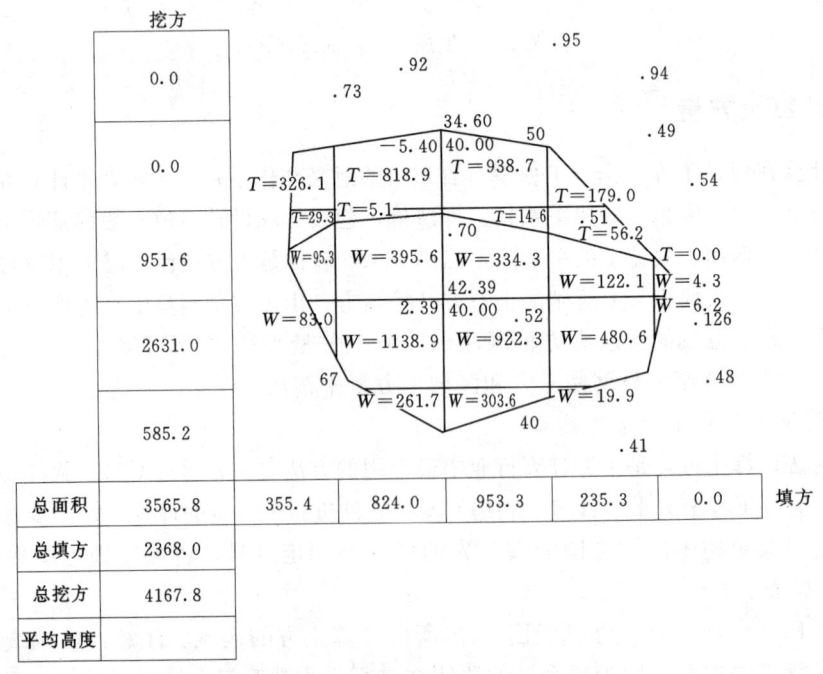

图 7.5.9 方格网进行土方量计算成果图

任务7.5 电子地形图的应用

2. 区域土方量平衡法进行土方量的计算

在 CASS 软件下用区域土方量平衡法进行土方量的计算，操作步骤如下：

（1）通过菜单栏中的"绘图处理"选的展野外测定点号，将数字地形图数据展绘到 CASS 软件界面（操作过程同方格网法）。

（2）用 PL 复合线在数字地形图上画出所要计算土方的区域（操作过程及要求同方格网法）。

（3）选择菜单栏中的"工程应用"中子菜单"区域土方平衡"下的"根据坐标文件"，此时命令栏中提示"选择计算区域边界线"，单击区域边界线后，会弹出如图 7.5.10 所示的对话框，并选择高程点数据文件，并按［确定］按钮，此时命令栏中提示"请输入边界插值间隔（米）"，默认值为 20m，按［回车］键，区域内形成了三角网并弹出 AutoCAD 信息，内容显示根据填、挖平衡的原则，信息中显示区域内土方平衡高度（即设计高度），填方量（m³）和挖方量（m³），按［确定］按

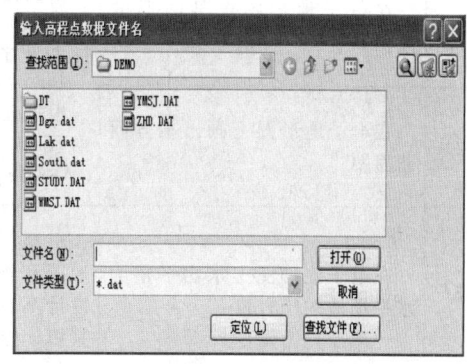

图 7.5.10　"输入高程点数据文件名"对话框

钮。此时图面区域内就会显示出填、挖边界线，同时在命令栏中提示"请指定表格左下角位置"在图面空白出选择生成土方量表格，图面成了根据区域土方量平衡要求利用三角网法土方计算成果图，表中计算出区域内总面积、最小高程、最大高程、土方平衡高度、挖土量、填土量，如图 7.5.11 所示。

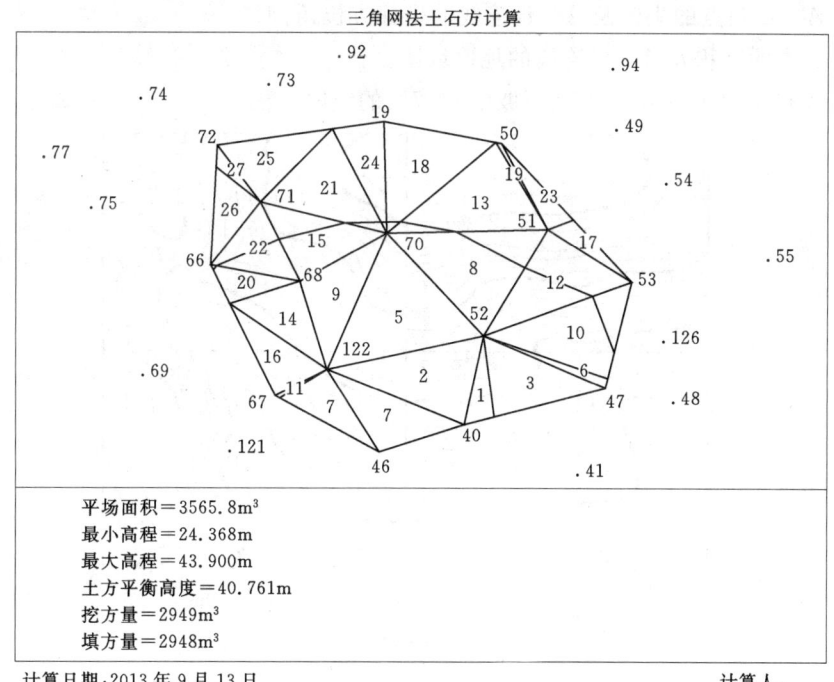

图 7.5.11　区域土方量平衡进行土方量的计算

实 训 与 习 题

1. 实训任务、内容、方法步骤和能力目标

序号	任务	内容	能力目标
1	在电子地形图求某图形的面积	根据任课教师给出的电子地形图和绘出图形，用 CASS 软件求出其面积	具有在电子地形图上求出任何闭合图形面积的能力
2	在电子地形图上画出某方面断面图	根据任课教师给出的电子地形图和绘出断面方向，用 CASS 软件绘出其断面图	具有能够利用电子地形图在 CASS 软件绘制断面图的能力
3	在电子地形图上求出平整为水平场地的土方量	根据任课教师给出的电子地形图和绘出图形及地块范围、设计高程，用 CASS 软件求出其填、挖土方量	具有能够利用电子地形图在 CASS 软件求算土方量的能力

2. 习题

(1) 地形图有哪些主要用途？

(2) 纸质图解地形图和数字地形图有何区别？

(3) 设图 1 为 1∶10000 的等高线地形图，图下印有直线比例尺，用以从图上量取长度。根据该地形图，用图解法解决以下三个问题：

1) 求 A，B 两点的坐标及 A—B 连线的坐标方位角。

2) 求 C 点的高程及 A—C 连线的地面坡度。

3) 从 A 点到 B 点定出一条地面坡度 $i=7\%$ 的线路。

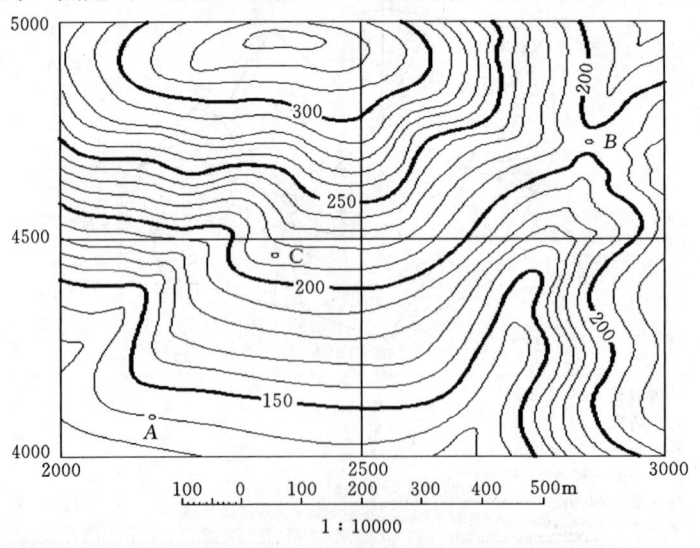

图 1　在地形图上量取坐标高程方位角及地面坡度

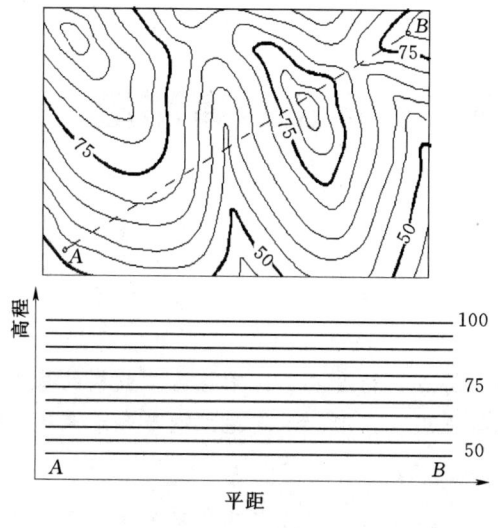

图 2　根据等高线地形图作断面图

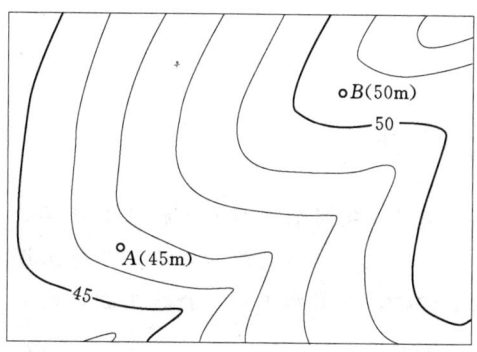

图 3　在地形图上设计倾斜平面

(4) 在工农业建设和土地管理等工作中，哪些工作需要进行面积测量？

(5) 面积测量和计算有哪几种方法？

(6) 根据图 2 所示的等高线地形图，沿图上 A—B 方向，按图下已画好的高程比例，作出其地形断面图。

(7) 在图 3 所示的等高线地形图上设计一倾斜平面，倾斜方向为 A—B 方向，要求该倾斜平面通过 A 点时的高程为 45m，通过 B 点时的高程为 50m，在图上作出填、挖边界线，并在填土部分画上斜阴影线。

项目 8 水工建筑物施工放样及水库测量

学习目标：

通过本项目的学习，了解施工放样的原则、特点、精度要求；掌握施工放样的基本工作和点位施工放样的基本方法；了解土坝、混凝土坝、拱坝、水闸施工测量和水库测量的基本方法，具有水工建筑物施工放样的初步能力。

案例： 图 8.0.1 所示为水工建筑物的直线型混凝土重力坝分层分块示意图。要想实现设计意图，将建筑物进行施工，首先需要在实地上标定清基范围，清基后，要进行坝体的施工，进行这些工作都离不开测量放样。

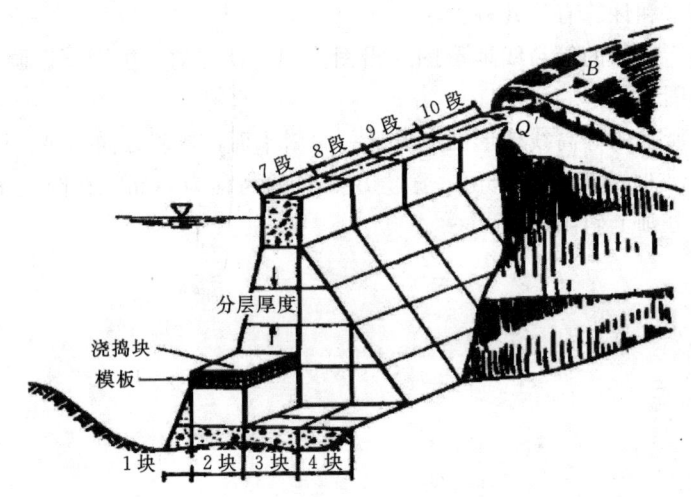

图 8.0.1 水工建筑物的直线型混凝土重力坝分层分块示意图

为了满足防洪要求，获得发电、灌溉、供水等方面的效益，需要在河流的适宜河段修建不同类型的建筑物，用来控制和支配水流。这些建筑物通常称为水工建筑物，而由不同类型水工建筑物组成的综合体称为水利枢纽。

水工建筑物种类繁多，按其作用，可以区分为挡水建筑物、泄水建筑物、通航建筑物、为发电而建的建筑物。挡水建筑物即拦河大坝，是主要的水工建筑物，拦河大坝按功能可将大坝分为以农田灌溉、防洪蓄洪为主的土石大坝和以水力发电为主的混凝土重力坝以及拱坝和支墩坝。本项目分别介绍土石坝、混凝土重力坝、拱坝、水闸、水库等的测量工作。修建大坝需按施工顺序进行下列测量工作：布设平面和高程基本控制网，控制整个工程的施工放样；确定坝轴线和布设坝体细部放样的定线控制网；清基开挖的放样；坝体细部放样等。对于不同筑坝材料及不同坝型，施工放样的精度要求有所不同，内容也有些差异，但施工放样的基本方法大同小异。

任务 8.1　了 解 施 工 测 量

8.1.1　施工测量的内容

在施工阶段所进行的测量工作称为施工测量。施工测量的目的是按照设计和施工的要求将设计的建筑物、构筑物的平面位置和高程在地面上标定出来，作为施工的依据，并在施工过程中进行一系列的测量工作，以衔接和指导各工序之间的施工。

施工测量贯穿于整个施工过程中，其主要内容如下：

(1) 建立施工控制网。

(2) 建筑物、构筑物的详细测设，以确保施工质量符合设计要求。

(3) 检查、验收。每道施工工序完工之后，都要通过测量检查工程各部位的实际位置及高程是否与设计要求相符合，根据实测验收的记录，编绘竣工图和资料，作为验收时鉴定工程质量和工程交付后管理、维修、扩建、改建的依据。

(4) 变形观测工作。随着施工的进展，测定建筑物在平面和高程方面产生的位移和沉降，收集整理各种变形资料，作为鉴定工程质量和验证工程设计、施工是否合理的依据。

8.1.2　施工测量的原则

为了保证各个建（构）筑物的平面位置和高程都符合设计要求，施工测量也应遵循"由整体到局部，先控制后细部"的原则，即先在施工现场建立统一的施工控制网，然后以此为基础，测设出各个建筑物和构筑物的细部位置。这样可以减少误差累积，保证测设精度，免除因建筑物众多而引起测设工作的紊乱。

此外，施工测量责任重大，稍有差错，就会酿成工程事故，造成重大损失。因此，必须加强外业和内业的检核工作。检核是测量工作的灵魂。

8.1.3　施工放样的精度要求

施工放样的精度取决于建筑物的性质、规模、材料、结构形式、施工方法等因素。例如，水利工程施工中，钢筋混凝土工程较土石方工程的放样精度高，而金属结构物安装放样的精度要求则更高，大型或地理位置重要的建筑物的放样精度高于中小型或一般的建筑物；机械化或自动化运行、永久性建筑物的放样精度高于临时性的、运行条件较差的建筑物等。

建筑物主轴线的放样精度仅与施工场地的地质和地形条件有关，因此，不需要更高的精度，这主要是其周围无先期建筑物的约束。例如，水坝轴线的放样精度应不大于±20mm。因此，施工控制网的精度是容易满足这一要求的，但是，为了放样辅助轴线和建筑物细部，施工控制网的精度还应该提高，因为辅助轴线是直接放样建筑物细部的依据。建筑物的细部因建筑材料的不同，放样精度有明显的差异。例如，土石料建筑物轮廓点放样平面位置的中误差为±(30~50)mm，而机电与金属结构物平面位置放样中误差仅为±(1~11)mm。

在工程测量中，主轴线的放样精度称为第一种放样精度，或称绝对精度；辅助轴线和细部的放样精度称为第二种放样精度，或称相对精度。有些建筑物的相对精度高于绝对精度。因此，为了满足某些细部放样精度的需要，可建立局部独立坐标系统的控制网点。

8.1.4 施工测量的特点

（1）施工测量是直接为工程施工服务的，因此它必须与施工组织计划相协调。测量人员必须了解设计的内容、性质及其对测量工作的精度要求，随时掌握工程进度及现场变动，使测设精度和速度满足施工的需要。

（2）施工测量的精度主要取决于建（构）筑物的大小、性质、用途、材料、施工方法等因素。一般高层建筑施工测量精度应高于低层建筑，装配式建筑施工测量精度应高于非装配式，钢结构建筑施工测量精度应高于钢筋混凝土结构建筑。往往局部精度高于整体定位精度。

（3）由于施工现场各工序交叉作业、材料堆放、运输频繁、场地变动及施工机械的震动，使测量标志易遭破坏，因此，测量标志从形式、选点到埋设均应考虑便于使用、保管和检查，如有破坏，应及时恢复。

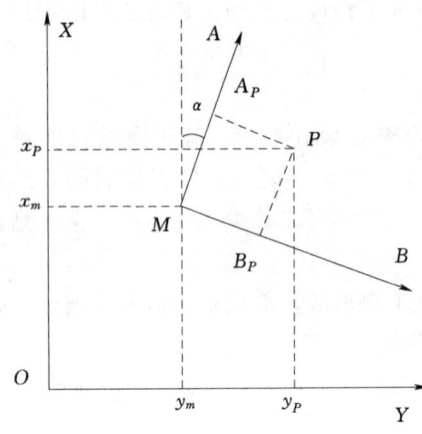

图8.1.1 施工和测图坐标系的关系

8.1.5 施工坐标系与测量坐标系换算

在施工场地建立的平面控制网，一般采用测量坐标系。而设计图上建筑物的轮廓线常常以建筑物的主轴线（如坝轴线、厂房轴线等）作为定位的依据。这种以建筑物主轴线建立的坐标系统称为施工坐标系。在建筑物施工放样前要进行坐标换算，换算成统一的坐标系统的坐标，才能计算放样数据，正确测设建筑物的位置。

1. 将施工坐标换算为测量坐标系坐标

如图8.1.1所示，XOY为测量坐标系，AMB为施工坐标系，P点在两个坐标系中的坐标值分别为(x_P, y_P)，(A_P, B_P)。若点在施工坐标系中坐标值为已知，则可按式（8.1.1）将其换算成测量坐标系中的坐标值。

$$\begin{cases} x_P = x_m + A_P \cos\alpha - B_P \sin\alpha \\ y_P = y_m + B_P \cos\alpha + A_P \sin\alpha \end{cases} \quad (8.1.1)$$

式中 x_m，y_m——施工坐标系原点在测图坐标系中的坐标值；

α——施工坐标系相对测图坐标系的旋转角。

2. 将测量坐标换算为施工坐标系坐标

若点在测量坐标系中坐标值为已知，则可按式（8.1.2）将其换算成施工坐标系中的坐标值。

$$\begin{cases} A_P = (x_P - x_m)\cos\alpha + (y_P - y_m)\sin\alpha \\ B_P = -(x_P - x_m)\sin\alpha + (y_P - y_m)\cos\alpha \end{cases} \tag{8.1.2}$$

在施工放样中，应该将控制点测量坐标换算为施工坐标系坐标，还是将建筑物的施工坐标换算成测量系坐标？怎样的换算使工作量最少就该换算成什么坐标系的坐标。如在重力坝分层施工放样中，测量控制点点数一般不多，而大坝每层施工需要放样很多的点，这时应该将测量控制点坐标换算成施工坐标系的坐标，将大大减少计算工作量。

任务8.2 施工测量基本工作

8.2.1 测设已知水平距离

在施工放样过程中，经常需要将图上设计的距离在实地标定出来，也就是按给定的方向和起点将设计长度的另一端点标定在实地上，即距离放样，亦称线段测设。距离放样一般采用钢尺丈量，当精度要求较高时采用电磁波测距仪或全站仪型速测仪，精度要求不高时可采用视距法放样。目前，工程建筑物放样时的距离测设工作，一般使用钢卷尺或测距仪。现将钢卷尺放样方法和精度介绍如下。

8.2.1.1 用钢尺进行长度的测设

1. 一般方法

当测设精度要求不高时，从已知点开始，沿给定的方向，用钢尺直接丈量出已知水平距离，定出这段距离的另一端点。

如图8.2.1所示，A 为地面上已知点，D 为设计的水平距离，要在地面给定的方向上测设出 B 点，使得 AB 两点间的水平距离等于 D。

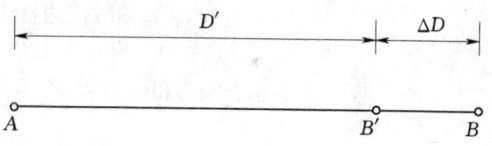

图 8.2.1 钢尺测设水平距离

在一般精度要求下，用钢尺从已知点 A 出发，沿着给定的方向，量取设计的水平距离 D，将直线的端点 B' 测设出来。若建筑场地有一定坡度，丈量时可将钢尺的一端抬高，使钢尺保持水平，用吊垂球提供的铅垂方向来标定位。为了检核，应往返丈量 AB' 的距离，往返丈量之差，若在限差范围内，取其平均值 D' 作为最后的结果，并根据平均值改正端点 B' 的位置，确定 B 点的最后位置。改正数 $\Delta D = D - D'$，当 $\Delta D > 0$ 时，向外改正，当 $\Delta D < 0$ 时，向里改正。

2. 精密方法

放样前，首先，应根据钢尺的尺长方程式和地面倾斜情况，求出放样时应测设的距离；其次，沿预定方向将直线终点标出来，再丈量放出来的直线；最后，计算丈量的长度与设计长度之差，根据差值改正直线终点位置，即得设计长度。值得注意的是，丈量距离与长度放样程序相反，故长度放样时的尺长改正、温度改正和倾斜改正数的正负号与丈量距离时也相反。

沿指定方向从起点用钢尺放样设计长度，所测设的距离应满足式（8.2.1），即

$$D = D_{AB} - D_{AB}\frac{\Delta l}{l} - D_{AB}a(t_m - t_0) + \frac{h^2}{2D_{AB}} \tag{8.2.1}$$

式中　D——用钢尺放样的距离，m；

　　　D_{AB}——设计的水平距离，m；

　　　Δl——钢尺尺长改正值，m；

　　　l——钢尺的名义长度，m；

　　　a——钢的线膨胀系数（0.0000125）；

　　　t_m——放样时平均气温，℃；

　　　t_0——钢尺检定时温度，℃；

　　　h——线段两端的高差，m。

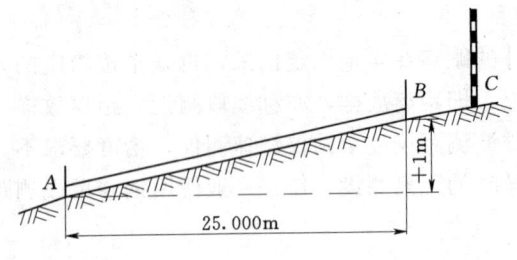

图 8.2.2　钢尺测设水平距离

【例 8.2.1】　如图 8.2.2 所示，要求从 A 点沿 AC 方向测设 B 点，使水平距离 D = 25.000m，所用钢尺的尺长方程式为 l_t = 30 + 0.003 + 1.25×10^{-5}×30×$(t-20℃)$，测设时温度为 t = 30℃，测设时拉力与检定钢尺时拉力相同。

（1）测设之前通过概量定出终点，并测得两点之间的高差 h = +1m。

（2）计算 L 的长度。

解：

$$\Delta l_d = \frac{\Delta l}{l_0}D = \frac{0.003}{30}\times 25 = +0.002(\text{m})$$

$$\Delta l_t = a(t-t_0)D = 1.25\times 10^{-5}\times(30-20)\times 25 = +0.003(\text{m})$$

$$\Delta l_h = -\frac{h^2}{2D} = -\frac{+1.000^2}{2\times 25} = -0.020(\text{m})$$

$$L = D - \Delta l_d - \Delta l_t - \Delta l_h = 25.000 - 0.002 - 0.003 - (-0.020) = 25.015(\text{m})$$

在地面上从 A 点沿 AC 方向用钢尺实量 25.015m 定出 B 点，则 AB 两点间的水平距离正好是已知值 25.000m。

当测设长度的精度要求不高时，温度改正可不考虑，在倾斜地面上可拉平钢尺来丈量。

【例 8.2.2】　某厂房轴线的设计长度为 80m，轴线两端点高差为 0.45m，放样时的温度为 28℃，放样时长度为 30m 的钢尺拉力与鉴定时的拉力相同，求放样长度。

解：已知放样用的钢尺尺长方程式为 l = 30 + 0.0035 + 0.0000125$(t-20)$，由式(8.2.1)得

$$D = 80 - \frac{0.0035}{30}\times 80 - 0.0000125\times 80\times(28-20) + \frac{0.45^2}{2\times 80}$$

$$= 80 - 0.009 - 0.008 + 0.0001$$

$$= 79.984(\text{m})$$

按计算的 D 沿给定的方向丈量，即得到放样长度。作为检查，再丈量一次，若两次放样结果在规定限差之内，可取平均值作为最后结果。

8.2.1.2 光电测距仪测设法

当测设精度要求较高时，一般采用光电测距仪测设法。

（1）如图 8.2.3 所示，在 A 点安置光电测距仪，反光棱镜在已知方向上前后移动，使仪器显示值略大于测设的距离，定出 C_1 点。

（2）在 C_1 点安置反光棱镜，测出水平距离 D'，求出 D' 与应测设的水平距离 D 之差 $\Delta D = D - D'$。

（3）根据 ΔD 的数值在实地用钢尺沿测设方向将 C_1 改正至 C 点，并用木桩标定其点位。

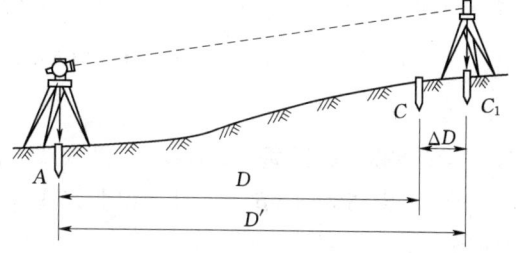

图 8.2.3　光电测距仪测设水平距离

（4）将反光棱镜安置于 C 点，再实测 AC 距离，其不符值应在限差之内，否则应再次进行改正，直至符合限差为止。

8.2.2　已知水平角值的放样

根据已知边和一个设计的水平角，测设出另一条边，使所测出的边与已知边的夹角等于设计的角值，这项工作称为水平角的放样。在施工方格网的测设和建筑物的放样中，经常采用极坐标法定点。这种方法就是已知水平角值放样的具体应用之一。

8.2.2.1　直接测设法

当测设水平角的精度要求不高时，可用盘左、盘右取平均值的方法，获得欲测设角度。如图 8.2.4 所示，设地面已知方向 OA，O 为角顶，β 为已知水平角角值，OB 为欲定的方向线。

（1）在 O 点安置经纬仪，盘左位置瞄准 A 点，使水平度盘读数为 $0°00'00''$。

（2）转动照准部，使水平度盘读数恰好为 β 值，在此视线上定出 B' 点。

（3）盘右位置，重复上述步骤，再测设一次，定出 B'' 点。

（4）取 B_1 和 B_2 的中点 B，则 $\angle AOB$ 就是要测设的 β 角。

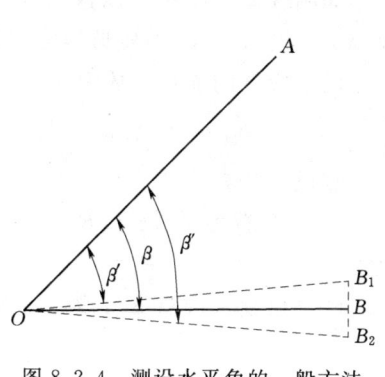 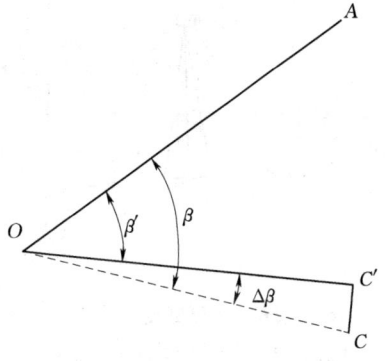

图 8.2.4　测设水平角的一般方法　　图 8.2.5　测设水平角的精密方法

8.2.2.2 精确测设法

当测设水平角的精度要求高时,应采用做垂线改正的方法,如图8.2.5所示。在O点安置仪器,先用一般法测设β角值,在地面上定出C'点,再用测回法观测$\angle AOC'$多个测回(测回数由精度要求或按有关规范规定),取各测回平均值为β',即$\angle AOC'=\beta'$,当β和β'的差值超过限差($\pm 11''$)时,需要进行改正。根据$\Delta\beta$和OC'的长度计算出改正值CC'为

$$CC'=OC'\tan\Delta\beta=OC'\frac{\Delta\beta}{\rho''}$$

式中:$\rho''=206265''$。

过C'点做OC'的垂线,再以C'沿垂线方向量取CC',定出C点,则$\angle AOC$就是要测设的β角。当$\Delta\beta=\beta-\beta'>0$时,说明$\angle AOC$偏小,应从$OC'$的垂线方向外改正,反之,应向内改正。

【例 8.2.3】 已知地面上A、O两点,欲测设直角AOC,先以盘左测设出$\angle AOC'$,然后在O点安置经纬仪,对$\angle AOC'$进行3个测回的观测,其平均值为$=89°59'30''$,量得$OC'=50\text{m}$,则

$$\Delta\beta=90°00'00''-89°59'30''=30''$$

$$CC'=OC'\tan\Delta\beta=OC'\frac{\Delta\beta}{\rho}=50\times\frac{30''}{206265''}=0.007(\text{m})$$

过C'点作OC'的垂线CC',向外量$CC'=0.007\text{m}$定得C点,则$\angle AOC$即为直角。

8.2.3 测设已知高程

在工程建筑物的基础开挖、浇筑立模和结构安装等各施工工序中,常常遇到一个点的高程由设计部门给定,而地面上却没有这个点,例如,房屋建筑中室内地坪的设计高程,在图纸上往往标成± 0.000,须要通过高程放样,把这个点在地面上标出来。高程放样,主要采用水准测量方法,有时也采用钢卷尺放样竖直距离或用三角高程测量的方法。用水准测量进行高程放样时,应以必要的精度先将高程控制点引测到工地,建立临时水准点。临时水准点的密度要满足安置一个测站就能放样出所需的高程点的要求。现将高程放样方法介绍如下。

根据设计部门提出的要求,以及施工场地条件,高程放样有以下几种情况。

8.2.3.1 已知高程点的测设

如图8.2.6所示,欲根据某水准点的高程H_R测设A点,使其高程为设计H_A,则A点尺上应读的前视读数为

$$b_{应}=(H_R+a)-H_A \qquad (8.2.2)$$

测设方法如下。

(1) 安置水准仪于R、A中间,整平仪器。

(2) 后视水准点R上的水准尺,读得后

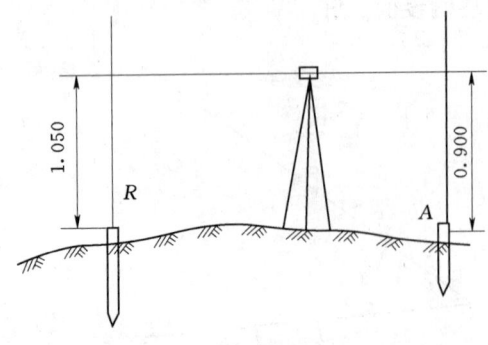

图 8.2.6 高程测设

视读数为a,则仪器的视线高$H_i=H_R+a$。

(3) 将水准尺紧贴 A 点木桩侧面上下移动,直至前视读数为 b 时,在木桩侧面沿尺子底部就是设计高程 H_A。

8.2.3.2 传递高程的测设深基坑或高层建筑物的高程放样

如图 8.2.7 所示,在深基坑或高层建筑物的高程放样中,已知地面上水准点 A 的高程为 H_A,须测设基坑内设计点 B 的高程 H_B。为此,可在坑口设支架,自上而下悬一钢卷尺,使尺子零点在坑内,尺端悬垂球,为防止尺身抖动,可将垂球浸入水桶内。观测时,采用两台水准仪分别在坑上、坑内设站,根据水准测量原理,被放样点 B 的前视读数为

$$d = H_A + a - (b-c) - H_B \tag{8.2.3}$$

式中 $H_A + a$——视线高程;
$\qquad H_B$——设计高程;
$\qquad b-c$——钢卷尺尺段长度。

从地面上放样高层建筑物高程的情况与基坑内放样大致相同,故不另述。

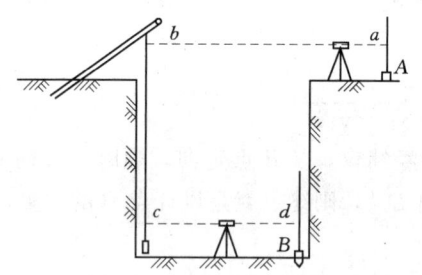

图 8.2.7 深基坑内高程放样

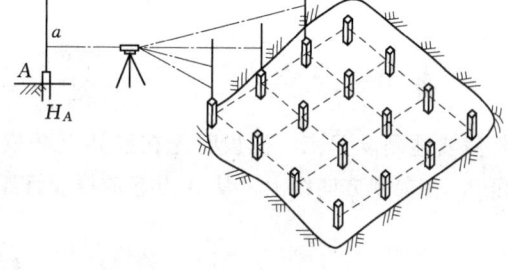

图 8.2.8 已知高程水平面的测设

8.2.4 已知高程的水平面测设

如图 8.2.8 所示,欲在某建筑施工场地测设一水平面,使水平面上的高程为设计高程 H_B,已知施工场地附近有一已知水准点的高程 H_A。

测设时,可在地面按一定的边长测设方格网,用木桩标定各方格网点。然后在场地与已知点 A 之间安置水准仪,读取 A 尺上的后视读数 a,计算出仪器的视线高为 $H_i = H_A + a$,依次在各木桩上立尺,使各木桩顶的尺上读数都等于 $b_{应} = H_i + H_B$,此时,各桩顶就构成一个测设的水平面。

当测设的建筑施工场地不是较平整的地面,而是起伏较大的自然地面时,无法将设计高程在木桩顶部或一侧标出,可将水准尺立在桩顶上,读出尺上的读数 b',计算 b' 与设计的尺上读数 b 之差 $h = b - b'$,h 即为桩顶改正数。将 h 标在桩上,当 $h > 0$ 时,表示桩顶低于设计高程,应自桩顶向上量改正数得设计高程;当 $h < 0$ 时,表示桩顶高于设计高程,应自桩顶往下量改正数得设计高程。

任务 8.3　测设地面点的平面位置

测设点的平面位置,就是根据已知控制点,在地面上标出一些点的平面位置,使这些

点的坐标为给定的设计坐标。测设地面点平面位置的基本方法有直角坐标法、极坐标法、角度交会法、距离交会法。测设时，可根据控制点的分布、建筑物的大小、放样的精度要求和施工的现场条件等，选用适当的方法。

1. 极坐标法放样

极坐标法是在一个控制点上，以已知方向线为后视边，顺时针方向测设一个水平角，在前视边长，从测站点起测设一段设计距离，来确定设计点的平面位置。

【例 8.3.1】 如图 8.3.1 所示，A、B 为已知平面控制点，坐标值分别为 A（X_A，Y_A），B（X_B，Y_B），P 点为建筑物的一个角点，其坐标为 P（X_P，Y_P）点，先根据 A、B 两点，用极坐标法测设出 P 点。

首先根据坐标反算公式计算放样数据为

$$\alpha_{AB} = \arctan \frac{y_B - y_A}{x_B - x_A} \tag{8.3.1}$$

$$\alpha_{AP} = \arctan \frac{y_P - y_A}{x_P - x_A} \tag{8.3.2}$$

$$\beta = \alpha_{AB} - \alpha_{AP} \tag{8.3.3}$$

$$D_{AP} = \sqrt{(x_P - x_A)^2 + (y_P - y_A)^2} \tag{8.3.4}$$

然后实地测设 P 点。测设时先在已知点 A 安置经纬仪，以 B 点定向，顺时针方向测设已知角 β；在前视方向线上，从 A 点起放样设计距离 D_{AB}，则终点就是设计点 P 的位置。

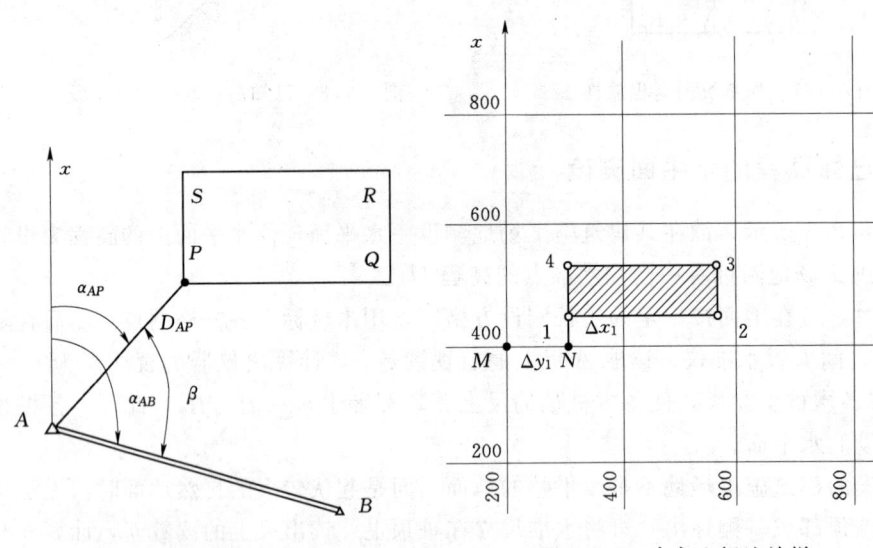

图 8.3.1 极坐标法放样　　　　图 8.3.2 直角坐标法放样

2. 直角坐标法放样

当施工场地布设有建筑方格网或彼此垂直的轴线时，可以根据已知两条互相垂直的方向线来进行放样。该法具有计算简单、放样方便等优点。

如图 8.3.2 所示，施工现场布设有 200m×200m 的建筑方格网，某厂房四个角点的坐标为已知，现以角点 1 为例说明放样方法：根据角点 1 的设计坐标计算出纵横坐标差 Δx_1、Δy_1；先将经纬仪安置在方格网的角点 M 上，正镜，照准另一个角点 Q，沿此方向

线从 M 点用钢尺测设距离 Δy_1，标定终点 N；再将仪器移置于 N 点，后视，照准 M 点，用正倒镜测设直角，在标定的垂线上，从 N 点测设距离 Δx_1，即可标定 1 点。其他角点 2、3、4 可用同样方法测设。最后，应测量 1—2、2—3、3—4、4—1 边的长度，以检验放样长度与设计长度之差是否符合规范要求。

3. 角度交会法

大中型混凝土拱坝、深水中的桥墩和高层建筑物定位时，由于结构物的尺寸较大，形状复杂，直接测设距离困难，因此，可采用前方交会法放样，它是工程建设中常用的一种放样方法，现将放样方法及其精度介绍如下。

前方交会法的基本方法是在两个已知点上设站，利用设计点与已知点的坐标，计算两个水平角度，根据两个方向线直接交会定点。如图 8.3.3 所示，A、B 为已有的两个控制点，其坐标已知，待定点 P 的设计坐标也已知。放样前，先按控制点与设计点坐标计算坐标方位角 α_{AP}、α_{BP}，再计算水平角 β_1、β_2，然后，进行放样。

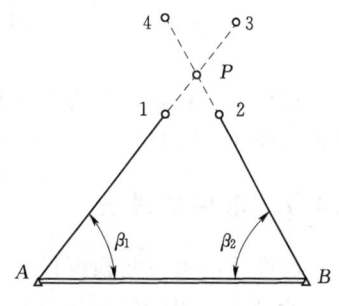

图 8.3.3　角度交会法放样

（1）角度交会法一般方法。

方法一：放样时，在 A 点设站，以 B 点为后视归零，正镜，使仪器照准部顺时针方向旋转（$360°-\beta_1$）角，倒镜，再观测一次，并在 P 点附近先后画出两条方向线，取两方向线的平均方向 AP，同时在 P 点附近沿 AP 方向设置 1、3 两桩。同理，在 B 点设站，以 A 点为后视，并沿 BP 方向在 P 点附近设置 2、4 两桩。沿 1—3 与 2—4 方向分别引张细绳，两绳的交点就是所放样的 P 点，然后，用木桩标定。

方法二：放样时，在 A 点设站，以 B 点为后视方位角，正镜，使仪器水平度盘读数为 α_{AP}，倒镜，再观测一次，并在 P 点附近先后画出两条方向线，取两方向线的平均方向 AP，同时在 P 点附近沿 AP 方向设置 1、3 两桩。同理，在 B 点设站，以 A 点为后视方位角，并沿 BP 方向在 P 点附近设置 2、4 两桩。沿 1—32 与 2—4 方向分别引张细绳，两绳的交点就是所放样的 P 点，然后，用木桩标定。当放样点的精度要求较高时，可采用下述方法进行放样。

（2）角度交会法精确方法。用上述方法初步标出设计点位后，再精密测定该点的位置。具体方法是在 A、B 点上以必要的精度除观测 β_1 与 β_2 角外，还在初步标出的点上安置仪器，观测顶角，构成单三角形，然后进行平差，计算该点的实测坐标，将实测坐标与设计坐标进行比较，按其差值将初步标出的点位改正到设计的位置。

4. 距离交会法

距离交会是由两个控制点测设两段已知水平距离，交会出点的平面位置。距离交会法适用于地势平坦、量距方便，且待测设点至控制点的距离不超过一尺段长的施工场地，一般用于厂房等的放样。

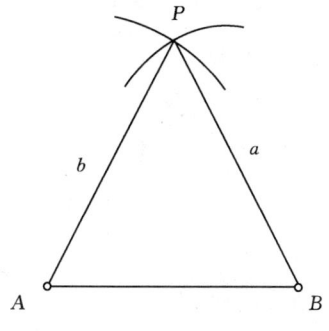

图 8.3.4　距离交会法放样

如图 8.3.4 所示，A、B 为已知控制点，P 为待测设点，根据控制点和待测设点的坐标，按坐标反算公式计算测设 AP、BP 的距离 b、a，在实地上用两把钢尺以 A、B 为圆心，分别以 AP、BP 的长度 b、a 为半径在地面上作圆弧，两圆弧的交点，即为 P 点的平面位置。

任务 8.4 测设已知坡度线

在公路、铁路、渠道等工程施工时都需要测设给定的坡度线，测设方法有水平视线法和倾斜视线法两种。

8.4.1 水平视线法

坡度线的测设是根据设计坡度和坡度端点的设计高程，用水准测量的方法将坡度线上各点的设计高程标定在地面上。在场地平整、道路建筑、敷设上下管道及排水沟等工程上应用较为广泛。地面坡度较小的坡度线测设一般用水平视线法。

如图 8.4.1 所示，A、B 为坡度线的两端，其水平距离为 D，A 点的设计高程为 H_A，为了施工方便，要沿 AB 方向每个一点距离 d 打一木桩，并在木桩上测设一条坡度为 i 的坡度线。测设方法如下：

计算各桩点的设计高程为

$$H_设 = H_起 + id \tag{8.4.1}$$

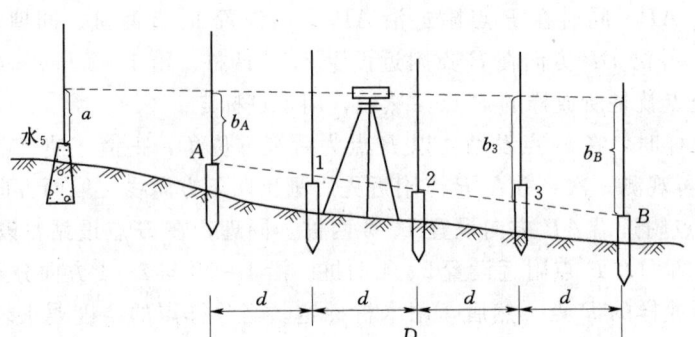

图 8.4.1 已知坡度线的测设

(1) 按式 (8.4.1) 计算得：

第 1 点的设计高程 $H_1 = H_A + id_1$

第 2 点的设计高程 $H_2 = H_1 + id_2$

第 3 点的设计高程 $H_3 = H_2 + id_3$

B 点的设计高程 $H_B = H_3 + id_4$

或（用于计算检核） $H_B = H_A + iD_{AB}$

(2) 沿 AB 方向，按规定间距 d 标定出中间 1、2、3 各点。

(3) 安置水准仪于水准点 5 附近，读后视读数 a，并计算视线高程 H_i。

$$H_i = H_{水5} + a \tag{8.4.2}$$

(4) 根据各桩的设计高程，计算各桩点上水准尺的应读前视数 $b_应$ 为

$$b_应 = H_i - H_设 \tag{8.4.3}$$

(5) 在各桩处立水准尺，上下移动水准尺，当水准仪对准应读前视数时，水准尺零端对应位置即为测设出的高程标志线。当木桩无法继续向下打时，可直接读取水准尺桩顶上的读数 b'，b' 与应读数 b 之差即为桩的填、挖土高度。也可以将水准尺立在桩的侧面上，上下移动水准尺，直至水准尺上的读数为 b，沿水准尺底面在桩的侧面画一条红线，该线即在 AB 的坡度线上。

【**例 8.4.1**】 如图 8.4.1 所示，已知水准点 5 的高程为 89.468m，A 点的设计高程为 90.000m，AB 坡降为 -2%，AB 的平距为 60 m，按间隔 20m 测设一个坡度桩，仪器安置在适当位置后，读得后视读数为 1.208m，测设 A、1、2、3、B 点坡度桩时的应读数是多少？

解：

(1) 计算各桩点的设计高程。

$$H_1 = H_A + id = 90.00 - 1\% \times 20 = 89.800(\text{m})$$
$$H_2 = H_1 + id = 89.800 - 1\% \times 20 = 89.600(\text{m})$$
$$H_3 = H_2 + id = 89.600 - 1\% \times 20 = 89.400(\text{m})$$
$$H_B = H_2 + id = 89.400 - 1\% \times 20 = 89.200(\text{m})$$

(2) 视线高。

$$H_i = H_{BM} + a = 89.468 + 1.208 = 90.676(\text{m})$$

(3) 各桩点的 b 应读数。

$$b_A = 90.676 - 90.000 = -0.676(\text{m})$$
$$b_1 = 90.676 - 89.800 = 0.876(\text{m})$$
$$b_2 = 90.676 - 89.600 = 1.076(\text{m})$$
$$b_3 = 90.676 - 89.400 = 1.276(\text{m})$$
$$b_B = 90.676 - 89.200 = 1.476(\text{m})$$

8.4.2 倾斜视线法

线法是根据视线与设计坡度相同时，其竖直距离相等的原理，确定设计坡度线上各点高程位置的一种方法。当地面坡度较大，且设计坡度与地面自然坡度较一致时，适宜采用这种方法。

如图 8.4.2 所示，A、B 为坡度线的两端，其水平距离为 D，A 点的高程为 H_A，要沿 AB 方向测设一个坡度

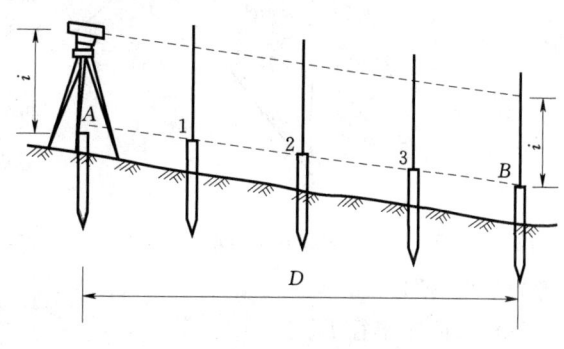

图 8.4.2 已知坡度线的测设

为 i 的坡度线。测设方法如下：

(1) 先根据 A 点的高程 H_A，已知坡度线的坡度 i 和 AB 的水平距离 D 计算 B 点的高程 H_B 为

$$H_B = H_A + iD \qquad (8.4.4)$$

用高程放样的方法，将坡度线两端点的设计高程标志标定在地面木桩上。

(2) 将水准仪安置在 A 点上，并量取仪器高 i。安置时，使一对脚螺旋位于 AB 方向上，另一个脚螺旋连线大致与 AB 方向垂直。

(3) 旋转 AB 方向上的一个脚螺旋或微倾螺旋，使视线在 B 尺上的读数为仪器高 i。此时，视线与设计坡度线平行。

(4) 指挥测设中间 1、2、3 各桩的高程标志线。当中间各桩读数均为 i 时，各桩顶连线就是设计坡度线。

当设计坡度较大时，可用经纬仪代替水准仪。经纬仪通过望远镜和调节微动螺旋使视线对准 B 桩上水准尺读数为 i 的位置，此时视线和设计坡度线平行。在此视线上按水准仪的操作方法测设中间点的桩位置。

任务 8.5　测设圆曲线的方法

修建渠道、道路、隧洞等建筑物时，从一直线方向改变到另一直线方向，需用曲线连接，使路线沿曲线缓慢变换方向。常用的曲线是圆曲线。

8.5.1　圆曲线主点的测设

图 8.5.1 中直线由 T_1 到 P 点后，转向 PT_2 方向（θ 为转折角），用一半径为 R 的圆与该两直线连接（相切），切点 BC 由直线转向曲线，称为圆曲线的起点；切点 EC 由曲线转向直线，称为圆曲线的终点；P 为曲线的交点，MC 点为曲线的中点；这三点控制圆曲线的形状，称为圆曲线的主点。圆曲线测设分两部分，首先定出曲线上主点的位置，然后定出曲线上细部点的位置。

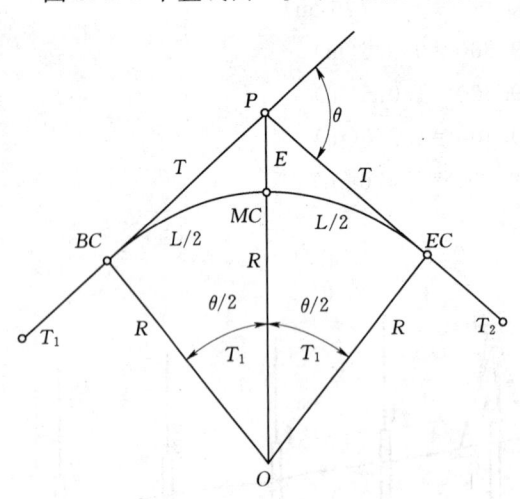

图 8.5.1　圆曲线主点放样

8.5.1.1　圆曲线要素及其计算

图 8.5.1 中，BC 为曲线起点，EC 为曲线终点，MC 为曲线中点，要定出这三个主点的位置，必须知道下面六个元素：

(1) 转折角 θ（前一直线的延线与后一直线的夹角，在延长线左的为"偏左"，在右者为"偏右"）。

(2) 圆曲线半径 R。

(3) 切线长 $l_{BCP} = l_{ECP} = T$。

(4) 曲线长 $BC-MC-EC=L$。

(5) 外矢距 $l_{PMC}=E$。

(6) 切曲差 q。

上面几个元素中，转折角 θ 是用经纬仪实测的，半径 R 是在设计时选定的。其他三个元素与 θ 和 R 的关系如下：

$$T=R\tan\frac{\theta}{2} \tag{8.5.1}$$

$$L=R\theta\frac{\pi}{180} \tag{8.5.2}$$

$$E=R\sec\frac{\theta}{2}-R=R\left(\sec\frac{\theta}{2}-1\right) \tag{8.5.3}$$

$$q=2T-L \tag{8.5.4}$$

【例 8.5.1】 如图 8.5.1 所示，若圆曲线的半径 $R=200\text{m}$，测得转折角 $\theta=23°20'$（偏右），求圆曲线各要素。

解：由式 (8.5.1)～式 (8.5.4) 求得

$$T=200\tan\frac{23°20'}{2}=41.30(\text{m})$$

$$L=200\times\frac{\pi}{180}\times 23°20'=81.45(\text{m})$$

$$E=200\times\left(\sec\frac{23°20'}{2}-1\right)=4.22(\text{m})$$

$$q=2\times 41.30-81.45=1.15(\text{m})$$

8.5.1.2 圆曲线主点桩号的计算

路线上的点号是用里程桩号表示的，起点的桩号为 0+000，"+"号前为千米数，"+"号后为米数，以后各点均以离起点的距离作为其桩号，例如某点的桩号为 1+160，表示该点离起点的距离为 1km 又 160m。

交点一般不在中线上，计算交点的里程可由圆曲线前面的一个桩号里程加上交点到该桩的距离，距离由实际测量求得。知道了交点里程，根据圆曲线的切线和曲线长可计算各主点桩号。

主点桩号计算公式为

$$BC\text{ 点的里程}=P\text{ 点的里程}-T$$

$$MC\text{ 点的里程}=BC\text{ 点的里程}+\frac{L}{2}$$

$$EC\text{ 点的里程}=BC\text{ 点的里程}+L$$

桩号计算是否正确可用切曲差来检验，其检核式为

$$EC\text{ 点的里程}=P\text{ 点的里程}+T-q$$

【例 8.5.2】 如图 8.5.1 所示，若路线转折点 P 的里程桩号为 0+380.89，试求主点的里程。

解：按主点桩号计算公式计算得

$$BC\text{ 点的里程}=P\text{ 点的里程}-T=(0+380.89)-41.30=0+339.59$$

MC 点的里程 $= BC$ 点的里程 $+ L/2 = (0+339.59) + 40.73 = 0+380.32$

EC 点的里程 $= BC$ 点的里程 $+ L = (0+339.59) + 81.45 = 0+421.04$

对主点桩号进行检核。

EC 点的里程 $= P$ 点的里程 $+ T - q = (0+380.89) + 41.30 - 1.15 = 0+421.04$

8.5.1.3 圆曲线主点的测设

圆曲线桩号和主点桩号计算无误后，即可进行圆曲线主点测设，测设方法如下：在实地测设曲线上各个主点时，从交点 P 沿 PT_1 及 PT_2 各量一段距离 T，就可以定出曲线起点 BC 和终点 EC 的位置。再在 P 点安置经纬仪，瞄准 EC 点为零方向，将照准部转动 $(180-\theta)/2$ 的角度，得出外矢距的方向，在此方向上量取外矢距 E 的长度，就可以定出曲线中点 Mc 的位置。

8.5.2 圆曲线细部点的测设

曲线除主点外，还应在曲线上每隔一定距离（弧长）测设一些点（图 8.5.2），这工作称为曲线细部点的测设。在渠道、道路等曲线上点的里程，一般都是 10m、20m 或 50m 的整数倍数，由于曲线起、终点的里程都不是上述的整数倍数，因此，如图 8.5.3 中曲线上第 1 点 P_1 和最末一点 P_5 到起、终点 BC、EC 的距离 l_1 和 l_2 都小于 $P_1 \sim P_5$ 间相邻两点的距离 l。应按此分别计算各点的测设数据。

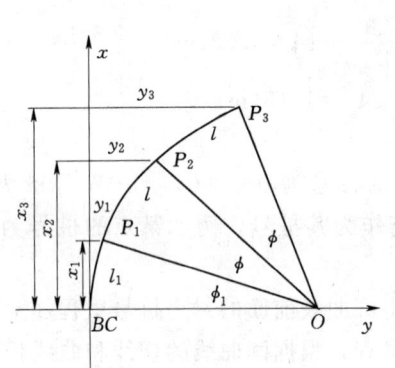

图 8.5.2 圆曲线细部点示意图

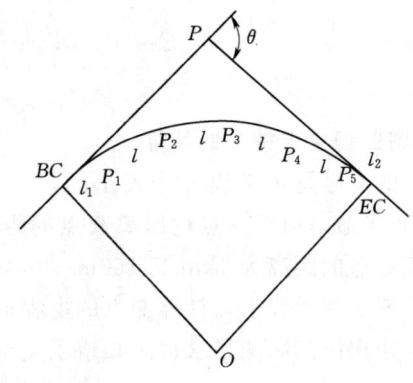

图 8.5.3 切线支距法测设图

测设细部的方法很多，下面介绍几种常用的方法。

8.5.2.1 直角坐标法（也称切线支距法）

以曲线起点 BC（或曲线终点 EC）为坐标原点，通过该点的切线为 x 轴，垂直于切线的半径为 y 轴，建立直角坐标系。如图 8.5.3 所示，弧 l_1 及弧 l 所对的圆心角分别为 ϕ_1，及 ϕ，则

$$\phi_1 = \frac{l_1}{R}\frac{180}{\pi}; \varphi = \frac{l}{R}\frac{180}{\pi}$$

由图可知细部点 P_1、P_2、P_3、…等点的坐标为

$$x_1 = R\sin\phi_1, y_1 = R - R\cos\phi_1 = 2R\sin^2\frac{\phi_1}{2}$$

$$x_2 = R\sin(\phi_1+\phi); y_2 = R-R\cos(\phi_1+\phi) = 2R\sin^2\frac{1}{2}(\phi_1+\phi)$$

$$x_3 = R\sin(\phi_1+2\phi); y_3 = R-R\cos(\phi_1+2\phi) = 2R\sin^2\frac{1}{2}(\phi_1+2\phi)$$

在实地测设细部点时，根据算得的放样数据，用钢尺或皮尺由曲线起点沿切线方向量出 x_1、x_2、x_3、…插上测钎作标记，然后分别作垂线并量出 y_1、y_2、y_3、…等长度，就得曲线上细部点 P_1、P_2、P_3、…等点。丈量各放出点间的距离（弦长），以资校核。

8.5.2.2 偏角法

偏角法的原理与极坐标相似，曲线上的点位，是由切线与弦线的夹角（称为偏角）和规定的弦长测定的。如图 8.5.4 所示，在曲线起点 BC 测设细部（也可在终点 EC 测设），l 为整弧长，l_1 与 l_2 为曲线首尾段的弧长，它们所对的圆心角分别为 ϕ、ϕ_1 及 ϕ_2，所对的弦分别为 S、S_1 及 S_2。其计算式分别为

$$\phi = \frac{l}{R}\frac{180}{\pi}, \phi_1 = \frac{l_1}{R}\frac{180}{\pi}, \phi_2 = \frac{l_2}{R}\frac{180}{\pi} \quad (8.5.5)$$

$$S = 2R\sin\frac{\phi}{2}, S_1 = 2R\sin\frac{\phi_1}{2}, S_2 = 2R\sin\frac{\phi_2}{2} \quad (8.5.6)$$

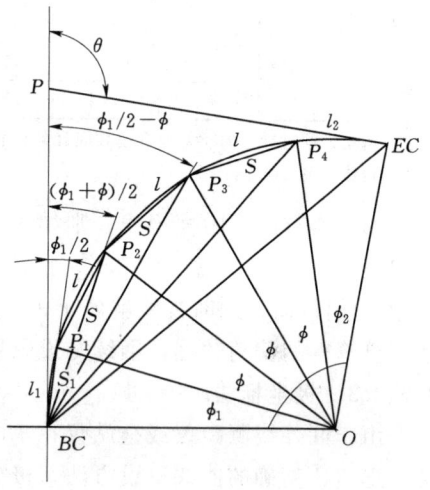

图 8.5.4 偏角法测设

测设各细部点的方法是：测设 P_1 点时，用偏角 $PBCP_1$（弦切角＝圆心角/2＝$\phi_1/2$）及弦长 S_1。测设 P_2 点时，用偏角 $PBCP_2$（即 $\phi_1/2+\phi/2$），获得 BCP_2 方向，而后由 P_1 点以弦长 S 在 BCP_2 方向上相交得 P_2 点。用相同的方法测设其余各点。

曲线测设到终点的闭合差，一般不应超过如下规定：①纵向（切线方向），$\pm L/1100$（L 为曲线长）；②横向（法线方向），$\pm 11\text{cm}$。

【例 8.5.3】 用偏角测设［例 8.5.1］中曲线的细部。

在［例 8.5.2］中三个主点里程桩号为：

起点 BC 的里程：0+339.59

中点 MC 的里程：0+380.32

终点 EC 的里程：0+421.04

以每隔 20m 钉一整数里程桩，则要测设的细部点有 0+340、360、380、400、420 五个里程桩。因此，$l_1 = 340-339.59 = 0.41$，$l_2 = 421.04-420 = 1.04$，$l = 20$。按式 (8.5.5) 算得如下，放样数据列于表 8.5.1。

$$\frac{\phi_1}{2} = 0°03'31''; S_1 = 0.41$$

$$\frac{\phi}{2} = 2°51'53''; S = 19.99$$

$$\frac{\phi_2}{2} = 0°08'56''; S_2 = 1.04$$

表 8.5.1　　　　　　　　　　　圆曲线放样数据表

曲线元素	桩 号	偏角 /(°′″)	度盘读数 /(°′″)	弦 长 /m	备 注
转折点桩号： 0+380.89 转折角： $\theta=23°20'$右 $R=200$m $T=41.30$m $L=81.45$m $E=4.22$m	起点 0+339.59	0　00　00	0　00　00	$S_1=0.41$	$\theta/2=11°39'59''$
	0+340	0　03　31	0　03　31		
	0+360	2　55　24	2　55　24	$S_1=19.99$	
	0+380	5　47　17	5　47　17		
	中点 0+3380.32				
	0+400	8　39　11	8　39　11		
	0+420	11　31　03	11　31　03	$S_1=1.04$	
	终点 0+421.04	11　39　59	11　39　59		

注：偏角为顺时针方向时，度盘读数同计算的偏角值；如偏角为逆时针方向时，度盘读数应为360°减去计算的偏角值。

如果遇有障碍阻挡视线，则如图 8.5.4 中，测设 P_3 点时，视线被房屋挡住，则可将仪器搬至 P_2 点，度盘置 $0°00'$，照准 BC 点后，倒转望远镜，转动照准部使度盘读数为 P_3 点的偏角值，此时视线就处于 P_2P_3 方向线上，由 P_2 在此方向上量弦长 s 即得 P_3 点。运用已算得的偏角数据，继续测设以后各点。

8.5.2.3　极坐标法

由于红外线测距仪或全站仪在水电工程、公路工程中的广泛使用，极坐标法已成为简便、迅速、精确的曲线测设方法。极坐标法就是先计算出圆曲线上某里程桩点的坐标，然后用极坐标法在地面上放出这些点。下面举例说明，如图 8.5.5 所示，T_1、P、T_2 三点坐标是已知的，可以算出方位角 α_{BCP}，方位角 $\alpha_{BCO}=\alpha_{BCP}+90°$，则 O 点坐标为 $X_O=X_{BC}+R\cos\alpha_{BCO}$，$Y_O=Y_{BC}+R\sin\alpha_{BCO}$

在 1 点取整数里程桩，则 Δl 所对应圆心角为

$$\phi_1=\frac{\Delta l}{R}\frac{180°}{\pi}, \alpha_{OA}=\alpha_{OBC}+\varphi_1$$

则 1 点坐标为

$$X_1=X_O+R\cos\alpha_{O1}, Y_1=Y_O+R\sin\alpha_{O1}$$

在 2 点取整数里程桩，用计算 1 点坐标的方法计算 2 点坐标为

$$X_2=X_O+R\cos\alpha_{O2}, Y_1=Y_O+R\sin\alpha_{O2}。$$

其余各点坐标用上述方法计算出。

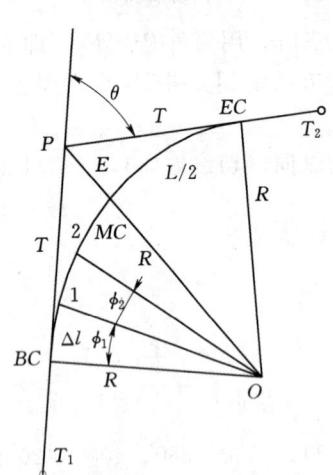

图 8.5.5　极坐标法

圆曲线上各点坐标计算出来后，用极坐标法在地面上放出这些点（若用全站仪的放样菜单放样，则会提高放样速度和精度），将各点光滑连接起来，就是所要放的圆曲线。

8.5.3　全站仪坐标法测设圆曲线

全站仪极坐标法测设圆曲线是进行路线测量的最合适的方法。只要通视良好，安置一次仪器就可以完成全部放样工作，对于不能设站的转点，可谓灵活方便。仪器可以安置在

任务8.5 测设圆曲线的方法

任意控制点上,包括线路上的交点、转点等已知点,其测设距离受地形条件限制较小,速度快、精度高。极坐标法的测设数据主要是计算圆曲线主点和细部点的坐标,然后根据控制点和细部点的坐标,反算出极坐标的测设数据——测站至测站点的方位角和平距。

用全站仪进行主点测设,仪器安置在平面控制点或者线路的交点上,输入测站点坐标和后视点坐标,在输入测设的主点坐标,仪器即自动计算出测设角度和距离,根据计算数据现场测设。

已知交点 JD_1 和 JD_2 的坐标 (x_1,y_1) (x_2,y_2),根据坐标反算计算 JD_1-JD_2 的方位角 α_{21} 为

$$\alpha_{21}=\arctan\frac{y_1-y_2}{x_1-x_2} \quad (8.5.7)$$

切线 JD_2-JD_3 的方位角 α_{23} 可由 JD_2、JD_3 的坐标反算得到,也可以由切线 JD_2-JD_1 的方位角 α_{21} 和线路的转角推算得到,从图8.5.6可推得

$$\alpha_{23}=\alpha_{21}-(180°-\alpha_{右}) \quad (8.5.8)$$

根据已知点坐标、方位角 α_{21}、α_{23} 和切线长 T,用坐标正算公式计算曲线的起点 ZY 和终点 YZ 的坐标为

$$\begin{aligned}x_{ZY}&=x_2+T\cos\alpha_{21}\\y_{ZY}&=y_2+T\sin\alpha_{21}\\x_{YZ}&=x_2+T\cos\alpha_{23}\\y_{YZ}&=y_2+T\sin\alpha_{23}\end{aligned} \quad (8.5.9)$$

曲线终点 QZ 的坐标可由分角线方位角 α_2-QZ 和外矢距 E 计算得到,其中分角线方位角 α_2-QZ 也可由切线的 JD_2-JD_1 方位角 α_{21} 和线路的转角推算得到

$$\alpha_2-QZ=\alpha_{21}-\frac{180°-\alpha_{右}}{2} \quad (8.5.10)$$

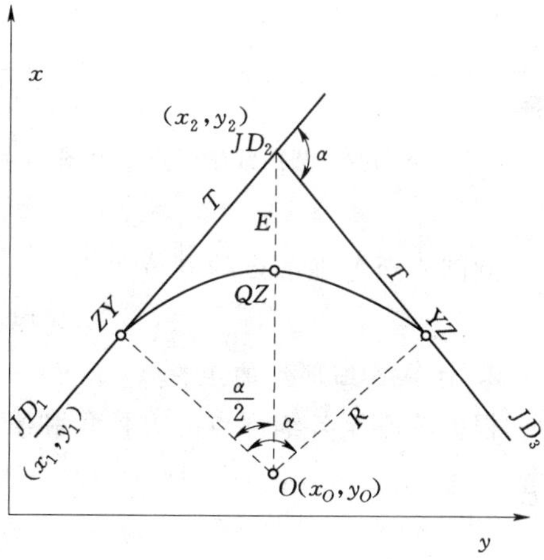

图8.5.6 圆曲线主点示意图

【例8.5.4】 如图8.5.6所示,圆曲线的设计半径 $R=150$m,转角 $\alpha_{右}=42°34'$,两交点 JD_1、JD_2 的坐标分别为(2413.045,1556.218)、(2457.252,1644.911),试计算各主点的坐标。

解:先计算 JD_2 至主点 ZY、QZ、YZ 的坐标方位角,再根据坐标方位角和计算出来的曲线要素切线长 T 和外矢距 E,用坐标正算公式计算主点坐标,计算结果见表8.5.2。

表8.5.2 主点坐标数据表

主点	JD_2 至各主点的方位角/ (° ′ ″)	JD_2 至各主点的距离 /m	坐标	
ZY	243 27 19	$T=58.43$	2431.240	1592.640
QZ	177 44 19	$E=10.98$	2398.968	1647.217
YZ	106 01 19	$T=58.43$	2441.225	1701.071

用极坐标法测设圆曲线细部点时，要先计算各细部点的坐标，测设时，全站仪安置在平面控制点或线路交点上，输入测站点的坐标和后视坐标（或后视方位角），再输入要测设的细部点坐标，仪器即自动计算出测设角度和距离，根据计算的测设数据进行细部点现场定位。下面介绍细部点坐标的计算方法。

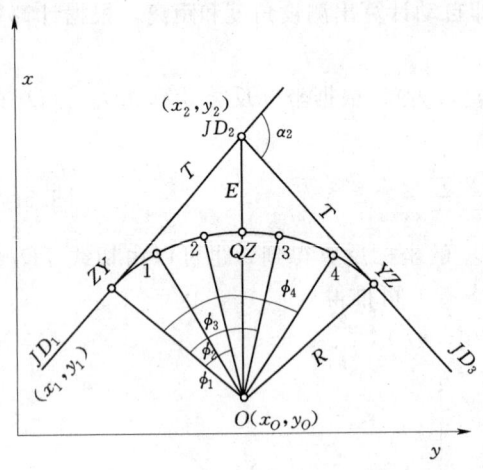

图 8.5.7　圆曲线细部点示意图

1. 计算圆心坐标

如图 8.5.7 所示：R 为圆曲线半径，由主点测设数据计算可得切线 $JD_2—JD_1$ 的方位角 α_{21} 和 ZY 点的坐标 (x_{ZY}, y_{ZY})，又 ZY 点至圆心的方向线与切线相互垂直，即方位角 $\alpha_{ZY-O} = \alpha_{21} - 90°$，则 O 点的坐标为

$$x_O = x_{ZY} + R\cos\alpha_{ZY-O} \quad (8.5.11)$$
$$y_O = y_{ZY} + R\sin\alpha_{ZY-O} \quad (8.5.12)$$

2. 计算圆心至各细部点的方位角

ZY 至某细部点的弧长为 l_i，弧长所对应的圆心角 φ_i 可按下式算得

$$\varphi_i = \frac{l_i}{R} \frac{180°}{\pi} \quad (8.5.13)$$

则圆心至各细部点的方位角为

$$\alpha_i = (\alpha_{ZY-O} + 180°) + \varphi_i \quad (8.5.14)$$

3. 计算各细部点的坐标

根据圆心至各细部点的方位角和半径，得细部点的坐标为

$$x_i = x_O + R\cos\alpha_i \quad (8.5.15)$$
$$y_i = y_O + R\sin\alpha_i \quad (8.5.16)$$

任务 8.6　土坝施工测量

8.6.1　土坝控制测量

土坝的控制测量是根据基本网确定坝轴线，然后以坝轴线为依据布设控制坝体细部放样的坝身控制网。兹分述如下。

8.6.1.1　坝轴线的确定

坝轴线即坝顶中心线，在设计图上量取两端点和一中点坐标，反算出它与邻近测图控制点的方位角，用前方交会法进行测设，在实地标出三点一线，即为坝轴线位置。

小型土坝的坝轴线，一般是由工程设计和有关人员，根据当地的地形、地质和建筑材料等条件，经过方案比较，直接在现场选定，可用大木桩或混凝土桩标定轴线的端点。对于大中型土坝或与混凝土坝衔接的土质副坝，一般经过现场踏勘，图上规划等多次调查研究和方案比较，确定建坝位置，并在坝址地形图上结合枢纽的整体布置，将坝轴线标于地

任务 8.6 土坝施工测量

形图上，如图 8.6.1 中的 M_1、M_2。为了将图上设计好的坝轴线标定在实地上，一般可根据预先建立的施工控制网用角度交会法将 M_1、M_2 测设到地面上。

坝轴线的两端点在现场标定后，应用永久性标志标明。为了防止施工时端点被破坏，应将坝轴线的端点延长到两面山坡上设立埋石点（轴线控制桩），以便检查，如图 8.6.1 中的 M_1'、M_2'。

8.6.1.2 建立平面控制网

直线型坝的放样控制网通常采用矩形网或正方形方格网作平面控制。网格的大小与坝体大小和地面情况有关。

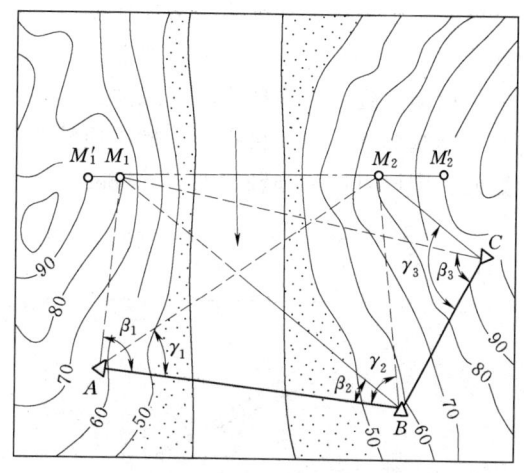

图 8.6.1 施工控制网

1. 测设坝轴平行线

为放样方便，将经纬仪分别安置在坝轴线端点上，测设若干条平行于坝轴线的坝身控制线，控制线应布设在坝顶上下游，上下游坡面变化处，下游马道中线，也可按一定间隔布设（如 5m、10m、20m 等），以便控制坝体的填筑和进行收方。如图 8.6.2 所示，将经纬仪分别安置在坝轴线端点上，用测设 90°的方法各作一条垂直于坝轴线的横向基准线，分别从坝轴线端点起，沿垂线向上、下游丈量定出各点，并按轴距（即至坝轴线的平距）进行编号，如上 10、上 20 等，下 10、下 20 等，两条垂线上编号相同的点连线即为坝轴平行线。在测设平行线的同时，还可一道放出坝顶肩线和变坡线，它们也是坝轴平行线。

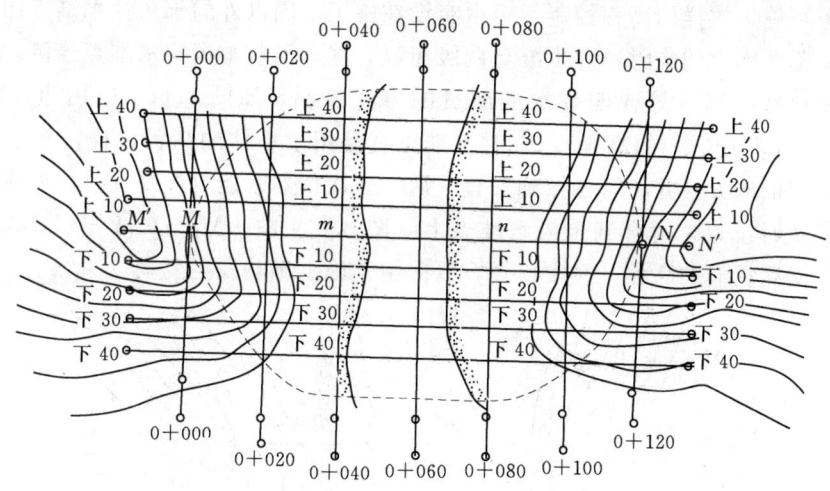

图 8.6.2 坝身控制线（单位：m）

2. 测设坝轴垂直线

垂直于坝轴线的控制线的间距一般随坝址地形条件而定，一般按 10～20m 的间距设置，具体测设步骤和方法如下：

(1) 定零号桩。坝轴线上与坝顶设计高程相同的地面点作为坝轴线里程桩的起点，称为零号桩。将经纬仪安置在坝轴线上，以坝轴线定向；利用高程放样的方法，从已知水准点向上引测高程，当水准仪的视线高达到略高于坝顶设计高程时，算出符合坝顶设计高程应有的前视标尺读数，再指挥标尺在坝轴线上移动，当前视标尺读数等于应有的前视标尺读数时，则该点即为坝轴线上零号桩的位置，并打桩标定，如图 8.6.3 中的 M 和 N。

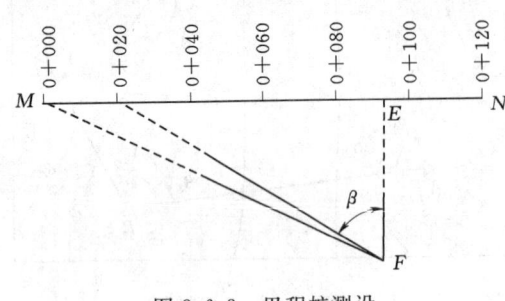

图 8.6.3 里程桩测设

(2) 以零号桩作为起点，在坝轴线上每隔一定距离设置里程桩，在坡度显著变化的地方设置加桩。当距离丈量有困难时，可采用交会法定出里程桩的位置。如图 8.6.3 所示，在便于量距的地方作坝轴线 MN 的垂线 EF，用钢尺量出 EF 的长度，测出水平角 $\angle MFE$，算出平距 ME。

设欲放样的里程桩号为 $0+020$，先按公式 $\beta = \arctan \dfrac{ME-20}{EF}$ 计算出 β 角，然后用两台经纬仪分别在 M 点和 F 点设站，M 点的经纬仪以坝轴线 MN 定向，F 点的经纬仪测设出 β 角，两仪器视线的交点即为 $0+020$ 桩的位置。其余各桩按同法标定。

(3) 在各里程桩上测设坝轴线的垂线。将经纬仪分别安置在各里程桩上，瞄准坝轴端，转 90°测设若干条垂直于坝轴线的平行线，垂线测设后，应向上、下游延长至施工影响范围之外，打桩编号，作为测量横断面和放样的依据，这些桩亦称横断面方向桩。

8.6.1.3 高程控制网的建立

用于土坝施工放样的高程控制，可由布设在施工范围以外的永久性水准点组成基本网和布设在施工范围内的临时作业水准点两级布设。基本网应与国家水准点连测，组成闭合或附合水准路线，用三等或四等水准测量的方法施测（如图 8.6.4 中由 $Ⅲ_A$ 经 $BM_1 \sim BM_6$，再至 $Ⅲ_A$ 测定它们的高程）。临时水准点直接用于坝体的高程放样，布置在施工范围内不同高度的地方，并尽可能做到安置一次、二次仪器就能放样高程。临时水准点应根据施工进程及时设置，附合到永久水准点上（图 8.6.4 中 BM_1—1—2—3—BM_3），并应从水准基点引测它们的高程，经常检查，以防由于施工影响发生变动。

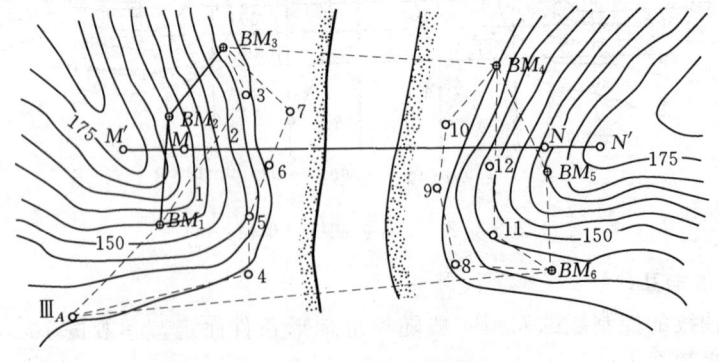

图 8.6.4 土坝高程控制网

8.6.2 土坝清基开挖与坝体填筑的施工测量

8.6.2.1 清基开挖线的放样

为使坝体与岩基很好地结合,坝体填筑前,必须对坝基进行清理,即清基。为此,应放出清基开挖线,即坝体与原地面的交线。

放样清基开挖线,可用图解法量取放样数据。从图上量出坝体设计断面与地面上、下游的交点(即坝脚点)至里程桩的距离(图 8.6.5 中的 D_1 和 D_2),然后据此在实地上放样出坝脚点,将各坝脚点连起来就是清基开挖线。清基有一定的深度,为了防止塌方,应放一定的边坡,因此实际开挖线需根据地质情况从所定开挖线向外放宽一定距离,撒上白灰标明。

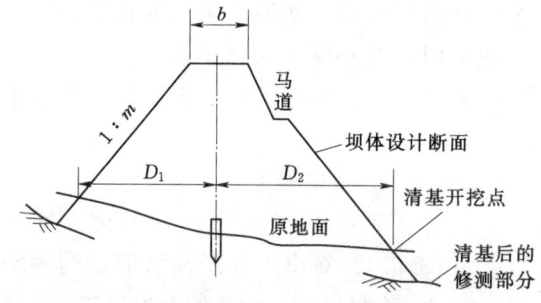

图 8.6.5 图解法求清基放样数据

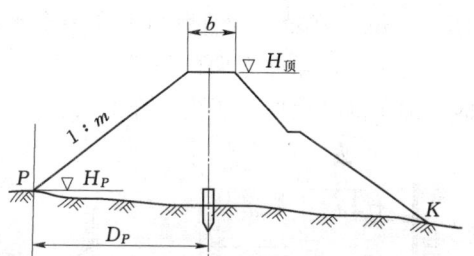

图 8.6.6 套绘断面法测定坡脚点

8.6.2.2 坡脚线的放样

1. 套绘断面法

清基后地面与坝底的交线称为坡脚线。坡脚线是填筑土石或浇筑混凝土的边界线。坡脚线的放样方法同清基开挖线放样一样,可采用套绘断面法。如果采用断面法,首先必须恢复轴线上的所有里程桩,在原断面图上修测靠坝脚开挖线部分(修测横断面图),从修测后的横断面图上套绘大坝的设计断面,量出坝脚点的轴距再去放样。坡脚线的放样精度要求较高,应进行检查。如图 8.6.6 所示,设所放出的点为 P。检查时,用水准测量测定此点高程为 H_P,则此点至坝轴里程桩的实地平距(或放点时所用的平距)D_P 应等于按下式所算出来的轴距,即

$$D_P = \frac{b}{2} + (H_{顶} - H_P)m \tag{8.6.1}$$

如果实地平距与计算的轴距相差大于 1/1000,应在此方向移动标尺重测高程和重量平距,直至量得立尺点的平距等于所算出的轴距为止,这时的立尺才是起坡点应有的位置。所有起坡点标定后,连成起坡线。

2. 平行线法

平行线法是指由距离计算高程,然后在土坝控制测量里测设的坝轴平行线上,用高程放样的方法来定坡脚点。设 P 为任一平行于坝轴线的直线与坝坡面的相交处,如图 8.6.6 所示,P 点高程的计算公式为

$$H_P = H_{顶} - \frac{D_P - \frac{b}{2}}{m} \tag{8.6.2}$$

平行于坝轴线的直线与坝坡面相交处高程计算出来后,用高程放样的方法沿各平行线测设坡脚点,具体的施测方法与测定轴线上零号桩位置的方法相同。各坡脚点的连线即为坝体的坡脚线。

8.6.2.3 坝体边坡的放样

坝体坡脚线放出来后,就可填土筑坝。土坝施工是分层上料,上料后即进行碾压,每层碾压后应及时确定上料边界,就要用桩(称为上料桩)将边坡的位置标定出来。标定上料桩的工作称为边坡放样。上料桩的标定通常采用坡度尺法或轴距杆法。

1. 坡度尺法

按坝体设计的边坡坡度(1:m)特制一个大直角三角板,使两直角边的长度分别为1m和mm,在较长的直角边上安一个水准管。放样时,将小绳一头系于坡脚桩上,另一头系在坝体横断面方向的竹竿上,将三角板斜边靠着绳子,当绳子拉到水准管气泡居中时,绳子的坡度即等于应放样的坡度。

2. 轴距杆法

根据土石坝的设计坡度,按式(8.6.1)算出不同层高坡面点的轴距d,编制成表。此表按高程每隔1m计算一值。由于坝轴里程桩会被淹埋,必须以填土范围之外的坝轴平行线为依据进行量距。为此,在这条平行线上设置一排竹竿(称轴距竿),如图

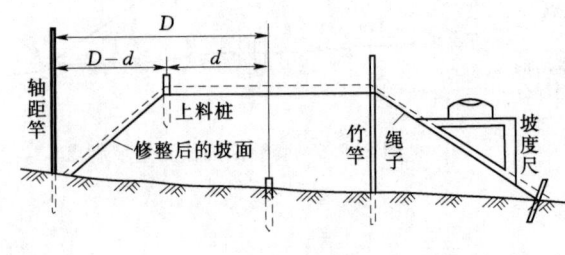

图 8.6.7 边坡放样示意图

8.6.7所示。设平行线的轴距为D,则上料桩(坡面点)离轴距竿为$D-d$,据此即可定出上料桩的位置。随着坝体增高,轴距竿可逐渐向坝轴线移近。上料桩的轴距是按设计坝面坡度计算的,实际填土时应超出上料位置,即应留出夯实和修整的余地,如图8.6.7中虚线所示。超填厚度由设计人员提出。

8.6.2.4 坡面修整

为了满足设计要求,大坝填筑到一定高度且压实后,可用水准仪或者经纬仪测设修坡,对坡面进行修整。

1. 水准仪法

用水准仪测定在坝坡面上所钉的平行于坝轴线的木桩的坡面高程,再量出距离,按式(8.6.2)计算出木桩的设计高程,用水准仪测量出的各点高程与设计高程的差值即为坡面修坡量。

2. 经纬仪法

首先将经纬仪安置在坡顶,量取仪器高,通过设计坡度计算出边坡倾角,将望远镜向下倾斜(倾斜角度为边坡倾角),固定望远镜,此时的视线平行于设计坡面,然后沿视线方向竖立标尺,读取中丝读数,则修坡量为仪器高减去中丝读数。

8.6.2.5 护坡桩的标定

坡面修整后,需用草皮或者石块进行护坡,为使护坡后的坡面符合设计要求,还需测设护坡桩。从坝脚线开始沿坝坡面高差每隔5m布设一排,每排与坝轴线平行。在一排中每隔10m钉一木桩,使木桩构成方格网,将设计高程测设于木桩上,再在设计高程处钉一小钉,称为高程钉。在大坝横断面方向的高程钉上拴一根绳子,以控制坡面的横向坡度;在平行于坝轴线方向系一活动线,当活动线沿横断面线的绳子上、下移动时,其轨迹就是设计的坝坡面。

任务8.7 混凝土坝施工测量

混凝土坝主要有混凝土重力坝、拱坝和支墩坝。混凝土重力坝是用混凝土浇筑,主要依靠坝体自重来抵抗上游水压力及其他外荷载并保持稳定的坝,其放样精度比土坝要求高。下面就分别介绍常用的混凝土重力坝和拱坝的施工测量工作,主要是施工控制测量和立模放样。

8.7.1 施工控制测量

1. 基本平面控制网

施工平面控制网一般按两级布设,不多于三级,首级基本控制多布置成三角网,并应尽可能将坝轴线的两端点纳入网中作为网的一条边,且按三等以上三角测量的要求施测。大型混凝土坝的基本网兼作变形观测监测网,要求更高,需按一等、二等三角测量要求施测。为了减小安置仪器的对中误差,三角点一般建造混凝土观测墩,并在墩顶埋设强制对中设备,以便安置仪器和觇标。精度要求最末一级控制网的点位中误差一般不超过±10mm。

2. 坝体控制网

一般在浇筑混凝土坝时,整个坝体是沿轴线方向划分成许多坝段的,而每一坝段在横向上又分成若干个坝块。由于混凝土的物理和化学特性,以及施工程序和机械的性能,坝体必须分层浇筑,每一层中还分段分块(或分跨分仓)进行浇筑,因此每层每块都必须进行放样,建立施工控制网,作为坝体放样的定线依据。坝体细部常用方向线交会法和前方交会法放样,建立坝体施工控制网作为坝体放样的定线网,一般有矩形和三角网两种。前者以坝轴线为基准,按施工分段分块尺寸建立矩形网,后者则由基本网加密建立三角网作为定线网。

(1) 矩形网。图8.7.1所示为以坝轴线为基准布设的矩形网,它是由若干条平行和垂直于坝轴线的控制线所组成,格网尺寸按施工分段分块的大小而定。

测设时,将经纬仪安置在坝轴线两端,在坝轴线上选两点,通过这两点测设与坝轴线相垂直的方向线,由这两点开始,分别沿垂直方向按分块的宽度钉出 e、f、g、h、m 以及 e'、f'、g'、h'、m' 等点,然后将 ee'、ff'、gg'、hh' 及 mm' 等连线延伸到开挖区外,在两侧山坡上设置Ⅰ、Ⅱ、…、Ⅴ和Ⅰ'、Ⅱ'、…、Ⅴ'等放样控制点。然后在坝轴线方向上,运用和土坝控制测量中坝身控制测量零号桩测设的相同方法,找出坝顶与地面相交的两点，再沿坝轴线按分块的长度钉出坝基点，通过这些点各测设与坝轴线相垂直的方向线，并将方向线延长到上、下游围堰上或两侧山坡上，设置1′、2′、…、11′，和1″、2″、…、11″等放样控制点。由上述两种线构成矩形网。

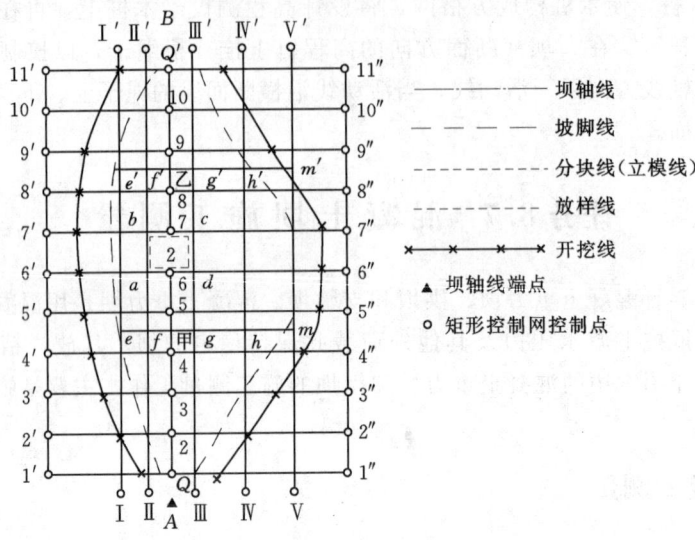

图 8.7.1 混凝土重力坝的坝体控制

（2）三角网。由基本网的一边建立的定线网，各控制点的坐标可测算求得。但坝体细部尺寸是以施工坐标系为依据的，因此应根据设计图纸求算得施工坐标系原点的测量坐标和坐标轴的坐标方位角，通过测量坐标系与施工坐标系之间的转换，换算为便于放样的统一坐标系统。

3. 高程控制网

高程控制分永久性水准点和临时作业水准点两级布设。基本网是整个水利枢纽的高程控制，应与国家水准点连测，组成闭合或附合水准路线。视工程的不同要求按二等或三等水准测量施测，并考虑以后可用作监测垂直位移的高程控制。临时作业水准点或施工水准点，随施工进程布设，尽可能布设成闭合或附合水准路线。临时作业水准点多布设在施工范围内，并应从水准基点引测它们的高程，经常检查，如有变化应及时改正。

8.7.2　混凝土坝清基开挖线的放样与混凝土重力坝坝体的立模放样

8.7.2.1　混凝土坝清基开挖线的放样

清基开挖线是确定对大坝基础进行清除坝基自然表面的松散土壤、树根等杂物。在清理基础时，测量人员应根据设计图，结合地形情况放出清基开挖线，以确定施工范围。

标定混凝土坝清基开挖线的方法和土坝一样，也可以采用图解法。先沿坝轴线进行纵横断面测量绘出纵横断面图，由各断面上定出坡脚点，获得坡脚线及开挖线，如图 8.7.1 所示。和土坝清基开挖线的放样方法相同，实地放样时，在各横断面上由坝轴线向两侧量距得开挖点，然后据此在实地上放样出坝脚点，将各坝脚点连起来就是清基开挖线。在清基开挖过程中，还应控制开挖深度，在每次爆破后及时在基坑内选择较低的岩面测定高程,并用红油漆标明,以便施工人员和地质人员掌握开挖情况。

8.7.2.2 混凝土重力坝坝体的立模放样

坝体分段分块时,每块的四个角点都有施工坐标,连接这些角点的直线称为立模线。但是,为了安装模板的方便和浇筑混凝土前检查立模的正确性,通常不是直接放样立模线,而是放出与立模线平行且与立模线相距 0.5~1.0m 的放样线(图 8.7.1 中虚线所示),作为立模的依据。

1. 前方交会(角度交会)法

如图 8.7.2 所示,由设计图纸上查得四个角点(d、e、f、g)坐标和三控制点(A、B、C)的坐标,通过坐标反算,可计算出放样数据——交会角。如欲测设 g 点,可算出 β_1、β_2、β_3,便可在实地定出 g 点的位置。依次放出 d、e、f 各角点。应用分块边长和对角线校核点位,无误后在立模线内侧标定放样线的四个角点。

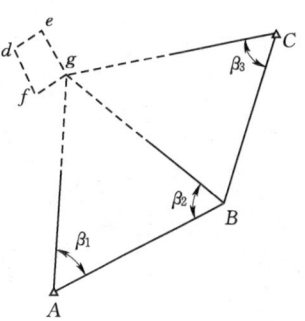

图 8.7.2 前方交会法

2. 方向线交会法

对于直线型水坝,用方向线交会法放样较为简便。如图 8.7.1 所示,已按分块要求布设了矩形坝体控制网,可用方向线交会法,先测设立模线。如要测设分块 2 的角点 d 的位置,可在 6′ 和 Ⅲ 点分别安置经纬仪,分别照准 6″ 点和 Ⅲ′ 点,固定照准部,两方向线的交点即为 d 的位置,其他角点 a、b、c 同样按上述方法确定,得出分块 2 的立模线。利用分块的边长及对角线校核标定的点位,无误后在立模线内侧标定放样线的四个角顶。

8.7.2.3 混凝土浇筑高度的放样

为了控制新浇混凝土坝块的高程,可先将高程引测到已浇坝块面上,从坝体分块图上查取新浇坝块的设计高程,待立模后,再从坝块上设置的临时水准点,用水准仪在模板内侧每隔一定距离放出新浇坝块的高程,并以规定的符号标明,以控制浇筑高度。

模板安装后,应该用放样点检查模板及预埋件安装的质量,符合规范要求时,才能浇筑混凝土。待混凝土凝固后,再进行上层模板的放样。

任务 8.8 拱坝施工测量

本任务主要讲述拱坝的施工放样。

拱坝坝体的立模放样,一般多采用前方交会法。放样数据计算时,应先算出各放样点的施工坐标,而后计算交会所需的放样数据。单曲拱坝的放样比较简单,和双曲拱坝中放样一个拱圈的方法相同,本任务先以某水利工程为例介绍单曲拱坝的放样方法,相当于双曲拱坝的每一层的放样,然后介绍双曲拱坝的放样。

1. 单曲拱坝的放样

单曲拱坝的放样常用前方交会法;如果量距方便,有时也采用极坐标法。当测图控制点的精度和密度能满足放样要求时,可以直接依据这些控制点按测图坐标进行放样,若精度和密度都不够时,可按测图坐标重新布设,并在使用比较频繁的控制点上设置固定仪器座架（仪器墩）。

图 8.8.1 所示为某水利枢纽工程的拦河大坝，系一拱坝，坝迎水面的半径为 243m，以 115°夹角组成一圆弧，弧长为 487.732m，分为 27 跨，按弧长编成桩号，从 0+13.286 至 5+01.000（加号前为百米）。施工坐标 XOY，以圆心 O 与 12、13 分跨线（桩号 2+40.000）为 X 轴，圆心 O 的施工坐标为 (500.000, 500.000)。

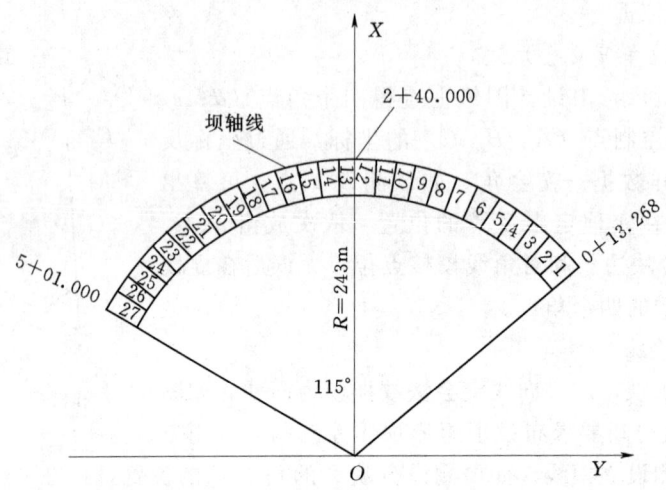

图 8.8.1 拱坝分跨示意图

(1) 计算分块放样点坐标。如图 8.8.2 所示，以放样点 a_3 为例，利用坐标正算的方法来计算 a_3 的坐标，首先需要算出坝轴线上的弧长和所对应的圆心角 φ_a 如下

$$L = 240 - 190 - 0.5 = 49.5 \text{(m)}$$

$$\varphi_a = \frac{180° \times L}{\pi \times R_1} = \frac{180° \times 49.5}{3.1416 \times 243} = 11°40'17''$$

$$\Delta x = (R_3 - 0.5)\cos\varphi_a = 199.400\cos(11°40'17'') = 195.277 \text{(m)}$$

$$\Delta y = (R_3 - 0.5)\sin\varphi_a = 199.400\sin(11°40'17'') = 40.338 \text{(m)}$$

$$x_{a3} = x_0 + \Delta x = 500.000 + 195.277 = 695.277 \text{(m)}$$

$$y_{a3} = y_0 + \Delta y = 500.000 + 40.338 = 540.338 \text{(m)}$$

按照此法，其余放样点均可求出。由于 a_i、d_i 位于径向放样线上，只有 a_1 与 d_1 至径向分块线的距离为 0.5m，其余各点到径向分块线的距离，分别为 0.458m，0.411m 及 0.360m（计算公式为 $\frac{0.5}{R_1} \times R_i$，$i = 1, 2, 3, 4$）

(2) 交会放样点的数据计算。图 8.8.2 中，放样点坐标计算出来后，就用角度交会法将其测设到实地的。例如，图 8.8.3 中，A、B、C、D 为控制点，P 为放样点，首先运用坐标反算，计算出计算方位角 α_{AD}、α_{BD}、α_{CD} 以及 α_{AP}、α_{BP}、α_{CP}，两种方位角相减，即可得出放样数据（交会角度 β_1、β_2、β_3），然后将仪器分别安置在 A、B、C，以 D 作为定向点，以角度交会法进行放样点。有时可不必算出交会角，利用算得的方位角直接交会。例如把经纬仪安置在 A，瞄准定向点标 D，使水平度盘读数为 α_{AD}，而后转动度盘使读数为 α_{AP}，此时视线所指即为 AP 方向，同法可得出 BP 及 CP 两条视线，三条视线相交处即为放样点 P。放样

任务8.8 拱坝施工测量

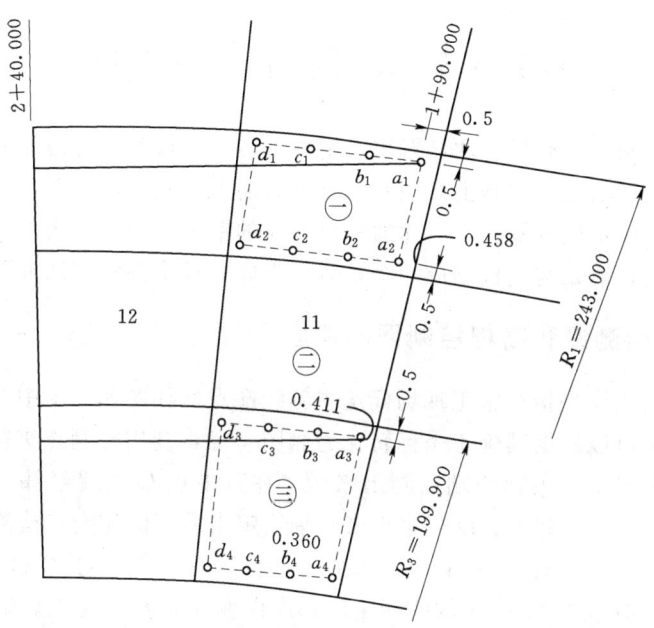

图8.8.2 拱坝立模放样数据计算

点测设完毕,应丈量放样点间的距离,是否与计算距离相等,以资校核。

(3) 用全站仪坐标放样。

目前广泛使用全站仪,进行放样,方法简单、精度高。先按前述的方法计算出各点坐标,然后就可以用全站仪进行放样。具体方法参考有关全站仪的内容。

2. 双曲拱坝的放样

从投影到平面上的图形来看,双曲拱坝由不同圆心和不同半径的一些圆曲线组成,所有圆心都与拱顶位于同一直线上,这条直线称为拱坝中心线。在施工中,拱坝是按高程分层、分段和分块浇筑的,放样的任务就是分层、分段放出每块立模线的位置。

放样方法和步骤为:首先从设计图上量取拱坝中心线的方位角和最远圆心

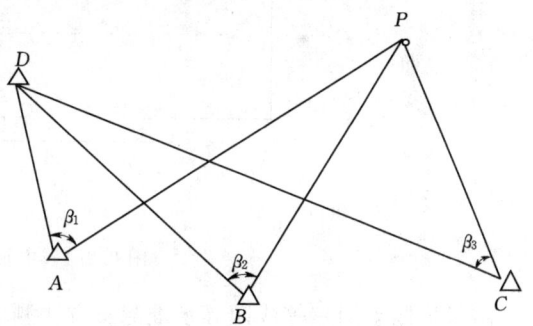

图8.8.3 交会放样点的数据计算

的坐标,以此作为推算其他曲线点坐标的起算数据;其次根据最远圆心对应的半径与其他圆心对应的半径之差,以及中心线的方位角计算出其他圆心的坐标;将每层拱圈两端对应的圆心角从中心线向两边分成若干个相同的等分,每等分的大小视具体要求而定;根据各等分角边(半径)与中心线的夹角计算出各角边的方位角;根据各圆心坐标、设计半径和方位角计算曲线各等分点(包括拱顶)上游面及下游面的坐标;根据坐标反算出各曲线点与相邻控制点间的方位角和边长,在有关控制点上安置经纬仪,按方位角进行前方交会(或采用极坐标法)放出曲线点,标定拱圈的位置。

任务 8.9 水闸施工测量

水闸由闸墩、闸门、底板、两侧翼墙、闸室上游防冲板和下游溢流面等结构组成。水闸大多建在平原地区的软土地基上,地基土壤承载能力、抗冲能力低,抗渗稳定性差,压缩性大以及水头低而水位变幅大,因此通常以较厚的钢筋混凝土底板作为整体基础,闸墩和翼墙就浇筑在底板上,与底板结成一个整体。具体放样步骤和方法如下。

8.9.1 主轴线的测设和高程控制网的建立

水闸主轴线的测设是指在施工现场标定主轴线端点(如图 8.9.1 中的 A、B、C、D)。主轴线端点的位置可以根据其施工坐标转化为测图坐标,利用控制点进行放样,将主轴线的端点在实地标定出来。主轴线端点测出来后,在其中点 O 安置经纬仪,测设 AB 的垂线,在施工影响范围外,将 C、D 标定出来。轴线定出后,应在交点检测它们是否相互垂直:若误差超过 $10''$,应以闸室中心线为基准,重新测设一条与它垂直的直线作为纵向主轴线,其测设误差应小于 $10''$。主轴线测定后,应向两端延长至施工影响范围之外,每端各埋设两个固定标志以表示方向。

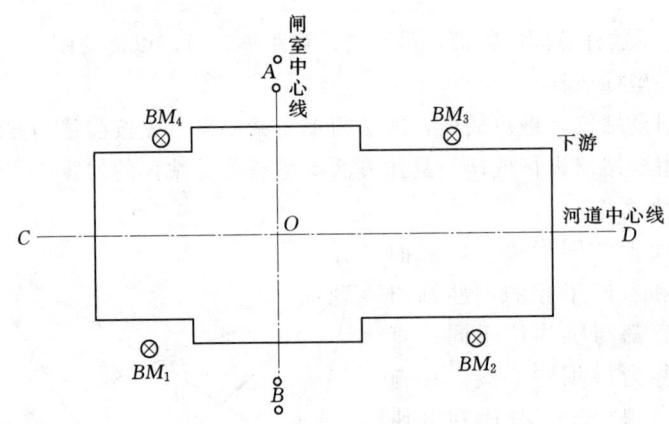

图 8.9.1 主轴线的测设

高程控制采用三等或四等水准测量方法测定。水准基点布设在河流两岸不受施工干扰的地方,临时水准点尽量靠近水闸位置,可以布设在河滩上。

8.9.2 基础开挖线的测设和水闸底板放样

8.9.2.1 基础开挖线的测设

为定出开挖线,可采用套绘断面法。首先从水闸设计图上查取底板形状变换点至闸室中心线的平距,在实地沿纵向主轴线标出点的位置,并测定其高程和测绘相应的横断面图;然后根据设计数据,在河床横断面图上套绘相应的水闸断面(图 8.9.2),量取两断面线交点到测站点的距离,即可在实地放出这些交点,连成开挖边线。

为了控制开挖高程,可将斜高 l 注在开挖边桩上。当挖到接近底板高程时,一般应预留 0.3m 左右的保护层，待底板浇筑时再挖去，以免间隙时间过长，清理后的地基受雨水冲刷而变化。在挖去保护层时，要用水准测定底面高程，测定误差不能大于 10mm。

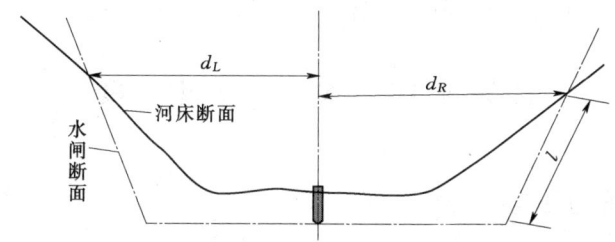

图 8.9.2 基础开挖线放样

8.9.2.2 水闸底板放样

底板是闸室和上游、下游翼墙的基础。底板放样的目的是放出每块底板立模线的位置，以便装置模板进行浇筑。

底板的设计尺寸，由两轴线交点 O（图 8.9.1）起，在轴线 CD 上分别沿上、下游方向量取底板设计尺寸的一半得两点，在这两个点分别安置经纬仪，测设与其垂直的两条线，两线分别与边墩中线相交，交点即为四个角点。若施工场地测设距离困难时，可通过推算端点和四个角点的坐标，通过坐标反算，在端点处安置经纬仪用前方交会的方法放样出角点。水闸底板高程放样可根据闸底板的设计高程和临时水准点的高程，利用水准测量的方法进行。

由于翼墙与闸墩和底板结成一个整体，因此它们的主筋必须一道结扎。于是在标定底板立模线时，还应标定翼墙和闸墩的位置，以便竖立连接钢筋。翼墙、闸墩的中心位置及其轮廓线，也是根据它们的施工坐标进行放样，并在地基上打桩标明。

8.9.3 闸门安装测量

水闸的土建施工完成后，还应进行闸门的安装测量。常见的闸门有平面闸门、弧形闸门、人字闸门。

平面闸门安装测量包括底槛、门枕、门楣、门轨等的安装和验收测量。平面闸门底槛、主、侧、反轨等，纵向测量中误差为 ±2mm；门楣的纵向测量中误差为 ±1mm；竖向为 ±2mm。底槛和门枕的放样是先定出闸孔中线与门槽中线的交点，再定出门枕中心，然后，将门枕中线投测到门槽上、下游混凝土墙上，以便安装。门轨的安装测量是在安装前应做好安装门轨的局部控制测量，然后再进行门轨安装测量，要求安装后轨面平整竖直。

弧形闸门由门体、门铰、门楣、底槛和左右侧轨组成。弧形闸门安装测量，应先进行控制点的埋设和测设控制线，再进行各部分的安装测量。根据图上的设计距离，分别放出门铰中线、门楣、底槛。通过求出侧轨中线上各设计点到辅助线及门铰中线的水平距离。为提高放样精度，放样时，可用辅助线到侧轨中线的水平距离校核侧轨中线。

人字闸门由上游导墙、进水段、桥墩段、上闸首、闸室、下闸首、泄水段和下游导墙等组成。首先是底枢中心点定位，可根据施工场地和仪器设备而定，一般多采用精密经纬仪投影，配合钢卷尺进行测设；然后是两顶枢中心点的投测，可采用天顶投影仪，也可以采用经纬仪投测；最后是高程测量，一般四等水准点或经过检查的工程水准点，都可以作为底枢高程的控制点。在安装过程中，只能使用同一个高程基点。

任务 8.10　水　库　测　量

8.10.1　水库测量的任务

为新修水库而进行的测量称为水库测量。在设计水库时，需要收集或测绘 1:5 万～1:10 万的各种比例尺地形图，局部地区还需测绘 1:5000 的地形图；技术设计和施工阶段，要进行大比例尺测图及施工测量；在运营管理阶段，要进行变形观测。

在水库的规划设计阶段，首先需进行控制测量，包括平面控制测量和高程控制测量。平面控制测量布设平面控制网，可以采用常规的方法，分三级布设，首先是基本平面控制网，然后是图根控制网，最后是测站点。还可以采用 GPS 进行布设。测区内或附近有国家平面控制网时，应连测；若没有国家平面控制网时，可采用独立的平面坐标系。高程控制测量一般分为三级，即基本高程控制、加密高程控制、测站点高程。控制测量后为地形测量。地形测量的成图方法主要有白纸测图、数字测图、摄影测量等。

8.10.2　库容计算

进行水库设计时，若坝的溢洪道高程已定，就可以确定水库的淹没面积，淹没面积以下的蓄水量称为库容量，简称为库容。以 m³ 为基本计算单位，实用以亿 m³ 为单位。水库的库容量是水库设计的一项重要指标。

计算库容量一般采用等高线法，先求出各条等高线围成的面积，然后计算各相邻两等高线之间的体积，其总和即为库容。设 A_1 为淹没线高程的等高线围成的面积，A_2、…、A_n、A_{n+1} 为淹没线以下各等高线所围成的面积，其中 A_{n+1} 为最低一根等高线所围成的面积，h 为等高距，h' 为最低一根等高线与库底的高差。

运用平均断面法分别计算相邻两等高线之间的体积以及最低一条等高线与库底之间的体积得

$$V_1 = \frac{A_1 + A_2}{2} \times h$$

$$\vdots$$

$$V'_n = \frac{A_{n+1} \times h'}{3} \tag{8.10.1}$$

于是，水库的库容为

$$V = V_1 + V_2 + V_3 + \cdots + V_n + V'_n \tag{8.10.2}$$

如果溢洪道高程不等于地形图上某一条等高线的高程时，就要根据溢洪道高程用内插法求出水库淹没线，然后计算库容，这时水库淹没线与下一条等高线间的高差不等于等高距。

根据等高线围成的面积来计算水库库容，其误差来源主要是地形图本身的误差和量测面积的误差。为了提高库容的计算精度，最好选用等高距较小的一些地形图。

8.10.3 水库淹没线测量

水库淹没线测量是指测设移民线、土地征用线、土地利用线、水库清理线等各种水库淹没、防护、利用界线工作的总称。这些界线以设计正常蓄水位为基础，结合浸没、坍岸、风浪影响等因素综合确定，根据需要测设其中的一种、几种或全部。

水库淹没线的测设常采用几何水准测量法。测设时，用界桩在实地标出其通过的位置并绘在适当比例尺的地形图上，作为移民规划、迁移安置及库区建设的依据。界桩分为永久桩和临时桩两类。永久界桩以混凝土桩或经涂上防腐剂的大木桩或在明显易见的天然岩石上刻凿记号作为标志，主要测设在大居民点、工矿企业、名胜古迹、大片农田和经济物产区，既要能长期保存又要便于寻找。临时界桩可用木桩或明显地物点（如明显而突出的树干或建筑物的墙壁等）作为标志，临时桩只需保持到移民拆迁和清库工作完成为止。可以说，水库边界线测设的实质就是利用这些界桩在实地放样出一条设计高程线。

界线通过厂矿区或居民点时，在进出处各设一个永久桩，内部每隔若干米测设一个临时桩，主要街道标出界线通过的实际位置。大片农田及经济价值较高的林区，一般每隔2～3km测设一个永久桩，高程测量误差应小于0.1m，再以临时桩加密到能互相通视。只有少量庄稼的山地，可只测设临时桩显示界线通过的位置。经查勘确定经济价值很低的地区，可不测设界桩。界桩测设工作由测量人员配合水库设计人员和地方、移民等有关单位协同进行，用水准仪或经纬仪分段按设计高程在实地标定，随测随将界桩及标志移交地方保管。

为了满足测设界桩的精度要求，一般需在库区边缘布设三等、四等闭合水准路线，或利用原有三等、四等水准成果。然后用五等水准进行加密控制。五等水准应按附合路线从三等、四等水准点上进行引测，其路线长度应不超过30km；尽可能不采用支线或环线，以免弄错起算高程而造成严重后果。

运用水准仪以仪器高法测设界桩高程，还可以用视准轴位于水平位置的全站仪或者经纬仪进行测设界桩高程。如图8.10.1所示，欲测设界桩点1，可先从附近的水准点BM_1开始，将高程引测至边界附近的A点上，然后以A点为后视，读取后尺读数，按下式计算界桩点的前尺读数b，即

$$b = H_A + a - H_0 \tag{8.10.3}$$

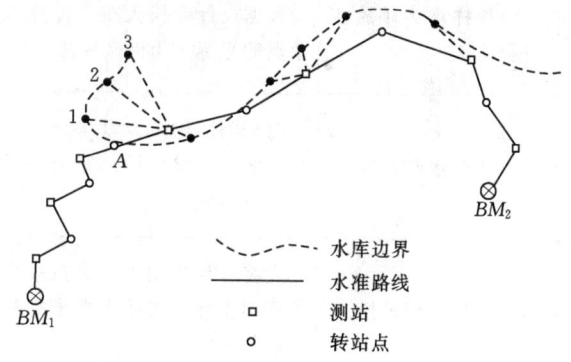

图 8.10.1 淹没线测量

式中　H_A——后视点的高程；
　　　a——后尺读数；
　　　H_0——待测界桩点的高程。

利用高程放样方法,由观测员指挥前视尺移动,直至望远镜中丝在水准尺黑面截取的读数为 b,该点即为欲测设的界桩点。依照此法,还可以测设其他点。

实 训 与 习 题

1. 实训任务、内容与能力目标

序号	任务	内容	能力目标
1	测设高程	每人独立一已知高程点的测设	1. 能够计算高程测设数据。 2. 具有高程测设的能力
2	测设坡度线	每组测设一坡度桩高程位置,构成一坡度线	1. 能够计算坡度测设数据。 2. 具有坡度测设的能力
3	测设圆曲线	根据已知数据计算测设要素和主点里程。 测设一圆曲线主点及细部点的测设	1. 掌握圆曲线测设元素的计算。 2. 掌握圆曲线主点里程的计算。 3. 具有圆曲线主点的测设能力。 4. 初步具有用偏角法测设圆曲线的能力
4	放样土坝轴线及开挖边界线	根据控制点用极坐标法放样轴线两端点,开挖边界线的放样用平行线法或断面法放样	1. 能用极坐标法放样坝轴线的能力。 2. 用平行线法、断面法放样开挖边由线的能力
5	放样重力坝施工分块	根据设计分块大小,计算各分块角点的坐标,用极坐标法放样	1. 能根据设计图纸计算分块角点的坐标。 2. 具有放样重力坝的初步能力
6	放样水闸底板	根据闸门轴线设计坐标,放样底板轴线,后根据设计底板各转折点坐标放样底板	具有水闸轴线的测设和底板放样的能力
7	放样拱坝轴线	先将各层拱坝中轴线按一定间隔计算出坐标,然后用极坐标法放样轴线及边线	具有计算拱坝各分块角点的坐标和放样拱坝轴线及边线的能力

2. 习题

(1) 设钢尺的名义长度为 30m,检定时的实际长度为 30.008m,用此钢尺测设水平距离为 28.000m 的直线 AB,测设时的拉力与检定时相同,温度比检定时高 5℃,A、B 两点的高差 $h_{AB}=0.200$m,试求测设时沿地面需要量出的长度。

(2) 先用一般方法测设一直角 $\angle BAC$,再进行多测回观测得其角值为 $90°00'24''$,已知 AC 距离为 110.000m,试计算改正该角值的垂距,改正的方向是向内还是向外?

(3) 利用水准点 A 测设高程为 26.000m 的室内地坪 ± 0,已知 $H_A=25.345$m,水准点上的后视读数 $a=1.520$m,试计算 ± 0 的前视尺应有的读数 b。

(4) 设已知边 AB 的坐标方位角 $\alpha_{AB}=300°04'$，A 点坐标为：$X_A=14.22$m，$Y_A=42.34$m，待定点 P 的坐标为 $X_P=42.34$m，$Y_P=86.71$m。试计算用极坐标测设 P 点的测设数据。

(5) 设直线 AB 的水平距离 $D=110.000$m，A 点高程 $H_A=65.123$m，B 点高程 $H_B=66.000$m。现将经纬仪安置于 A 点，仪器高 $i=1.500$m，试求要获得 $-3‰$ 的倾斜视线望远镜在 B 点标尺上的读数。

(6) 已知控制点 A、B、C 及待定点 P 的坐标，试求用角度交会法测设 P 点的测设数据。

A 点：$x_A=502.735$m，$y_A=124.360$m B 点：$x_B=300.000$m，$y_B=300.000$m

C 点：$x_C=480.320$m，$y_C=453.883$m P 点：$x_P=532.238$m，$y_P=325.792$m

(7) 某隧道线路改变方向时，需增设曲线进行连接，使路线沿曲线从直线方向缓和变换到另一直线方向。已知交点 JD 的桩号 K5+119.98，右角为 $60°24'$，半径 $R=100$m，试计算圆曲线元素 T、L、E、q，圆曲线主点 ZY、QZ、YZ 的里程。

1) 计算圆曲线各要素。

2) 计算主点里程桩号。

(8) 怎样确定土坝的坝轴线？

(9) 如何用套绘断面法放样清基开挖线？

(10) 如何用轴距竿法放样土坝坝体边坡？

(11) 如何测设混凝土坝坝体矩形控制网？

(12) 混凝土坝的立模放样方法有哪些？

(13) 如何计算水库库容？

(14) 怎样测定水库淹没线？

项目9 渠 道 测 量

学习目标:

通过本项目的学习,了解渠道测量的工作内容;掌握渠道测量的过程和基本方法;具有渠道中线测量、纵横断面测量、纵横断面图的绘制、土方量的计算以及渠道施工放样的能力。

案例: 图9.0.1所示为梦江水库引水渠道中线测量示意图。修建水库多是用来灌溉农田、发电或作为饮用水等,此时要建设渠道工程。渠道工程的建设首先要进行踏勘、选线和中线测量、纵横断面测绘、土方计算等测量工作。

图9.0.1 梦江水库引水渠道中线测量示意图

任务9.1 了解渠道测量的内容

渠道通常指水渠、沟渠,是水流的通道。渠道测量是指为新建、改建输泄水渠道、人工航道而进行的测量工作。渠道测量的主要内容包括踏勘选线、中线测量、纵横断面测绘、土方计算和渠道施工断面的放样等。渠道测量的目的,是在地面上沿选定中心线及其两侧测出纵、横断面,并绘制成图,以便在图上绘出设计线;然后,计算工程量,编制概算或预算,作为方案比较或施工的依据。渠道测量,一般分为选线测量和定线测量。选线一般在规划阶段进行,当设计部门已初步确定路线的最佳方案时,再进行定线测量。本项目介绍渠道的一般测量方法。

任务 9.2　渠 道 选 线 测 量

渠道选线的任务是根据工程规划所定的渠线方向、引水高程和设计坡度,在实地确定一条既经济又合理的渠道中线位置。选线工作直接影响到工程的质量、进度、经济、受益等重要问题,所以是极其重要的。

中线选择一般应考虑以下几个方面:尽可能使中线短而直,力求避开障碍物,以减少工程量和水土流失;避免经过大挖方、大填方地段,以便省工省料和少占用耕地;中线应选在土质较好、坡度适宜的地带,以防渗漏、冲刷、淤塞或坍塌;灌溉渠道应选在地势较高的地带,以便自流灌溉;排水渠道应尽量选在地势较低的地方,以便增大汇水面积;因地制宜、综合利用。

9.2.1　踏勘选线

具体选线时除考虑上述选线要求外,对于不同的渠道应该采用不同的方法步骤,具体的方法步骤是:若工程大而长,一般应经过实地查勘、室内选线、外业选线等步骤;对于距离比较短的中小型渠道,可直接在实地进行查勘选线,用大木桩标定。

1. 实地查勘

查勘前,先利用兴修渠道地带 1∶5 万或较大比例尺地形图,依据渠道所需要的坡降、路线方向和周围地形、地物等情况进行比较,进行渠线的大体布置,拟定几条渠线以做比较。然后沿线做调查研究,并收集有关地质、水文、气象、建筑材料来源、施工条件等方面的资料,在现场结合实地情况,最后确定路线的起点、转折点、终点,并用大木桩标定其位置,以便分析比较,选取合理的渠线。

2. 室内选线

室内选线就是在图上进行选线,即在适合的地形图上选定渠道中心线的平面位置,并在图上标出渠道转折点到附近明显地物点的距离和方向。如果该地区没有适用的地形图,可在调查踏勘的基础上沿待选线路测绘中线两侧宽 100~200m 的带状地形图(若已有适当比例尺的地形图可利用,则不必另测地形图),比例尺一般为 1∶2000~1∶5000,等高线间距 0.5~1.0m。在山区、丘陵地区选线时,为了确保渠道的稳定,应力求挖方。因此,环山渠道应先在图上根据等高线和渠道纵坡初选渠线,并结合其他要求在图上定出渠线位置。

3. 外业选线

外业选线就是将室内所选渠道中心线在实地标定出来,其任务是标出渠道的起点、转折点和终点。外业选线还要根据实地情况,对图上所选渠道中心线作进一步分析研究和补充修改,使之完善,特别是对关键性地段和控制性点位,更应反复勘测,认真研究,从而选定合理的渠线。实地选线时，一般应借助仪器选定各转折点的位置。平原地区的选线比较简单，一般要求尽量选成直线，如遇转弯，在转弯处打木桩。山丘地区的渠道一般盘山而走，依着山势随弯就弯，但要控制渠线的高程位置，以保证符合引水高程和设计坡度的要求，为此，需要根据已知水准点来进行探测确定。对于较长的渠道线，为避免高程误差累积过大，最好每隔2~3km与已知水准点校核一次。如果选线精度要求较高，可用水准仪测定有关点的高程，以便准确测定渠线位置。

渠道中线选定后，一般用大木桩或水泥桩来标定渠道的起点、转折点和终点的位置，并绘略图注明桩点与附近固定地物相互之间的位置和距离。因为中线选定以后，经过设计到施工还有一段时间，因此应在木桩附近选定地物点，量出地物至桩顶的距离，然后用红漆在地物上画一箭头，指向木桩方向，并将距离注记上，每桩应注三个方向。最后绘制草图，保存以备日后查用。

9.2.2 水准路线布设

为了满足渠道高程测量和纵横断面测量的需要，在渠道选线的同时，应沿渠线附近在施工范围以外，每隔1~2km布设一些既便于日后用来测定渠道高程，又要能够长期保存的水准点，并做好水准点的点之记，以备查找。为了统一高程系统，水准点应尽可能与国家等级水准点连测，若不能，则采用独立的高程系统。当渠线长度在10km以内的小渠道时，一般可按等外水准测量的方法和要求施测。对于大型渠道，则按三等、四等水准测量的方法和精度要求进行。

任务9.3 渠道中线测量

沿选定的中线测量转折角、中线交点桩、定出线路中线或实地选定线路中线平面位置，称为中线测量。中线测量的主要内容：测设中线交点桩；测定转折角；测设里程桩和加桩；若转弯角度大于6°，还要测设曲线主点和细部点的里程桩。

9.3.1 中线的测设

中线测设的方法很多，穿线放样法是一种常用的方法，具体做法如下：

(1) 准备数据。如图9.3.1所示，在带状地形图上，从初测时的导线点C_2、C_3、…出发作导线边的垂线，它们与设计中线交于D_2、D_3等点，图上量取垂线的长度，直角和

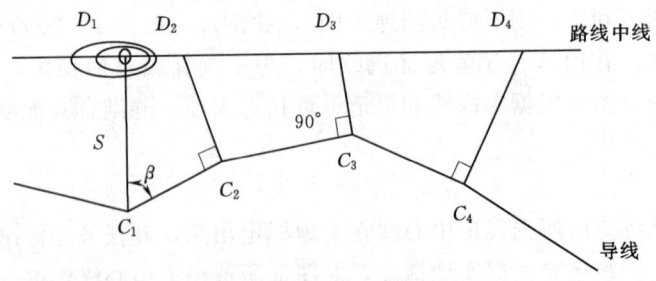

图9.3.1 放样数据

垂线的长度就是放样数据，有时为了通视需要，在中线通过高地的地方放样点（如 D_1），这时可以从图上量取极坐标法放样所需的角度 β 与距离 S。

（2）实地放样。实地在相应的导线点上设置直角，并量距，定出一系列 D_2、D_3 等点。如果距离较短，可以用直角镜或方向架设置直角，如果距离较长，宜用经纬仪设置直角。

（3）穿线。中线某一直线上几个点由于图解量取放样数据误差等原因，放样到实地后不会正好在一条直线上；为此要在实地决定出一条离这些点最近的直线——中线，然后在经纬仪的帮助下，设置一系列标桩把中线表示出来。

（4）定出交点。定出相邻两直线段的交点，并测量路线的转向角。当用一台经纬仪工作时，先延长一中线，并在估计交点位置前后各设一骑马桩 A、B（图 9.3.2），然后延长另一直线与 A、B 桩连线相交即得交点 JD。得交点后，测量转向角 α。

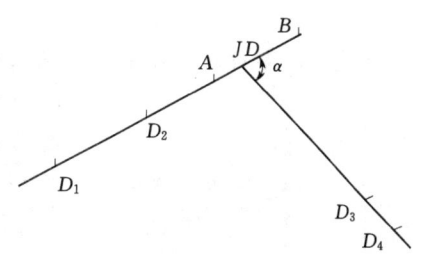

图 9.3.2 定交点

这种方法简单，外业工作不复杂，也不易出错，即使出错了也容易被发觉，是工程测量中广泛采用的方法。

9.3.2 里程桩测设

为便于计算渠道长度、绘制纵横断面图，需要用花杆和钢尺或全站仪进行定线和测距。在丈量渠线长度的同时，沿渠道中心线从渠首或分水建筑物的中心，或筑堤的起点，不论直线或曲线，均应用小木桩标定中线位置，在平坦地区一般是每隔100m或50m打一桩，在丘陵地区一般采用间隔20m打一桩，自上游向下游累积编号，以起点到该桩的水平距离进行编号，并用红漆写在木桩侧面或附近明显地物上，称为里程桩。字迹要工整醒目，字面要朝向路线起始方向，写后要校核。中线起点的桩号是"0+000"，桩号中，"+"号前面是千米数，"+"后面是不足千米的米数。按规定每隔某一整数设一桩，此为整桩。如整桩号为1+100，即此桩距渠道起点1km又100m。在实际工作，遇到地面实变处应设加桩，如当渠线穿越山沟、山冈等地形变化较大的地方和重要地物（如公路、铁路、河道等）的地方，以及渠线上拟建或已建建筑物的中心位置或起终点，均要增打一些桩，叫作加桩。加桩亦按对起点的距离进行编号，但不是规定间距的整倍数。里程桩（整桩）和加桩均属于中心桩。加桩桩号可根据相邻里程桩桩号及其到相应加桩的距离算出。例如，1+100 里程桩向前 18.5m 处的加桩桩号应是 1+118.5。

由于局部改线或分段测量，以及事后发现丈量或计算错误等原因致使线路的里程不连续、桩号与路线长度不一致，这时应加钉断链桩，桩上标明断链等式。如 3+870.42＝3+800，表示来向里程大于去向里程，称为长链；如 3+670.42＝3+700，表示来向里程小于去向里程，称为短链。

为了避免测设里程桩错误，量距一般用钢尺丈量两次，精度为 1/1000。当精度要求不高时，可用皮尺或测绳丈量一次，再在观测偏角时用视距法进行检核。当桩定到转折点上时，应用经纬仪测定来水方向的延长线转至去水方向的角值（即转折角，分左转和右转），并按设计要求测设圆曲线。曲线测设应注意以下问题：当转折角小于6°时，不测设曲线；当转折角为6°~12°，只测设曲线的三个主点桩，并计算曲线长度；当转折角大于12°，需测设曲线的细部点。并且当曲线长度不大于100m时，需测设曲线的三个主点桩，并计算曲线长度；当曲线长度大于100m时，按间距50m测设曲线桩，并计算曲线长度。

探高选线法：山丘区的中线测量除上述方法确定以外，一般采用探高法确定中线里程桩的高程。从渠首起点开始，用钢尺或全站仪沿着山坡等高线向前测距，按规定要求标定里程桩和加桩，每量50m或100m用水准测量测定一下桩位高程，看渠线位置是否偏低或偏高。例如某里程桩应在A点，离渠首距离为D；令渠首进水底板设计高程为$H_进$，设计渠深为h，渠底设计坡度为i，可以计算出A点应有的堤顶高程为$H_A=H_进-iD+h$，按照施工放样的方法测设A点的位置，根据附近的已知水准点引测高程，标定A点在山坡上的实际位置。按此法沿山坡测设延伸渠道。但为了保证盘山渠道外边坡的稳定性，尽量减少填方，一般应根据山坡坡度将桩位适当提高，即将木桩打在略高于所定A点的位置上。

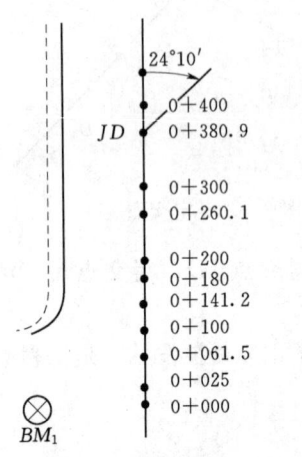

图9.3.3 渠道中线草图

在测设中线桩的同时，还要在现场绘出草图，如图9.3.3所示。图中直线表示渠道中心线，直线上的黑点表示整桩和加桩的位置，JD（桩号为0+380.9）为转折点，渠道中线在该点处改变方向右转24°10′（即转折角为24°10′）。但在绘图时改变后的渠线仍按直线方向绘出，仅在转折点用箭头表示渠线的转折方向，并注明转折角值。至于渠道两侧的地形则可用目测法来勾绘。

中线测量完成后，一般应绘出渠道测量路线平面图，在图上绘出渠道走向、主要桩点、主要数据等。

任务9.4 渠道纵断面测量

纵断面测量又称路线水准测量，它的任务是测定中线上各中线桩的地面高程，并根据各桩的里程和测出的高程绘制路线纵断面图，供渠道纵坡设计之用。

9.4.1 纵断面测量

渠道纵断面测量是利用视线高法，通过渠道沿线布设的水准点，将渠线分成许多段，每段分别与邻近两端的水准点组成附合水准路线，然后从首段开始，逐段进行施测，得路线中心线上里程桩和曲线控制桩的地面高程。进行纵断面测量时，由于相邻各桩之间距离不远，一站上可以测定若干个桩点的地面高程，除其中最端头的一个桩点用作转点传递高程外，中间各个不用作传递高程的桩点称作间视点。

任务 9.4 渠道纵断面测量

1. 水准测量法

水准仪测绘纵断面高程要求如下：

（1）观测时，以成像清晰、读数可靠为原则，视距不超过 150m，水准仪到间视点距离与前后视转点距不等差不加限制。

（2）一般由两台水准仪同时施测，其中一台仪器测定标石点及临时水准点高程；另一台仪器观测里程桩及沿线主要地物点高程。这样做法较为灵活，不会因一台仪器观测超限而全部重测。

（3）穿过河沟时的加桩，应连测高程。穿过铁路时，应测出轨面高程；穿过公路时，应测路面高程，还要测出路面宽度。

（4）与地面高差小于 2cm 时，可以用桩顶高代替地面高，否则，应另测桩旁地面高程。

如图 9.4.1 所示，每一测站首先读取后前两转点的标尺的计数，再读取两转点间所有间视点的标尺读数。0+000 桩，0+200 桩，0+400 桩为转点，0+100 桩，0+265.6 桩，0+300 桩……为间视点。首先从 BM_1

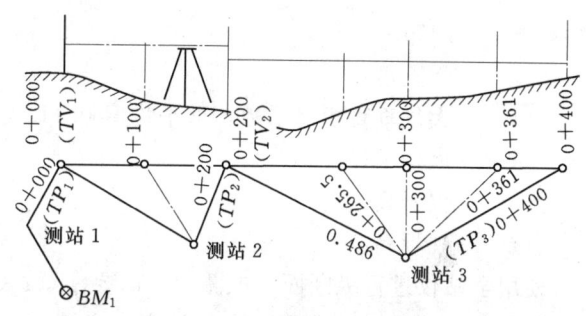

图 9.4.1 纵断面测量示意图

（高程为 76.605m）引测高程，得 TP_1（0+000 桩）高程，再将水准仪置于测站 2，后视转点 TP_1，前视转点 TP_2，将观测结果记入表 9.4.1 中"后视和前视"栏内；然后观测中间间视点 0+100 桩，将观测结果记入表 9.4.1 中，搬站至测站 3，后视转点 TP_2，前视 TP_3，然后观测间视点 0+265.5 桩，0+300 桩，0+361 桩，观测结果记录表 9.4.1 中。

表 9.4.1　　　　　　　　　　纵断面水准测量记录

测站	测点	后视读数/m	视线高/m	前视读数 中间点	前视读数 转点	高程/m	已知高程/m
1	BM1	1.245	77.850			76.605	76.605
	0+00（TP_1）	0.933	78.239		0.544	77.306	
2	100			1.56		76.68	
	200（TP_2）	0.486	76.767		1.958	76.281	
3	265.5			2.58		74.19	
	300			0.97		75.80	
	361			0.50		76.27	
	400（TP_3）				0.425	76.342	
⋮	⋮	⋮	⋮	⋮	⋮	⋮	⋮
7	0+600（TP_6）	0.848	75.790		1.121	74.942	
	BM_2				1.324	74.466	74.451
校核 闭合差计算		$\sum_后=8.896m$　$\sum_前=11.035m$　$\sum_后-\sum_前=-2.139m$　$H_{终}-H_{始}=-2.139m$ $f_h=h_测-(H_{终}-H_{始})=+15$（mm），$f_{h允}=\pm 10\sqrt{n}=\pm 26$（mm） $f_h<f_{h允}$，成果符合要求，可进行闭合差调整						

进行纵断面水准测量时,其闭合差不得超过$\pm 40\sqrt{l}$mm(l为附合路线长度,以km为单位),或者$\pm 10\sqrt{n}$mm(n为测站数),闭合差不用调整,但超限必返工。沿线各连测点的高程应通过高差闭合差调整后计算求得。

2. 全站仪法

进行纵断面水准测量,使用全站仪对向观测,测定高程的精度可达到四等水准测量的精度,可以达到测量中线桩地面高程的精度要求。实际工作中一般采用单向观测计算高差的公式,计算中线桩地面高程。若测站点 A 高程为 H_A,高差为 h,则地面点 P 的高程为

$$H_P = H_A + h = H_A + S\sin\alpha + (1-k)\frac{S^2\cos^2\alpha}{2R} + i - v \qquad (9.4.1)$$

式中　　S——斜距;
　　　　α——竖直角;
　　　　k——大气垂直折光系数,取平均值 0.11 或实测确定;
　　　　R——地球半径;
　　　　i——仪器高;
　　　　v——砚标高。

使用全站仪进行纵断面水准测量,需要注意:①测站应选中线附近的高程已知的控制点,并与中线桩通视;②准确量取仪高、棱镜高、预置测量改正数;③将测站高程、仪高、棱镜高输入仪器。

3. GPS 测量法

使用 GPS 测量方法,不需要通视,测量速度快,误差不积累,达到精度要求,有条件尽量采用此种方法。但在测量中应注意检查,特别是里程桩在陡坎、绝壁下方的里程桩,容易造成测量错误。

9.4.2　纵断面图的绘制

纵断面图一般绘在印有毫米方格的纸上,是以中心桩的里程为横坐标,以高程为纵坐标的直角坐标系中绘制,为使地面起伏变化更明显,纵轴比例尺一般选用横轴比例尺的十倍。为了节省纸张和便于阅读,纵断面图上的高程,可以不从零开始,而从某一合适的数值起绘。根据栏目中注明的最小渠底设计高程确定标高线的起点高程,以保证地面最低点能在图上标出并留有余地。标高线的起点高程应为整米数,起点往上按高程比例尺划分每米区间,并标注高程。绘制方法如下:

(1) 在坐标纸的左下角绘制图标,自上至下依次分桩号、渠底比降、地面高程、渠底高程、挖深、填高等栏目。右方栏边线右侧适当位置作为渠道起点,自起点向上作一条纵坐标线,同时将图标每栏横线向右延绘至坐标纸边缘,以图标上边线的延伸线为横坐标线。

(2) 在横轴上按水平距离比例尺定出里程桩和加桩的位置,并在栏内相应位置标注桩号;在渠底比降栏绘出渠底设计坡度线,并注明坡度值。将各桩的实测高程填入高程栏,并按高程比例尺在纵轴上相应的位置标定点位,再用直线将各点依次连接起来,即为地面线,如图 9.4.2 所示。根据渠底起点设计高程和坡度计算出终点的设计高程;并在纵轴上

任务 9.5 渠道横断面测量

标定其点位并用直线连接起来,即为渠底设计线;同法可连出渠堤顶线;根据起点(0+000)的渠底设计高程,渠道比降和离起点的距离,均可以求得相应点处的"渠底高程"。其中渠底设计高程 $H_{底}$,渠首底高程 $H_{进}$、渠底设计坡度 i 和该点对起点的里程 D 关系为:

$$H_{底} = H_{进} - Di \tag{9.4.2}$$

然后,根据各桩点的地面高程和渠底高程,即可算出各点的挖深或填高数,分别填在图 9.4.2 中相应位置。

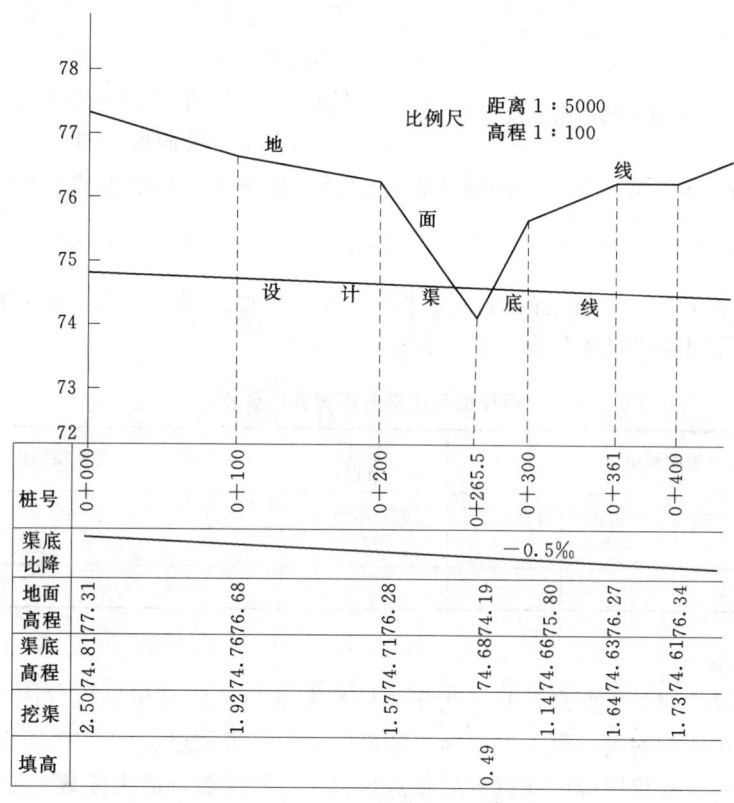

图 9.4.2 渠道纵断面图

任务 9.5 渠道横断面测量

垂直于线路中线方向的断面称为横断面,路线所有中心桩一般都应测量其横断面。横断面测量的主要任务是测量横断面地面高低起伏情况,并绘制出横断面图。横断面图是确定横向施工范围、计算土石方数量的必要资料。

9.5.1 横断面测量

横断面测量的宽度,根据实际工程要求和地形情况而定。横断面上中心桩的地面高程已在纵断面测量时测出,只要测出各地形特征点相对于中心桩的平距和高差,就可以确定其点位和高程。根据地形、精度等条件或要求的不同，平距和高差常用的施测方法有标杆皮尺法、水准仪法、经纬仪视距法等。

1. 标杆皮尺法

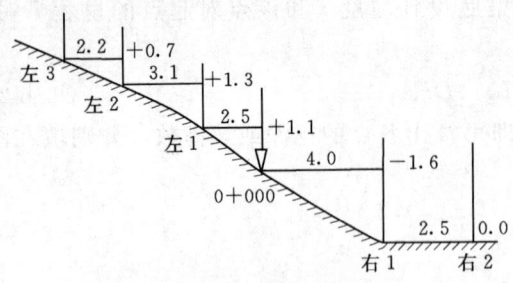

图 9.5.1 标杆皮尺法测量横断面

标杆皮尺法适用于横断面方向坡度较大或断面宽度较小时。测量时，先用目测法或方向架，标定与渠线垂直的断面方向，此方向即为横断面方向。以中心桩为零起算，面向渠道下游分为左、右侧。如图 9.5.1 所示，标杆立于右 2 点，皮尺靠近中桩地面，拉平量到右 2 点，读出平距 2.8m；而皮尺截取标杆的红白格数即为两点间的高差 -1.5m。按表 9.5.1 的格式做好记录，分子表示相邻两点间的高差，分母表示相应的平距；如 0+235 桩左侧第 1 点的记录 $\dfrac{+1.2}{3.3}$，表示该点距中心桩 3.3m，高 1.2m。如果延伸方向和已量过的两点间坡度一致，或和已到的一点高度相同，通常可以不再往前量，分别注"同坡"或"平"表示。

表 9.5.1   标杆皮尺法横断面测量记录表

左侧横断面			桩号/高程	右侧横断面			
同坡	$\dfrac{+0.7}{2.2}$	$\dfrac{+1.3}{3.1}$	$\dfrac{+1.1}{2.5}$	$\dfrac{0+000}{77.31}$	$\dfrac{-1.6}{4.0}$	$\dfrac{0.0}{2.5}$	平	…
…	…	…	…		…	…	…	…

2. 水准仪法

水准仪皮尺法测量精度高，只适用于施测横断面较宽的平坦地区（图 9.5.2）。首先安置水准仪于中线桩附近，用方向架标定断面的方向；若渠道宽度小于 50m，可用目测法标定断面方向；水准仪照准中线桩（后视点）标尺，将读数（后视读数）填入表内，并计算出视线高；以中线桩两侧横断面地形特征点为前视，照准断面方向上各特征点（间视点）标尺，将读数（前视读数）填入表内，并计算出各特征点的高程；用皮尺量出各特征点至中线桩的水平距离。记录表格见表 9.5.2，按渠道前进方向分左、右侧记录，以分式表示前视读数和水平距离，高差由后视读数与前视读数求差得到。

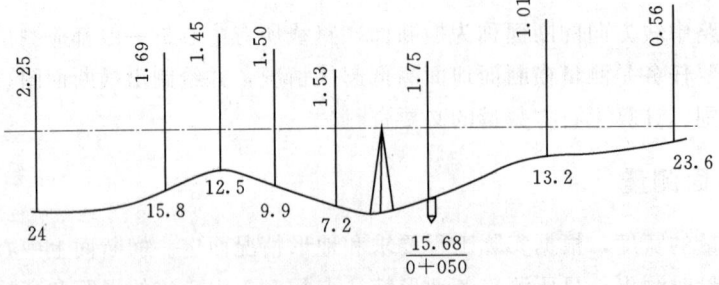

图 9.5.2 水准仪皮尺法测量横断面

任务 9.5 渠道横断面测量

表 9.5.2 横断面测量记录表

前视读数（左侧）／水平距离	后视读数／桩号	（右侧）前视读数／水平距离
$\dfrac{22.5\ \ 1.69\ \ 1.45\ \ 1.50\ \ 1.53}{24\ \ \ 15.8\ \ 12.5\ \ 9.9\ \ \ 7.2}$	$\dfrac{1.75}{0+050}$	$\dfrac{1.01\ \ 0.56}{13.2\ \ 23.6}$

3. 经纬仪视距法

经纬仪视距法适用于地形起伏较大地区。安置经纬仪于中桩上，量出仪器高，测定横断面方向，然后用视距法测出各特征点的视距、中丝读数、竖直角，计算出各特征点与中线桩之间的平距和高差。

4. 全站仪法

利用全站仪测量速度更快，效率更高。安置全站仪于任意点上（一般安置在测量控制点上），先观测中线桩，再观测横断面上各特征点，观测的数据有水平角、竖直角、斜距、棱镜高、仪高等。其结果可以根据相应软件来计算，也可以采用全站仪纵横断面测量一体化技术。

5. GPS 测量法

渠道横断面测量可以用 GPS 测量法，这种方法测量速度比全站仪更快，达到精度要求，与全站仪测量相同，可以根据相应软件来绘制断面图。

9.5.2 横断面图绘制

横断面图与纵断面图绘制方法相似，也是根据断面测量成果，用毫米方格纸进行绘制，但不需绘制图标，且为了计算方便，横断面图的纵、横轴一般采用同一比例尺，一般取 1∶100 或 1∶200，小渠道也可采用 1∶50。绘图时，以中心桩为中点，左右两侧水平

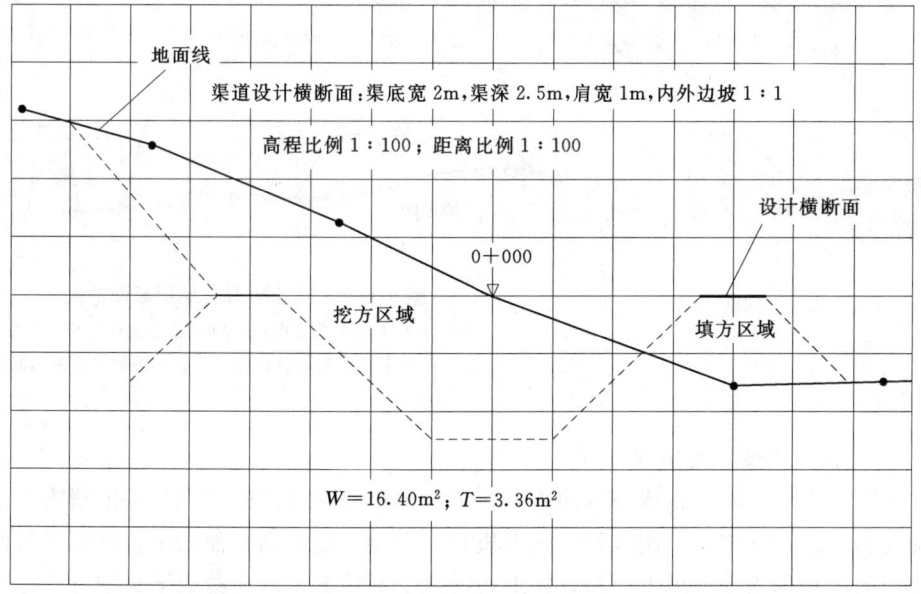

图 9.5.3 渠道横断面图

项目 9 渠 道 测 量

距离为横轴,高程为纵轴。展绘出各地面特征点在方格纸上,依次连接相邻各特征点得地面线,即为该桩横断面图,图 9.5.3 所示为表 9.5.1 横断面测量数据绘制的横断面图。为了节约纸张和使用方便,在一张坐标纸上要绘许多个横断面图,必须依照里程顺序从上至下、从左至右排列;同一纵列的各横断面中心桩应在同一纵线上,彼此之间隔开一定距离。

任务 9.6 渠道土方计算

渠道工程必须在地面上挖深或填高,使渠道断面符合设计要求。所填挖的体积以 m³ 为单位,称为土方。土方的多少,往往是总工作量的重要指标,是经济核算与合理分配劳动力的重要依据。土方计算的方法常采用平均断面法(图 9.6.1),先算出相邻两中心桩应挖(或填)的横断面面积,取其平均值,再乘以两断面间的距离,即得两中心桩之间的土方量,以公式表示为

$$V = \frac{A_1 + A_2}{2} D \tag{9.6.1}$$

式中 V——两中心桩间的土方量,m³;
   A_1、A_2——两中心桩应挖或填的横断面面积,m²;
   D——两中心桩间的距离,m。

采用该法计算土方的方法步骤如下。

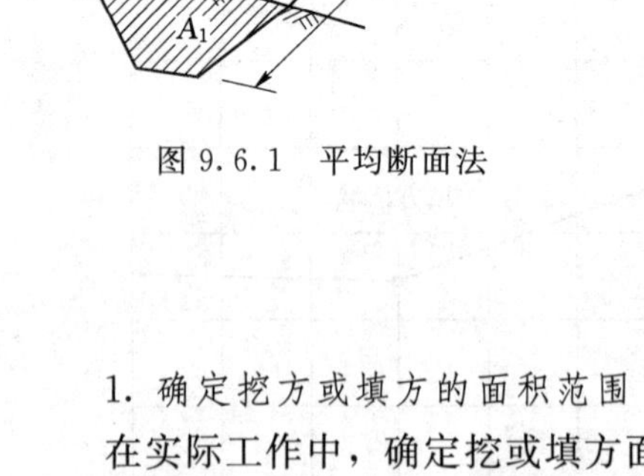

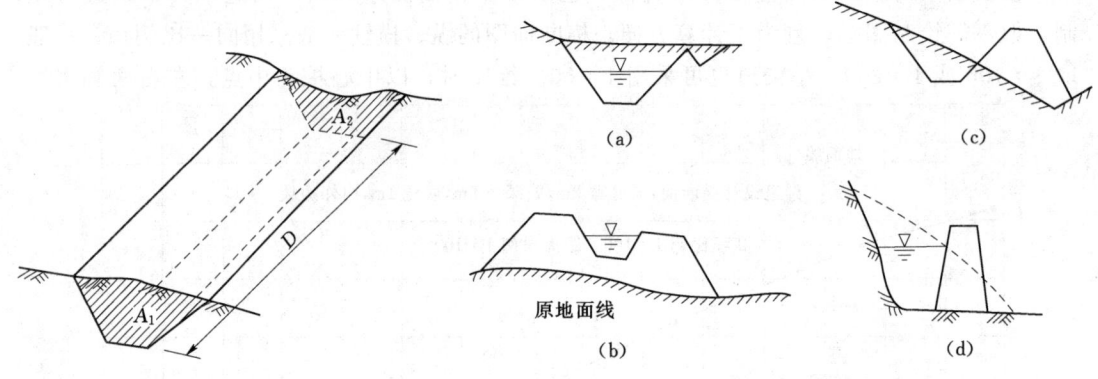

图 9.6.1 平均断面法

图 9.6.2 设计断面与地形断面的关系
(a) 土基上梯形挖方断面;(b) 土基上梯形填方断面;
(c) 梯形半挖半填断面;(d) 岩石上矩形半挖半填断面

1. 确定挖方或填方的面积范围

在实际工作中,确定挖或填方面积时,可按地形横断面图的比例尺,依据渠低设计宽度、深度和渠道内外坡比,制成设计断面模片,套绘在地形横断面图上。地面线与设计断面所围成的面积即为挖或填方面积,在地面线以上为填方,地面线以下为挖方。

按照设计断面与地形的关系,渠道土方可分为挖方、填方、半挖半填方,如图 9.6.2

所示。

2. 计算面积

设计断面与地形断面交线围成的面积，即为该断面挖方或填方的面积。计算面积的方法很多，通常采用的方法有方格法、梯形法和电子求积仪法。

(1) 方格法。方格法是将透明方格纸蒙在欲测图形上，分别数出图形范围内挖方或填方的方格数，再乘以每个方格代表的实际面积，即得挖或填方面积。数方格时，先数整方格，再用目测法取长补短，将不整齐的部分拼凑成整方格，最后加在一起，得到总方格数。

(2) 梯形法。梯形法是将欲测图形分成若干等高梯形，然后按梯形面积的计算公式进行量测和计算。如图9.6.3所示，将中间挖方图形划分为若干梯形，其中 l_i 为梯形的中线长，h 为梯形的高，为了方便计算，梯形的高常采用1cm，这样只需量取各梯形的中线长并相加，按下式即可求得图形面积 A

$$A=(l_1+l_2+\cdots+l_n)h \tag{9.6.2}$$

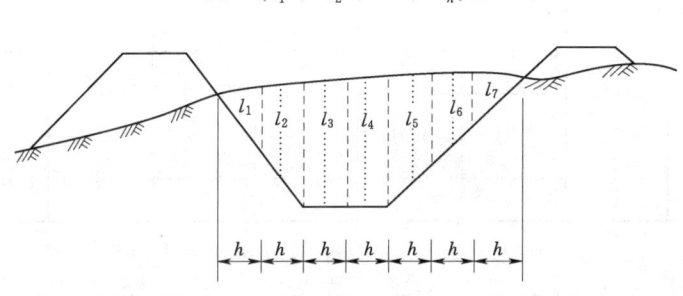

图 9.6.3 梯形法

实际工作中常用宽1cm的长条方格纸逐一量取各梯形中线长，并在方格纸上依次累加，即从方格纸条的0端开始，先量第一个梯形的中线长，在纸条上得到 l_1 的终点，再以 l_1 为第二个梯形中线长 l_2 的起点，接着量取 l_2，得到 l_1+l_2 的终点，……依次量取、累加即得总长，从而由方格纸即可直接得出图形的总面积。由于欲测面积的图形是以等高梯形划分，有可能使图形两端的三角形的高不等，这时应单独量算其面积，然后和梯形图形的面积相加即得所求图形的总面积。

电子求积仪量算面积的方法参见项目8。

3. 计算土方

根据相邻中心桩的设计面积及两断面间的距离，按式 (9.6.1) 计算出相邻横断面间的挖方或填方。然后，将挖方和填方分别求其总和。总土方量等于总挖方量与总填方量之和 (表9.6.1)。

如果相邻断面有挖方和填方，则两断面之间必有不挖也不填点，该点称为零点（如表9.6.1中的0+250）。零点处横断面的挖方面积和填方面积不一定都为零，故还应到实地补测该点处的横断面，然后分别计算其与相邻断面的土方量。

本项目所讲的纵横断面图绘制、横断面面积量算、土（石）方量计算及工程造价预算均可由计算机来完成。

表 9.6.1　　　　　　　　　　渠道土（石）方量计算表

桩号	中心桩填挖/m		面积/m²		平均面积/m²		距离/m	土方/m³	
	挖深	填高	挖	填	挖	填		挖	填
0+000	2.50		16.40	3.36					
					12.40	3.18	100	1240	318
0+100	1.92		8.40	3.01					
					6.13	4.06	100	613	406
0+200	1.57		3.86	5.11					
					2.28	5.28	50	114	264
0+250	0		0.70	5.45					
					0.35	6.29	15.5	5	97
0+265.5		0.49	0	7.13					
⋮	⋮	⋮	⋮	⋮	⋮	⋮	⋮	⋮	⋮
					⋮	⋮	⋮	⋮	⋮
0+600	0.47		5.64	4.91					
合计								5218	4786

任务 9.7　渠道施工测量

渠道施工测量主要包括恢复中线测量、施工控制桩的测设、渠道边坡桩的测设等工作。

1. 恢复中线测量

从工程勘测开始，经过工程设计到开始施工，要隔很长一段时间，在此期间有一部分中线桩被碰动或丢失。为了保证线路中线位置的正确可靠，施工前应进行一次复核测量，并将已经碰动或丢失过的交点桩、里程桩恢复和校正好，其方法与中线测量相同。

2. 施工控制桩的测设

中线桩在施工过程中要被锯掉或填埋。为了施工中方便，可靠地控制中线位置，需要在不易受施工破坏、便于引测、易于保存桩位的地方测设施工控制桩。控制桩有以下两种测设方法：

(1) 平行线法。平行线法是在设计渠道宽度以外测设两排平行于中线的施工控制桩（图 9.7.1），控制桩的间距一般取 10~20m。此法多用于地势较平坦，直线段较长的路段。

(2) 延长线法。延长线法是渠道转折处的中线延长线上，以及曲线中点至交点的延长线上打下施工控制桩（图 9.7.2），延长线法多用于地形起伏较大，直线段较短的山区。

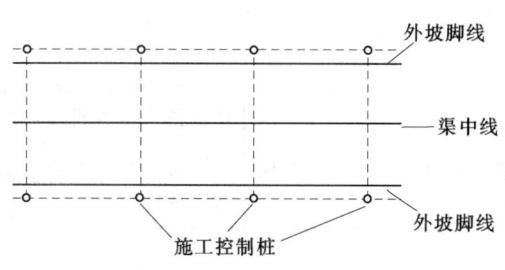

图 9.7.1 平行线法测设控制桩

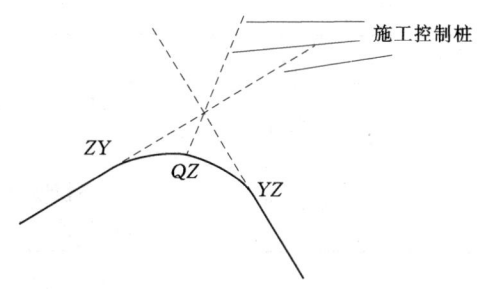

图 9.7.2 延长线法测设控制桩

3. 渠道边坡放样

为了指导渠道的开挖和填土，必须将设计横断面与原地面的交点在实地用木桩或白灰粉标定出来（这些桩称为边坡桩），这项工作称为边坡放样。

放样数据为边坡桩与中心桩的水平距离，通常直接从横断面图上量取。放样时，先在实地用方向架定出横断面方向，然后根据放样数据，在横断面方向将边坡桩标定在地面上。如图 9.7.3 所示，从中心桩 O 向左侧方向量取 L_1 的左内边坡桩 a，量 L_3 得左外边坡桩 b。同样，从中心桩向右侧量取的内边坡桩 c，分别打下木桩，即为开挖、填筑界线的标志，连接各断面相应的边坡桩，撒以石灰，即为开挖线和填土线。

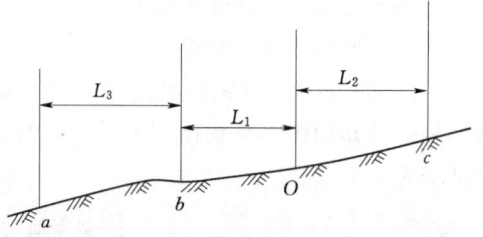

图 9.7.3 边坡桩放样示意图

为了保证填挖的边坡达到设计要求，还应该把设计边坡在实地标定出来，以方便施工。边坡放样的方法有用竹竿和绳索放样和用边坡板放样。

用竹竿和绳索放样边坡是指当填土不高时，可以一次挂线即在路基宽的两端分别竖立竹竿，在两竹竿高度等于中桩填土高度处用绳索连接，同时再用绳索分别与两边的边桩连接，则设计坡度在实地标定出来了；当填土较高时，可分层挂线施工。用边坡板放样边坡是指施工前按照设计边坡坡度做好边坡样板，施工时按照边坡样板施工放样。

最后，为了保证渠道的修建质量，还要进行验收测量，验收测量一般是用水准测量的方法检测渠底高程，有时还需检测渠堤顶的高程、边坡坡度等，以保证渠道按设计要求完工。

实 训 与 习 题

1. 实训任务、方法步骤和能力目标要求

序号	任务	内　　容	能力目标要求
1	渠道中线测量	在实地上选线，完成 500～1000m 渠道长度，按 20m 打里程桩，地面实变处或转弯处打加桩	具有进行渠道中线测量的能力
2	纵断面测绘	用水准测量方法测定各里程桩和加桩的地面高程	具有纵断面测量和纵断面图绘制的能力

续表

序号	任务	内 容	能力目标要求
3	横断面测绘	各横断面用抬杆法测量记录,绘出各横断面图	具有横断面测量和横断面图绘制的能力
4	土方计算	在各横断面图套画设计横断面,计算填挖面积和渠道土方计算	具有面积计算和土方计算的能力

2. 习题

(1) 渠道测量的内容包括哪些?

(2) 中线测量的方法是什么?

(3) 纵断面测量方法步骤是什么?纵断面图是如何绘制的?

(4) 横断面测量方法步骤是什么?横断面图是如何绘制的?

(5) 土方量是怎样计算的?

(6) 边坡桩是如何测设的?

(7) 试完成表1(纵断面测量观测手簿)中的计算。并在表2方格纸(边长1cm)上绘制渠道纵断面图(高程比例1:100,距离比例1:1000),渠首底设计高程为171m,设计坡降为0.1%。

表1 纵断面测量手簿(案例)

测站	测点桩号	后视读数/m	视线高/m	前视读数/m	间视/m	高程/m	备 注
1	BM_1	1.123				172.122	已知
2	0+000	2.113		1.201			
	0+020				0.98		
	0+026				1.25		
	0+040	2.653		1.985			
3	0+060				2.70		
	0+068				1.72		
	0+073				0.85		
	0+080	1.103		1.441			
4	0+100				1.67		
	0+120	1.424		1.688			
5	BM_2			1.087			已知 173.149
检核	Σ					$\Sigma_a - \Sigma_b =$	

$$H_{BM2} - H_{BM1} =$$

$$f_h = \qquad\qquad f_{h容} =$$

表 2　　　　　　　　　　　　　渠 道 纵 断 面 图

项目											
里程桩号											
渠底坡降											
地面高程/m											
设计高程/m											
填挖高度/m											

（8）横断面测量数据见表3，用表4绘制横断面图，高程和距离比例均为1∶100，渠道设计横断面为底宽2m，内外边坡1∶1，渠道深度为2m，肩宽1m，并参考第7题数据用表5计算0+000至0+040段渠道填挖土方量。

表 3　　　　　　　　　标杆皮尺法横断面测量记录表（案例）

左侧横断面				桩号 高程	右侧横断面			
同坡	$\dfrac{+0.8}{2.5}$	$\dfrac{+0.6}{2.6}$	$\dfrac{+0.8}{2.0}$	0+000	$\dfrac{-1.1}{3.0}$	$\dfrac{-0.6}{2.0}$	$\dfrac{-0.5}{1.6}$	同坡
同坡	$\dfrac{+1.0}{1.8}$	$\dfrac{+0.9}{3.0}$	$\dfrac{+0.5}{2.5}$	0+020	$\dfrac{-0.6}{3.0}$	$\dfrac{-0.5}{2.5}$	$\dfrac{-0.8}{2.0}$	$\dfrac{-0.4}{1.0}$
$\dfrac{+0.4}{1.0}$	$\dfrac{+0.6}{1.8}$	$\dfrac{+0.8}{2.0}$	$\dfrac{+0.6}{2.5}$	0+026	$\dfrac{-0.8}{3.0}$	$\dfrac{-0.6}{2.5}$	$\dfrac{-0.8}{2.0}$	$\dfrac{-0.2}{1.0}$
同坡	$\dfrac{+0.6}{1.0}$	$\dfrac{+0.9}{3.0}$	$\dfrac{+0.5}{3.0}$	0+040	$\dfrac{-0.5}{3.0}$	$\dfrac{-0.5}{2.3}$	$\dfrac{-0.5}{1.5}$	$\dfrac{-0.3}{1.0}$

表 4　　　　　　　　　　　　　　横 断 面 图

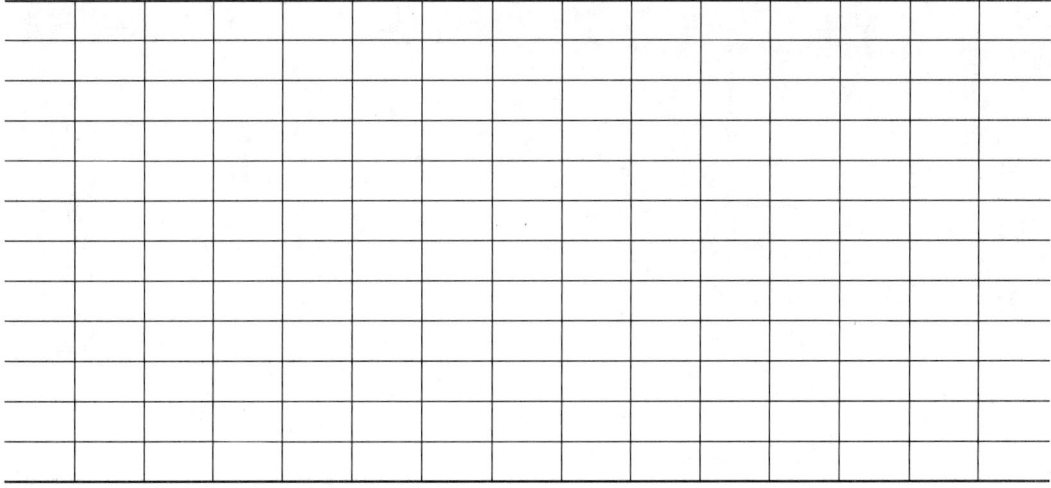

表 5　　　　　　　　　　　　　　渠道土（石）方量计算表

桩号	中心桩填挖/m		面积/m²		平均面积/m²		距离/m	土方/m³	
	挖深	填高	挖	填	挖	填		挖	填
0+000									
0+020									
0+026									
0+040									
合计									

项目 10 隧 道 施 工 测 量

学习目标：

通过本项目的学习，使学生了解隧道施工测量的过程；具有隧道平面和高程控制测量设计的能力；具有进行隧道施工中的中线测设、腰线测设、误差测定和调整的能力。

案例： 图 10.0.1 所示为某大坝施工隧洞导流平面布置图，在隧洞施工时怎样布设控制网、怎样确定隧洞开挖方向和隧洞高程控制、隧洞断面放样及隧洞误差的测定。

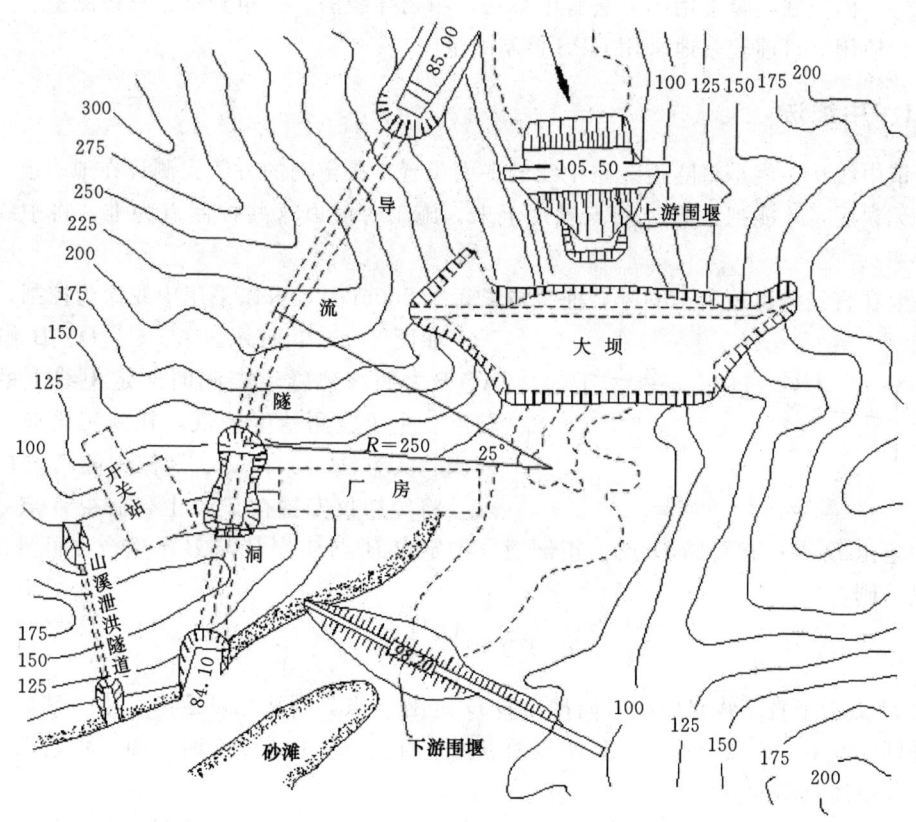

图 10.0.1 某大坝施工隧洞导流平面布置图（单位：m）

隧道施工测量的主要任务：在勘测设计阶段时提供选址地形图和地质填图所需的测绘资料，以及定测时将隧道线路测设在地面上，即在洞门前后标定线路中线控制桩及洞身顶部地面上的中线桩;在施工阶段保证隧道相向开挖时,能按规定的精度正确贯通,并使建筑物的位置符合规定,不侵入建筑限界,以确保运营安全。

任务10.1 隧道洞外控制测量

隧道的设计位置,一般在定测时已初步标定在地表面上。在施工之前先进行复测,检查并确认各洞口的中线控制桩,当隧道位于直线上时,两端洞口应各确定一个中线控制桩,以两桩连线作为隧道洞内的中线;当隧道位于曲线上时,应在两端洞口的切线上各确认两个控制桩,两桩间距应大于200m。以控制桩所形成的两条切线的交角和曲线要素为准,来测定洞内中线的位置。由于定测时测定的转向角、曲线要素的精度及直线控制桩方向的精度较低,满足不了隧道贯通精度的要求,所以施工之前要进行洞外控制测量。洞外控制测量的作用,是在隧道各开挖口之间建立一精密的控制网,以便根据它进行隧道的洞内控制测量或中线测量,保证隧道的准确贯通。

洞外控制测量包括平面控制测量和高程控制测量。

洞外平面控制测量常用的方法有中线法、精密导线法、三角测量、三边测量、边角测量或综合使用,目前较多地采用GPS控制测量。

10.1.1 中线法

所谓中线法,就是将隧道线路中线的平面位置,按定测的方法先测设在地表上,经反复核对无误后,才能把地表控制点确定下来,施工时就以这些控制点为准,将中线引入洞内。

一般在直线隧道短于1000m,曲线隧道短于500m时,可以采用中线作为控制。

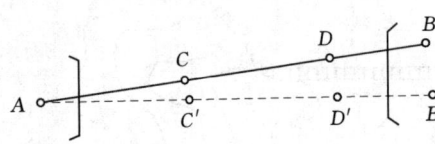

图10.1.1 中线法

如图10.1.1所示,A、C、D、B作为在A、B之间修建隧道定测时所定中线上的直线转点。由于定测精度较低,在施工之前要进行复测,其方法为:以A、B作为隧道方向控制点,将经纬仪安置在C'点上,后视A点,正倒镜分中定出D'点;在置镜D'点,正倒镜分中定出B'点。若B'与B不重合,可量出$B'B$的距离,则

$$D'D=\frac{AD'}{AB'}B'B \tag{10.1.1}$$

自D'点沿垂直于线路中线方向量出$D'D$定出D点,同法也可定出C点。然后再将经纬仪分别安在C、D点上复核,证明该两点位于直线AB的连线上时,即可将它们固定下来,作为中线进洞的方向。

若用于曲线隧道,则应首先精确标出两切线方向,然后精确测出转向角,将切线长度正确地标定在地表上,以切线上的控制点为准,将中线引入洞内。中线法简单、直观,但其精度不高。

10.1.2 精密导线法

导线法比较灵活、方便，对地形的适应性比较大。目前在光电测距仪已经普及和其精度不断提高的情况下，有条件的单位，导线法应当是隧道洞外控制形式的首选方案。

精密导线应组成多边形闭合环。它可以是独立闭合导线，也可以与国家三角点相连。导线水平角的观测，应以总测回数的奇数测回和偶数测回，分别观测导线前进方向的左角和右角，以检查测角错误；将它们换算为左角或右角后再取平均值，可以提高测角精度。为了增加检核条件和提高测角精度评定的可行性，导线环的个数不宜太少，最少不应少于4个；每个环的边数不宜太多，一般以 4～6 条边为宜。

在进行导线边长丈量时，应尽量接近于测距仪的最佳测程，且边长不应短于 300m；导线尽量以直伸形式布设，减少转折角的个数，以减弱边长误差和测角误差对隧道横向贯通误差的影响。我国大瑶山隧道长 11.3km，洞外控制采用导线网，取得了很好的效果。

导线的测角中误差按式（10.1.2）计算，并应满足测量设计的精度要求。

$$m_\beta = \pm \sqrt{\frac{[f_\beta/n]^2}{N}} \qquad (10.1.2)$$

式中 f_β——导线环的角度闭合差，(″)；

n——一个导线环内角的个数；

N——导线环的个数。

导线环（网）的平差计算，一般采用条件平差或间接平差。边与角按下式定权

$$\left. \begin{array}{l} P_\beta = 1 \\ P_D = \dfrac{m_\beta^2}{m_D^2} \end{array} \right\} \qquad (10.1.3)$$

式中 m_β——导线测角中误差，按式（10.1.2）计算，并宜用统计值；

m_D——导线边长中误差，宜用统计值。

当导线精度要求不高时，亦可采用近似平差。

10.1.3 三角测量

三角测量的方向控制较中线法、导线法都高，如果仅从横向贯通精度的观点考虑，则它是最理想的隧道平面控制方法。

三角测量除采用测角三角锁外，还可采用变角网和三边网。但从精度、工作量、经济方面综合考虑，以测角三角锁为好。

三角锁一般布置一条高精度的基线作为起始边，并在三角锁另一端增设一条基线，以资检核；其余仅只有测角工作，按正弦定理推算边长，经过平差计算可求得三角点和隧道轴线上控制点的坐标，然后以控制点为依据，确定进洞方向。

10.1.4 三角锁和导线联合控制

这种方法只有在受到特殊地形条件限制时才考虑，一般不宜采用。如隧道在城市附近，三角锁的中部遇到较密集的建筑群，这时使用导线穿过建筑群与两端的三角锁相

连接。

用于隧道施工控制测量的三角锁或导线环，在布设中除了前面所述要求之外，还应注意以下几点：

（1）使三角锁或导线环的方向，尽量垂直于贯通面，以减弱边长误差对横向贯通精度的影响。

（2）尽量选择长边，减少三角形个数或导线边个数，以减弱测角误差对横向贯通精度的影响。

（3）每一洞口附近测设不少于三个平面控制点（包括洞口投点及其相联系的三角点或导线点），作为引线入洞的依据，并尽量将其纳入主网中，以加强点位稳定性和入洞方向的校核。

（4）三角锁的起始边如果只有一条，则应尽量布设于三角锁中部；如果有两条，则应使其位于三角锁两端，这样不仅利于洞口插网，而且可以减弱三角网测量误差对横向贯通精度的影响。

（5）三角锁中若要增列基线条件时，应将基线设于锁段两端，但此时起始边的测量精度应满足下列要求

$$\frac{m_b}{b} \leqslant \frac{m_\beta}{\sqrt{2}\rho''} \tag{10.1.4}$$

否则，不应加入基线条件。

10.1.5　GPS 测量

GPS 是全球定位系统的简称，它的原理和使用，可参看项目 12GPS 测量内容。隧道施工控制网利用 GPS 相对定位技术，采用静态或快速静态测量方式进行测量。由于定位时仅需要在开挖洞口附近测定几个控制点，工作量少，而且可以全天候观测，目前已得到应用。

隧道 GPS 定位网的布网设计，应满足下列要求：

（1）定位网由隧道各开挖口的控制点点群组成，每个开挖口至少应布测 4 个控制点。整个控制网应由一个或若干个独立观测环组成，每个独立观测环的边数最多不超过 12 个，应尽可能减少。

（2）网的边长最长不宜超过 30km，最短不宜短于 300m。

（3）每个控制点应有 3 个或 3 个以上的边与其连接，极个别的点才允许由两个边连接。

（4）GPS 定位点之间一般不要求通视，但布设洞口控制点时，考虑到用常规测量方法检测、加密或恢复的需要，应当通视。

（5）点位空中视野开阔，保证至少能接收到 4 颗卫星信号。

（6）测站附近不应有对电磁波有强烈吸收和反射影响的金属和其他物体。

10.1.6　高程控制测量

洞外高程控制测量的任务，是按照设计精度施测两相向开挖洞口附近水准点之间的高

差,以便将整个隧道的统一高程系统引入洞内,保证按规定精度在高程方面正确贯通,并使隧道工程在高程方面按要求的精度正确修建。

高程控制一般采用水准测量。当山势陡峻采用水准测量困难时,亦可采用光电测距仪三角高程的方法测定各洞口高程。每一个洞口应埋设不少于 2 个水准点,两水准点之间的高差,以安置一次水准仪即可测出为宜。

水准测量的精度,一般参照表 10.1.1 即可。

表 10.1.1　　　　　　　等级水准测量的路线长度和仪器精度

测量部位	高程等级	隧洞相向开挖长度/km	水准仪等级	水准尺类型
洞外	三	4～8	S_1	因瓦水准尺
			S_3	区格式水准尺
	四	1～4	S_3	区格式水准尺
	五	≤1	S_3	区格式水准尺
洞内	三	4～8	S_1	因瓦水准尺
			S_3	区格式水准尺
	四	1～4	S_3	区格式水准尺
	五	≤1	S_3	区格式水准尺

由上述各种方法比较看出,中线法控制形式最简单,但由于方向控制较差,故只能用于较短的隧道;三角测量方法其方向控制精度最高,故在光电测距仪未广泛使用之前,是隧道控制最主要的形式,但其三角点的布设要受到地形、地物条件的限制,而且基线边要求精度高,使丈量工作复杂,平差计算工作量大;精密导线法,在光电测距仪的测程和精度不断提高的今天,由于布设简单、灵活、地形适应性强、外业工作量少,因而逐渐成为隧道控制的主要形式,只要在水平角测量时适当增加测回数,就可弥补其方向控制不如三角测量之不足。而且光电测距导线和光电测距三角高程可以同时进行,大大减少了野外工作量,是今后隧道控制中应首选的方案;GPS 测量是目前正处于试验阶段的一种全新控制形式,随着其价格的降低、精度的提高、理论的完善,势必成为将来最有前途的控制形式。

任务 10.2　隧道洞外、洞内联系测量

10.2.1　进洞关系的计算和进洞测量

洞外控制测量完成以后,应把各洞口的线路中线控制桩和洞外控制网联系起来。由于控制网和线路中线两者的坐标系不一致,应首先把洞外控制点和中线控制桩的坐标纳入同一坐标系统内,故必须先进行坐标变换计算,得到控制点在变换后的新坐标。其坐标变换计算公式可以采用解析几何中的坐标转轴和移轴计算公式。一般在直线段以线路中线作为 x 轴;曲线上则以一条切线方向作为 x 轴。用线路中线点和控制点的坐标,反算两点的距

离和方位角，从而确定进洞测量的数据。把中线引入洞内，可按下列方法进行。

10.2.1.1 直线隧道

1. 移桩法

如图 10.2.1 所示，空口两端线路控制点 A、B、C、D 是按定测精度测设的，它们并不是严格位于同一条直线上。经精测 A、B、C、D 后，可以 A 为原点，AB 方向为纵轴，计算出 C、D 两点相应的偏离值 y_C、y_D 和 β 角，将经纬仪分别安置在 C 和 D 上，拨角量出垂线 y_C 和 y_D，即可移桩定出 C' 和 D'

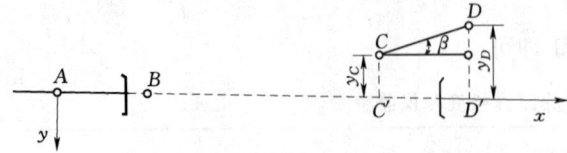

图 10.2.1 移桩法

点，再将经纬仪安置于 D' 点，照准 C' 即得进洞方向。当偏移量较大时，为保持原设计的线路平面位置和方向的一致性，可用洞口两端的 A、D 两点连线作纵轴，将 B、C 移至中线上。

2. 拨角法

如图 10.2.2 所示，当以 AD 为坐标纵轴时，可根据 A、B 及 C、D 点的坐标，反算出水平角 α 和 β，即可得到进洞方向。通常为了施工测量方便，亦可将 B、C 两点移到中线上的 B'、C' 点上。

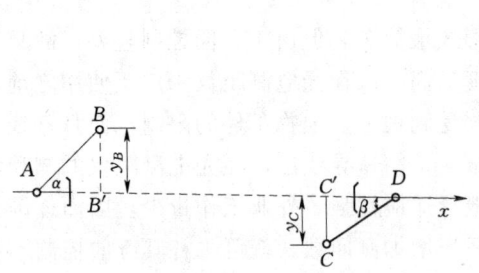

图 10.2.2 拨角法

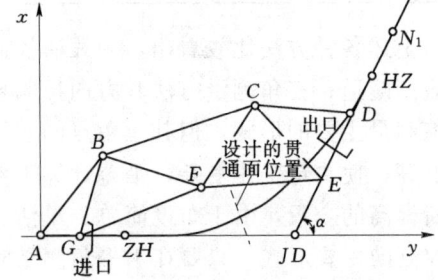

图 10.2.3 曲线隧道进洞关系计算

10.2.1.2 曲线隧道

曲线隧道两端洞口的每条切线上已有两个投点的坐标在控制网中得到，如图 10.2.3 中的 A、G 和 D、E。经坐标变换后，以 A 点为坐标系原点，AG 的切线方向为 y 轴，其进洞关系的计算步骤如下。

1. 坐标变换

通过坐标变换后，得到 A、G、D、E 各点的新坐标。根据这些新坐标反算得到 AG、DE 的方位角；两方位角相减得到曲线精测的转向角 α，它的精度较之定测角值精确，并与各点的坐标相一致。

$$\alpha = \alpha_{AG} - \alpha_{ED} \tag{10.2.1}$$

2. 计算交点的坐标

因为 AG 切线与 y 轴重合或平行，故 JD 的 x 坐标为零或选定值，它是已知的；只需计算出 JD 的 y 坐标值即可。

任务 10.2 隧道洞外、洞内联系测量

$$y_{JD} = \frac{x_{JD} - x_E}{x_E - x_D}(y_E - y_D) + y_E \qquad (10.2.2)$$

3. 计算曲线要素

根据精测算得的 α 和选定的曲线半径 R 和缓和曲线长 l_0，计算出曲线要素 T、L、β_0、p、m、x_0、y_0。

4. 选定洞口外面一个中线控制桩的里程，使其和定测里程一致

例如选定 A 点。由此从 A 推算隧道范围内其他中线控制点的里程，到隧道另一端洞口外的中线控制点上出现断链，这是由于精测长度和定测长度不一致所致，这种里程称为隧道施工里程。

5. 计算任一中线点的坐标

要想在洞中测设出任一中线点的位置，必须先知道该点的施工里程，使它与曲线控制桩的施工里程相比较，才能确定该点是在直线上，还是在曲线上，并且知道该点距中线控制桩有多远。由于任一中线点的位置不同，所以计算坐标的方法也不同，现分别说明如下：

（1）中线点在直线上。如图 10.2.3 所示，进口洞门在一直线上，而 N_1 点在出口端的另一直线上。在已知各点的施工里程 $DK_{进口}$、DK_{N_1}（不能用定测里程）的情况下，则

$$\left.\begin{array}{l} x_{进口} = 0 \\ y_{进口} = DK_{进口} - DK_A \\ x_{N_1} = [T + (DK_{N_1} - DK_{HZ})]\sin\alpha \\ y_{N_1} = y_{JD} + [T + (DK_{N_1} - DK_{HZ})]\cos\alpha \end{array}\right\} \qquad (10.2.3)$$

（2）中线点在缓和曲线上。首先计算出它们的切线坐标（计算到 mm 或 0.1mm），然后将切线坐标转换为统一坐标。

例如，在图 10.2.4 中，统一坐标系的坐标轴为 x、y 轴；ZH 端的切线坐标系为 x'、y' 轴；HZ 端的切线坐标系为 x''、y'' 轴。假设统一坐标系的 y 轴平行于 x' 轴，则中线点 N_2、N_3 的统一坐标推算如下

$$\left.\begin{array}{l} x_{N_2} = x_{ZH} + y'_{N_2} \\ y_{N_2} = y_{ZH} + x'_{N_2} \end{array}\right\} \qquad (10.2.4)$$

$$\left.\begin{array}{l} x_{N_3} = x_{JD} + T\sin\alpha - x''_{N_3}\sin\alpha + y''_{N_3}\cos\alpha \\ y_{N_3} = y_{JD} + T\cos\alpha - x''_{N_3}\cos\alpha + y''_{N_3}\sin\alpha \end{array}\right\} \qquad (10.2.5)$$

式中 x'_{N_2}、y'_{N_2}——N_2 点的切线坐标；

　　　x''_{N_3}、y''_{N_3}——N_3 点的切线坐标。

（3）中线点在圆曲线上。当中线点位于圆曲线上时，最好通过圆心来计算它们的坐标。

如图 10.2.5 中，N_4 点在圆曲线上，则圆心 O 的统一坐标为

$$\left.\begin{array}{l} x_O = x_{ZH} + p + R \\ y_O = y_{ZH} + m \end{array}\right\} \qquad (10.2.6)$$

而 ON_4 的坐标方位角为

项目10 隧道施工测量

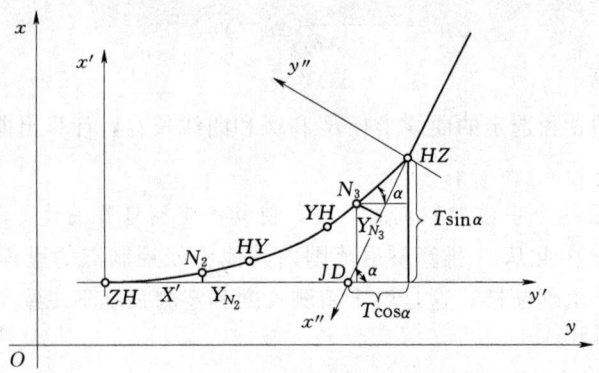

图10.2.4 坐标系关系

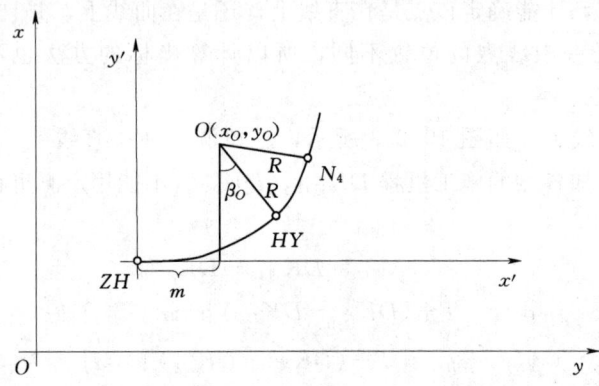

图10.2.5 中线点位于圆曲线上

$$\alpha_{ON_4} = 180° - \beta_O - \frac{DK_{N_4} - DK_{HY}}{R} \frac{180°}{\pi} \quad (10.2.7)$$

$$\left.\begin{array}{l} x_{N_4} = x_O + R\cos\alpha_{ON_4} \\ y_{N_4} = y_O + R\sin\alpha_{ON_4} \end{array}\right\} \quad (10.2.8)$$

按上述方法计算出测设中线点的坐标后，再根据控制网点的坐标，反算出两点间的距离和方位角，利用极坐标法即可确定洞门的位置和进洞方向。如图10.2.6所示，H为出口洞门的设计位置，D、E为切线方向的控制点，根据D、H点

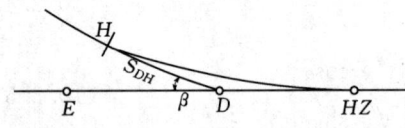

图10.2.6 出洞口位置确定

坐标可以算出距离S_{DH}及方位角α_{DH}；根据D、E坐标可以算出方位角α_{DE}，根据两方位角之差可以求得水平角β。将经纬仪安在D点，后视E点，转一角度β，沿此方向丈量距离S_{DH}，即可定出洞门出口位置H点。

10.2.2 由洞外向洞内传递方向和坐标

为了加快施工进度，隧道施工中除了进出洞口之外，还会用斜井、横洞或竖井来增加施工开挖面。为此就要经由它们布设导线，把洞外导线的方向和坐标传递给洞内导线，构成一个洞内、外统一的控制系统,这种导线称为联系导线,如图 10.2.7 所示。联系导线属支导线性质,其测角误差和边长误差直接影响隧道的横向贯通精度,故使用中必须多次精密测定、反复校核,确保无误。

当由竖井进行联系测量时,可以采用垂准仪光学投点、陀螺经纬仪定向的方法,来传递坐标和方位。

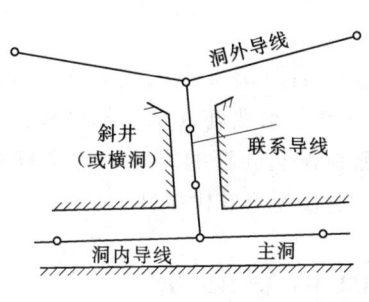

图 10.2.7 斜井联系测量

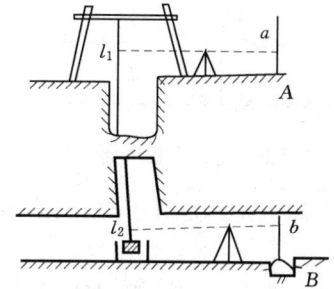

图 10.2.8 竖井联系测量

10.2.3 由洞外向洞内传递高程

经由斜井或横洞向洞内传递高程时,一般均采用往返水准测量,当高差较差合限时取平均值的方法。由于斜井坡陡,视线很短,测站很多,加之照明条件差,故误差积累较大,每隔 10 站左右应在斜井边脚设一临时水准点,以便往返测量时校核。近年来用光电测距三角高程测量的方法来传递高程,已得到越来越广泛的应用,大大提高了工作效率,但应注意洞中温度的影响,以及应采用对向观测的方法。

经由竖井传递高程时,过去一直采用悬挂钢尺的方法,即在井上悬挂一根经过检定的钢尺(或钢丝),尺零点下端挂一标准拉力的重锤,如图 10.2.8 所示,在井上、井下各安置一台水准仪,同时读取钢尺读数 l_1 和 l_2,然后再读取井上、井下水准点的尺读数 a、b,由此可求得井下水准点 B 的高程为

$$H_B = H_A + a - [(l_1 - l_2) + \Delta t + \Delta k] - b \tag{10.2.9}$$

$$\Delta t = \alpha L (t_{均} - t_0)$$

$$\Delta k = \frac{L}{l} \Delta l$$

式中 H_A——井上水准点 A 的高程;

a、b——井上、井下水准尺读数;

l_1、l_2——井上、井下钢尺读数,$L = l_1 - l_2$;

Δt——钢尺温度改正数;

α——钢尺膨胀系数,取 $1.25 \times 10^{-5}/℃$;

$t_{均}$——井上、井下平均温度;

t_0——钢尺检定时的温度;

Δk——钢尺尺长改正数;

l、Δl——钢尺的名义长度和它的尺长改正数。

项目10 隧道施工测量

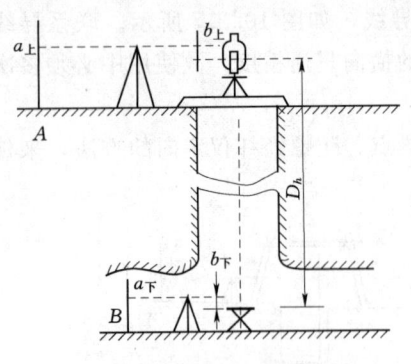

图10.2.9 竖井高程传递

如果在井上装配一托架,安装上光电测距仪,使照准头向下直接瞄准井底的反光镜测出井深D_h,然后在井上、井下用两台水准仪,同时分别测定井上水准点A与测距仪照准头转动中心的高差$a_上-b_上$、井下水准点B与反射镜转动中心的高差$b_下-a_下$,即可求得井下水准点B的高程H_B,如图10.2.9所示。

$$H_B = H_A + (a_上 - b_上) + (b_下 - a_下) \quad (10.2.10)$$

式中 H_A——井上水准点A的已知高程。

用光电测距仪测井深的方法远比悬挂钢尺的方法快速、准确,尤其是对于50m以上的深井测量,更显现出其优越性。

任务10.3 隧道洞内控制测量

10.3.1 平面控制测量

为了给出隧道正确的掘进方向,并保证准确贯通,应进行洞内控制测量。由于隧道洞内场地狭窄,故洞内平面控制常采用中线或导线两种形式。

10.3.1.1 中线形式

中线形式是指洞内不设导线,用中线控制点直接进行施工放样。一般以定测精度测设出新点,测设中线点的距离和角度数据由理论坐标值反算,这种方法一般用于较短的隧道。若将上述测设的新点,再以高精度测角、量距,算出实际的新点精确点位,再和理论坐标相比较,若有差异,应将新点移到正确的中线位置上,这种方法可以用于曲线隧道500m、直线隧道1000m以上的较长隧道。

10.3.1.2 导线形式

导线形式是指洞内控制依靠导线进行,施工放样用的正式中线点由导线测设,中线点的精度能满足局部地段施工要求即可。导线控制的方法较中线形式灵活,点位易于选择,测量工作也较简单,而且具有多种检核方法;当组成导线闭合环时,角度经过平差,还可提高点位的横向精度。导线控制方法适用于长隧道。

洞内导线与洞外导线比较,具有以下特点:①洞内导线是随着隧道的开挖逐渐向前延伸,故只能敷设支导线或狭长形导线环,而不可能将全部导线一次测完;②导线的形状完全取决于坑道的形状;③导线点的埋石顶面应比洞内地面低20~30cm,上面加设护盖、填平地面,以免施工中遭受破坏。

洞内导线一般常采用下列几种形式。

1. 单导线

半数测回测左角,半数测回测右角。

2. 导线环

如图10.3.1所示,每测一对新点,如5和$5'$,可按两点坐标反算$5\sim5'$的距离,然后

与实地丈量的 $5\sim 5'$ 距离比较,这样每前进一步均有检核。

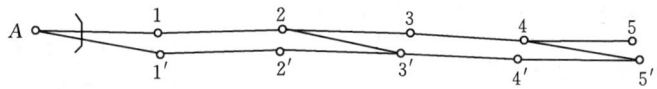

图 10.3.1 导线环

3. 主副导线环

如图 10.3.2 所示,双线为主导线,单线为副导线。副导线只测角不量距离,主导线既测角又量距离。按虚线形成第二闭合环时,主导线在 3 点处能以平差角传算 3~4 边的方位角;以后均仿此法形成闭合环。闭合环角度平差后,对提高导线端点的横向点位精度很有利;并可对角度测量加以检查,同时根据角度闭合差还可以评定测角精度;另外又节省了副导线大量的测边工作。主副导线环在洞内控制中应推广使用。

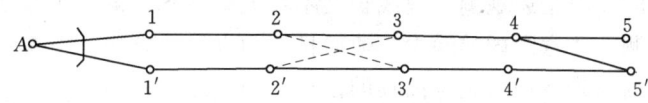

图 10.3.2 交叉导线

4. 交叉导线

如图 10.3.2 所示,并行导线每前进一段交叉一次,每一个新点由两条路线传算坐标(如图 10.3.2 中 5 点坐标由 4 和 $4'$ 两点传算),最后取平均值;亦可以实量 $5\sim 5'$ 的距离,来检核 5 和 $5'$ 的坐标值。交叉导线不作角度平差。

5. 旁点闭合环

如图 10.3.3 所示,A、B 为旁点。旁点闭合环一般测内角,作角度平差;旁点两侧的边长,可测可不测。

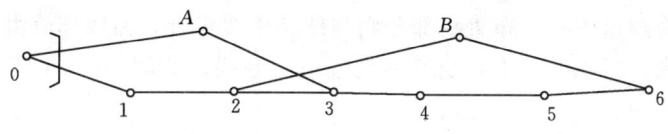

图 10.3.3 交叉导线

当有平行导坑时,还可利用横通道将正洞和导坑联系起来,形成导线闭合环。

无论是采用中线形式,还是采用导线形式作洞内控制,在测量时应注意以下几点:

(1) 每次在建立新点之前,必须检测前一个老点的稳定性,只有在确认老点没有发生变动时,才能用它来发展新点。

(2) 尽量形成闭合环、两条路线的坐标比较、实量距离与反算距离的比较等检查条件,以免发生错误。

(3) 导线应尽量布设为长边或等边,一般直线地段不短于 200m,曲线地段不宜短于 70m。

(4) 洞内丈量工具,在使用前应与洞外控制网丈量工具比长。

(5) 以导线形式作为洞内平面控制时,正式中线点由临近的导线点以极坐标法测设在

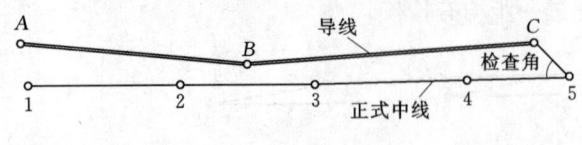

图 10.3.4 导线角度检查

地面上之后,应在中线点上安置经纬仪,以任何两个已知坐标的点为目标测其角度。用实测角值与坐标反算的角值比较,以检查中线点测设的正确性,如图 10.3.3 所示,中线点 5 由导线点 C 测设出来之后,将经纬仪安置在 5 点上,测出检查角和坐标反算出的角值比较。

10.3.2 洞内高程测量

洞内高程测量应采用水准测量或光电测距三角高程测量的方法。洞内高程应由洞外高程控制点向洞内测量传算,结合洞内施工特点,每隔 200～500m 设立两个高程点以便检核;为便于施工使用,每隔 100 m 应在拱部边墙上设立一个水准点。

采用水准测量时,应往返观测,视线长度不宜大于 50m;采用光电测距三角高程测量时,应进行对向观测,注意洞内的除尘、通风排烟和水汽的影响。限差要求与洞外高程测量的要求相同。洞内高程点作为施工高程的依据,必须定期复测。

当隧道贯通之后,求出相向两支水准的高程贯通误差,并在未衬砌地段进行调整。所有开挖、衬砌工程应以调整后的高程指导施工。

任务 10.4 隧道洞内中线测量

10.4.1 洞内中线测量

隧道洞内施工,是以中线为依据来进行。当洞内敷设导线之后,导线点不一定恰好在线路中线上,更不可能恰好在隧道的结构中线上(即隧道轴线上)。而隧道衬砌后两个边墙间隔的中心即为隧道中心,在直线部分则与线路中线重合;曲线部分由于隧道衬砌断面的内外侧加宽不同,所以线路中心线就不是隧道中心线,如图 10.4.1 所示。隧道中线的测设方法有下列两种。

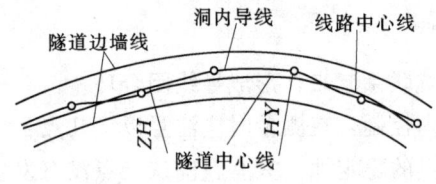

图 10.4.1 曲线隧道中线

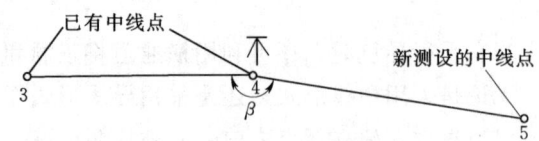

图 10.4.2 由导线测设中线点

1. 由导线测设中线

用精密导线进行洞内隧道控制测量时,为便于施工,应根据导线点位的实际坐标和中线点的理论坐标,反算出距离和角度,利用极坐标法,根据导线点测设出中线点。一般直线地段 150～200 m;曲线地段 60～100m,应测设一个永久的中线点。

由导线建立新的中线点之后,还应将经纬仪安置在已测设的中线点上,测出中线点之间的夹角,如图 10.4.2 所示,将实测的检查角与理论值相比较;另外实量 4～5 点的距离，亦可与理论值比较，作为另一种检核，确认无误即可挖坑埋入带金属标志的混凝土桩。

2. 独立的中线法

若用独立的中线法测设，在直线上应采用正倒镜分中法延伸直线；在曲线上一般采用弦线偏角法。测规要求采用独立中线法时，永久中线点间距离：直线上不小于100m，曲线上不小于50m。

10.4.2 洞内临时中线的测设

为了知道隧道洞内开挖方向，随着向前掘进的深入，平面测量的控制工作和中线工作也需紧随其后。当掘进的延伸长度不足一个永久中线点的间距时，应先测设临时中线点，如图10.4.3中的1、2等，点间距离，一般直线上不大于30m，曲线上不大于20m，临时中线点应该用仪器测设。当延伸长度大于永久中线点的间距时，就可以建立一个新的永久中线点，如图10.4.3中的e。永久中线点应根据导线或用独立中线法测设，然后根据新设的永久中线点继续向前测设临时中线点。当掘进长度距最新的导线点B大于一个导线的设计边长时，就可以建立一个新的导线点C，然后根据C点继续向前测设中线点（图10.4.3）。当采用全断面法开挖时，导线点和永久中线点都应紧跟临时中线点。这时临时中线点要求的精度也较高。

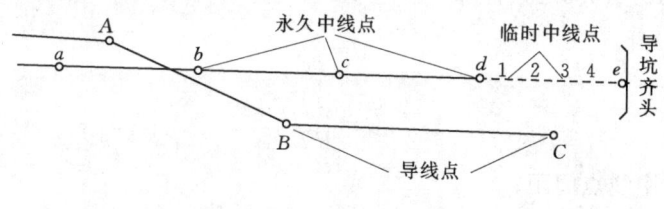

图10.4.3　中线点的延伸

任务10.5　隧道施工测量

隧道是边开挖、边衬砌，为保证开挖方向正确、开挖断面尺寸符合设计要求，施工测量工作必须要紧紧跟上，同时要保证测量成果的正确性。

10.5.1　导坑延伸测量

当导坑从最前面一个临时中线点继续向前掘进时，在直线上延伸不超过30m，曲线上不超过20m的范围内，可采用"串线法"延伸中线。用串线法延伸中线时，应在临时中线点前或后用仪器再设置两个中线点，如图10.5.1中的1′、2′，其间距不小于5m。串线时可在这三个点上挂上垂球线，先检验三点是否在一直线上，如正确无误，可用肉眼瞄直，在工作面上给出中线位置，指导掘

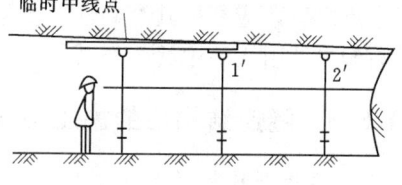

图10.5.1　串线法

进方向。当串线延伸长度超过临时中线点的间距时（直线为 30m、曲线为 20m），则应设立一个新的临时中线点。

如果用激光导向仪，将其挂在中线洞顶部来指示开挖方向，可以定出 100m 以外的中线点，如图 10.5.2 所示。这种方法对于直线隧道和全断面开挖的定向，既快捷又准确。

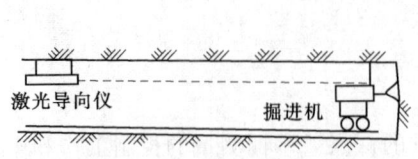

图 10.5.2 激光导向法

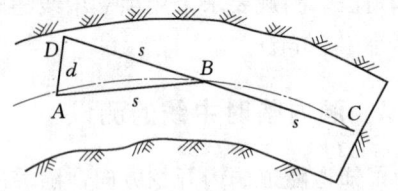

图 10.5.3 弦线偏距法

在曲线导坑中，常用弦线偏距法和切线支距法。弦线偏距法最方便，如图 10.5.3 所示，A、B 为曲线上已定出的两个临时中线点，如要向前定出新的中线点 C，要求 $BC=AB=s$，则从 B 沿 CB 方向量出长度 s，同时从 A 量出偏距 d，将两尺拉直使两长度分划相交，即可定出 D 点，然后在 D、B 方向上挂三根垂球线，用串线法指导 B、C 间的掘进，掘进长度超过临时中线点间距时，由 B 沿 DB 延伸方向量出距离 s，即可测设出新的临时中线点 C。

偏距 d 可按式（10.5.1）计算：

圆曲线部分 $$d=\frac{s^2}{R}$$

缓和曲线部分 $$d=\frac{s^2}{R}\frac{l_B}{l_0} \tag{10.5.1}$$

式中 s——临时中线点间距；

R——圆曲线半径；

l_0——缓和曲线全长；

l_B——B 点到 ZH（或 HZ）的距离。

10.5.2 上下导坑的联测

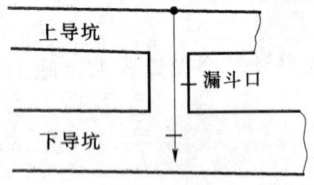

图 10.5.4 上下导坑的联测

采用上、下导坑开挖时，每前进一段距离后，上部的临时中线点和下部的临时中线点应通过漏斗联测一次，用以改正上部的中线点或向上部导坑引点。联测时，一般用长线垂球、光学垂准器、经纬仪的光学对点器等，将下导坑的中线点引到上导坑的顶板上，如图 10.5.4 所示。移设三个点之后，应复核其准确性；测量一段距离之后及筑拱前，应再引至下导坑核对，并尽早与洞口外引入的中线闭合。

10.5.3 隧道结构物的施工放样

1. 隧道开挖断面测量

在隧道施工中，为使开挖断面能较好地符合设计断面，在每次掘进前，应在开挖断面上,根据中线和轨顶高程,标出设计断面尺寸线。

分部开挖的隧道在拱部和马口开挖后,全断面开挖的隧道在开挖成形后,应采用断面自动测绘仪或断面支距法测绘断面,检查断面是否符合要求;并用来确定超挖和欠挖工程数量。测量时按中线和外拱顶高程,从上至下每 0.5m(拱部和曲墙)和 1.0m(直墙)向左右量测支距。量支距时,应考虑到曲线隧道中心与线路中心的偏移值和施工预留宽度。

仰拱断面测量,应由设计轨顶高程线每隔 0.5m(自中线向左右)向下量出开挖深度。

2. 结构物的施工放样

在施工放样之前,应对洞内的中线点和高程点加密。中线点加密的间隔视施工需要而定,一般为 5~10m 一点,加密中线点可以铁路定测的精度测定。加密中线点的高程,均以五等水准精度测定。

在衬砌之前,还应进行衬砌放样,包括立拱架测量、边墙及避车洞和仰拱的衬砌放样,洞门砌筑施工放样等一系列的测量工作。

10.5.4 竣工测量

隧道竣工以后,应在直线地段每 50m,曲线地段每 20m,或者需要加测断面处,以中线桩为准,测绘隧道的实际净空。测绘内容包括拱顶高程、起拱线宽度、轨顶水平宽度、铺底或仰拱高程,如图 10.5.5 所示。

当隧道中线统一检测闭合后,在直线上每 200~500m、曲线上的主点,均应埋设永久中线桩;洞内每 1km 应埋设一个水准点。无论中线点还是水准点,均应在隧道边墙上画出标志,以便以后养护维修时使用。

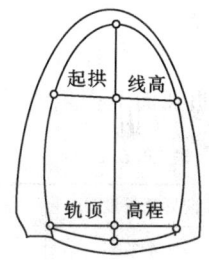

图 10.5.5 断面测量

任务 10.6 隧道贯通误差预计

10.6.1 贯通误差概述

隧道施工进度慢,往往成为控制工期的工程。为了加快施工进度,除了进、出口两个开挖面外,还常采用横洞、斜井、竖井、平行导坑等来增加开挖面。因此,不管是直线隧道还是曲线隧道,开挖总是沿线路中线不断向洞内延伸,洞内线路中线位置测设的误差,就逐步随着开挖的延伸而逐渐积累;另外,隧道施工时基本上都是采用边开挖、边衬砌的方法,等到隧道贯通时,未衬砌部分也所剩不多,故可进行中线调整的地段有限。于是,如何保证隧道在贯通时(包括横向、纵向、高程方向),两相向开挖施工中线的相对错位不超过规定的限值,是隧道施工测量的关键问题。但是,在纵向方面所产生的贯通误差,一般对隧道施工和隧道质量不产生影响,从我国隧道施工调查中得知,一般不超过 ±320mm,即使达到这种情况,对施工质量也无影响,因此规定这项限差无实际意义;高程要求的精度,使用一般水准测量方法即可满足;而横向贯通误差(在平面上垂直于线路中线方向)的大小,则直接影响隧道的施工质量,严重者甚至会导致隧道报废。所以一般说贯通误差，主要是指隧道的横向贯通误差。

DL/T 5173—2003《水利水电工程施工测量规范》对隧道贯通误差的限值见表 10.6.1。

表 10.6.1　　　　　　　　水工隧洞开挖贯通误差的限差

两开挖洞口长度/km	1~4	4~8
横向贯通误差/mm	±100	±150
纵向贯通误差/mm	±200	±300
竖向贯通误差/mm	±50	±75

10.6.2　贯通误差预计

影响横向贯通误差的因素有洞外和洞内平面控制测量误差、洞外与洞内之间联系测量误差。

DL/T 5173—2003《水利水电施工测量规范》规定，洞外、洞内控制测量误差，对每个贯通面上产生的横向中误差不应超过表 10.6.2 的规定。

表 10.6.2　　　　　　　　洞外、洞内控制测量的贯通精度要求

相向开挖长度/km	1~4	4~8	1~4	4~8	1~4	4~8
误差名称	横向/mm		纵向/mm		竖向/mm	
洞外测量	±30	±45	±60	±90	±15	±20
洞内测量	±40	±60	±80	±120	±20	±30
全部贯通测量	±50	±75	±100	±150	±25	±40

注　本表不适用于设有竖井的隧道。

洞外、洞内控制测量，产生在贯通面上的横向中误差，按下列公式计算。

1. 导线测量

$$m = \pm \sqrt{m_{y\beta}^2 + m_{yl}^2} \tag{10.6.1}$$

$$m_{y\beta} = \pm \frac{m_\beta}{\rho} \sqrt{\sum R_x^2} \tag{10.6.2}$$

$$m_{yl} = \pm \frac{m_l}{l} \sqrt{\sum d_y^2} \tag{10.6.3}$$

式中　$m_{y\beta}$——由于测角误差影响，产生在贯通面上的横向中误差，mm；

m_{yl}——由于测边误差影响，产生在贯通面上的横向中误差，mm；

m_β——由导线环闭合差求算的测角中误差，(″)；

R_x——导线环在隧道相邻两洞口连线的一条导线上各点至贯通面的垂直距离，m；

$\dfrac{m_l}{l}$——导线边边长相对中误差；

d_y——导线环在隧道相邻两洞口连线的一条导线上各边在贯通面上的投影长度，m。

2. 三角测量

三角测量的计算公式可参考 SL 52—1993《水利水电工程施工测量规范》中给出的有关公式,也可以按导线测量的误差公式计算。其方法是选取三角网中沿中线附近的连续传算边作为一条导线进行计算。但式 (10.6.1)~式 (10.6.3) 中:m_β 为由三角网闭合差求算的测角中误差,";R_x 为所选三角网中连续传算边形成的导线上各转折点至贯通面的垂直距离;$\dfrac{m_l}{l}$ 为取三角网最弱边的相对中误差;d_y 为所选三角网中连续传算边形成的导线各边在贯通面上的投影长度。

【**例 10.6.1**】 现以导线为例,说明洞外、洞内控制测量误差对横向贯通精度影响值的估算方法。

首先按导线布点,绘出 1:10000 的导线平面图,如图 10.6.1 所示。0—1—2—3—4—5 为单导线,0、5 为洞外导线的始终点,使 y 轴平行于贯通面;由各导线点向贯通面方向作垂线,其垂足为 $0'、1'、2'、3'、4'、5'$;除导线点的始终点 0、5 之外,量出各点垂距 $R_{x1}、R_{x2}、R_{x3}、R_{x4}$(用比例尺量,凑整到 10m 即可)。然后以同样精度量出各导线边在贯通方向上的投影长度 $d_{y1}、d_{y2}、d_{y3}、d_{y4}、d_{y5}$(即 $0'1'、1'2'、2'3'、3'4'、4'5'$ 的长度),将各值填入表 10.6.3。

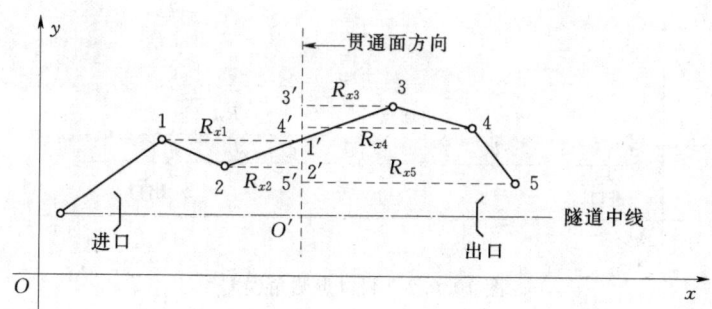

图 10.6.1 横向贯通精度估算

表 10.6.3 洞外导线测量误差对横向贯通精度影响值计算表

点名	各点的投影垂距		线段	各边的投影长度	
	R_x/m	R_x^2/m²		d_y/m	d_y^2/m²
1	400	160000	0~1	140	19600
2	150	22500	1~2	40	1600
3	250	62500	2~3	160	25600
4	480	230400	3~4	70	4900
			4~5	130	16900
	$\sum R_x^2 = 475400 \text{m}^2$			$\sum d_y^2 = 475400 \text{m}^2$	

设导线环的测角中误差为

$$m_\beta = \pm \sqrt{\frac{[f_\beta^2/n]}{N}} = \pm 4''$$

式中 f_β——导线环的角度闭合差；

n——一个导线环内角的个数；

N——导线环的个数。

导线边长相对中误差为

$$\frac{m_l}{l} = \frac{1}{10000}$$

则

$$m_{y\beta} = \pm \frac{m_\beta}{\rho} \sqrt{\sum R_x^2} = \pm \frac{4}{206265} \sqrt{475400} = \pm 13.4 \text{(mm)}$$

$$m_{yl} = \pm \frac{m_l}{l} \sqrt{\sum d_y^2} = \pm \frac{1}{10000} \sqrt{68600} = \pm 26.2 \text{(mm)}$$

$$m_{y外} = \pm \sqrt{m_{y\beta}^2 + m_{yl}^2} = \pm 29.4 \text{(mm)}$$

洞内控制无论是中线形式，还是导线形式，一律按导线看待，所以其估算方法与洞外导线测量完全相同，但有两点要注意：

(1) 两洞口处的控制点，在引入洞内导线时需要测角，其测角误差算入洞内测量误差。故计算洞外导线测角误差时，不包括始、终点的 R_x 值，而计算洞内导线测角误差时，如图 10.6.2 中的 R_{xo}、R_{xh}，它们应归入洞内估算值中。

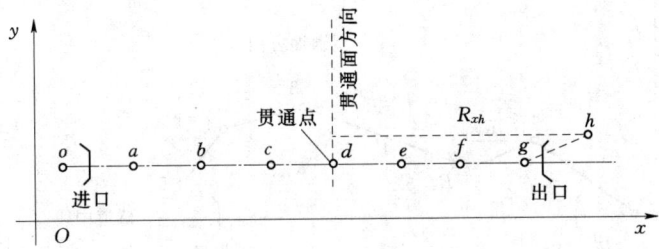

图 10.6.2　洞口点测角误差

(2) 两洞口引入的洞内导线不必单独计算，可以将贯通点当做一个导线点，从一端洞口控制点到另一端洞口控制点，当做一条连续的导线来计算，如图 10.6.2 中，从 o 到 h 看成一条导线，其计算值见表 10.6.4。

表 10.6.4　洞内导线测量误差对横向贯通精度影响值计算表

各点的投影垂距			各边的投影长度		
点名	R_x/m	R_x^2/m²	线段	d_y/m	d_y^2/m²
o	690	476100	$o \sim a$	0	0
a	510	260100	$a \sim b$	0	0
b	330	108900	$b \sim c$	0	0
c	110	12100	$c \sim d$	0	0
d	0	0	$d \sim e$	0	0
e	170	28900	$e \sim f$	0	0
f	350	122500	$f \sim g$	0	0
g	510	260100	$g \sim h$	60	3600
h	630	396900			
		$\sum R_x^2 = 1665600 \text{m}^2$			$\sum d_y^2 = 3600 \text{m}^2$

设洞内测角中误差 $m_\beta = \pm 4''$,洞内测边相对中误差 $\dfrac{m_l}{l} = \dfrac{1}{5000}$,则

$$m_{y\beta} = \pm \dfrac{m_\beta}{\rho''}\sqrt{\sum R_x^2} = \pm \dfrac{4}{206265}\sqrt{1665600} = \pm 25.0 (\text{mm})$$

$$m_{yl} = \pm \dfrac{m_l}{l}\sqrt{\sum d_y^2} = \pm \dfrac{1}{5000}\sqrt{3600} = \pm 12.0 (\text{mm})$$

$$m_{y内} = \pm \sqrt{m_{y\beta}^2 + m_{yl}^2} = \pm 27.7 (\text{mm})$$

洞外、洞内测量误差,对隧道横向贯通精度的影响总值为

$$m_y = \pm \sqrt{m_{y外}^2 + m_{y内}^2} = \pm 40.4 (\text{mm})$$

按表 10.6.2 中要求,两开挖洞口间的长度小于 4km 时,横向贯通中误差应小于 ±50mm,现估算值为 ±40.4mm,故可认为设计的施测精度能够满足隧道横向贯通精度的要求,设计是合理的。

实 训 与 习 题

1. 实训任务、内容与能力目标

序号	任 务	内 容	能 力 目 标
1	隧洞施工控制网的精度设计	根据布设的控制网,预计控制网的等级	具有控制点布设和控制网精度设计的初步能力
2	隧洞中心线的测设	用控制测量点测设确定中心线方向;在洞内用施工导线和主要导线测设中心线	具有测设洞外、洞内中心线的能力
3	掘进断面放样	测设断面中垂线,测设隧洞断面	具有测设隧洞掘进断面的能力

2. 习题

(1) 用中线法进行河内测量的隧道,中线点间距直线部分不宜短于多少米?

(2) 某隧道长 1205m,按隧道长度划分应属于什么隧道?

(3) 洞内水准点每公里应埋设多少个?

(4) 隧道洞内施工测量的主要内容是什么?

(5) 直线隧道导坑中线测量,延伸方法有哪些?

(6) 隧道竣工后洞内水准点埋设要求有哪些?

(7) 直伸形巷道贯通时,水平方向和时间的贯通效果都很好,只是贯通的高度没有达到预计的要求。这是由于什么引起的?

(8) 隧道施工控制测量的精度,应以哪种误差衡量?

(9) 隧道贯通后,施工中线及高程的实际贯通误差,应在未衬砌的多少米地段调整?

(10) 隧道施工测量控制应包括哪些方面?

(11) 量测部位和测点布置,应根据什么来确定?

(12) 隧道竣工后应提交贯通测量的资料主要有什么?

(13) 如图1所示，A、B 为隧洞中心线，已知点坐标：$A(3564.765，6874.438)$、$B(3576.848，7653.281)$、$C(3665.361，6955.534)$、$D(3520.402，7580.358)$，问确定隧洞中心线的放样数据 α、β 是多少？简述测设方法。

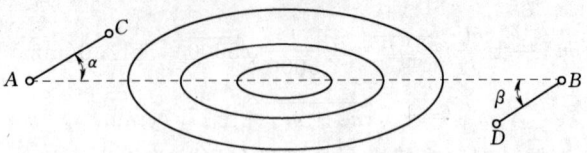

图1 隧洞中心线的放样

项目 11　大坝外部变形监测

学习目标：

通过本项目学习，了解大坝变形监测的概念、意义和目的、内容、特点和方法及精度要求等；具有水平位移、垂直位移、挠度和缝等观测和数据处理的基本能力。

案例： 图 11.0.1 所示为某水库全景，库容 1.2 亿 m^3 水，属于大型水库，混凝土重力坝，按规范规定，要进行变形观测。大坝是否有变形，如何设置基准点、工作基点、观测点，怎样确定监测周期，如何监测大坝的垂直位移和水平位移以及观测成果的处理方法？

图 11.0.1　某水库全景图

任务 11.1　了解大坝变形观测

外部变形观测是大坝安全监测系统的重要组成部分。目前常用的监测方法主要有水平位移监测有视准线法、引张线法、激光准直法、正倒垂线法、精密导线法和前方交会法；垂直位移监测的几何水准法、流体静力水准法、三维位移监测的极坐标法、距离交会法和 GPS 法。三维位移监测系统可实时连续观测变形点的水平位移和垂直位移。测量机器人自动监测系统在小浪底大坝成功应用，实现了大坝外部变形监测的全自动化。随着科学技术的不断发展，大坝安全监测自动化系统越来越完善。

大坝的变形监测项目有坝体位移监测、挠度监测、倾斜监测、接缝和裂缝监测、坝基位移监测、近坝岸坡位移监测、渗流量监测、扬压力监测等 22 项，见表 11.1.1。大坝外部变形监测和内部应力监测是对监视对象或物体（简称变形体）进行测量以确定其空间位置随时间的变化特征。大坝的外部变形监测，就是通过用一定测量仪器和设备对大坝进行监测，了解大坝在施工和运营中发生的垂直位移、水平位移、挠曲和倾斜等情况，称为大坝的外部变形监测。

1. 大坝变形监测的目的

大坝变形监测的目的有两个：一是及时掌握坝体变形情况，如发现异常现象分析原因，采取相应的措施，防止事故发生，以确保大坝的安全；二是通过长期监测，积累资料，可以分析了解坝体变形的规律，检查设计理论与一些经验公式的准确性，为设计和科研部门提供资料。

2. 大坝变形监测的意义

由于受各种因素的影响，大坝在运营过程中，都会产生变形。这种变形如果超过了规定的限度，就会影响大坝的正常运管，严重时还会危及大坝的安全。因此，了解大坝在运营期间变形，研究其产生的根源、特征及其随空间与时间的变化规律，及时预测、预报，避免发生溃坝事件，造成国家和人民生命财产极大损失。因此，为保证大坝的安全，国家规定对各种大中型大坝都要进行变形监测。

3. 影响大坝变形的原因

影响大坝变形的原因是多方面的，主要有由于大坝受到自然条件及其变化，即大坝地基的工程地质、水文地质、土壤的物理性质、大气温度等。如地下水的升降、地下开采及地震等会引起大坝的变形；另外大坝本身的荷重，大坝结构型式及动荷载（如风力、震动等）的作用以及在勘测、设计、施工以及运营管理工作做得不合理，也会引起大坝的变形。

4. 大坝变形监测的特点

（1）周期性观测。大坝变形监测的最大特点是要进行周期观测，所谓周期观测就是多次重复观测，第一次称初始周期或零周期。每一周期的观测方案如监测网的图形、使用仪器、作业方法乃至观测人员都要一致。

大坝在施工过程中，频率应大些，一般有 3 天、7 天、15 天三种周期，到了竣工投产以后，频率可小一些，一般有 1 个月、2 个月、3 个月、6 个月及 1 年等不同的周期。在施工期间也可以按荷载增加的过程进行观测，即从观测点埋设稳定后进行第一次观测，当荷载增加到 25％时观测一次，以后每增加 15％观测一次。竣工后，一般第一年观测 4 次，第二年观测 2 次，以后每年 1 次。在掌握了一定的规律或者变形稳定后，可减少观测次数。混凝土坝安全监测项目按表 11.1.1 进行分类和选择，混凝土坝安全监测项目测次按表 11.1.2 确定。

（2）动态观测。对扭转、震动等变形的监测需作动态观测；对变形监测项目如偏距、倾斜、扰度等几何量和与变形有关的物理量的监测都可采用传感器技术持续地进行。对于急剧变化期的大坝洪水期、地震期、滑坡等也应作持续动态监测。

任务 11.1 了解大坝变形观测

表 11.1.1　　　　　　　　　　混凝土坝安全监测项目分类表

序号	监测类别	监测项目	大坝级别 1	大坝级别 2	大坝级别 3
1	巡视检查	坝体、坝基、坝肩及近坝库岸	●	●	●
2	变形	坝体位移	●	●	●
		倾斜	●	○	
		接缝变化	●	●	○
		裂缝变化	●	●	●
		坝基位移	●	●	●
		近坝岸坡位移	○	○	○
3	渗流	渗流量	●	●	●
		扬压力	●	●	●
		渗透压力	○	○	
		绕坝渗流	●	●	●
		水质分析	●	●	○
4	应力、应变及温度	应力	●	○	
		应变	●	○	
		混凝土温度	●	●	○
		坝基温度	●	●	
5	环境量	上下游水位	●	●	●
		气温	●	●	●
		降水量	●	●	●
		库水温	●	○	
		坝前淤积	●	○	
		下游冲淤	●	○	
		冰冻	○		

注　1. 有●者为必设项目；有○者为可选项目，可根据需要选设。
　　2. 坝高 70m 以下的 1 级坝，应力应变为可选项。

表 11.1.2　　　　　　　　　　混凝土安全监测项目测次表

监测项目	施工期	首次蓄水期	初蓄期	运行期
位移	1次/旬～1次/月	1次/天～1次/旬	1次/旬～1次/月	1次/月
倾斜	1次/旬～1次/月	1次/天～1次/旬	1次/旬～1次/月	1次/月
大坝外部接缝、裂缝变化	1次/旬～1次/月	1次/天～1次/旬	1次/旬～1次/月	1次/月
近坝区岸坡稳定	1次/月～2次/月	2次/月	1次/月	1次/季
渗流量	2次/旬～1次/旬	1次/天	2次/旬～1次/旬	1次/旬～1次/月
扬压力	2次/旬～1次/旬	1次/天	2次/旬～1次/旬	1次/旬～1次/月

续表

监测项目	施工期	首次蓄水期	初蓄期	运行期
渗透压力	2次/旬～1次/月	1次/天	2次/旬～1次/旬	1次/旬～2次/月
绕坝渗流	1次/旬～1次/月	1次/天～1次/旬	1次/旬～1次/月	1次/月
水质分析	1次/季	1次/月	1次/季	1次/年
应力、应变	1次/旬～1次/月	1次/天～1次/旬	1次/旬～1次/月	1次/月～1次/季
大坝及坝基的温度	1次/旬～1次/月	1次/天～1次/旬	1次/旬～1次/月	1次/月～1次/季
大坝内部接缝、裂缝	1次/旬～1次/月	1次/天～1次/旬	1次/旬～1次/月	1次/月～1次/季
钢筋、钢板、锚索、锚杆应力	1次/旬～1次/月	1次/天～1次/旬	1次/旬～1次/月	1次/月～1次/季
上下游水位		4次/天～2次/天	2次/天	2次/天～4次/天
库水温		1次/天～1次/旬	1次/旬～1次/月	1次/月
气温		逐日量	逐日量	逐日量
降水量		逐日量	逐日量	逐日量
坝前淤积			按需要	按需要
冰冻		按需要	按需要	按需要
坝区平面监测网	取得初始值	1次/季	1次/年	1次/年
坝区垂直位移监测网	取得初始值	1次/季	1次/年	1次/年
下游冲淤			每次泄洪后	每次泄洪后

注 1. 表中测次，均系正常情况下人工测读的最低要求。特殊时期（如发生大洪水、地震等），应增加测次。监测自动化可根据需要，适当加密测次。
　　2. 在施工期，坝体浇筑进度快的，变形和应力监测的次数应取上限。在首次蓄水期，库水位上升快的，测次应取上限。在初蓄期，开始测次应取上限。在运行期，当变形、渗流等性态变化速度大时，测次应取上限，性态趋于稳定时可取下限；当多年运行性态稳定时，可减少测次，减少监测项目或停测，但应报主管部门批准；但当水位超过前期运行水位时，仍需按首次蓄水执行。
　　3. 对于低坝的位移测次可减少为1次/季。

（3）观测精度要求高。大坝的安全与否，直接关系到人民生命财产的安全，一旦大坝溃决，将造成不可估量的损失。因此大坝的变形监测的精度要求高，混凝土大坝安全监测技术规范规定见表11.1.3。

表 11.1.3　　　　　　　大坝变形监测项目与精度要求

项　目				位移量中误差限值
水平位移/mm	坝体	重力坝、支墩坝		±1.0
		拱坝	径向	±2.0
			切向	±1.0
	坝基	重力坝、支墩坝		±0.3
		拱坝	径向	±3.0
			切向	±0.3
坝体、坝基垂直位移/mm				±1.0
				±0.3
倾斜/(″)		坝体		±5.0
		坝基		±1.0

续表

项 目		位移量中误差限值
坝体表面接缝和裂缝/mm		±0.2
近坝区岩体和边坡/mm	水平位移	±2.0
	垂直位移	±2.0
滑坡体/mm	水平位移	±3.0（岩质边坡） ±5.0（土质边坡）
	垂直位移	±3.0
	裂缝	±1.0

5. 大坝外部变形监测的内容

大坝外部变形监测的内容有水平位移监测、垂直位移监测、挠度监测和倾斜监测等。本项目主要介绍的是混凝土坝外形监测的水平位移监测、垂直位移监测、挠度监测三个主要内容。此外还有温度变化引起的伸缩缝变化、坝体裂缝等变形等，在此不作介绍。

任务11.2 垂直位移观测

垂直位移观测，主要分坝基沉陷与坝顶沉陷两种。对混凝土坝的垂直位移一般采用水准测量及连通管法进行，而以精密水准测量方法较为普遍，现简述如下。

1. 水准基点与工作基点

水准基点是沉陷观测的基准点，因此它的构造与埋设必须保证稳定不变和长久保存。应根据实际情况采用浅埋标志或深埋标志，水准基点应尽可能埋设在基岩上，此时，如地面的覆盖层很浅，则水准基点可采用如图11.2.1所示的地表岩石标类型。在覆盖层较厚的平坦地区，采用钻孔穿过土层和风化岩层达到基岩埋设钢管标志，这种钢管式基岩标如图11.2.2所示。主要用于检查工作基点，应埋设在下游远离坝区不受大坝变形影响的新鲜基岩上。一般最少埋设三个，构成一组，水准点之间用观测墩安置仪器，有转点时用固定标志，这样可减少误差，提高观测精度，检核基准点是否有变动。图11.2.3所示为水准基点与工作基点、固定的转点的布设。

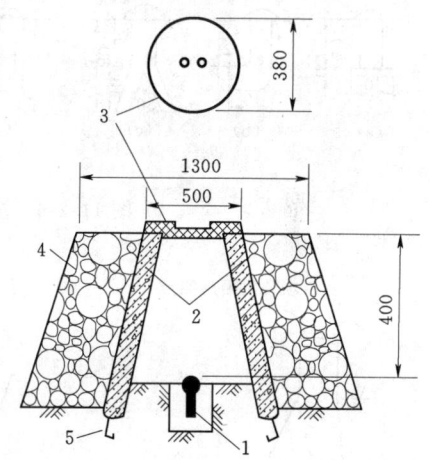

图 11.2.1 岩层水准基点标石
（单位：mm）
1—抗蚀的金属标志；2—钢筋混凝土井圈；
3—井盖；4—砌石土丘；5—井圈保护层

工作基点常选在一排位移监测点的延长线上或附近的坚硬基岩上，工作基点用来施测位移观测点的依据，故两者高差不宜过大。工作基点是用水准点检查，水准点与基准点之间有转点时采用固定转点。水准点、工作基点的具体埋设参考混凝土大坝安全监测技术规范。

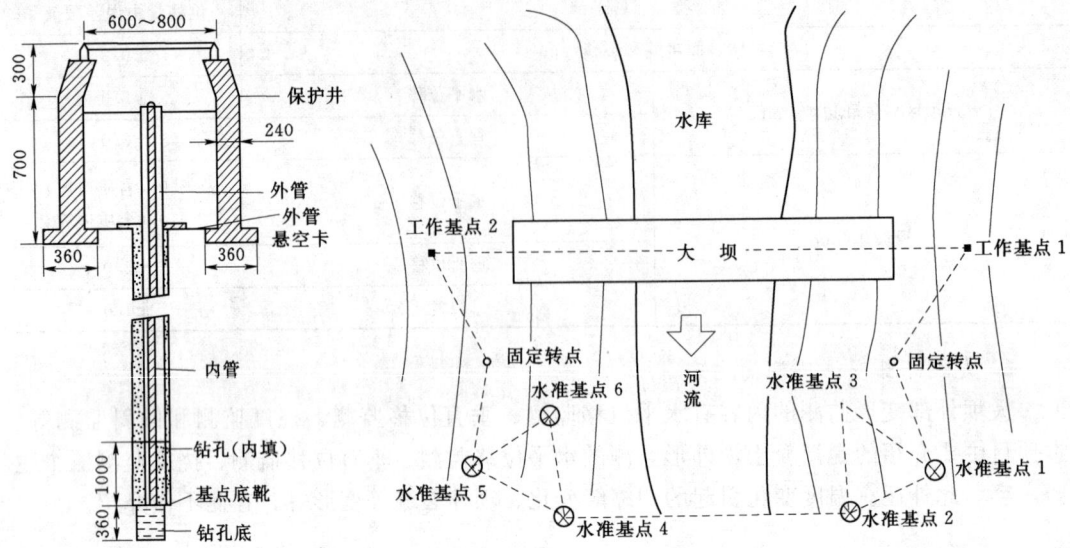

图 11.2.2 钢管式基岩标
（单位：mm）

图 11.2.3 水准基点与工作基点布设

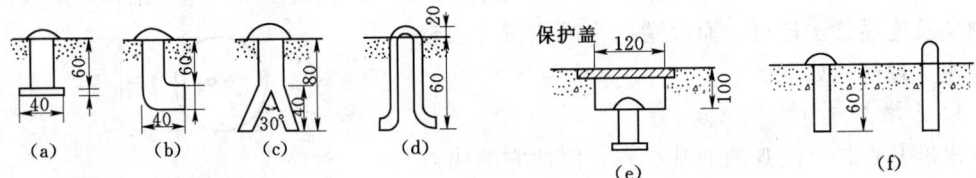

图 11.2.4 沉陷观测点埋设（单位：mm）

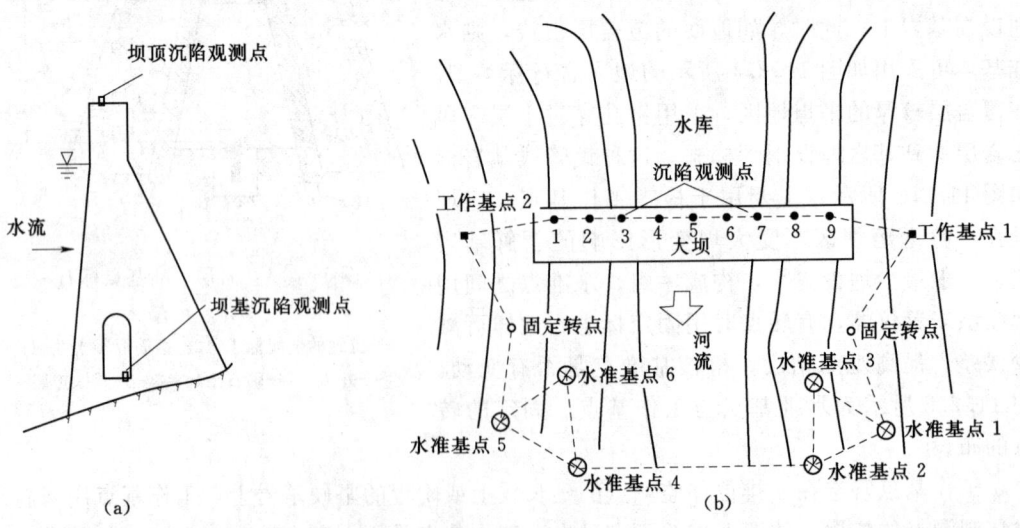

图 11.2.5 沉陷观测点布设
（a）沉陷观测点布设立面图；（b）沉陷观测点布设平面图

任务 11.2 垂直位移观测

2. 沉陷观测点埋设

沉陷位移观测点是作为沉陷观测建筑物位移的标志，一般在坝顶或坝底基础廊道内埋设半球形铜质标志，如图 11.2.4 所示。位移观测点时布设，每个坝段最少布设一点。观测点与工作基点构成闭合水准路线或附合水准路线，如图 11.2.5 所示为沉陷观测点布设案例。

3. 水准测量的方法和精度

垂直位移一般都要定期进行观测。对大中型工程要按国家一等、二等水准测量精度施测。根据混凝土大坝安全监测技术规程，坝体和坝基的垂直位移，应采用一等水准测量，并应尽量组成水准网，近坝区岩体、高边坡和滑体的垂直位移，可采用二等水准测量。由于精度要求较高，往往是定人定仪器观测，以减小各种人为因素所造成的误差。精密水准观测要求应按 GB12897 中规定执行，精密水准路线闭合差不得超过表 11.2.1 的规定。

表 11.2.1　　　　　　　　　　精密水准路线高差闭合差之限值

等级	往返测不符值	符合线路闭合差	环闭合差
一等	$2\sqrt{R}$		$1\sqrt{F}$
一等	$0.3\sqrt{n_1}$	$0.2\sqrt{n_2}$	$0.2\sqrt{n_2}$
二等	$4\sqrt{R}$	$4\sqrt{F}$	$2\sqrt{F}$
二等	$0.6\sqrt{n_1}$	$0.6\sqrt{n_2}$	$0.6\sqrt{n_2}$

注：R—测段长度，km；F—环线长度符合线路长度，km；n_1—测段站数（单程）；n_2—环线符合线路站数。

4. 垂直位移观测成果处理

每次观测完成后，应严格检查记录，记录无误后，根据各点与工作基点的高差，结合前次观测成果，定出各点沉陷值。然后填入相应的各种图表，以反映整个坝体垂直位移的变化情况。

（1）绘制时间与沉降量关系曲线，首先，以沉降量 s 为纵轴，以时间 t 为横轴，组成直角坐标系。然后，以每次累积沉降量为纵坐标，以每次观测日期为横坐标，标出沉降观测点的位置。最后，用曲线将标出的各点连接起来，并在曲线的一端注明沉降观测点号码，这样就绘制出了时间与沉降量关系曲线。如案例某坝初蓄期第一年 1 号、2 号点沉陷观测成果，见表 11.2.2，并绘制时间与沉陷量关系曲线，如图 11.2.6 所示。

根据规程规定，垂直位移的沉降量下沉为正，上升为负。因此，用下面公式计算各观测点的沉降量和累积沉降量：

计算各观测点的沉降量＝上次观测高程－本次观测高程

计算累积沉降量＝首次观测高程－本次观测高程＝上次累积沉降量＋本次沉降量

（2）绘制时间与荷载关系曲线。如果是在施工期间的变形监测，绘制时间与荷载关系曲线。首先，以荷载为纵轴，以时间为横轴，组成直角坐标系。再根据每次观测时间和相应的荷载标出各点，将各点连接起来，即可绘制出时间与荷载关系曲线。

项目 11 大坝外部变形监测

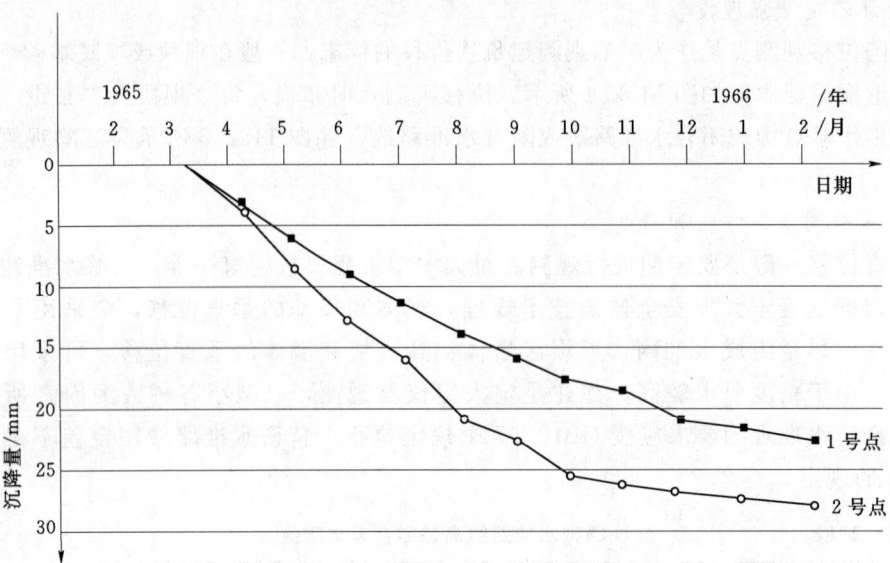

图 11.2.6 时间与沉陷量关系曲线

表 11.2.2　　　　某坝初蓄期第一年 1、2 号观测点沉陷观测成果

观测次数	观测时间	各观测点的沉降情况					
		1 号点			2 号点		
		高程/m	本次下沉/mm	累积下沉/mm	高程/m	本次下沉/mm	累积下沉/mm
1	1965.03.13	81.2876	0	0	81.2868	0	0
2	1965.04.15	81.2843	3.3	3.3	81.2828	4.0	4.0
3	1965.05.12	81.2816	2.7	6.0	81.2780	4.8	8.8
4	1965.06.14	81.2786	3.0	9.0	81.2734	4.6	13.4
5	1965.07.15	81.2760	2.6	11.6	81.2691	4.3	17.7
6	1965.08.16	81.2734	2.6	14.2	81.2657	3.4	21.1
7	1965.09.14	81.2711	2.3	16.5	81.2636	2.1	23.2
8	1965.10.13	81.2690	2.1	18.6	81.2616	2.0	25.2
9	1965.11.15	81.2678	1.2	19.8	81.2602	1.4	26.6
10	1965.12.13	81.2662	1.6	21.4	81.2594	0.8	27.4
11	1966.01.13	81.2654	0.8	22.2	81.2589	0.5	27.9
12	1966.02.16	81.2648	0.6	22.8	81.2587	0.2	28.1

任务 11.3　水 平 位 移 观 测

水平位移观测方法有视准线法、引张线法、激光准直法，正、倒垂线法和前方交会法等多种方法，现将常用的视准线法作一简要介绍。

任务11.3 水平位移观测

1. 视准线法的原理

如图11.3.1所示为某案例中混凝土坝坝顶视准线。在坝端两岸山坡上设置固定基准点头 A 和 B，基准点埋设在稳定的基岩石上，其位置认为是不变的。将经纬仪安置在基点 A 点上，照准另一基点 B，构成视准线，用来作为观测坝体位移的基准线。在坝面沿 AB 方向上设若干个水平位移观测点如11.3.1中的1、2、3、4、5、6点。第一次精确测定各位移标点垂直于视准线的距离（即偏离值）L_{10}、L_{20} 等作为起始数据。间隔一段时间后，按同样方法测得各标点对视准线的们离值 L_{11}，L_{21} 等，如坝体发生水平位移，则前后两次观测的偏离值不等。对1号点来说，其差值

$$\delta_1 = L_{11} - L_{10}$$

即为两次观测时间内，1号点在垂直于视准线方向的水平位移值。同样可根据各点观测成果，测出各点水平位移值，从而了解整个坝体水平位移情况。

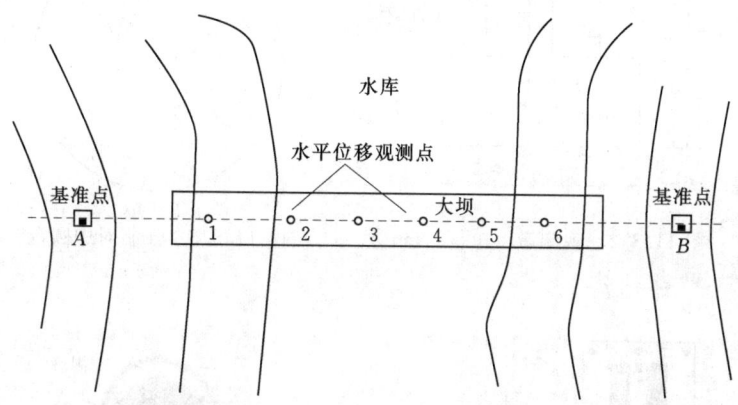

图11.3.1 视准线法测定水平位移

2. 观测仪器与设备

由于视准线法关键在于提供一条方向线，所以观测精度与望远镜的放大倍率有关，而与仪器读数精度无关。一般采用DJ1型经纬仪观测。

基准点与位移标点常浇筑成钢筋混凝土墩，墩顶埋设有固定的强制对中装置，以清除仪器或觇牌的对中该差，提高观测精度。观测墩如图11.3.2所示，强制对中圆盘如图11.3.3所示。觇牌如图11.3.4所示。图11.3.4（a）所示为固定式觇牌，安置于基准点上；图11.3.4（b）所示为活动式觇牌，安置于位移标点上。活动觇牌有微动螺旋和分微尺，可使觇牌在基座分划尺上左右移动，从而利用游标读数。

3. 观测方法

如图11.3.1所示，在基准点 A 安置经纬仪，在基准点 B 安置觇牌，定出固定视线。再瞄准置有活动觇牌的1点，司仪者指挥司觇牌左右移动，使觇牌中线恰好落到望远镜竖丝上为止，此时在分划尺上读数。重新移动觇牌再瞄准读数一次，取两次平均值作为上半测回值。再纵转望远镜，按上述方法测下半测回，取两个半测回平均值为一测回成果。重复几测回取多次平均值，就得到精确度较高的1点偏离视准线的值。并根据前一次观测成果求出该点的水平位移值。

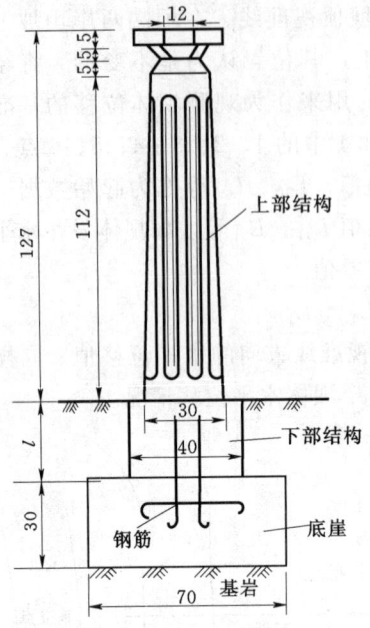

图 11.3.2 观测墩（单位：mm）

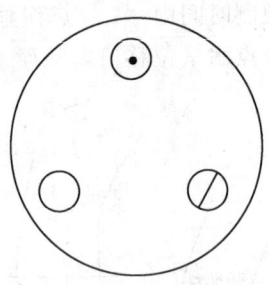

图 11.3.3 强制对中圆盘

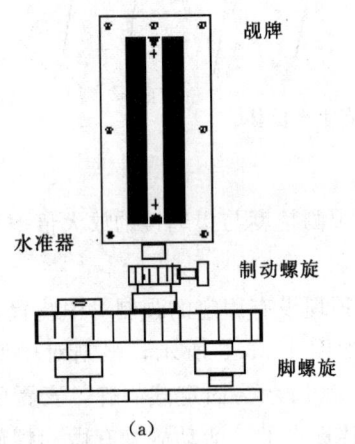

(a)

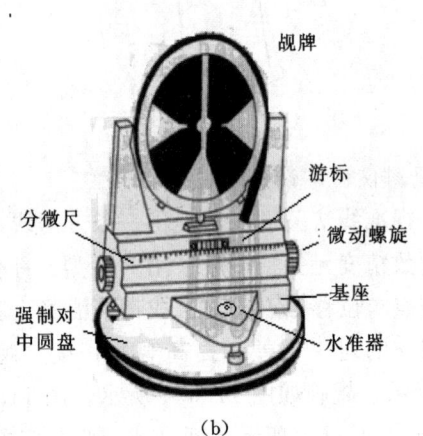

(b)

图 11.3.4 觇牌
(a) 固定觇牌；(b) 活动觇牌

$$水平位移值 = 本次平均值 - 上次平均值$$
$$累计水平位移值 = 本次平均值 - 首次平均值$$

某坝案例中大坝防蓄期水第1年观测结果见表13.3.1。以纵坐标轴表示水平位移量，根据规程规定向下游位移量为正，横坐标轴表示观测时间，绘制大坝水平位移变化曲线，如图11.3.5所示。

表 13.3.1　　　　　　　某大坝初蓄期第一年 1、2 号点观测结果

观测次数	观测日期/(年.月.日)	各观测点的水平位移情况					
		1 号点			2 号点		
		平均值/mm	本次水平位移/mm	累积水平位移/mm	首次平均值/mm	本次水平位移/mm	累积水平位移/mm
1	1965.3.15	2.6	0	0	1.1	0	0
2	1965.4.13	3.1	0.5	0.5	2.3	1.2	1.2
3	1965.5.16	3.6	0.5	1.0	3.2	0.9	2.1
4	1965.6.15	4.2	0.6	1.6	3.9	0.7	2.8
5	1965.7.16	4.6	0.4	2.0	4.5	0.6	3.4
6	1965.8.14	5.5	0.9	2.9	4.9	0.4	3.8
7	1965.9.15	6.6	1.1	4.0	5.8	0.9	4.4
8	1965.10.16	7.7	1.1	5.1	6.3	0.5	4.9
9	1965.11.17	8.3	0.6	5.7	6.9	0.6	5.5
10	1965.12.15	8.6	0.3	6.0	7.4	0.5	6.1
11	1966.1.14	8.9	0.3	6.3	7.6	0.4	6.5
12	1966.2.15	9.1	0.1	6.4	7.9	0.3	6.8

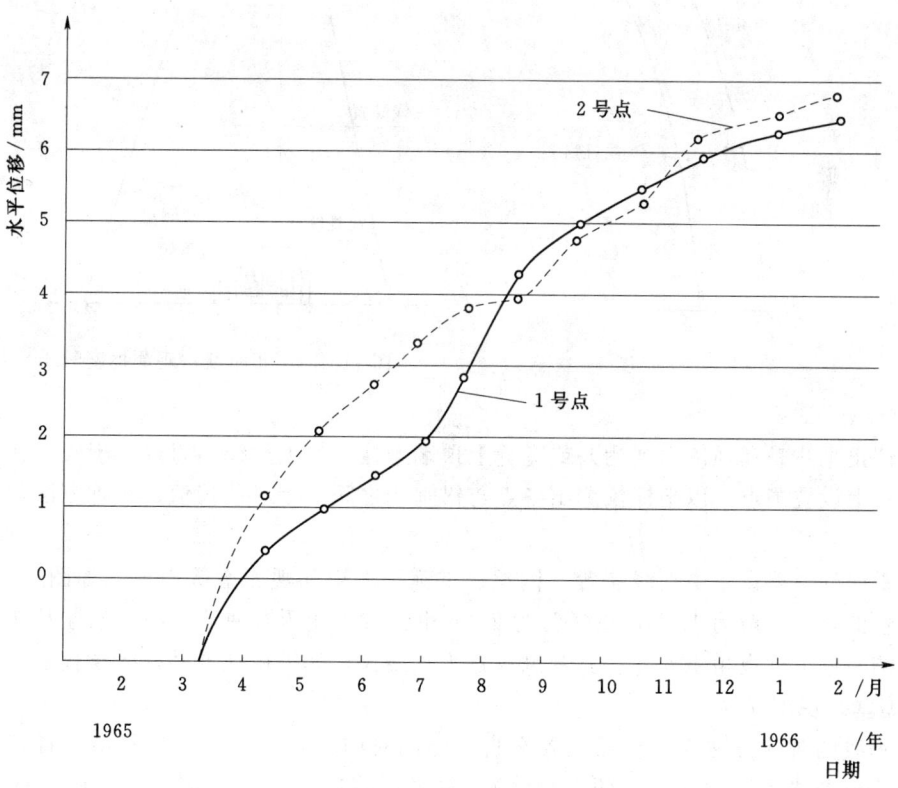

图 11.3.5　时间与水平位移量变化曲线

视准线法观测和计算都比较简便。但由于经纬仪式望远镜放大倍率有一定的限制,当坝体较长时,往往误差较大。当院准线较长时不宜采用此法,采用引张线法、激光准直法,正、倒垂线法,可以提高观测的精度。

任务11.4 挠 度 观 测

建筑物垂直面上不同高程的点相对于底部点的水平位移称为挠度。如图11.4.1所示,建筑物的垂直面上 O 为底部点,不同高程上设有 C、B、A 等点,若测得这些点相对于 O 点的水平位移为 δ_a、δ_b、δ_c 等,便可知建筑物的挠度情况。

坝体的挠度观测,一般在重点坝段内设置铅垂线作标准线,再测量坝体不同高度相对于铅垂线的变化距离,以比较各测点相对于水平位移,从而求得坝体挠度。大中型混凝土坝通常采用正垂线和倒垂线两种方法测定挠度。

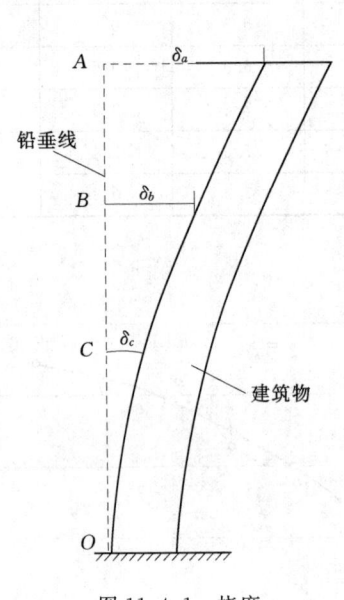

图 11.4.1 挠度

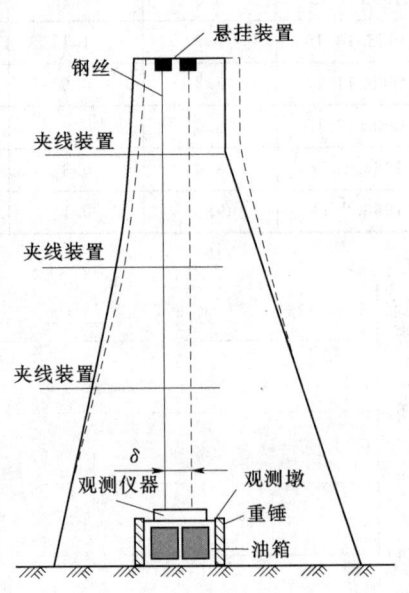

图 11.4.2 正垂线法观测挠度

1. 正垂线法

所谓正垂线是在坝体内观测井或宽缝上顶端悬挂一条钢丝线,直通至坝底。在铅垂线不同高程上设置测点,以坐标仪测出各点与铅垂线之间的相对位移值,这种方法称为正垂线法。

正垂线的主要设备由夹线装置、钢丝、重锤、油箱和观测墩等组成,如图11.4.2所示。钢丝的直径一般为1mm,重锤常为20kg重锤放入变压器油油箱内。悬挂及夹线装置是在观测井壁上埋设角钢安置。其观测仪器为垂线仪,如采用江苏靖江光学仪器厂生产的cg—2型垂线观测仪等。

正垂线的观测方法为:仪器安置在自行强制对中的观测墩上,在目镜中看到同一钢丝的当纵像与横像(垂线仪有两个物镜)。整平仪器后,松开固定螺旋,使望远镜沿着楔型槽前后或左右移动,然后用微动螺旋精确瞄准钢丝。读取纵向读数并记录。再旋转微动螺旋,使钢丝旋出十字丝外,再一次瞄准读数。两次读数称为一测回。两次读数之差应小于0.3mm,每个测点需要观测两测回,其测回差也应小于0.3mm。一条正垂线的观测程序是:先从垂线顶端第一个点开始,依次观测每一个测点为第一测回;然后从下开始,依次观测每一个测点,称为第二测回。观测记录表见11.4.1,为正垂线某坝段观测记录表。

表 11.4.1　　　　　　　　　第××坝段正垂线观测记录表

测次编号		1	2		3		4	
观测时间/ (年.月.日)		1965.3.16	1965.4.15		1965.5.16		1965.6.15	
观测值与位移值		纵尺读数/mm (首次观测)	纵尺读数/mm	位移值/mm	纵尺读数/mm	位移值/mm	纵尺读数/mm	位移值/mm
测点	80 高程	46.66	48.05	1.39	48.66	2.00	48.89	2.23
	75 高程	43.53	44.46	0.93	45.02	1.49	45.70	2.17
	70 高程	41.86	42.63	0.77	43.12	1.26	43.56	1.70

注:位移值=本次观测值-首次观测值。

计算正垂线时是以坝底的观测墩作为基准点,所以各观测点本次与首次观测值之差就是各点相对于观测墩位置的位移值。根据规程规定位移值统一规定向下游为正,向上游为负。

位移值计算之后,以测点的高程为纵坐标,位移值为横坐标,展绘出各测点的位移点,将位移点连接成曲线,就表示出该坝段的挠度情况。如图11.4.3所示。

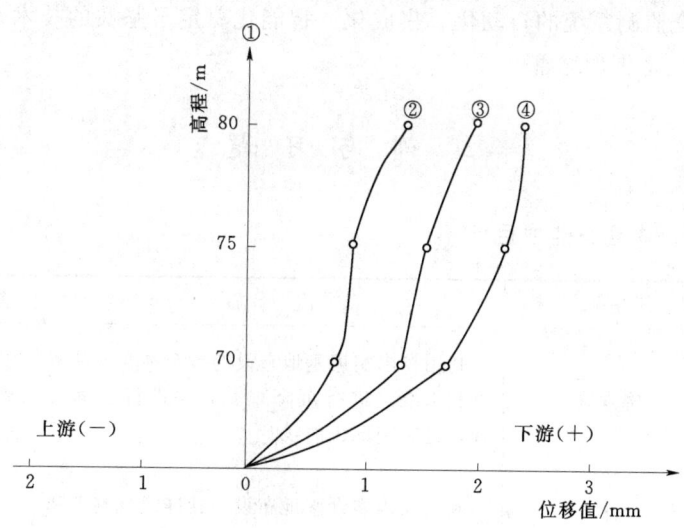

图 11.4.3　某坝段挠度变化曲线

2. 倒垂线法

倒垂线顾名思义与正垂线相反，它将钢丝一端埋固在坝基深处，上端牵以浮托装置使钢丝成一铅垂线，如图11.4.4所示。由于倒垂线丝头锚固在基础深处，其深度一般为坝高1/3，可认为是不动的，因此用作坝体位移观测的基准，或用以校测正垂的基点。倒垂线一般由锚固点、钢丝、浮托装置和观测台组成。锚固点钻孔应力求垂直，否则钻孔不能应用。钻孔经过严格检测合格后，冲洗干净，然后将钢丝头拴紧在锚块上，将镭块放入钻孔底部，浇筑混凝土固定。浮筒在油箱内有一定的活动范围，其浮力不大于钢丝抗拉力的一半，在不同高程上设置观测墩用作垂线观测仪读数。装置埋设后求出首次读数，根据规程按要求设置观测周期进行观测，根据各次观测值计算位移值，按不同的高程观测点的位移数据，求得坝体挠度，并绘制挠度变化曲线。

大坝变形位移量很微小，所以变形监测精度要求高，施测人员必须十分细致。发现异常应及时分析原因，或进行复查以确认是位移还是观测误差，如确为异常变化应及时报告有关部门，以便作出必要的补救措施，以确保水工建筑物的安全运行。大坝外部变形监测经历了从低精度到高精度，数据采集方法从人工测读到自动采集，水平与垂直位移由分别施测到三维变形监测的发展，从而可以预计，大坝安全监测技术的发展方向是高精度自动化。同时，微电子、计算机、互联网与宽带网现代信息技术的发展，为安全监测系统的自动化、集成化、智能化奠定了坚实的技术基础，使其在功能、性能、可靠性将更加完善。

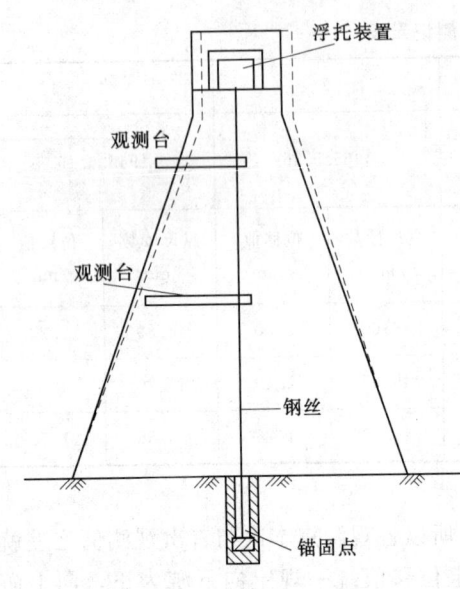

图11.4.4 倒垂线法观测挠度

实 训 与 习 题

1. 实训任务、内容与能力目标

序号	任务	内 容	能 力 目 标
1	沉降观测	利用校内实训基地布设的建筑物变形观测点和水准点进行沉降观测，并进行数据处理，绘制变形化曲线	具有沉降变形观测和数据处理的能力
2	水平位移观测	利用校内实训基地布设的视准线观测点和基点进行水平位移观测，并进行数据处理，绘制变形化曲线	具有水平位移变形观测和数据处理的能力

2. 习题

(1) 什么叫大坝外部变形观测？大坝外部变形观测有哪些内容？
(2) 大坝变形监测的目的是什么？
(3) 影响大坝变形的原因是什么？
(4) 如何确定大坝变形监测的周期？
(5) 什么是水准基点与工作基点和观测点？它们之间的关系是怎样的？
(6) 怎样绘制垂直位移和水平位移变化曲线？
(7) 根据表1某大坝沉降观测结果，绘制时间与沉降变化曲线。

表 1　　　　　　　某大坝 3 号点、4 号点沉降观测结果

观测次数	观测日期/ （年．月．日）	各观测点的沉降情况	
		3 号点	4 号点
		累积下沉/mm	累积下沉/mm
1	1965.3.13	0	0
2	1965.4.15	3.1	5.0
3	1965.5.12	5.2	8.2
4	1965.6.14	9.3	13.1
5	1965.7.15	11.2	17.3
6	1965.8.16	14.4	21.4
7	1965.9.14	16.6	23.6
8	1965.10.13	18.3	25.9
9	1965.11.15	19.9	26.5
10	1965.12.13	21.6	27.7
11	1966.1.13	22.6	27.4
12	1966.2.16	22.7	28.9

(8) 根据表2某大坝水平位移观测结果，绘制时间与水平位移变形曲线。

表 2　　　　　　　某大坝初蓄期第一年 3、4 号点观测结果

观测次数	观测日期/ （年．月．日）	各观测点的水平位移情况					
		3 号点			4 号点		
		平均值 /mm	本次水平 位移 /mm	累积水平 位移 /mm	首次平均值 /mm	本次水平 位移 /mm	累积水平 位移 /mm
1	1965.3.15	2.3	0	0	1.5	0	0
2	1965.4.13	3.3			2.4		
3	1965.5.16	3.7			3.1		
4	1965.6.15	4.5			4.3		
5	1965.7.16	4.8			4.7		
6	1965.8.14	5.4			5.2		

续表

观测次数	观测日期/(年.月.日)	各观测点的水平位移情况					
		3号点			4号点		
		平均值/mm	本次水平位移/mm	累积水平位移/mm	首次平均值/mm	本次水平位移/mm	累积水平位移/mm
7	1965.9.15	6.7			6.1		
8	1965.10.16	7.4			6.6		
9	1965.11.17	8.5			7.3		
10	1965.12.15	8.8			7.6		
11	1966.1.14	9.1			7.7		
12	1966.2.15	9.3			7.8		

（9）根据表3挠度观测结果，绘制挠度曲线。

表3　　　　　　　　　第××坝段正垂线观测记录表

测次编号		1	5		6		7	
观测日期（年.月.日）		1965.7.16	1965.8.15		1965.9.16		1965.10.15	
观测值与位移值		纵尺读数/mm（首次观测）	纵尺读数/mm	位移值/mm	纵尺读数/mm	位移值/mm	纵尺读数/mm	位移值/mm
测点	80高程	46.66	48.11		48.76		48.98	
	75高程	43.53	44.54		45.32		45.71	
	70高程	41.86	42.71		43.56		43.67	
备注		位移值＝本次观测值－首次观测值						

项目 12 GPS 测 量

学习目标：

通过本项目的学习，了解 GPS 测量的定位原理、规范和规程；了解 GPS 接收机的基本构造和操作方法；掌握 RTK GPS 在数字化测图和工程放样的基本方法，具有应用 RTK GPS 测定图根点坐标和高程、完成数字测图和工程建筑物放样的能力。

任务 12.1 了解 GPS 全球定位系统

GPS（全球定位系统）是 Global Positioning System 的英文缩写，该系统于 1973 年由美国政府组织研究，耗费巨资，历经约 20 年，于 1993 年全部建成。该系统是伴随现代科学技术的迅速发展而建立起来的新一代精密卫星导航和定位系统，不仅具有全球性、全天候、连续的三维测速、导航、定位与授时能力，而且具有良好的抗干扰性和保密性。该系统的研制成功已成为美国导航技术现代化的重要标志，被视为 20 世纪继阿波罗登月计划和航天飞机计划之后的又一重大空间科技成就。

全球定位系统（GPS）由卫星星座（21 颗工作卫星＋3 颗备用卫星）、地面监控部分（1 个主控站、3 个注入站和 5 个地面监控站）和用户接收设备（GPS 接收机）组成，该系统采用的是 WGS—84 坐标系。

中国的北斗一号卫星导航定位系统是中国自主知识产权的第一代卫星导航定位系统，该系统由 3 颗地球静止轨道卫星（两颗工作卫星加一颗备用卫星）地面控制中心、北斗用户终端三部分组成。3 颗导航定位卫星的发射时间分别为：2000 年 10 月 31 日、2000 年 12 月 31 日、2003 年 5 月 25 日。我国于 2007 年开始第二代卫星导航系统（北斗卫星导航系统 [BeiDou（COMPASS）Navigation Satellite System，BDS]）的研制，在未来的一段时间内，将建成有 5 颗静止轨道卫星、30 颗非静止轨道卫星组成的新一代卫星导航定位系统。北斗卫星导航系统是中国自行研制的全球卫星定位与通信系统（BDS），是继美国全球定位系统（GPS）和俄罗斯 GLONASS 之后第三个成熟的卫星导航系统。系统由空间端、地面端和用户端组成，可在全球范围内全天候、全天时为各类用户提供高精度、高可靠定位、导航、授时服务，并具短报文通信能力，已经初步具备区域导航、定位和授时能力，定位精度优于 20m，授时精度优于 100ns。2012 年 12 月 27 日，北斗系统空间信号接口控制文件正式版正式公布，北斗导航业务正式对亚太地区提供无源定位、导航、授时服务。北斗卫星导航系统和美国全球定位系统、俄罗斯格洛纳斯系统及欧盟伽利略定位系统一起，是联合国卫星导航委员会已认定的供应商。

任务 12.2 GPS 定 位 原 理

将无线电信号发射台从地面点搬到卫星上，组成一个卫星导航定位系统，应用无线电测距交会的原理，便可由三个以上地面已知点（控制站）交会出卫星的位置；反之利用三个以上卫星的已知空间位置又可交会出地面未知点（用户接收机）的位置。这便是 GPS 卫星定位的基本原理。

GPS 卫星发射测距信号和导航电文，导航电文中含有卫星的位置信息。用户用 GPS 接收机在某一时刻同时接收三颗以上的 GPS 卫星信号，测量出测站点（接收机天线中心）P 至三颗以上 GPS 卫星的距离并解算出该时刻 GPS 卫星的空间坐标，据此利用距离交会法解算出测站 P 的位置。

如图 12.2.1 所示，设想在地面待定位置上安置 GPS 接收机，同一时刻接收 4 颗以上 GPS 卫星发射的信号。通过一定的方法测定这 4 颗以上卫星在此瞬间的位置以及它们分别至该接收机的距离，据此利用距离交会法解算出测站 P 的位置及接收机钟差 δ_t。

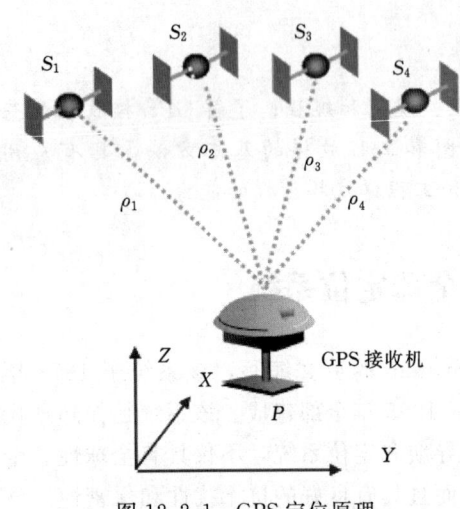

图 12.2.1 GPS 定位原理

如图 12.2.1 所示，设时刻 t_i 在测站点 P 用 GPS 接收机同时测得 P 点至四颗 GPS 卫星 S_1、S_2、S_3、S_4 的距离 ρ_1、ρ_2、ρ_3、ρ_4，通过 GPS 电文解译出四颗 GPS 卫星的三维坐标 (x^j, y^j, z^j)，$j=1, 2, 3, 4$，用距离交会的方法求解 P 点的三维坐标 (x, y, z) 的观测方程为

$$\left.\begin{aligned}\rho_1^2 &= (x-x^1)^2 + (y-y^1)^2 + (z-z^1)^2 + c\delta_t \\ \rho_2^2 &= (x-x^2)^2 + (y-y^2)^2 + (z-z^2)^2 + c\delta_t \\ \rho_3^2 &= (x-x^3)^2 + (y-y^3)^2 + (z-z^3)^2 + c\delta_t \\ \rho_4^2 &= (x-x^4)^2 + (y-y^4)^2 + (z-z^4)^2 + c\delta_t\end{aligned}\right\} \quad (12.2.1)$$

式中　　c——光速；

　　　　δ_t——接收机钟差。

在 GPS 定位中，GPS 卫星是高速运动的卫星，其坐标值随时间在快速变化着。需要实时地由 GPS 卫星信号测量出测站至卫星之间的距离，实时地由卫星的导航电文解算出卫星的坐标值，并进行测站点的定位。

依据测距的原理，其定位原理与方法主要有伪距法定位、载波相位测量定位以及差分 GPS 定位等。对于待定点来说，根据其运动状态又可以将 GPS 定位分为静态定位和动态定位。静态定位指的是对于固定不动的待定点，将 GPS 接收机安置于其上，观测数分钟乃至更长的时间，以确定改点的三维坐标，又叫绝对定位。若以两台 GPS 接收机分别置于两个固定不变的待定点上，则通过一定时间的观测，可以确定两个待定点之间的相对位置，又称为相对定位。而动态定位则至少有一台接收机处于运动状态，测定的是各观测时刻（观测历元）运动中的接收机的点位（绝对点位或相对点位）。

利用接收到的卫星信号（测距码）或载波相位，均可进行静态定位。实际应用中，为了减弱卫星的轨道误差、卫星钟差、接收机钟差以及电离层和对流层的折射误差的影响，常采用载波相位观测值的各种线性组合（即差分值）作为观测值，获得两点之间高精度的 GPS 基线向量（即坐标差）。

任务 12.3　GPS 测量规范、规程

12.3.1　GPS 控制网分级

GPS 测量按照精度和用途分为 A、B、C、D 和 E 五级。

A 级 GPS 网由卫星定位连续运行基准站构成，其精度应不低于表 12.3.1 的要求。

表 12.3.1　　　　　　　　A 级 GPS 网测量精度

级别	坐标年变化率中误差		相对精度	地心坐标各分量年平均中误差/mm
	水平分量/mm	垂直分量/mm		
A	2	3	1×10^{-8}	0.5

B、C、D 和 E 级 GPS 网的精度应不低于表 12.3.2 的要求。

表 12.3.2　　　　　　B、C、D 和 E 级 GPS 网测量精度

级别	相邻点基线分量中误差		相邻点间平均距离/km
	水平分量/mm	垂直分量/mm	
B	5	10	50
C	10	20	20
D	20	40	5
E	20	40	3

12.3.2　GPS 控制网用途

（1）用于建立国家一等大地控制网，进行全球性的地球动力学研究、地壳形变测量和精密定轨等的 GPS 测量，应满足 A 级 GPS 测量的精度要求。

（2）用于建立国家二等大地控制网，建立地方或城市坐标基准框架、区域性的地球动力学研究、地壳形变测量、局部形变监测和各种精密工程测量等的 GPS 测量，应满足 B 级 GPS 测量的精度要求。

（3）用于建立三等大地控制网，以及建立区域、城市及工程测量的基本控制网等的 GPS 测量，应满足 C 级 GPS 测量的精度要求。

（4）用于建立四等大地控制网的 GPS 测量应满足 D 级 GPS 测量的精度要求。

（5）用于中小城市、城镇以及测图、地籍、土地信息、房产、物探、勘测、建筑施工等的控制测量等的 GPS 测量，应满足 D、E 级 GPS 测量的精度要求。

12.3.3 GPS 控制网观测的基本技术规定

B、C、D 和 E 级 GPS 控制网观测的基本技术规定应符合表 12.3.3 的要求。

表 12.3.3　　　　　　　　GPS 控制网观测的基本技术要求

项目	级别			
	B	C	D	E
卫星截止高度角/(°)	10	15	15	15
同时观测有效卫星数	≥4	≥4	≥4	≥4
有效观测卫星总数	≥20	≥6	≥4	≥4
观测时段数	≥3	≥2	≥1.6	≥1.6
时段长度	≥23h	≥4h	≥60min	≥40min
采样间隔/s	30	10～30	5～15	5～15

注：1. 计算有效观测卫星总数时，应将各时段的有效观测卫星数扣除其间的重复卫星数。
　　2. 观测时段长度，应为开始记录数据到结束记录的时间段。
　　3. 观测时段数不小于 1.6，指采用网观测模式时，每站至少观测一时段，其中二次设站点数应不少于 GPS 网总点数的 60%。
　　4. 采用基于卫星定位连续运行基准站点观测模式时，可连续观测，但观测时间应不低于表中规定的各时段观测时间的和。

任务 12.4　RTK GPS 测量

RTK（Real Time Kinematic）是一种差分 GPS 数据处理方法。主要由基准站、移动站、数据链、控制软件构成。

RTK 测量时，分为 CORS 工作模式和传统 RTK 工作模式，前者单移动站就可以作业，而后者则至少需要两台接收机：一台接收机做基准站；另一台做移动站，基准站实时地通过数据链将差分改正信息通过数据链发送给移动站，移动站通过数据链接收差分数据，并实时进行解算处理，从而实时得到移动站的高精度位置，而传统 RTK 工作模式根据数据链的不同，采用电台传输数据的称为电台工作模式，采用 GPRS 传输数据的称为 GPRS 工作模式。

1. 电台作业模式

电台作业模式指的是数据链通过无线电进行发射和接收，电台的频率一般采用 UHF（Ultra High Frequency），超高频率，频率 300MHz～300GHz。

2. GPRS 作业模式

GPRS 模式是指基准站和移动站都采用移动网络进行通信，对于移动通信有 GPRS 和 CDMA 通信方式。

3. CORS 作业模式

CORS 模式采用的是网络 RTK 技术，它具有无需架设基站、定位精度高、覆盖范围广等优势，其应用越来越广泛。

任务 12.4 RTK GPS 测量

12.4.1 GPS 接收仪的基本构造

下面以华测 X90 型 GPS 接收机（图 12.4.1）为例（电台作业模式），介绍它的基本构造。

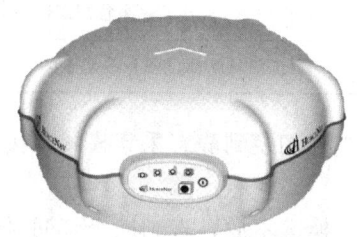

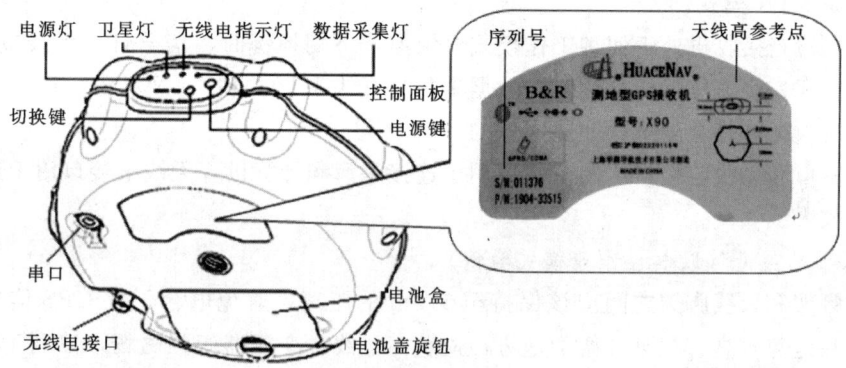

图 12.4.1 接收机外观

1. 外观介绍

（1）电源灯状态说明（表 12.4.1）。

表 12.4.1　　　　　　　　　　电 源 状 态 说 明

工作状态	基准站或移动站接收机
长亮	电量正常
闪烁	电量不足

（2）卫星灯状态说明（表 12.4.2）。

表 12.4.2　　　　　　　　　　卫 星 灯 状 态 说 明

工作状态	基准站或移动站接收机
熄灭或间隔 5s 闪一次	正在搜星
间隔 5s 闪 N 次	搜到 N 颗卫星

（3）无线电指示灯（差分信号灯）状态说明（表 12.4.3）。

表 12.4.3　　　　　　　　　　无线电指示灯状态说明

工作状态	基准站接收机	移动站接收机
间隔 1s 闪烁	正在发送差分数据（Port2 端口发送）	正在接收差分数据

（4）数据采集灯状态说明（表 12.4.4）。

表 12.4.4　　　　　　　　　　数据采集灯状态说明

工作状态	基准站或移动站接收机
静态模式下 Ns 间隔闪烁	正在按 Ns 采样间隔采集静态数据
与外部设备连接时闪烁	正在与外部设备有数据通信

（5）切换键。X90/X91 开机默认 RTK 模式，如需切换到静态采集模式，按住切换键不放，直到数据灯熄灭时松开，切换为静态模式。

若需从静态采集模式切换到 RTK 模式，按住切换键不放，直到四个灯同时闪烁时松开，切换为 RTK 模式。

提示：检查接收机处于何种工作模式。快速按下切换键时，信号灯（无线电指示灯）亮为静态模式；快速按下切换键时，数据采集灯亮为 RTK 模式。这里要注意别混淆，在采集数据时数据灯是会随采样间隔闪烁的。

（6）串口和无线电接口。串口主要用于连接手簿和计算机，无线电接口用于连接棒状无线电接收天线。

2. 基准站架设（以电台作业模式为例）

基站脚架和天线脚架之间应该保持至少 3m 的距离，避免电台干扰 GPS 信号。基准站应架设在地势较高、视野开阔的地方，避免高压线、变压器等强磁场，以利于 UHF 无线信号的传送和卫星信号的接收，若移动站距离较远，还需要增设电台天线加长杆，如图 12.4.2 所示。

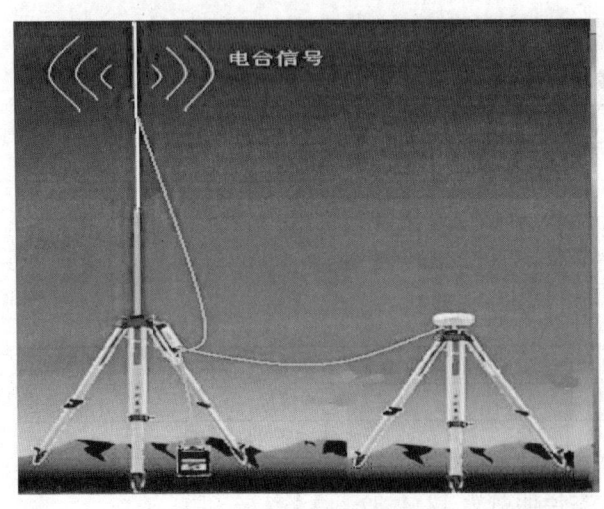

图 12.4.2　基准站的架设

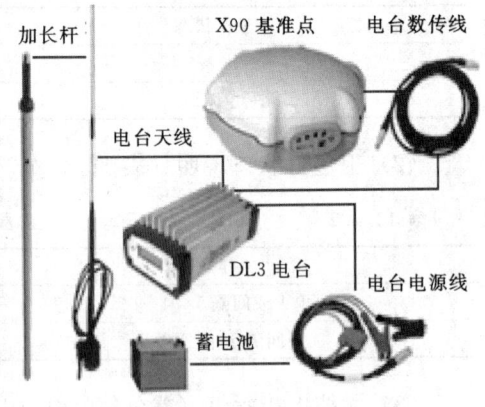

图 12.4.3　电台模式整体连接图

（1）架设图示。基准站发送数据时可通过电台发送。

（2）电台模式连接图示。电台模式连接图如图 12.4.3～图 12.4.6 所示。

任务 12.4 RTK GPS 测量

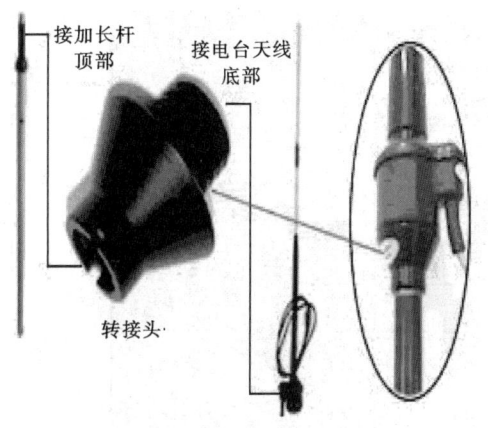

图 12.4.4 发射天线连接图

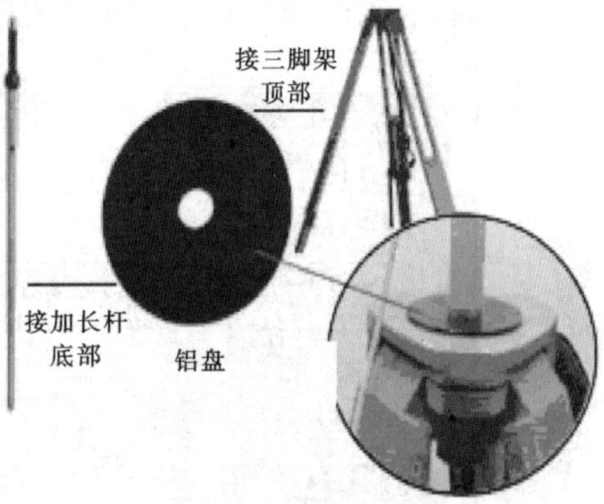

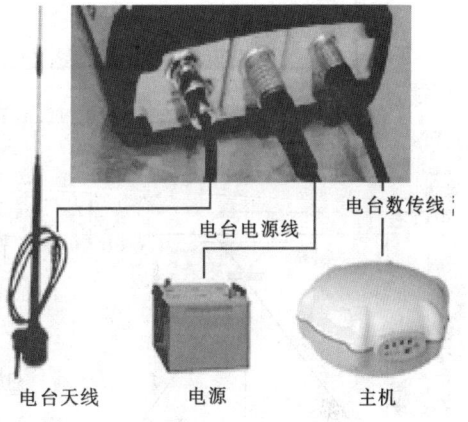

图 12.4.5 加长杆连接图

电台注意事项如下：

1) 电源线和蓄电池的连接要注意红正黑负，避免短路情况。

2) 电台连接要确保先接天线，避免没天线时发送信号被电台自身吸收导致烧坏。

3) 在连接线缆的时候，注意 Lemon 头红点对红点的连接。

12.4.2 GPS 接收仪的基本操作方法

下面以华测 X90 型 GPS 接收机为例（电台作业模式），介绍它的操作方法。

静态测量是经典的测量方法，对所有长度

图 12.4.6 电台连接图

的基线（短、中、长）都非常适用。静态测量一般需要三台接收机，将天线在基线两个端点的测量标志中心上对中整平，在一个时段内同时采集原始观测数据。这两台接收机跟踪四颗或更多的卫星，并有相同的采样率（5~30s）和截止高度角。观测时段长度根据观测基线的距离和精度来设计，可从几分钟至几小时变化。

当测量结束后，接收机采集的数据可以下载到计算机并使用后处理软件处理。

（1）内业设置。打开数据下载软件（安装静态处理软件 COMPASS 后，［开始］→［华测静态处理］→［数据下载］），连接仪器后，使用菜单［工具］→［接收机设置］，如图 12.4.7 所示，进行相应设置后点击应用。

注意：按出厂默认设置（图 12.4.7），能满足大多数测量要求，无须再作修改。

（2）外业数据采集。

第 1 步：安置仪器。将仪器安置在测量点上，高度适中，脚架踏实，对中整平。

第 2 步：测量天线高。测量天线高时通常采用量测斜高，到天线护圈中心（接收机蓝线位置），并且通过三个方向测量取平均值，如图 12.4.8 所示。

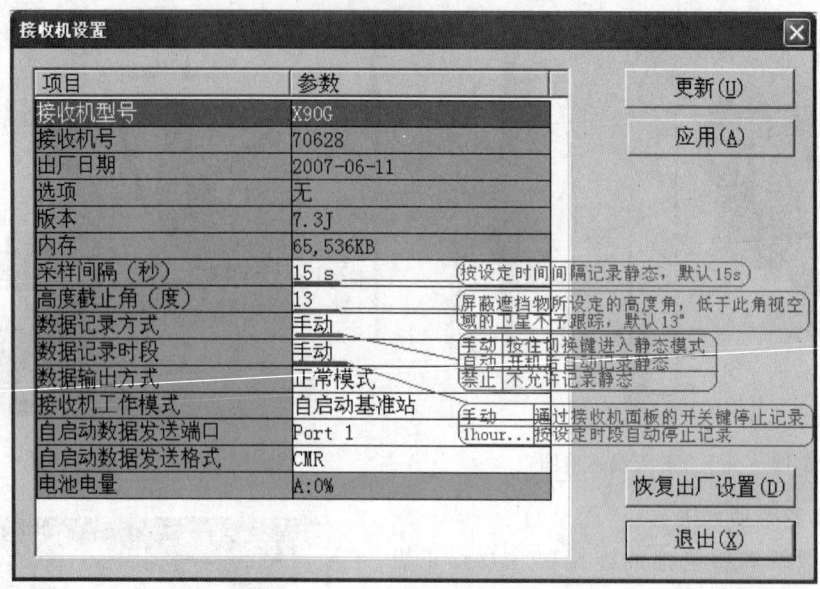

图 12.4.7 接收机静态设置

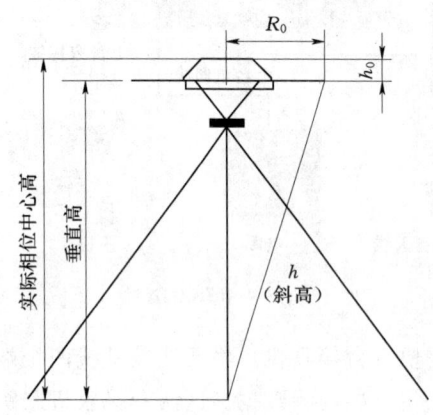

图 12.4.8 测量天线高

第 3 步：采集静态数据。打开接收机后，按住切换键不放直到数据灯熄灭时松开，收到足够卫星后开始记录静态；若设置为自动记录静态模式，则开机后直接进入静态模式。

记录静态时不能触动仪器，尽量避免人为干扰，安排人员专门看守。

第 4 步：结束静态采集。结束采集时，可按住电源键直接关机，也可再次按住切换键不放直到四个灯闪结束静态模式（设置为自动静态模式时不能这样操作）。

在结束之前再次从三个方向量测天线高，记录下平均值。

(3) 数据下载。

第 1 步：打开下载软件。[华测静态处理标准版] → [主程序] → [数据下载]。

第 2 步：选择下载格式。打开下载软件，[工具] → [选项]，选择导出的文件格式，默认为 GPS Compass 格式，另外还支持导出为 Trimble.DAT 格式。选择好文件格式后需重新链接，或单击 [编辑] → [刷新]，文件格式导出才能生效，如图 12.4.9 所示。

第 3 步：输入测站信息。待接收机全部读取完毕后（连接时数据灯闪完后），在数据列表窗口选中要下载的数据，右击，选择"输入测站信息"，如图 12.4.10 所示。

测站名：默认为 5 位仪器号。

时段：在同一点上不同时间观测的数据，目的是区别文件名。

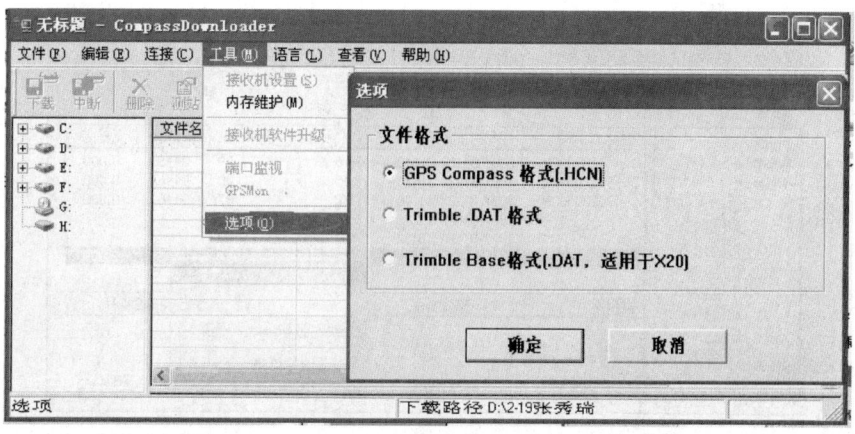

图 12.4.9　选择下载文件格式

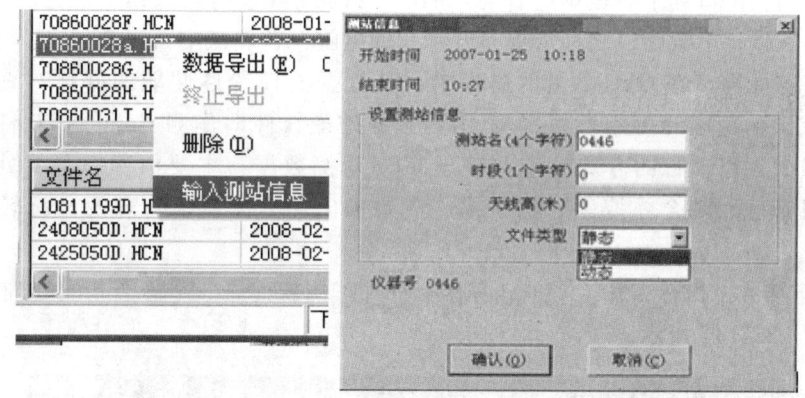

图 12.4.10　输入测站信息

天线高：野外实地所量测的仪器高，一般为仪器的斜高。

文件类型：选择静态。

点击［确认］后，等待接收机自动刷新完毕。

提示：华测 X90 接收机在采集静态数据后，会以接收机 S/N 号后 5 位默认为点名称自动命名文件。

华测静态数据文件名说明如下：

!!!! 为点名称，实际工作常以 4 个字符（英文或数字）表示。

＄＄＄为年月日，代表着一年中的第几天。

♯为观测时段。

.HCN 为华测静态数据文件后缀名。

第 4 步：导出数据。如图 12.4.11 所示。

在导出数据之前需要指定"下载路径"。在左边树形窗口选中一个文件夹，即可指定为下载路径。

项目 12　GPS 测 量

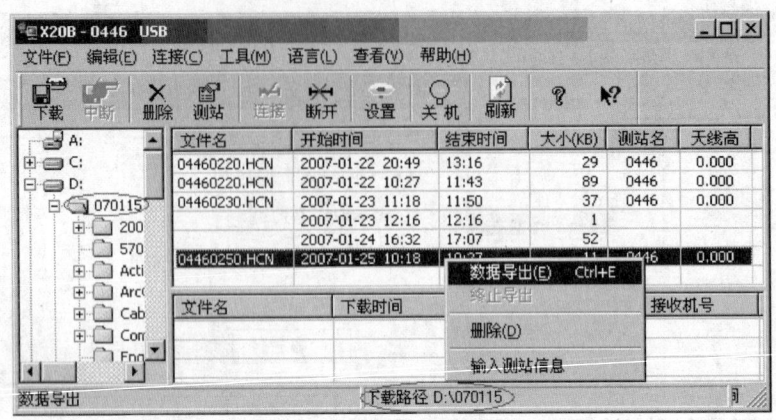

图 12.4.11　数据导出

在数据列表窗口选中数据单击右键,单击[数据导出]即可导出文件。

提示:在指定下载路径之前需要打开"我的电脑"在硬盘中新建文件夹。

(4)静态处理。在 GPS 测量的过程中,其数据处理软件性能的好坏,直接影响着 GPS 测量成果的精度和可用性。华测 GPS 数据处理软件即华测 Compass 软件,操作简洁,功能强大,以项目的方式管理及处理 GPS 观测数据,主要由静态基线处理、星历预报、项目管理、闭合差搜索、网平差、成果输出、坐标系统管理及坐标转换等模块组成。

1)新建任务。执行[开始]→[程序]→[华测软件]→[静态基线处理],启动本软件,如图 12.4.12 所示。

图 12.4.12　新建项目

选择[文件]→[新建项目],进入项目设置窗口。选择 GPS 观测数据所在目录作为项目文件存放的路径,右上方的输入新项目名自动取文件夹名(可更改),选择坐标系如"北京-54",新项目路径中显示的是现有项目路径,创建完成新项目的创建工作。如图 12.4.13 所示。

任务 12.4　RTK GPS 测量

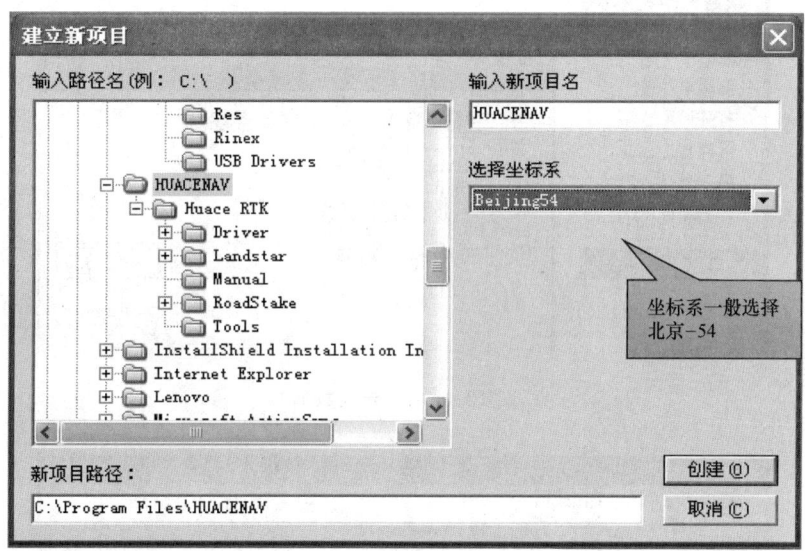

图 12.4.13　任务设置

系统将在数据文件所在目录下创建如"Res","Mov","Rinex"等目录,存放解算结果文件,以及空白的项目,如图 12.4.14 所示。

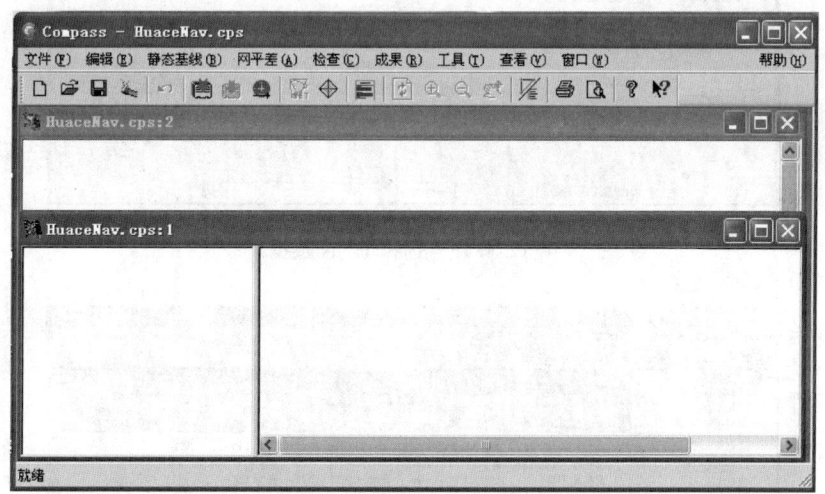

图 12.4.14　空白项目

2) 导入数据。导入数据如图 12.4.15 所示。

项目建完后,需要加载 GPS 数据观测文件。选择［文件］→［导入］,在弹出的对话框中选择需要加载的数据类型,单击［确定］按钮进入文件选择对话框,如图 12.4.16 所示。

选择＊.hcn 文件(可同时按［Ctrl］或［Shift］键进行多选),单击［打开］按钮,将数据文件读入,如图 12.4.17 所示。

项目12 GPS 测量

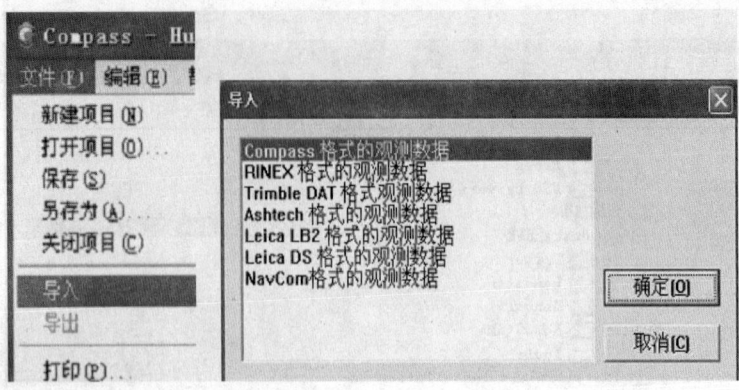

图 12.4.15 导入数据

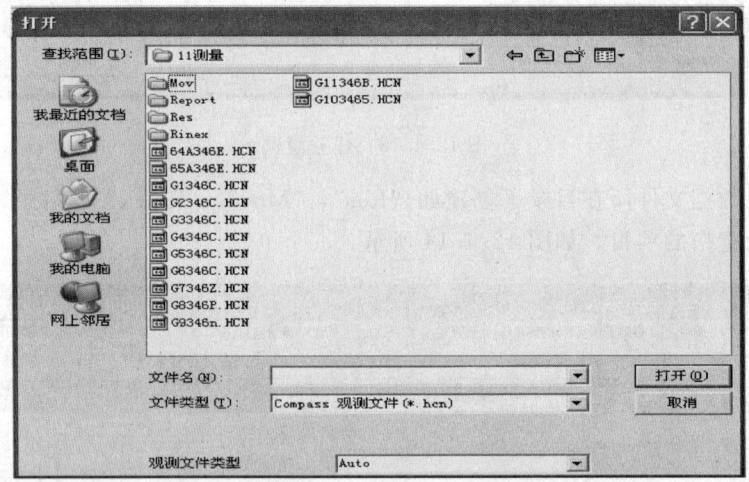

图 12.4.16 选择 HCN 数据

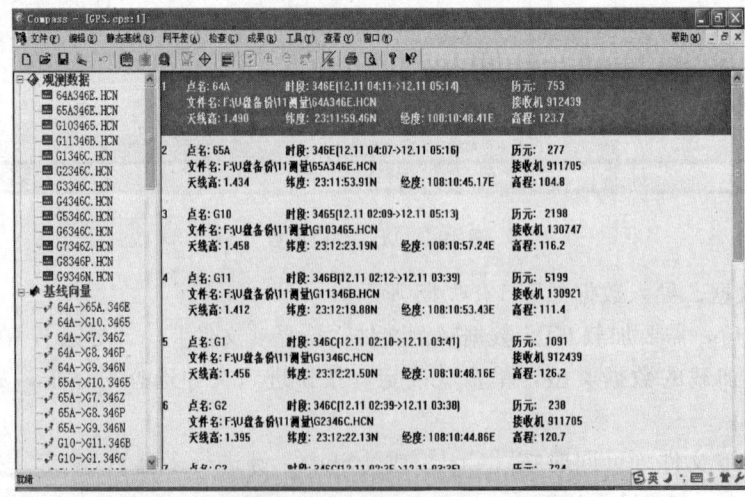

图 12.4.17 录入数据后的窗口

任务12.4　RTK GPS测量

当数据加载完成后，系统会显示所有的 GPS 基线向量，各条基线的相关信息暂时为空。同时，综合网图会显示整个 GPS 网的情况。

3）处理基线。单击［静态基线］→［处理全部基线］，系统将采用默认的基线处理设置，处理所有的基线向量。

处理过程中，显示整个基线处理过程的进度。从中也可以看出每条基线的处理情况。

基线解算的时间由基线的数目、基线观测时间的长短、基线处理设置的情况，以及计算机的速度决定。处理全部基线向量后，基线列表窗口中会列出所有基线解的情况，网图中原来未解算的基线也由原来的浅色改变为深色，如图 12.4.18～图 12.4.20 所示。

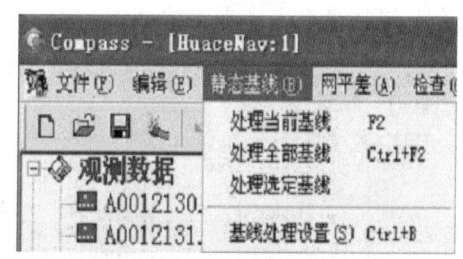

图 12.4.18　处理全部基线

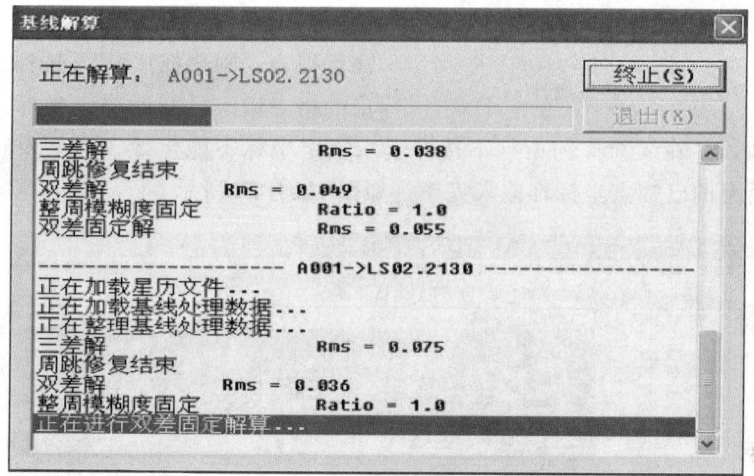

图 12.4.19　基线处理过程

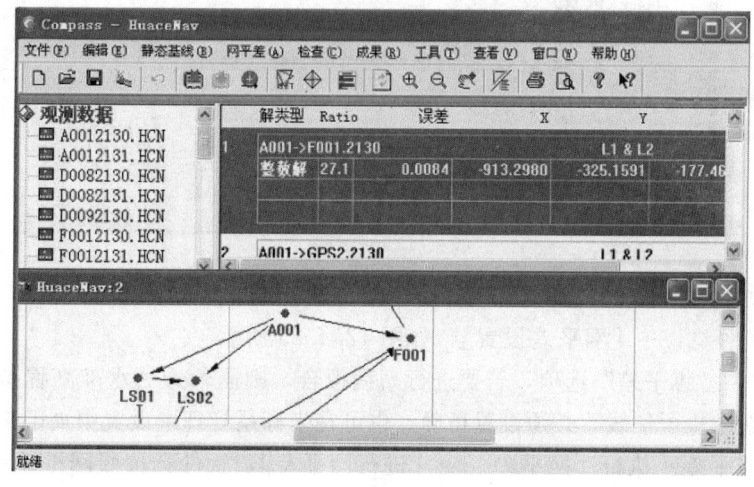

图 12.4.20　基线解算后的结果

项目12 GPS 测 量

4)平差前的设置。在基线处理完成后,需要对基线处理成果进行检核。由于本项目为快速入门,所以我们假定所有参与解算的基线都合格,通常情况下,如观测条件良好,也确定一次就能成功处理所有的基线。

基线解算合格后,还需要根据基线的同步观测情况剔除部分基线,在这里不作介绍,现在介绍直接进入网平差的准备。

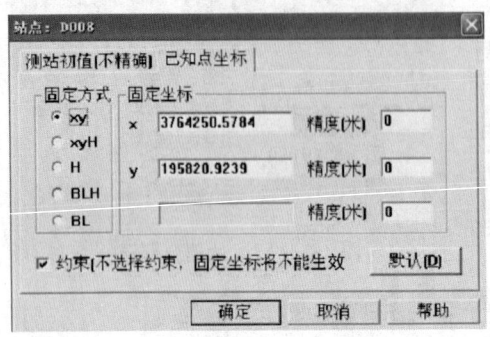

图 12.4.21 站点属性

在树形视图左边选择[观测站点]中的已知点,再在右边相应的点位信息(出现虚线框,同时字反白显示)右击,选择[属性],如图 12.4.21 所示。

进入测站坐标设置,选择[已知点坐标]。如果是采用二维平差,则采用"xy"或"xyH"方式输入;如果是三维平差,则选中"BL"或"BLH"方式输入;如果只做高程拟合,则选择"H"。选择好后在右边对应的格中输入已知的固定坐标,相应的精度可以填在后面,并确认选择约束(不选择表示固定坐标不能生效,网平差时将不使用)。同样方法把所有的已知点坐标都输入完毕,如图 12.4.22 所示。

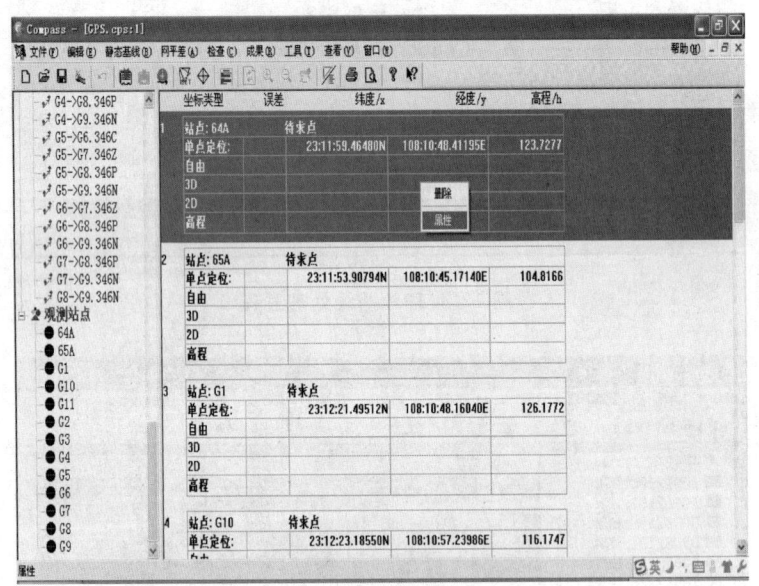

图 12.4.22 观测站点设置

选择[网平差]→[网平差设置],如图 12.4.23 所示。

确认勾选"二维平差"选项,若要进行高程拟合,则需勾选"水准高程拟合"。需要注意的是:"重置中央子午线"必须设置正确。也可在坐标系管理中设置中央子午线等参数。

5)进行网平差。执行[网平差]→[进行网平差],软件会按照网平差设置进行平差或高程拟合。平差结果显示如图 12.4.24 所示。

任务 12.4　RTK GPS 测量

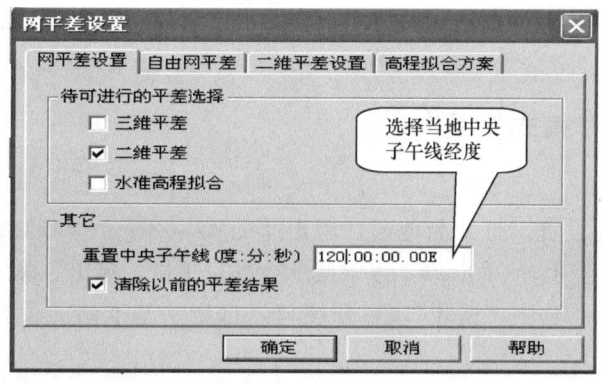

图 12.4.23　网平差设置

站点：D008		待求点		
单点定位：		33:57:38.58493N	116:42:35.03458E	39.9594
自由	0.0107	33:57:38.53686N	116:42:35.00258E	42.9285
3D				
2D	0.0085	3759390.0185	473106.8699	
高程	0.0218			32.1367

图 12.4.24　平差结果显示

［观测站点］窗口下对应的每一个观测点中，自由为自由网平差结果；2D 为二维平差结果；3D 为三维平差结果；高程为水准高程拟合结果。

6) 成果输出。若网平差结果已满足用户要求，可将它打印输出，并作为成果提交。

执行［成果］→［详细成果输出］，可把平差结果中的全部内容编辑成一个网页报告的形式，直接浏览或打印输出，如图 12.4.25 所示。

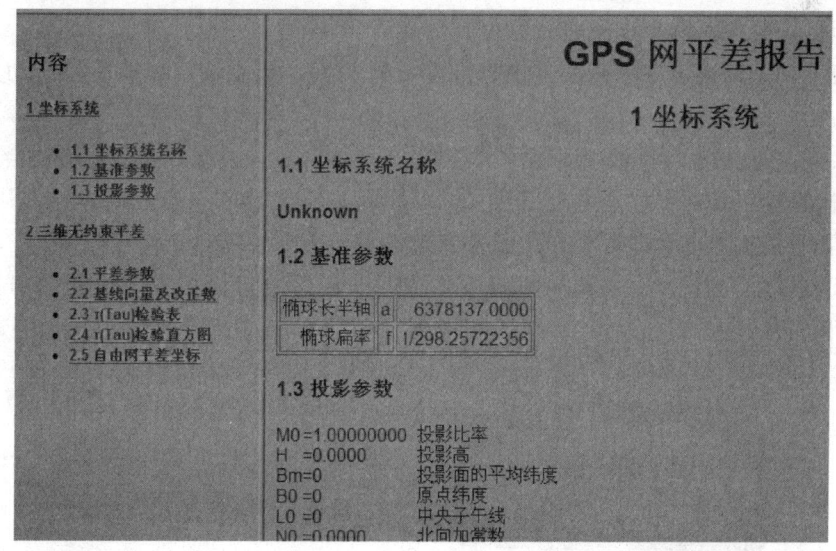

图 12.4.25　平差成果输出

软件还提供了其他如网页形式的成果报告输出,这样,一个静态基线控制网的整个处理便算完成了。

12.4.3 RTK 工作模式的操作

1. 基站设置

(1) 工作模式的设置。打开测地通,单击[配置]→[手簿端口配置],选中[选用蓝牙],单击[配置蓝牙],单击,搜索蓝牙,绑定主机,单击[确定],退出测地通。

打开 HCGpsSet,选中"蓝牙",打开端口,自启动基准站的设置方法如图 12.4.26 所示。

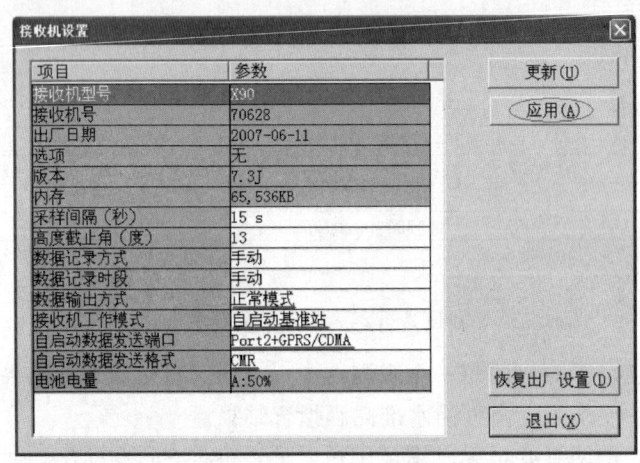

图 12.4.26　基准站工作模式设置

连上后设置为:"正常模式、自启动基准站、Port2+GPRS/CDMA、CMR"后单击[应用]即可,其他默认。设置完后,打开测地通,[配置]→[手簿端口配置]→[配置蓝牙],将基准站的绑定取消,后将接收机重新开关机,基准站搜完成后将自动发射差分信号。

注意:①一定要把蓝牙绑定取消,否则当基站重启后,手簿打开测地通还会默认绑定基站,这样将导致基站不发送差分信号;②如果基站设置成"自启动基准站",以后无论在何处只要开机连上电台即可工作,无需其他设置,方便快捷,定位精度高。

(2) DL3 电台的设置。在电台模式下作业时,使用电台面板 Power 键打开电台,使用上下键和回车键进入[设置]菜单。切换到[功频],对功率和频率进行相应设置,如图 12.4.27、图 12.4.28 所示。

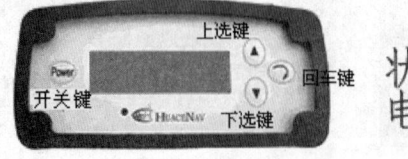

图 12.4.27　电台面板

任务 12.4 RTK GPS 测量

图 12.4.28 功率和频率的设置

选择［功率设置］，根据作业距离选定合适的功率，一般空旷地区 5W 作业距离即可达到 10km 左右，无须将功率设置过大，功率设置好后，再回到［频率设置］，选定发射频率，例如 458.050MHz，确定后退到初始界面。

查看电台电源灯，1s 闪烁 1 次，电台面板上的电压在跳动，则表明基准站设置成功并正常发射差分数据。下次作业时基准站开机即可发射，无须重复设置。

以上方法是最方便的基准站自启动模式，也是最常用的启动方法，也可以采用手簿启动，在完成上述操作后，打开测地通，手簿和基准站配置连接后，［测量］→［启动基准站接收机］。

未知点启动时：单击［选择］，选择 WGS84 经纬度坐标，后单击［确定］按钮，输入基准站点名称，单击［此处］，以任意单点定位值启动基准站，如图 12.4.29 所示。

已知点启动时，单击［列表］，从已知坐标点中选择点启动基准站（已知点启动，基准站架设需要严格的对中整平）。

代码、天线高根据实际情况输入，或默认空，设置好启动坐标后单击［确定］按钮。

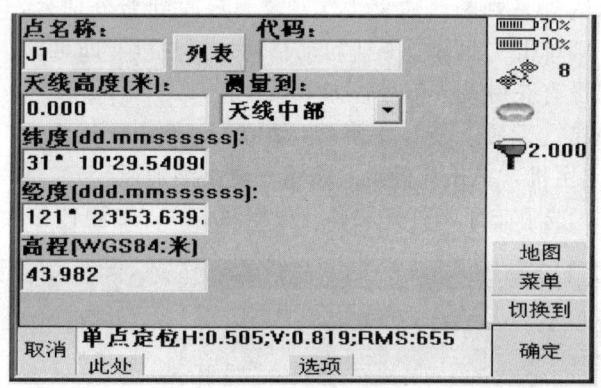

图 12.4.29 基准站启动坐标

基准站启动成功后，显示"成功设置了基站！"，这时电台发射灯也会随发送间隔闪烁。否则显示"设置基站不成功！"，需重新启动基准站（一般来说，用已知点启动时，如果输入的已知点和单点定位相差很大时，会出现此情况，原因一般为中央子午线或所用坐标错误），如图 12.4.30 所示。

对于电台不需要经常进行设置，除非调节其功率或频率。

对于基站是否正常工作，可通过查看 DL3 电台灯（红灯），是否一秒一次地闪烁，电压是否正常跳动（一般功率在 20W 以内，电压跳动在 1V 以内）。

注意：基准站主机的差分信号灯闪并不完全表示基站成功，因为此灯闪只是表示数据

项目12 GPS 测 量

从COM2端口发射（内部的设置），而如果用手簿启动，基站选项里如果把端口改为端口1时，信号灯是不闪烁的。因此，确定电台工作模式是否正常工作关键是DL3指示灯的情况。

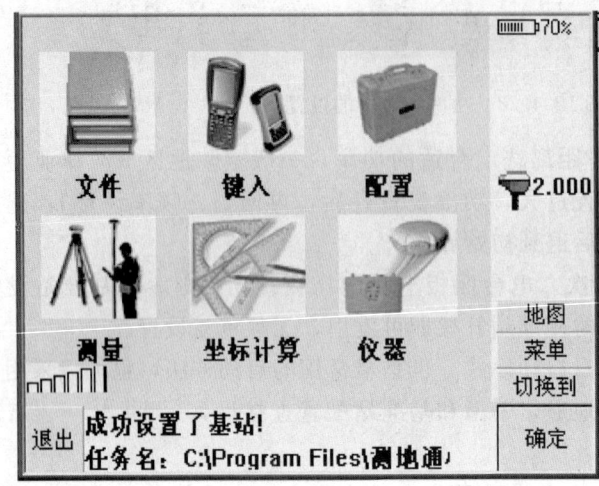

图12.4.30 成功设置了基站

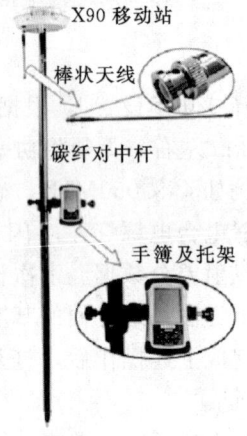

图12.4.31 移动站安装

2. 移动站的操作

移动站的安装如图12.4.31所示。

对于电台作业模式下如果基准站发射成功，移动站会收到差分信号，通过查看移动站主机差分信号灯是否闪烁来判断，如果1次/s，表示收到差分信号，如果手簿上没有显示，浮动或者固定，则单击[测量]→[启动移动站接收机]即可。

如果仍不正常或没有获得差分信号作如下操作：

打开测地通，单击[配置]→[手簿端口配置]，选中[选用蓝牙]，单击[配置蓝牙]，搜索蓝牙，绑定主机，单击[确定]按钮，退出测地通。

打开HCGpsSet，选中蓝牙，打开端口，根据图12.4.32更改接收机的设置。

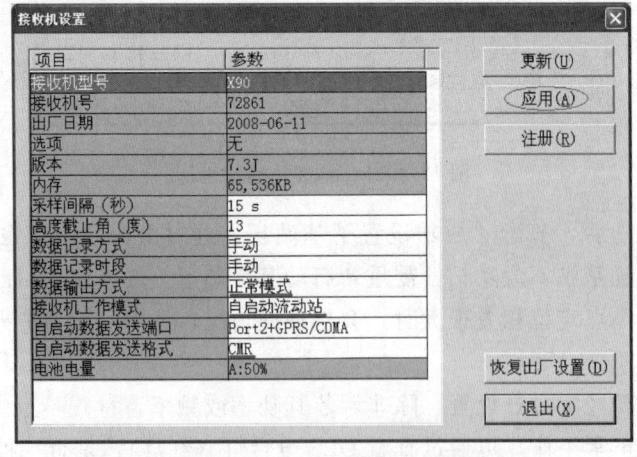

图12.4.32 自启动移动站的设置

任务 12.4 RTK GPS 测量

设置结束后，单击［应用］，将接收机重新开关机，再打开手簿中测地通，单击［配置］→［移动站参数］→［内置电台和 GPRS］，根据基准站电台的发射频率，设置移动站的电台频率，如图 12.4.33 所示。

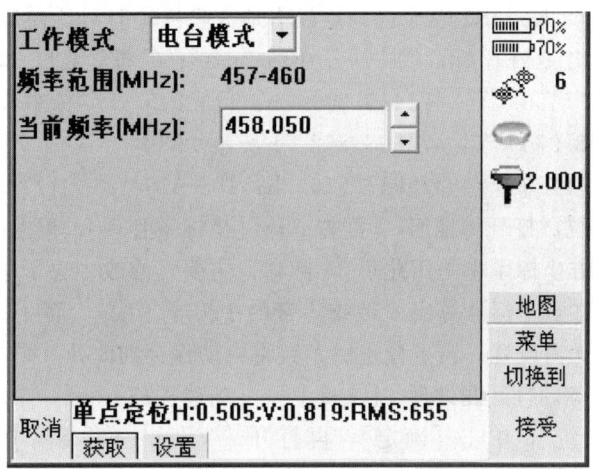

图 12.4.33 设置移动站电台频率

单击［设置］→［接受］，退出到测地通初始界面，单击［配置］→［移动站参数］→［移动站选项］，查看"广播格式：CMR"，单击［测量］→［启动移动站接收机］，当移动站信号灯 1s 闪烁 1 次，表示收到差分数据。

移动站收到差分信号后会有一个"单点定位"→"浮动"→"固定"的 RTK 初始化过程。

单点定位—接收机未使用任何差分改正信息计算的 3D 坐标。

浮动—移动站接收机使用差分改正信息计算的当前相对坐标。但对于浮点解来讲，相位的整周模糊度参数未能固定为一整数，而是用浮点的估值来替代它。

不建议在以上两种情况下测量。

固定—在 RTK 模式下，整周模糊度参数固定后，移动站接收机计算的当前相对坐标。达到固定解后即可开始测量。

RTK 初始化时间，根据卫星 PDOP 值、周围环境、基站距离，或长或短，正常一般在开机后 90s 左右，如图 12.4.34 所示。

3. 测量

移动站在固定状态下，打开测地通，单击［测量］→［点测量］，在实际作业过程中，一般都采用当地坐标，在移动站得到固定解进行测量时，手簿"测地通"里所记录的点是未经过任何转换得到的平面坐标。若

图 12.4.34 RTK 初始化过程

要得到和已有成果相符的坐标，需要做"点校正"，获取转换参数，下面以一个常用例子

项目12 GPS 测 量

做演示。

注意：参与点校正的控制点一定要分布合理，避免线性分布，最好能覆盖整个测区，避免短边控制长边。

假设测区内有 K4、K5、K7 三个已知点具有地方坐标，但不具有 WGS84 坐标，已知条件为：①坐标系统：北京 54 坐标；②中央子午线：120°；③投影高度：0；④已知点数据：

K4　X：3846323.456　Y：471415.201　h：116.345
K5　X：3839868.970　Y：474397.852　h：109.932
K7　X：3840713.658　Y：473917.956　h：108.419

（1）确定坐标系统。打开测地通，[配置]→[坐标系管理]，根据已知点选取所需要的坐标系，一般来说地方坐标系也是用北京 54 椭球，主要是修改中央子午线（标准的北京 54 坐标系一定要根据已知点坐标计算出 3°带或 6°带的中央子午线），而 [基准转换]、[水平平差]、[垂直平差] 都无需设置，当点校正后参数将自动保存到此处（图 12.4.35）。

（2）新建保存任务。打开测地通，[文件]→[新建任务]，命一个文件名，选择跟已知点相匹配的"坐标系统"，单击[确定]，再打开[文件]→[保存任务]，如图 12.4.36 所示。

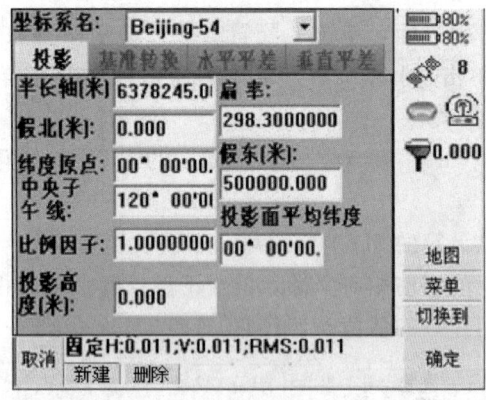

图 12.4.35　坐标系管理

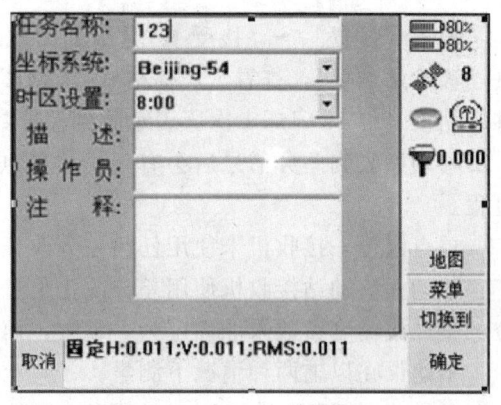

图 12.4.36　新建任务

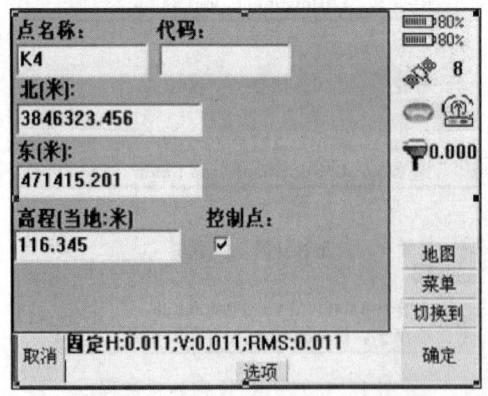

图 12.4.37　输入已知点

（3）输入已知点。打开测地通，[键入]→[点]，输入已知点 K4 坐标，控制点打上勾，单击[确定]，再继续输入 K5、K7 的已知点，点击[确定]，如图 12.4.37 所示。

（4）点校正。测量已知点，找到 K4、K5、K7 的实地位置，选择[测量]→[测量点]，选择"测量到天线底部"，"天线高：2 米"测量出三个点的坐标，分别命名为 K4－1、K5－1、K7－1，三个点必须在同一个 BASE 下，测量后开始进行点校正。如图 12.4.38 所示。

任务 12.4 RTK GPS 测量

校正方法：[测量] → [点校正]。

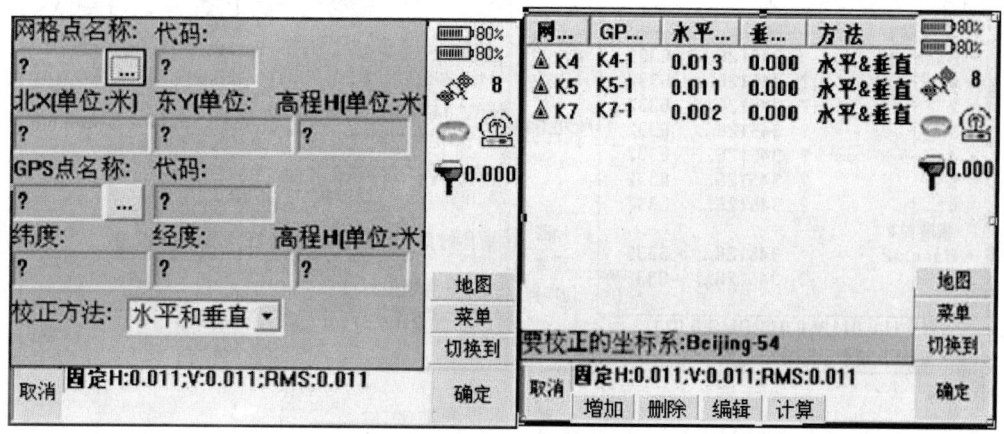

图 12.4.38 点校正

注意：网格点为输入的已知坐标点，GPS 点为实测的已知坐标点。

单击 [增加]，在 [网格点名称] 和 [GPS 点名称] 两项控件里分别选中输入的已知当地平面坐标 K4 和实测的 WGS84 坐标 K4-1，校正方法选中"水平和垂直"。

单击 [增加]，分别加入校正点 K5、K7 和 K5-1、K7-1，单击 [计算] 得出校正参数，再单击 [确定]（会出现两个"确定"对话框，第一个"确定"是将当前坐标系替换成校正后的坐标系，第二个"确定"是将所有的坐标系统都替换成校正后的坐标系统，一般都默认点击两个"确定"），完成校正。

注意：有 3 个或 3 个以上控制点参与平面"点校正"后才有水平参差，水平参差一般不要大于 0.015m；有 4 个或 4 个以上的控制点参与垂直"点校正"后才有垂直参差，垂直参差一般不要大于 0.02m。

点校正结束，就可以直接进行测量，[测量] → [测量点]。

（5）重设当地坐标。在每个测区进行测量或放样的工作有时需要几天甚至更长的时间，为了避免每天都重复进行点校正工作或者每次都要麻烦地把基准站架设在已知点上，可以在每天开始测量工作以前先做一下"重设当地坐标"（此时基准站须任意架设或设置成"自启动基准站"，而移动站的操作则是找一个已测点做一下平移的过程）。

具体解释：当多次架设基准站后，软件会自动按架设顺序命名为"基准站 1""基准站 2""基准站 3"……因为移动站的坐标是基于基准站起算坐标得到的。当起算坐标由于基准站搬站而变化后，需要重设当地坐标。

方法 1：基准站 2 若是架设在未知点（自启动，或手簿"此处"启动），那么将移动站再次去测量一个在基准站 1 下测过的精度较高的点 a，重新测量命名为 a_2，单击 [文件] → [元素管理器] → [点管理器]，在基准站 2 下面选中 a_2 点，双击或单击 [细节]，单击 [重设当地坐标]，再单击出现控件 […]，在弹出的列表中选中基准站 1 下测得的 a 点，两次单击 [确定] 后即完成重设当地坐标的工作，如图 12.4.39 所示。

方法 2：基准站 2 若是架设在已知点（包括基准站 1 下测过的点），那么可以通过手

项目12 GPS 测 量

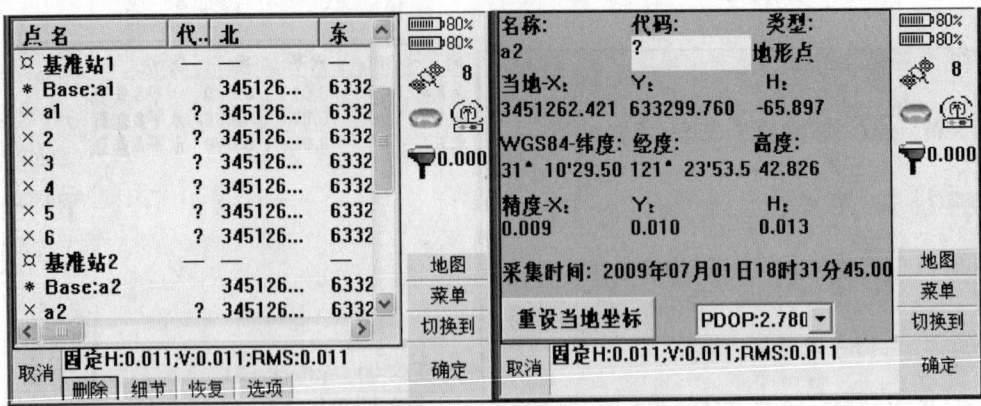

图12.4.39 重设当地坐标

簿已知点启动的方式，选择基准站2所在已知坐标点来启动基准站，并且输入实测的基站天线高。

方法3：基准站2若是架设在已知点（包括基准站1下测过的点），启动方式为自启动，那么可以点击在［点管理器］里面选中基准站2单击［细节］，将"基站校正类型"设置为"架设在已知点"，输入"已知坐标""实测天线高"及"测量到"，两次单击［确定］后即完成坐标改正操作。

基准站3、基准站4重设当地坐标方法同基准站2。

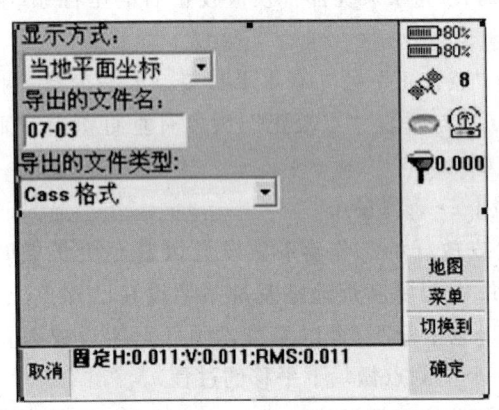

图12.4.40 数据导出

注意：①基准站若是自启动的方式，因断电重开机后，即使基准站位置没变，也需要做重设当地坐标的工作；②基准站若是自启动的方式，移动站需要在手簿上有测量点的操作后，才会在［点管理器］里面记录下基准站信息。

（6）数据导出。打开测地通，［文件］→［导出］，根据所需要的格式，导出坐标，一般选用"点坐标"，输入文件名，显示方式和导出的文件类型一般选用默认，导出数据，再将手簿和电脑连接在一起（需先安装微软同步软件和USB驱动），打开［移动设备］→［我的电脑］→［Built-in］→［RTKCE］，将文件复制出来即可，如图12.4.40所示。

12.4.4 图根控制点布设及测量精度要求

1. GPS图根控制点布设要求

由于GPS测量观测站之间不一定要求相互通视，而且网的图形结构也比较灵活，所以图根控制点布设工作比常规控制测量的布设要简便。但由于点位的选择对于保证观测工作的顺利进行和保证测量结果的可靠性有着重要的意义，所以在控制点布设工作开始前，除收集和了解有关测区的地理情况和原有测量控制点分布及标架、标型、标石完好情况，决定其适宜的点位外，选点工作还应遵守以下原则：

（1）点位应设在易于安装接收设备、视野开阔的较高点上。

（2）点位目标要显著，视场周围15°以上不应有障碍物，以减弱GPS信号被遮挡或被障碍物吸收。

（3）点位应远离大功率无线电发射源（如电视台、微波站等），其距离不小于200m；远离高压输电线，其距离不得小于50m，避免电磁场对GPS信号的干扰。

（4）点位附近不应有大面积水域或不应有强烈干扰卫星信号接收的物体，以减弱多路径效应的影响。

（5）点位应选在交通方便，有利于其他观测手段扩展与联测的地方。

（6）地面基础稳定，易于点的保存，每个控制点至少要有一个通视方向。

（7）选点人员应按技术设计进行踏勘，在实地按要求选定点位。

（8）当所选点位需要进行水准联测时，选点人员应实地踏勘水准路线，提出有关建议。

（9）应充分利用符合要求的旧有控制点。当利用旧点时，应对旧点的稳定性、完好性等进行检查，符合要求方可利用。

2. GPS图根控制点测量精度要求

GPS图根控制测量，宜采用GPS—RTK方法直接测定图根点的坐标和高程。GPS—RTK方法的作业半径不宜超过10km。同时要考虑基准站上空，无卫星信号的大面积遮盖和影响RTK数据链通信的无线电干扰，以及提高基准站无线架设高度。对每个图根点均应进行同一参考站或不同参考站下的两次独立测量，其相对于基本控制点的点位中误差不应超过图上±0.1mm，高程中误差不应超过基本等高距的1/10。

12.4.5　RTK GPS测定图根点的操作及注意事项

1. 作业前应收集的资料

（1）测区的控制点成果及GPS测量资料。

（2）测区的坐标系统和高程基准的参数，包括参考椭球参数，中央子午线经度，纵、横坐标的加常数，投影面正常高，平均高程异常等。

（3）WGS—84坐标系与测区地方坐标系的转换参数及WGS—84坐标系的大地高基准与测区的地方高程基准的转换参数。

2. 基准站点位选择应符合的规定

（1）应根据测区面积、地形地貌和数据链的通信覆盖范围，均匀布设基准站。

（2）基准站站点的地势应相对较高，周围无高度角超过15°的障碍物和强烈干扰接收卫星信号或反射卫星信号的物体。

（3）基准站的有效作业半径，不应超过10km。

3. 移动站作业应符合的规定

(1) 移动站作业的有效卫星数不宜少于 5 个，PDOP 值应小于 6，并应采用固定解成果。

(2) 正确地设置和选择测量模式、基准参数、转换参数和数据链的通信频率等，其设置应与移动站相一致。

(3) 流动站的初始化，应在比较开阔的地点进行。

(4) 作业前，宜检测 2 个以上不低于图根精度的已知点。检测结果与已知成果的平面较差不应大于图上 0.2mm，高程较差不应大于基本等高距的 1/5。

(5) 作业中，如出现卫星信号失锁，应重新初始化，并经重合点测量检查合格后，方能继续作业。

(6) 结束前，应进行已知点检查。

(7) 每日观测结束，应及时转存测量数据至计算机并做好数据备份。

12.4.6　数字测图采集方法及注意事项

数字测图采集方法主要有 GPS—RTK 测图和全站仪测图。

数字地形图测绘，应注意以下事项：

(1) 当采用草图法作业时，应按测站绘制草图，并对测点进行编号。测点编号应与仪器的记录点号相一致。草图的绘制，宜简化标示地形要素的位置、属性和相互关系等。

(2) 当采用编码法作业时，宜采用通用编码格式，也可使用软件的自定义功能和扩展功能建立用户的编码系统进行作业。

(3) 当采用内外业一体化的实时成图法作业时，应实时确立测点的属性、连接关系和逻辑关系等。

(4) 在建筑密集的地区作业时，当 GPS 信号弱或没有 GPS 信号时，只能采用全站仪测量点位。对于全站仪也无法直接测量的点位，可采用支距法、线交会法等几何作图方法进行测量，并记录相关数据。

(5) 数字测图时，可按图幅施测，也可分区施测。按图幅施测时，每幅图应测出图廓线外 5mm；分区施测时，应测出区域界线外图上 5mm。

(6) 对采集的数据进行检查处理，删除或标注作废数据、重测超限数据、补测错漏数据。对检查修改后的数据，应及时与计算机联机通信，生成原始数据文件并做备份。

12.4.7　工程放样操作方法及注意事项

1. 启动基准站

将基准站架设在上空开阔、没有强电磁干扰、多路径误差影响小的控制点上，正确连接好各仪器电缆，打开各仪器。将基准站设置为动态测量模式。

2. 建立新工程，定义坐标系统

新建一个工程，即新建一个文件夹，并在这个文件夹里设置好测量参数（如椭球参数、投影参数等）。这个文件夹中包括许多小文件，它们分别是测量的成果文件和各种参数设置文件，如 *.dat、*.cot、*.rtk、*.ini 等。

3. 点校正

GPS 测量的为 WGS—84 系坐标，而我们通常需要的是在流动站上实时显示国家坐标系或地力独立坐标系下的坐标，这需要进行坐标系之间的转换，即点校正。点校正可以通过以下两种方式进行：

（1）在已知转换参数的情况下。如果有当地坐标系统与 WGS—84 坐标系统的转换七参数，则可以在测量控制器中直接输入，建立坐标转换关系。如果工作是在国家大地坐标系统下进行，而且知道椭球参数和投影方式以及基准点坐标，则可以直接定义坐标系统，建议在 RTK 测量中最好加入 1～2 个点校正，避免投影变形过大，提高数据可靠性。

（2）在不知道转换参数的情况下。如果在局域坐标系统中工作或任何坐标系统进行测量和放样工作，可以直接采用点校正方式建立坐标转换方式，平面至少 3 个点，如果进行高程拟合则至少要有 4 个水准点参与点校正。

4. 流动站开始测量

放样测量：在进行放样之前，根据需要"键入"放样的点、直线、曲线、DTM 道路等各项放样数据。当初始化完成后，在主菜单上选择［测量］图标打开，测量方式选择［RTK］，再选择［放样］选项，即可进行放样测量作业。在作业时，在手簿控制器上显示箭头及目前位置到放样点的方位和水平距离，观测值只需根据箭头的指示放样。当流动站距离放样点距离小于设定值时，手簿上显示同心圆和十字丝分别表示放样点位置和天线中心位置。当流动站天线整平后，十字丝与同心圆圆心重合时，这时可以按［测量］键对该放样点进行实测，并保存观测值。

实 训 与 习 题

1. 实训任务、内容、方法步骤与能力目标

序号	任 务	内 容	能 力 目 标
1	RTK GPS 数据采集	仪器的设置，点校正、案例中的地物地貌特征点数据采集，检核方法	具有数字测图的数据采集能力
2	GPS 放样—建筑物	仪器的设置，点校正、放样方法，检核方法	具有放样建筑物的能力和检核能力
3	GPS 图根控制测量	用 RTK GPS 测定案例中的图根控制点的坐标和高程	具有用 RTK GPS 测定图根点坐标和高程的能力和检查能力

2. 习题

（1）GPS 定位的基本原理是什么？

（2）GPS 测量按照精度和用途可分为哪些等级？

(3) B 级 GPS 控制网主要用于哪些方面？
(4) RTK 由哪些部分构成？
(5) 简述 GPS 静态测量的外业数据采集步骤。
(6) RTK 测量有哪两种工作模式？
(7) CORS 作业模式的优点有哪些？

参 考 文 献

[1] 顾孝烈,鲍峰,程效军. 测量学 [M]. 上海:同济大学出版社,2010.
[2] 蓝善勇,王万喜,鲁有柱. 工程测量 [M]. 北京:中国水利水电出版社,2009.
[3] 蓝善勇. 建筑工程测量 [M]. 北京:中国水利水电出版社,2007.
[4] 谷如香. 建筑工程测量 [M]. 北京:中国水利水电出版社,2013.
[5] 朱林. 工程测量基础 [M]. 北京:中国水利水电出版社,2010.
[6] SL 197—2013 水利水电工程测量规范 [S]. 北京:中国水利水电出版社,2013.
[7] 中华人民共和国国家标准. GB 50026—2007. 工程测量规范 [S]. 北京:中国建筑工业出版社,2007.
[8] GB/T 20257.1—2007 1∶500、1∶1000、1∶2000 地形图图式 [S]. 北京:中国标准出版社,2007.
[9] SL 52—93 水利水电工程施工测量规范 [S]. 北京:水利电力出版社,1993.
[10] DL/5178—2003 混凝土大坝安全监测技术规范 [S]. 北京:中国电力出版社,2003.
[11] JGJ/T 8—97 建筑变形测量规程 [S]. 北京:中华人民共和国建设部,1997.
[12] 宁津生. 测量学概论 [M]. 武汉:武汉大学出版社,2004.
[13] 吴晓胜. 水电工程测量学 [M]. 西安:西北工业大学出版社,1989.
[14] 北京中翰仪器有限公司. 尼康全站仪使用操作手册. 北京:北京中翰仪器公司.